"十二五"国家重点图书出版规划项目
化学化工精品系列图书

无机及分析化学实验

（第 2 版）

朱志彪　范乃英　侯海鸽　编著

哈爾濱工業大學出版社

内容提要

《无机及分析化学实验》是作者根据化学学科发展的需要，结合多年来的教学经验为高等学校化学化工类及相近各专业学生编写的实验教材。主要包含无机化学实验与定性、定量分析实验两大部分的内容，具体分为基本操作实验、化学分析实验、化学原理和性质测试实验、无机化合物的制备实验及综合设计性实验，并有少量的微型实验。实验注重启发学生通过“看、查、思考”的方式进行实验预习，弄清实验目的、实验原理、注意事项等，综合设计性实验要求学生自己查阅文献，设计并实施实验方案，从而提高学生的综合实验技能。本书实验内容安排合理，内容丰富，有较大的可操作性，便于教师灵活地组织教学。

本书可作为高等学校化学化工类及相近各专业本专科学生的实验教材，也可作为非化学化工类各专业本、专科学生的实验教材，还可供从事化学教育的工作人员学习和参考。

图书在版编目(CIP)数据

无机及分析化学实验/朱志彪，范乃英，侯海鸽编著. —2 版. —哈尔滨：哈尔滨工业大学出版社，2008.10(2023.8 重印)
ISBN 978-7-5603-2091-5

Ⅰ. 无…　Ⅱ. ①朱…　②范…　③侯…　Ⅲ. 无机化学-化学实验-高等学校-教材 ②分析化学-化学实验-高等学校-教材　Ⅳ. ①O61-33 ②O65-33

中国版本图书馆 CIP 数据核字(2008)第 151852 号

责任编辑　王桂芝　黄菊英
出版发行　哈尔滨工业大学出版社
社　　址　哈尔滨市南岗区复华四道街 10 号　邮编 150006
传　　真　0451-86414749
网　　址　http://hitpress.hit.edu.cn
印　　刷　哈尔滨市工大节能印刷厂
开　　本　787 mm×1 092 mm　1/16　印张 17　字数 412 千字
版　　次　2005 年 9 月第 1 版　2008 年 10 月第 2 版
　　　　　2023 年 8 月第 9 次印刷
书　　号　ISBN 978-7-5603-2091-5
定　　价　36.00 元

第2版前言

本书自2005年出版以来，受到了广大师生的欢迎和认可，为了更进一步满足教学的需要，我们对本书的内容进行了修改、补充和完善。现就本书第2版的编写原则和修改内容说明如下。

(1)“无机及分析化学实验”涵盖无机化学实验与分析化学实验两门实验课的内容，二者既紧密结合，融会贯通，又分工明确，保持各自的完整性和独立性，且与理论课有密切的联系。

(2)“无机及分析化学实验”的教学目标是在培养学生掌握无机及分析化学实验的基本操作、基本技能和基本知识的同时，加强学生综合解决实际问题的能力和创新意识的培养。本次修订较第1版实验项目有所增加，对与日常生活和工业生产相关的综合性和设计性实验内容给予了更多的关注，明确了综合性和设计性实验的目的、意义和要求，在注重基础的前提下，增加了设计性和综合性实验，还提供了较多的实验参考题目。

(3) 在考核内容上进行了补充和完善，制订了评分标准，细化了评分细则，确定了不同分值，使考核依据更加规范和合理。

(4) 注重新仪器和先进实验技术的引入。在部分分析化学实验项目中引进了微型滴定技术；在基本操作中增写了移取器和聚四氟滴定管的使用方法；在重量分析法中补充了微波干燥技术，详细介绍了微孔玻璃滤器使用方法和微波干燥技术。

(5) 为进一步加强和规范基本操作技术，修改和补充了基本操作内容；为方便学生查阅有关数据和资料，增补了附录内容。

(6) 本书包括无机化学实验(25个)、分析化学实验(32个)、综合性设计性实验(11个)。使用本教材时，可根据各专业的要求和实验室的条件，对实验内容做适当的选择。

本教材选取的内容虽经仔细推敲，文稿和插图也校审数次，但由于水平和时间的限制，一定存在不足和疏漏，请各位师生多提宝贵意见，以便不断完善和提高教材的内容和质量。

作　者

2008年10月

前　言

我国的高等教育正进入一个迅速发展的时期，随着招生规模的不断扩大，高等教育亟待变革和创新。随着教育改革的深入，“高等教育需要从以单纯的知识传授为中心，转向以创新能力培养为中心”，因此，在转变化学教育培养观念的同时，对实验课程体系、教学内容的改革也势在必行。

本教材是根据教育部“高等学校基础课实验教学示范中心建设标准”和“厚基础、宽专业、大综合”的教育理念，结合我们多年来的教学实践，并借鉴兄弟院校化学实验教学改革的经验，经过充分讨论、研究编写而成的。

本教材编写注重突出以下几点：

(1)以模块形式编写，内容安排上注重由浅入深、由单一到综合、由指导型到研究型不断深入的教学过程，兼顾理工科以及其他非化学专业学生的实际需要，有较大的选择余地和可操作性。

(2)注重素质教育，加强创新能力的培养，编选了部分综合和设计型实验，以培养学生运用理论知识和实验技能解决具体问题的能力。

(3)注意考虑环境保护和节约实验材料及化学试剂，还编排了一些微型实验。

(4)教材中介绍了现代高科技仪器的使用和现代技术测试方法，拓展了学生的知识面。

本教材基本知识和基本操作技术、无机化学实验部分，由朱志彪和侯海鸽编写，分析化学实验部分由侯海鸽和范乃英编写。

在教学实践和教材编写过程中，张斌教授和刘景茂教授对课程的设置和建设提出很多宝贵的建议，并给予大力支持和帮助，在此表示衷心感谢。

由于编者水平有限，疏漏及不足之处在所难免，恳请广大师生批评指正。

作　者

2005年8月

目　录

绪　　论

实验目的和意义

化学是一门中心科学。这是因为一方面化学学科本身迅猛发展,另一方面化学在发展过程中为相关学科的发展提供了知识基础。因此,化学无论是作为基础知识,还是作为其他学科的基础,或是研究问题的方法,以及解决各类难题的特殊手段,都是其他任何学科无法代替的,可以说当今的化学正处在一个多边关系的中心,并且渗透到现代社会几乎所有的领域。

化学是一门实验科学。许多化学理论和规律都源自实验,同时,这些理论和规律的应用也要通过实验来检验。因此,化学实验教学在培养未来化学工作者的大学教育中占有相当重要的地位。

无机及分析化学实验是高等院校化学及相关专业学生入学后的第一门实验课,是学好其他化学课程的前提和基础。本实验课程包括无机化学实验与分析化学实验两门实验课的有关内容,二者紧密结合,融会贯通,形成一门独立的课程,但又与相应的理论课有紧密的联系。

通过实验,学生可以直接获得大量的物质变化的感性认识,经过思考、归纳和总结,从感性认识上升到理性认识,从而加深对无机及分析化学基本知识和基本理论的理解和掌握,并运用这些知识和理论指导实验。

通过实验,学生可以熟悉元素及其化合物的重要性质和反应;掌握重要无机化合物的一般制备、分离、提纯及分析鉴定方法;了解确定物质组成、含量和结构的各种分析方法;正确和熟练地掌握常用仪器的使用、基本操作和技能;掌握常见工作基准试剂和指示剂的使用;掌握常用的滴定方法,确立严格的“量”的概念,并学会运用误差理论正确处理实验数据。

通过综合实验,学生可以全面系统地学习化学实验的全过程,综合培养学生动手、观测、查阅、记忆、思维、想像和表达等智力因素,从而使学生具备分析问题、解决问题的独立工作能力;通过设计实验,学生由提出问题、查阅资料、设计方案、动手实验、观察现象、测定数据,然后加以正确处理和总结,并把实验结果正确表达出来,练习解决化学问题,以使学生具备从事科学研究的初步能力。

在培养智力因素的同时,化学实验又是对学生进行非智力因素训练的理想场所,包括艰苦创业、勤奋好学、团结协作、求实创新、求真存疑等科学品德和科学精神的训练,而整洁、节约、准确、有条不紊等良好的实验习惯的养成,同样是每一个化学工作者获得成功所不可缺少的因素。

总之,通过实验,学生能够养成严谨的实事求是的科学态度,树立勇于开拓的创新意识,提高综合素质,为学习后续化学课程、参加实际工作和开展科学研究打下坚实的基础。

正确的实验方法

要做好无机及分析化学实验,不仅要有正确的学习态度,而且还需要有正确的学习方法。无机及分析化学实验学习方法可归纳成以下几方面:

1.充分预习

实验前预习是必要的准备工作,是做好实验的前提和保证。预习应达到下列要求:

(1)认真阅读实验教材及有关参考资料,明确实验目的,理解实验原理,熟悉实验内容,掌握实验方法,了解基本操作和仪器的使用方法及注意事项。

(2)根据实验内容查阅附录及有关手册,列出实验所需的物理、化学数据,在此基础上,写出预习报告。

(3)实验前指导教师要检查预习情况,预习不合格者,要重新预习,直到达预习要求后才能进行实验。

2.认真实验

(1)根据实验教材上所规定的方法、步骤和试剂用量规范操作,既要大胆又要细心,仔细观察实验现象,认真详实地做好实验记录。

(2)实验中观察到的现象、测定的数据要如实记录在报告本上,不得用铅笔随意记在草纸或实验教材上;不能凭主观意愿删去自己认为不对的数据,更不能杜撰原始数据。原始数据不得随意涂改,如果记录错误,可在原来数据上划一道杠,再在上面或旁边写上正确数据。

(3)在实验中遇到疑难问题或者"反常现象",应首先尊重实验事实,并认真分析和检查其原因,做对照实验和空白试验,或自行设计实验进行核对,必要时应多次重复验证,直至得到正确结论。

(4)实验过程中要勤于思考,遇到问题要善于仔细分析,力争独立解决问题。若遇到疑难问题而自己无法解决时,可请教指导教师给予指导。如实验失败,要查明原因,经教师准许后重做实验。

(5)在实验过程中应该保持肃静,严格遵守实验守则。自觉养成良好的实验习惯,始终保持实验桌面布局合理、环境整洁。实验结束后,必须经指导教师在原始记录本上签字后才能离开实验室。

3.做好总结

做完实验仅是完成实验的一部分,更为重要的任务是分析实验现象、整理实验数据,对实验进行全面总结,并写出实验报告。

(1)根据所做的实验记录,对实验现象进行解释,写出反应式,处理原始数据,并进行归纳总结,得出结论。

(2)对实验结果进行讨论,分析误差产生的原因,回答相关的思考题,对实验内容和实验方法提出改进意见或建议。

4.实验报告

实验报告要求按一定格式书写,字迹要工整,叙述要简明扼要,实验记录和数据处理应使用表格形式,作图要准确清楚,报告要整齐清洁。

实验报告的书写一般分以下三部分。

(1)预习部分(实验前完成)。按实验目的、原理(扼要)、步骤(简明)几项书写。

(2)记录部分(实验时完成)。包括实验现象、数据,这部分数据称为原始数据。

(3)结论部分(实验后完成)。包括对实验现象的分析和解释、原始数据的处理、误差分析和结果讨论。

5. 实验报告格式

无机及分析化学实验大致可分为以下几种类型:制备实验、测定实验、性质实验、定量分析实验、定性分析实验。现将几种不同类型的实验报告格式介绍如下,以供参考。

I.**制备实验**(以第二部分第五章实验三为例)

姓名________ 班级________ 专业________ ____年____月____日 成绩________

实验名称　**实验三　硝酸钾的制备**

一、实验目的

(1)利用钾盐、硝酸盐在不同温度时溶解度不同的性质来制备硝酸钾。

(2)学习称量、溶解、冷却、过滤等无机制备的基本操作。

二、基本原理

当 KCl 和 $NaNO_3$ 溶液混合时,混合液中同时存在 K^+、Na^+、Cl^-、NO_3^- 4 种离子,由它们组成的 4 种盐,在不同的温度下有不同的溶解度,利用 NaCl 和 KNO_3 的溶解度随温度变化而变化的差别,高温除去 NaCl,滤液冷却得到 KNO_3。

三、实验步骤(含实验流程)

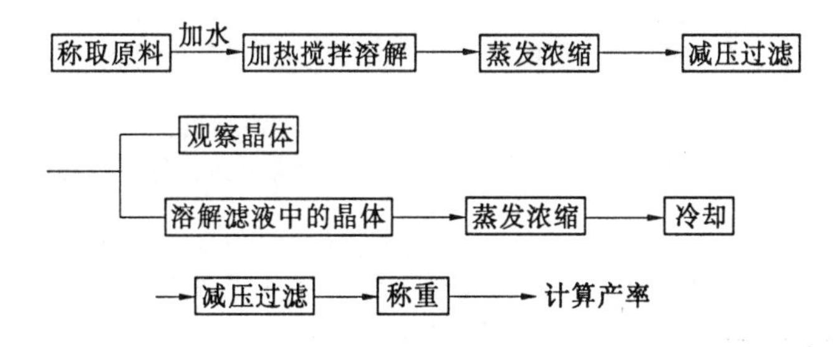

四、实验现象

(略)

五、实验结果

(1)产品外观

(2)实际产量

(3)理论产量

$$KCl + NaNO_3 = KNO_3 + NaCl$$

$$m(KNO_3) = \left(\frac{8.5 \times 101.1}{85}\right) g = 10.1\ g$$

(4)产率　η = (实际产量/理论产量) × 100%

六、结果讨论

七、思考题

Ⅱ.**测定实验**(以第二部分第二章实验一为例)

姓名________ 班级________ 专业________ ____年____月____日 成绩________

实验名称 **实验一 摩尔气体常数 R 的测定**

一、实验目的

(1)学习掌握理想气体状态方程式和气体分压定律的应用。

(2)练习测量气体体积的操作和气压计的使用。

二、基本原理

活泼金属镁与稀硫酸反应,置换出氢气(H_2)

$$Mg + H_2SO_4 = MgSO_4 + H_2\uparrow$$

准确称取一定质量的金属镁,使其与过量的稀硫酸作用,在一定温度和压力下测定被置换出来的氢气的体积,由理想气体状态方程式即可算出摩尔气体常数 R,即

$$R = \frac{p(H_2)\cdot V(H_2)}{n(H_2)\cdot T}$$

式中,$p(H_2)$为氢气的分压;$n(H_2)$为一定质量的金属镁置换出的氢气的物质的量。

三、实验步骤

(1)称量。用分析天平准确称取3份镁条,每份质量为(0.030 ± 0.005)g。

(2)安装。按实验装置图装配仪器,赶气泡。

(3)检漏。把调节管下移一段距离并固定。如果量气管内液面只在初始时稍有下降,以后维持不变(观察3~5 min),即表明装置不漏气。如液面不断下降,应重复检查各接口处是否严密,直至确保不漏气为止。

(4)测定。用漏斗往试管内注入6~8 mL 3 $mol\cdot L^{-1}$硫酸,取出漏斗时注意切勿使硫酸沾污管壁。将试管按一定倾斜度固定好,把镁条用水稍微湿润后贴于管壁内,确保镁条不与硫酸接触。检查量气管内液面是否处于"0"刻度以下,再次检查装置的气密性。

将调节管靠近量气管右侧,使两管内液面保持同一水平,记下量气管液面位置。将试管底部稍微提高,使硫酸与镁条接触,这时,反应产生的氢气进入量气管中,管中的水被压入调节管内。为避免量气管内压力过大,可适当下移调节管,使两管液面大体保持同一水平。反应完毕后,待试管冷至室温,使调节管与量气管内液面处于同一水平,记录液面位置。1~2 min后,再记录液面位置,直至2次读数一致,即表明管内气体温度已与室温相同。用另2份已称量的镁条重复实验。

四、数据记录和处理

项目 \ 实验序号	1	2	3
实验时温度 T/K			
实验时大气压力 p/Pa			
镁条质量 $m(Mg)$/g			
反应前量气管液面读数 V_1/mL			
反应后量气管液面读数 V_2/mL			
氢气的体积 $V(H_2) = (V_2 - V_1)$/mL			
T(K)时水的饱和蒸气压 p/Pa			
氢气的物质的量 $n(H_2)$/mol			
摩尔气体常数 R			
相对偏差/%			

五、结果讨论(分析产生误差的主要原因)

六、思考题

Ⅲ.**性质实验**(以第二部分第三章实验一为例)

姓名________ 班级________ 专业________ ____年____月____日 成绩________

实验名称 **实验一 碱金属、碱土金属**

一、实验目的

(1)试验并了解少数锂、钠、钾盐的微溶性。

(2)试验碱土金属氢氧化物、盐的溶解性,并利用它们的差异分离、鉴定 Mg^{2+}、Ca^{2+}、Ba^{2+} 离子。

(3)学习焰色反应,离子的分离、鉴定。

二、实验步骤

实验内容	实验现象	解释与结论(包括反应方程式)
1.碱金属氢氧化物的性质		
(1) $MgCl_2$ + NaOH	胶状白色沉淀	$Mg^{2+} + 2OH^- = Mg(OH)_2\downarrow$
$CaCl_2$ + NaOH	大量白色沉淀	$Ca^{2+} + 2OH^- = Ca(OH)_2\downarrow$
$BaCl_2$ + NaOH	—	
(2) $MgCl_2$ + 氨水	白色沉淀	$Mg^{2+} + 2NH_3 \cdot H_2O = Mg(OH)_2\downarrow + 2NH_4^+$
$CaCl_2$ + 氨水	—	结论:
$BaCl_2$ + 氨水	—	溶解度 $Mg(OH)_2 < Ca(OH)_2 < Ba(OH)_2$
2.锂、钠、钾的微溶盐		
(1) LiCl + NaF	小的白色晶体沉淀	$Li^+ + F^- = LiF$
LiCl + Na_2CO_3 加热	白色沉淀	$2Li^+ + CO_3^{2-} = Li_2CO_3\downarrow$
LiCl + Na_2HPO_4 加热	白色沉淀	$3Li^+ + HPO_4^{2-} = Li_3PO_4\downarrow + H^+$
(2) NaCl + $KSb(OH)_6$ 摩擦管壁	出现白色晶体	$Na^+ + KSb(OH)_6 = Sb(OH)_6Na\downarrow + K^+$
(3) KCl + $NaHC_4H_4O_6$ 放置	出现白色晶体	$K^+ + NaHC_4H_4O_6 = KHC_4H_4O_6\downarrow + Na^+$
(以下略)		

三、思考题

四、讨论和建议

备注:

Ⅳ.定量分析实验(以第二部分第四章实验一为例)

姓名________ 班级________ 专业________ ____年____月____日 成绩________

实验名称 **实验一 盐酸溶液的配制与标定**

一、实验目的

(1)学会用基准物质标定盐酸浓度的方法。

(2)进一步熟练掌握称量技术和滴定操作。

二、基本原理

标定盐酸溶液的基准物质常用无水碳酸钠,其反应式为

$$Na_2CO_3 + 2HCl = 2NaCl + H_2O + CO_2(g)$$

滴定至完全反应时,化学计量点的 pH 值为 3.89,可选用溴甲酚绿-二甲基黄混合指示剂指示终点,颜色由绿色(或蓝绿色)变为亮黄色,根据 Na_2CO_3 的质量和所消耗的 HCl 体积,可以计算出盐酸的物质的量浓度 $c(HCl)$。

三、实验步骤

用减量法准确称取 3 份干燥的无水 Na_2CO_3,每份为 0.15 ~ 0.2 g,分别置于 250 mL 锥形瓶中,各加入 80 mL 水使其完全溶解。加 9 滴溴甲酚绿-二甲基黄混合指示剂溶液,用待标定的 HCl 溶液滴定至溶液由绿色(或蓝绿色)变为亮黄色,记下滴定用去的 HCl 体积。

四、实验记录和结果处理

项目 \ 序号	1	2	3
Na_2CO_3 质量 $m(Na_2CO_3)/g$			
消耗 HCl 体积 $V(HCl)/mL$			
HCl 物质的量浓度 $c(HCl)/(mol\cdot L^{-1})$			
HCl 物质的量浓度平均值 $\bar{c}(HCl)/(mol\cdot L^{-1})$			
相对偏差/%			
相对平均偏差/%			

五、结果讨论(分析产生误差的主要原因)

六、思考题

V.定性分析实验(以第二部分第三章实验二为例)

姓名________　班级________　专业________　____年____月____日　成绩________

实验名称　**实验二　卤素阴离子混合液的分离和鉴定**

一、实验目的(略)

二、实验步骤(仅列部分内容作示例)

1. Cl^-、Br^-、I^-混合液的分离、鉴定

(1)分析简表

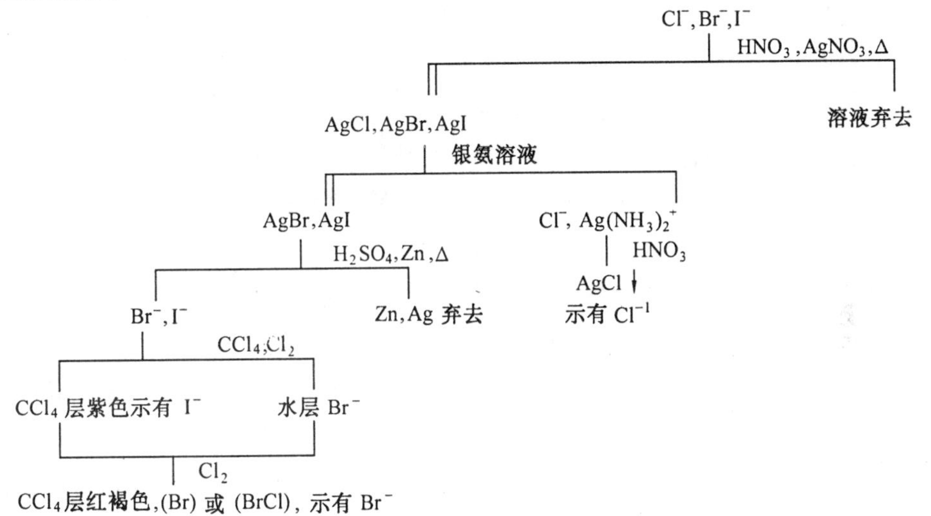

(2)分析步骤

离子:Cl^-(无色),Br^-(无色),I^-(无色)

顺序	实验步骤	实验现象	结　论	反应方程式
(1)	取2~3滴混合液,加1滴6 $mol\cdot L^{-1}$ HNO_3酸化,加0.1 $mol\cdot L^{-1}$ $AgNO_3$至沉淀完全,加热2 min,离心分离,弃去溶液	先黄色后白色沉淀	示有X^-离子	$Ag^+ + X^- = AgX\downarrow$
(2)	在沉淀中加5~10滴银氨溶液,剧烈搅拌,并温热1 min,离心分离			$AgCl + 2NH_3 = Ag(NH_3)_2^+ + Cl^-$
(3)	在(2)的溶液中加6 $mol\cdot L^{-1}$ HNO_3酸化	又出现白色沉淀	示有Cl^-	$Ag(NH_3)_2^+ + H^+ + Cl^- = AgCl\downarrow + 2NH_4^+$
(4)	在(2)的沉淀中,加入5~8滴1 $mol\cdot L^{-1}$ H_2SO_4和少许锌粉,搅拌,加热至沉淀颗粒都变为黑色,离心分离,弃去沉淀	沉淀变黑		$2AgBr + Zn = Zn^{2+} + 2Ag + 2Br^-$ $2AgI + Zn = Zn^{2+} + 2Ag + 2I^-$
(5)	取2滴(4)中的溶液,加8滴CCl_4,逐滴加氯水 继续滴加氯水	CCl_4层显紫色 CCl_4层紫色褪去后出现橙色	示有I^- 示有Br^-	$2I^- + Cl_2 = I_2 + 2Cl^-$ $I_2 + 5Cl_2 + 6H_2O = 2HIO_3 + 10HCl$ $2Br^- + Cl_2 = 2Cl^- + Br_2$

实验成绩评定

1.学生实验成绩的评定依据

(1)对实验原理理解和对基本知识的掌握(主要看预习报告情况)。

(2)对实验基本操作、基本技术和实验方法的掌握。

(3)实验结果(产率、纯度、准确度、精密度等)。

(4)实验现象、原始数据的记录(及时、正确,包括表格的设计),数据处理的正确性,有效数字、作图技术的掌握,实验报告的书写与完整性。

(5)实验过程中的综合能力、科学品德和科学精神。

无机及分析化学实验中几大类型实验的特点不同,成绩评定的侧重点亦有所不同。

2.无机及分析化学实验成绩的具体考核办法

实验成绩评定是平时成绩与期末考试成绩相结合,每个实验成绩按百分制给出,累加后取平均值为平时成绩,平时成绩占80%,期末考试成绩占20%。

(1)实验预习。每次实验都应按照要求进行预习并写出预习报告,实验前经指导教师检查合格后方可进行实验,预习情况考核占本次实验成绩的15%。

(2)实验操作。根据对实验内容的完成情况及各项基本操作规程要领执行的情况来评定成绩,实验操作考核占总成绩的50%。

(3)实验态度。根据实验过程中学生的实验态度、习惯、卫生、纪律等情况进行考核,其考核结果占总成绩的10%。

(4)实验报告。学生按要求准确、完整、按时完成并提交实验报告,实验报告的考核占总成绩的25%。

学生必须按时认真完成全部实验课内容,因特殊情况不能按时上课,应事先向指导教师请假且事后必须补做,无故缺课部分按零分处理,学生三次无故不上实验课,实验总成绩为不及格。

无机化学实验评分标准示例(粗盐提纯)

内　容	评 分 要 点	分数
一、预习(25分)	1.课前预习情况及课堂提问	10
	2.预习报告:报告内容完整,书写规范	5
	3.实验态度、习惯、纪律、卫生	10

二、操作(50分)	1.除 SO_4^{2-}(20分)	1.药品撒落在台面上	2
		2.搅拌无声音	2
		3.搅拌不溅出	2
		4.溶液取用合适	2
		5.反应完全	2
		6.滤纸大小适当	2
		7.布氏漏斗口朝向正确	2
		8.先用水把滤纸润湿	2
		9.把滤纸抽严再倒入待抽滤的溶液	2
		10.使用水泵方法正确不倒吸	2
	2.除 Ca^{2+}、Mg^{2+}(20分)	1.溶液取用正确	2
		2.搅拌不溅出	2
		3.溶液取用合适	2
		4.用镊子夹取 pH 试纸	2
		5.测试 pH 值在点滴板上进行	2
		6.pH 值调过后不再反复调	2
		7.滤纸大小适当	2
		8.布氏漏斗口朝向正确	2
		9.先用水把滤纸润湿和抽严后转移溶液	2
		10.使用水泵方法正确不倒吸	2
	3.浓缩及称量(10分)	1.转移溶液损失	1
		2.浓缩时间适当	1
		3.滤纸大小适当	1
		4.布氏漏斗口朝向正确	1
		5.转移布氏漏斗内产品正确	1
		6.产品转移彻底	1
		7.产品经彻底干燥后进行称量	1
		8.产品的外观正常,应为白色	1
		9.按规定时间完成实验	1
		10.不重取原料重做	1

三、实验报告(25分)	1.报告记录完整	5
	2.报告记录无涂描	5
	3.有效数字记录正确	5
	4.报告书写工整	5
	5.其他情况	5
合计		满分100

滴定分析实验操作评分标准示例(有机酸摩尔质量测定)

项目			分数
1.预习(20分)	预习及预习报告部分(10分)	报告内容完整,书面整洁,字迹端正清晰,格式规范。报告内容不完整,没有表格扣3分	5
		预习情况	5
	提问(5分)		5
	实验态度、习惯、纪律、卫生(5分)	实验态度、习惯:3分;经律:1分。卫生分担区完成情况:1分	5
2.操作(40分)	称量(15分)	**电子分析天平**	6
		称量前检查、清扫	1
		天平使用方法正确,在0.000 g状态下称量	1
		动作轻、缓	1
		调零和读数关闭天平门	1
		没有洒落在天平秤盘或台面药品(包括粗称)	1
		多余药品未放回原瓶	1
		使用完毕清扫,关机,登记	1
		指定质量法	4
		称量方法正确	1
		接近所需量时慢慢抖入的操作	2
		有机酸的称量范围0.6 g±0.5 mg,每超出0.2 mg扣一分	1
		递减称量法	5
		称量顺序正确,思路清晰	1
		戴手套或用纸条	1
		称量瓶盖敲击称量瓶口规范,未倒出杯外	1
		结束敲击时边坚瓶边敲称量瓶操作	1
		邻苯二钾酸氢钾称量范围0.4~0.6 g,每超出0.05 g扣一分	

	滴定(10分)	滴定管内壁无水珠,待装液润洗3次	1
		装液,初读数(0.00 mL),管尖是否漏水,无气泡	1
		滴定管的高度规范 使瓶底离滴定台高约2~3 cm,滴定管下端伸入瓶口内约1 cm;	1
		邻苯二甲酸氢钾溶解 溶解完全;不可用玻璃棒搅拌;若加热,必冷却至室温	1
		左手手法规范 左手握管,其拇指在前,食指在后,其他三个指辅助夹住出口管,用拇指和食指捏住玻璃珠右上方;控制滴定速度	1
		锥形瓶位置适中 用右手的拇指、食指和中指拿住锥形瓶,其余两指辅助在下侧	
		右手手法规范 微动腕关节,使溶液向同一方向,旋转要求有一定速度	1
		终点的判断控制 近终点时先逐滴后半滴半滴地加入,颜色适中	1
		读数规范 读数时,应将滴定管从滴定管架上取下,用右手大拇指和食指捏住滴定管上部无刻度处	1
		准确读数 读数前,应注意管出口嘴尖上有无挂着水珠;读弯月下缘实线最低点;读至小数点后第二位,及时纪录	1
	定容(10分)	瓶盖是否系在瓶身	1
		内壁不挂水珠	1
		有机酸溶解(是否全部溶解;若加热,是否冷至室温)	1
		用玻璃棒引流位置正确,无外溅	1
		倾倒完毕后,烧杯在扶正的同时沿玻璃棒上提1~2 cm	1
		玻璃棒放回烧杯时,不要在烧杯嘴	1
		加水到2/3时,沿水平方向摇动,不能盖瓶塞	1
		加水至标线1 cm等1~2 min	1
		弯月面是否与标线相切	1
		混匀10次	1

<table>
<tr><td rowspan="5"></td><td rowspan="5">移液(5分)</td><td colspan="4">内壁无水珠,吸干内壁及外壁水分,用适量待吸液润洗3次</td><td>1</td></tr>
<tr><td colspan="4">移液规范
用右手食指堵住管口,不吸空,吸耳球正放在台面</td><td>1</td></tr>
<tr><td colspan="4">放出多余溶液
容量瓶倾斜,其内壁与移液管尖紧贴,移液管直立,并离开液面;放出溶液要调节自如</td><td>1</td></tr>
<tr><td colspan="4">放液操作标准
锥形瓶倾斜30°,其内壁与移液管尖紧贴,移液管直立,放出溶液后等15 s左右并转动</td><td>1</td></tr>
<tr><td colspan="4">除特别注明“吹”(blow-out)字以外,一般此管尖部位留存的溶液是不能吹入接收容器中的</td><td>1</td></tr>
<tr><td rowspan="9">3. 实验报告、数据误差分析结果讨论总结(40分)</td><td>实验报告</td><td colspan="4">报告格式正确,内容完整(实验结果需列出计算式)</td><td>5</td></tr>
<tr><td rowspan="7">数据结果</td><td colspan="4">数据记录规范{有效数字等根据报告分数酌情扣分}</td><td>3</td></tr>
<tr><td colspan="4">c(NaOH)(平均值) =　　mol·L^{-1}　$M(H_2A)$ =</td><td>17</td></tr>
<tr><td>准确度</td><td>分　数</td><td>相对平均偏差</td><td>分　数</td><td></td></tr>
<tr><td>±0.2%内</td><td>10</td><td>≪0.2%</td><td>7</td><td></td></tr>
<tr><td>±0.5%内</td><td>8</td><td>≪0.4%</td><td>5</td><td></td></tr>
<tr><td>±1%内</td><td>6</td><td>≪0.6%</td><td>3</td><td></td></tr>
<tr><td>±1%外</td><td>4</td><td>>0.6%</td><td>2</td><td></td></tr>
<tr><td>误差分析结果讨论总结</td><td colspan="4">包括误差分析、结果讨论,判断结果的可靠性,对实验方案提出改进意见,对实验方法的类似设想和总结</td><td>15</td></tr>
<tr><td>说明</td><td colspan="6">总分是100分
整个实验应在4学时完成,每超过2 min扣一分,没有预习报告不允许做实验</td></tr>
</table>

实验室规则

实验室规则是人们从长期的实验室工作经验和教训中归纳总结出来的,它可以保持正常的实验环境和工作秩序,防止意外事故发生。遵守实验室规则是做好实验的前提和保障,大家必须严格遵守。

(1)实验前一定要做好预习和实验准备工作,明确实验目的,了解实验的基本原理、方法和注意事项。

(2)遵守纪律,不迟到,不早退,保持肃静,不准大声喧哗,不得到处乱走。

(3)实验时集中精神,认真操作,仔细观察,积极思考,详细做好实验记录。

(4)爱护国家财产,小心使用仪器和实验设备,注意节约使用水、电和煤气。实验中使用自己的仪器,不得随意动用他人的仪器,公用仪器使用完毕后应洗净,放回原处。如有损坏,必须及时登记补领。

(5)实验仪器应整齐地摆放在实验台上,保持台面的清洁。实验中产生的废纸、火柴梗和碎玻璃等应倒入垃圾箱内,酸碱废液必须小心倒入废液缸内。

(6)按规定用量取用药品,注意节约。取药品时要小心,不要撒落在实验台上。药品自瓶中取出后,不能再放回原瓶中。称取药品后,应及时盖好瓶盖,放在指定地方的药品不得擅自拿走。

(7)使用精密仪器时,必须严格按照操作规程进行操作,操作中要细心谨慎,避免粗心大意,损坏仪器。如发现仪器有故障,应立即停止使用,报告教师,及时排除故障。

(8)加强环境保护意识,采取积极措施,减少有毒气体和废液对大气、水和环境的污染。产生有毒气体的实验应在通风橱内进行。

(9)实验完成后,应将自己所用仪器洗净并整齐摆放在实验柜内,并将实验台和试剂架擦净。

(10)实验结束后,值日生负责打扫和整理实验室,关闭水、电和煤气,并关上窗户。经教师检查合格后,值日生方可离开实验室。

实验安全守则

化学实验用到的药品中,有的是易燃、易爆品,有的具有腐蚀性和毒性。因此,实验中要特别注意安全,将“安全”放在首位。发生了事故不仅损害个人的身体健康,而且有可能危及到他人,还有可能导致国家的财产损失,影响工作的正常进行。因此,首先,需要从思想上重视实验安全,决不能麻痹大意。其次,在实验前应了解仪器的性能、药品的性质以及实验中应注意的安全事项。在实验过程中,应集中精力,严格遵守实验安全守则,防止意外事故的发生。另外,掌握必要的救护措施。一旦发生意外事故,可进行及时处理。

(1)严禁在实验室内饮食、吸烟,或把食具带进实验室,化学实验药品禁止入口。实验完毕应洗手。

(2)不要用湿的手、物接触电源,以免发生触电事故。

(3)一切涉及有毒、有刺激性或有恶臭气味物质(如硫化氢、氟化氢、氯气、一氧化碳、二氧化硫、二氧化氮等)的实验,必须在通风橱中进行。

(4)一切易挥发和易燃物质的实验,必须在远离火源的地方进行,以免发生爆炸事故。

(5)加热试管时,不得将试管口对着自己,也不可指向别人,避免溅出的液体烫伤人。

(6)倾注有腐蚀性的液体或加热有腐蚀性的液体时,液体容易溅出,不要俯向容器直接去嗅容器中溶液或气体的气味,应使面部远离容器,用手把逸出容器的气流慢慢地扇向自己的鼻孔。

(7)稀释浓硫酸时,应将浓硫酸慢慢倒入水中,并不断搅拌,切不可将水倒入硫酸中,以免产生局部过热使硫酸溅出,引起灼伤。

(8)取用在空气中易燃烧的钾、钠和白磷等物质时,要用镊子,不要用手去接触。

(9)氢气(或其他易燃、易爆气体)与空气或氧气混合后,遇火易发生爆炸,操作时严禁接近明火。银氨溶液不能留存,因久置后会变成氮化银,易爆炸。强氧化剂(如氯酸钾、硝酸钾、高锰酸钾等)或强氧化剂混合物不能研磨,否则将引起爆炸。

(10)有毒药品(如重铬酸钾、钡盐、铅盐、砷的化合物、汞的化合物,特别是氰化物)不得进入口内或接触伤口。剩余的废液也不能随便倒入下水道,应倒入废液缸或由教师指定的容器里。

(11)金属汞易挥发,并可通过呼吸道进入人体,逐渐积累会引起慢性中毒。所以做金属汞的实验时应特别小心,不得把金属汞洒落在桌上或地上。若不小心洒落,必须尽可能收集起来,并用硫磺粉撒在洒落汞的地方,让金属汞转变成不挥发的硫化汞。

(12)洗涤的仪器应放在烘箱里或气流干燥器上干燥,严禁用手甩干。

(13)水、电、煤气一经使用完毕,应立即关闭开关。

(14)点燃的火柴用后应立即熄灭,放入废物缸内,不得乱扔。

(15)不得将实验室的化学药品带出实验室。

实验中意外事故的处理

(1)割伤。伤口处不能用手抚摸,也不能用水洗涤。若是玻璃割伤,应先把碎玻璃从伤处挑出。轻伤可涂以紫药水(或红汞、碘酒),必要时撒些消炎粉或敷些消炎膏,再用绷带包扎。

(2)烫伤。不要用冷水洗涤伤口处。伤口处皮肤未破时,可涂擦饱和碳酸氢钠溶液或用碳酸氢钠粉调成糊状敷于伤处,也可抹獾油或烫伤膏,如果伤处皮肤已破,可涂些紫药水或高锰酸钾溶液。

(3)酸腐蚀致伤。先用大量水冲洗,再用饱和碳酸氢钠溶液(或稀氨水、肥皂水)洗,最后再用水冲洗。如果酸液溅入眼中,用大量水冲洗后送校医院处理。

(4)碱腐蚀致伤。先用大量水冲洗,再用质量分数 2% 的醋酸溶液或饱和硼酸溶液洗,最后用水冲洗。如果碱液溅入眼中,用硼酸溶液冲洗。

(5)溴腐蚀致伤。用苯或甘油洗伤口,再用水洗。

(6)磷灼伤。用质量分数 1% 的硝酸银、质量分数 5% 的硫酸铜或浓高锰酸钾溶液洗伤口,然后包扎。

(7)吸入刺激性或有毒气体。吸入氯气、氯化氢气体时,可吸入少量酒精和乙醚的混合蒸气使之解毒。吸入硫化氢或一氧化碳气体而感到不适时,应立即到室外呼吸新鲜空气。值得指出的是,氯气、溴中毒不可进行人工呼吸,一氧化碳中毒不可用兴奋剂。

(8)毒物进入口内。将 5 ~ 10 mL 稀硫酸铜溶液加入一杯温水中,内服后,用手指伸入咽喉部,促使呕吐,吐出毒物,然后立即送医院。

(9)触电。首先切断电源,然后在必要时进行人工呼吸。

(10)起火。发生火灾后,不要惊慌,要立即一面灭火,一面防止火势蔓延,可采取切断电源、移走易燃药品等措施。灭火的方法要根据起火原因选用合适的方法。一般的小火可用湿布、石棉布或沙子覆盖燃烧物。火势大时可使用泡沫灭火器。但电器设备所引起的火灾,只能使用二氧化碳或四氯化碳灭火器灭火,不能使用泡沫灭火器,以免触电。实验人员衣服着火时,切勿惊慌乱跑,赶快脱下衣服,用水浇灭,或用石棉布覆盖着火处。

(11)伤势较重者,应立即送医院治疗。

实验室急救药箱

为了对实验室内意外事故进行紧急处理,每个实验室都应配备一个急救药箱。药箱内可准备下列药品:

红药水	碳酸氢钠溶液(饱和)	饱和硼酸溶液
獾油或烫伤膏	醋酸溶液(质量分数为2%)	氨水(质量分数为5%)
碘酒(质量分数为3%)	硫酸铜溶液(质量分数为5%)	高锰酸钾溶液(质量分数为10%)
消炎粉	氯化铁溶液(止血剂)	甘油
凡士林	消毒棉	氧化锌橡皮膏
绷带	棉签	剪刀
纱布	创可贴	

实验室“三废”的处理

实验中不可避免地产生某些有毒气体、液体或固体,都需要及时排弃,特别是某些剧毒物质,如果直接排出就可能污染周围空气和水源,使环境污染,损害人体健康。因此,对废液、废气、废渣必须经过一定的处理,才能排弃。

对于产生少量有毒气体的实验,可在通风橱内进行,通过排风设备将少量有毒气体排到室外,以免污染室内空气。对于产生毒气量较大的实验,必须备有吸收或处理装置。如二氧化氮、二氧化硫、氯气、硫化氢、氟化氢等可用碱溶液吸收;一氧化碳可直接点燃使其转为二氧化碳。少量有毒的废渣可埋于地下(应有固定地点)。下面主要介绍常见废液处理的一些方法。

(1)实验中产生的废液中量较大的是废酸液,可先用耐酸塑料网纱或玻璃纤维过滤,滤液用石灰或碱中和,调 pH 值至 6~8 后就可排出。少量的滤渣可埋于地下。

(2)实验中含铬废液量较大的是废铬酸洗液,可用高锰酸钾氧化法使其再生,继续使用。方法是:先在 110~130℃下不断搅拌加热浓缩,除去水分后,冷却至室温,缓缓加入高锰酸钾粉末,每 1 000 mL 中加入 10 g 左右,直至溶液呈深褐色或微紫色(注意不要加过量),边加边搅拌,然后直接加热至有三氧化硫出现,停止加热。稍冷,通过玻璃砂芯漏斗过滤,除去沉淀,冷却后析出红色三氧化铬沉淀,再加适量硫酸使其溶解即可使用。少量的洗液可加入废碱液或石灰使其生成氢氧化铬沉淀,将废渣埋于地下。

(3)氰化物是剧毒物质,含氰废液必须认真处理。少量的含氰废液可先加氢氧化钠调至 pH 值大于 10,再加入少量高锰酸钾使 CN^- 氧化分解。量大的含氰废液可用碱性氯化法处理,方法是:先用碱调至 pH 值大于 10,再加入漂白粉,使 CN^- 氧化成氰酸盐,并进一步分解为二氧化碳和氮气。

(4)含汞盐废液应先加氢氧化钠调 pH 值至 8~10 后,加适当过量的硫化钠,生成硫化汞沉淀,同时加入硫酸亚铁生成硫化亚铁沉淀,从而吸附硫化汞,使其沉淀下来。静置后分离,再离心过滤,清液中的含汞量降到 0.02 $mg\cdot L^{-1}$以下,可直接排放。少量残渣可埋于地下,大量残渣需要用焙烧法回收汞,但要注意,一定要在通风橱内进行。

(5)含重金属离子的废液,最有效和最经济的处理方法是加碱或加硫化钠把重金属离子变成难溶性的氢氧化物或硫化物而沉积下来,并过滤分离,少量残渣可埋于地下。

第一部分　基本知识与基本操作技术

第一章　基本知识

第一节　实验用水

一、实验室用水的规格

化学实验中所用的水必须是纯化的水，不同的实验，对水质的要求也不同，应根据实验的具体要求选用不同规格的纯水。

我国已经建立的实验室用水规格的国家标准(GB 6682—92)中，明确规定了实验室用水的级别、主要技术指标、制备及检验方法。该标准采用了国际标准(ISO3696—1987)，具体内容见表1.1.1。

表1.1.1　实验室用水的级别及主要技术指标

指标名称	一级	二级	三级
pH值范围(298 K)	—	—	5.0~7.5
电导率(298 K)/($mS\cdot m^{-1}$)	≤0.01	≤0.10	≤0.50
可氧化物质(以氧计)/($mg\cdot cm^{-3}$)	—	<0.08	<0.4
蒸发残渣((378±2)K)/($mg\cdot cm^{-3}$)	—	<1.0	<2.0
吸光度(254 nm,1 cm光程)	≤0.001	≤0.01	—
二氧化硅含量/($mg\cdot cm^{-3}$)	<0.01	<0.02	—

有些实验室对水还有特殊的要求，可根据需要检验有关项目，如氧、铁、氨含量等。

实验室常用的蒸馏水、去离子水和电导水，它们在298 K时的电导率分别为1 $mS\cdot m^{-1}$、0.1 $mS\cdot m^{-1}$、0.1 $mS\cdot m^{-1}$，与三级水的指标相近。

二、纯水的制备

按水的质量，可将实验用水分为三级、二级、一级。

1.三级水

三级水可用蒸馏、去离子(离子交换及电渗析法)或反渗透等方法制取。三级水用于一般的化学分析实验。制备分析实验用水的原水应当是饮用水或其他适当纯度的水。三级水是使用最普遍的纯水，一是直接用于某些实验，二是用于制备二级水乃至一级水。过去多采用蒸馏法制备，称为蒸馏水，目前多采用离子交换法(所得的水称为去离子水)、电渗析法。

2.二级水

二级水可用离子交换法或将三级水再次蒸馏等方法制取，可含有微量的无机、有机或胶态杂质。二级水主要用于无机痕量分析实验，如原子吸收光谱分析、电化学分析实验等。

3.一级水

一级水可用二级水经过石英设备蒸馏或离子交换混合床处理后，再经 0.2 μm 微孔滤膜过滤来制取，处理后的水基本上不含有溶解或胶态离子杂质及有机物。一级水主要用于有严格要求的分析实验，包括对微粒有要求的实验，如高效液相色谱分析用水。

各种制备方法介绍如下。

(1)蒸馏法。蒸馏法是指把自来水或较纯净的天然水在蒸馏装置中加热汽化，将蒸汽冷凝得到蒸馏水的方法。此法的优点是设备成本低，操作简单。缺点是只能除去水中的非挥发性杂质和微生物等，不能完全除去易溶于水的气体杂质，而且能耗高；一般蒸馏装置所用的材料是不锈钢、玻璃、石英等，所以受到腐蚀后可能会带入金属离子。

(2)电渗析法。电渗析法是将自来水通过阴、阳离子交换膜组成的电渗析器，在外电场的作用下，利用阴、阳离子交换膜对水中阴、阳离子的选择透过性，使杂质离子从水中分离出来的方法。电渗析水纯度比蒸馏水低，不能除去非离子型杂质。电渗析水的质量接近三级水。

(3)离子交换法。离子交换法是将自来水通过装有阴、阳离子交换树脂的离子交换柱，利用交换树脂中的活性基团与水中的杂质离子进行交换作用，除去水中的杂质离子的方法。此法制得的水称为“去离子水”，其纯度较高，但未除去非离子型杂质，含有微量的有机物，为三级水。

三、水纯度的检验

纯水的质量可根据水中杂质含量多少来确定，主要质量指标是电导率(或电阻率)。水的纯度越高，杂质离子的含量越少，水的电导率越低。

测定电导率应选用适于测定高纯水的电导率仪(最小量程为 0.02 $\mu S \cdot cm^{-1}$)。测定一二级水时，电导池常数为 0.01 ~ 0.1，进行“在线”测定(即将电极装入制水设备的出水管道中)；测定三级水时，电导池常数为 0.1 ~ 1，用烧杯接取约 300 mL 水样，立即测定。

四、水的硬度

水的硬度主要是指水中含可溶性的钙盐和镁盐的多少，含这两种盐类多的为硬水，少的为软水。钙盐和镁盐的总含量为水的总硬度；钙、镁的含量分别为钙、镁的硬度。

1.硬度的表示单位

①德国硬度。1 德国硬度(1°DH)相当于氧化钙的质量浓度为 10 $mg \cdot L^{-1}$或是氧化钙物质的量浓度为0.178 $mmol \cdot L^{-1}$时所引起的硬度。

②英国硬度。1 英国硬度(1°clark)相当于碳酸钙的质量浓度为 14.3 $mg \cdot L^{-1}$或是碳酸钙物质的量浓度为 0.143 $mmol \cdot L^{-1}$时所引起的硬度。

③法国硬度。1 法国硬度(1°degreef)相当于碳酸钙的质量浓度为 10 $mg \cdot L^{-1}$或是碳酸钙物质的量浓度为 0.1 $mmol \cdot L^{-1}$时所引起的硬度。

④美国硬度。1 美国硬度(1 ppm)相当于碳酸钙的质量浓度为 1 $mg \cdot L^{-1}$或是碳酸钙物质的量浓度为0.01 $mmol \cdot L^{-1}$时所引起的硬度。

2.各种硬度之间的换算

日本硬度与美国硬度相同，我国硬度与德国硬度一致，所以有时也称我国硬度为德国硬度。各国硬度之间的换算见表 1.1.2。

表 1.1.2 硬度值换算表

国别	单位	mmol·L^{-1}	德国 (°)DH	英国 clark	法国 degref	美国 ppm
德国	mmol·L^{-1}	1	5.16	6.99	10	100
	°DH	0.178	1	1.25	1.78	17.8
英国	clark	0.143	0.80	1	1.43	14.3
法国	degreef	0.1	0.56	0.70	1	10
美国	ppm	0.01	0.056	0.070	0.1	1

3.软硬水的分类标准

按德国硬度,水的硬度可分为以下五种主要类型。

极软水	软水	微硬水	硬水	极硬水
0~4°DH	4~8°DH	8~16°DH	16~30°DH	>30°DH

生活用水要求硬度不超过25°DH。

五、纯水的合理利用

不同的化学实验,对水质的要求也不同,不能都用自来水,也不应都用蒸馏水,应根据实验要求选用适当级别的纯水。在使用时还应注意节约,因为纯水来之不易。

在本书的实验中,无机制备实验则根据实验要求与进展,决定在哪些步骤之前用自来水,哪些步骤之后用蒸馏水;在化学分析、常数测定、定性分析等实验中都用蒸馏水。如对纯水有特殊要求,将会在实验中注明。

为了使实验室使用的蒸馏水保持纯净,蒸馏水瓶要随时加塞,专用虹吸管内外都应保持干净。用洗瓶装取蒸馏水时,不要取出洗瓶的塞子和吸管,蒸馏水瓶上的虹吸管也不要插入洗瓶内。为了防止污染,在蒸馏水瓶附近不要存放浓盐酸、氨水等易挥发的试剂。

第二节 化学试剂

一、化学试剂的级别

试剂的纯度对实验结果准确度的影响很大,不同的实验,对试剂纯度的要求也不相同,因此,必须了解试剂的分类标准。化学试剂的种类很多,其分类和分级标准也不尽一致,我国化学试剂的标准有国家标准(GB)、化工部标准(HG)及企业标准(QB)。试剂按用途,可分为一般试剂、标准试剂、特殊试剂、高纯试剂等多种;按组成、性质、结构,又可分为无机试剂、有机试剂。另外新的试剂还在不断产生,没有绝对的分类标准。我国国家标准是根据试剂的纯度和杂质含量,将试剂分为五个等级,并规定了试剂包装的标签颜色及应用范围,见表1.1.3。

表 1.1.3　化学试剂的级别及应用范围

级别	中文名称	英文符号	标签颜色	应用范围
一级品	优级纯(保证试剂)	G.R.	绿	精密分析实验
二级品	分析纯(分析试剂)	A.R.	红	一般分析实验
三级品	化学纯	C.P.	蓝	一般化学实验
四级品	实验试剂	L.R.	黄	工业或化学制备
五级品	生物试剂	B.R.	咖啡色或玫瑰红	生化及医化实验

二、化学试剂的存放、保管

试剂应保存在通风、干燥、洁净的房间里，以防止污染或变质。氧化剂、还原剂应密封、避光保存；易挥发和低沸点试剂应置于低温阴暗处；易侵蚀玻璃的试剂应保存于塑料瓶内；易燃易爆试剂应有安全措施；剧毒试剂应由专人妥善保管，用时严格登记。

在实验室中分装化学试剂时，一般把固体试剂装在广口瓶内，液体试剂或配制的溶液则盛放在细口瓶或滴瓶中，见光易分解的试剂(如硝酸银等)则应盛放在棕色瓶内，盛碱液的细口瓶用橡皮塞。每一试剂瓶上都贴有标签，上面写明试剂的名称、规格或浓度(溶液)以及日期，在标签的外面涂一薄层蜡来保护它。

三、化学试剂的取用

1.固体试剂的取用

(1)取用试剂前应看清标签。取用时，先打开瓶塞，将瓶塞倒放在实验台上。如果瓶塞一端不是平顶而是扁平的，可用食指和中指将瓶塞夹住(或放在清洁的表面皿上)，绝不可将它横置桌上以免污染。不能用手接触化学试剂，应根据用量取用试剂。取用完毕，一定要把瓶塞盖严，绝不允许将瓶塞张冠李戴，然后把试剂瓶放回原处，以保持实验台整齐干净。

(2)要用清洁、干燥的药匙取试剂。用过的药匙必须洗净擦干后才能再使用。

(3)注意取药不要超过指定用量，多取的不能倒回原瓶，可放在指定的容器中供他人使用。

(4)一般固体试剂可以放在干净的纸或表面皿上称量。具有腐蚀性、强氧化性或易潮解的固体试剂应放在表面皿或玻璃容器内称量。

(5)往试管(特别是湿的试管)中加入固体试剂时，可用药匙(图 1.1.1)或将取出的药品放在对折的纸槽上，伸进试管约 2/3 处(图 1.1.2)。加入块状固体试剂时，应将试管倾斜，使其沿着试管壁慢慢滑下，以免碰破试管(图 1.1.3)。

(6)有毒药品要在教师指导下取用。

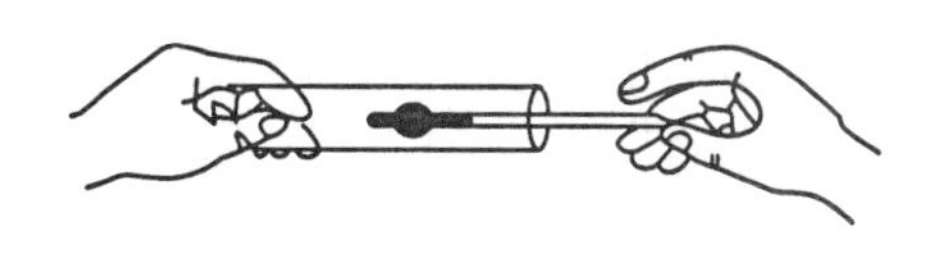

图 1.1.1　用药匙向试管送固体试剂

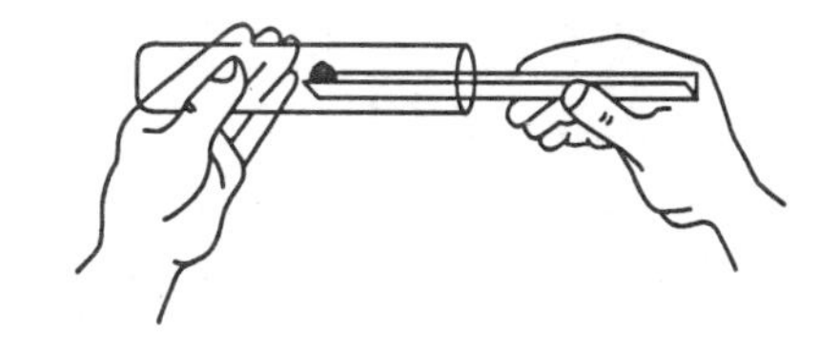

图 1.1.2　用纸槽向试管中送固体试剂

2.液体试剂的取用

(1)从滴瓶中取液体时，先用拇指和食指提起滴管离开液面，用手指紧捏滴管上部的胶皮头，以赶出滴管中的空气，再将滴管伸入试剂瓶中，放开手指吸入试剂。取出滴管，用中指和无名指夹住滴管颈部，滴管管尖垂直放在试管口上方，然后用大拇指和食指捏橡皮胶头，使试剂滴入试管中(图 1.1.4)，试管应垂直不要倾斜。滴瓶上的滴管只能专用，不能和其他滴瓶上的滴管混用；滴管决不能伸入所用容器中，以免触及器壁而沾污药品；滴管用完要放回原瓶不要放错，更不可随意乱放；不准用自己的滴管到瓶中取药；装有试剂的滴管不能平放或管口向上斜放，以免试剂倒流到橡皮胶头内。

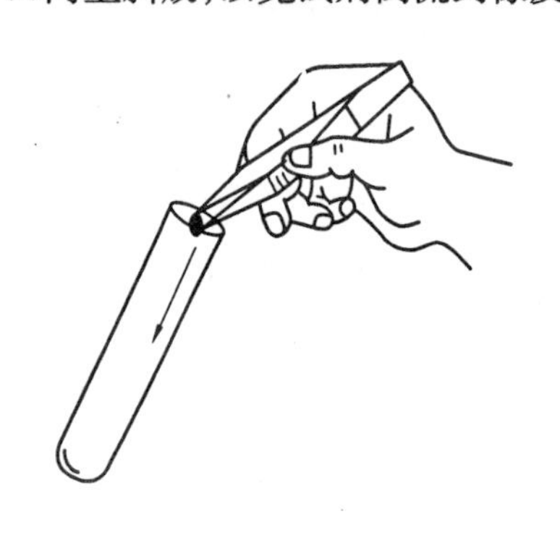

图 1.1.3　块状固体加入试管

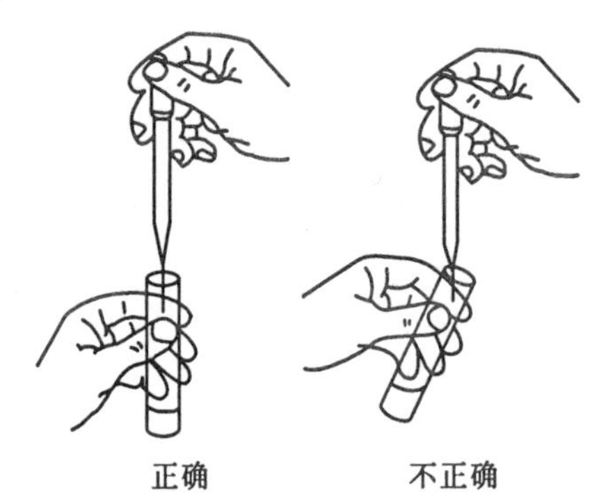

图 1.1.4　用滴管将试剂加入试管中

(2)从细口瓶中取用液体试剂时用倾注法。先将瓶塞取下，倒放在桌面上，试剂瓶贴有标签的一面朝向手心，逐渐倾斜瓶子，以瓶口靠住容器壁，让试剂沿着洁净的试管壁流入试管或沿着洁净的玻璃棒注入烧杯中。倾出所需量后，将试剂瓶口在容器上靠一下，再逐渐竖起瓶子，以免遗留在瓶口的液滴流到瓶的外壁。用完后盖上瓶盖，不要盖错。取多的试剂不能倒回原瓶，可倒入指定的容器内供他人使用。

(3)在试管中进行某些实验时，取试剂不需要准确用量，只要学会估计取用液体的量即可。例如用滴管取用液体，1 mL 相当多少滴，5 mL 液体占试管的几分之几等。倒入试管里液体的量一般不超过其容积的 1/3。

(4)定量量取液体试剂时，可用量筒或移液管。量筒用于量取一定体积的液体，可根据需要选用不同容量的量筒。读取体积时，应使视线与量筒内液体的弯月面的最低处保持相平，偏高或偏低都会造成误差。

第三节　溶液及其配制

在化学实验中，常常需要配制各种溶液来满足不同的实验要求。如果实验对溶液浓度的准确性要求不高，一般利用台秤、量筒、带刻度烧杯等低准确度的仪器配制就能满足需要。如果实验对溶液浓度的准确性要求较高，如定量分析实验，这就须使用分析天平、移液管、容量瓶等高准确度的仪器配制溶液。无论是粗配还是准确配制一定体积、一定浓度的溶液，首先要计算所需试剂的用量，包括固体试剂的质量和液体试剂的体积，然后再进行配制。

一、溶液浓度表示方法及其计算式

1. 摩尔质量 M

摩尔质量是指质量 m 除以物质的量 n，即

$$M = \frac{m}{n} \tag{1}$$

单位为 $g \cdot mol^{-1}$。利用此单位作为摩尔质量的单位时,任何物质的摩尔质量,在数值上等于该物质的相对原子质量或相对分子质量。

2.摩尔体积 V_m

摩尔体积是指体积 V 除以物质的量 n,即

$$V_m = \frac{V}{n} \tag{2}$$

单位为 $L \cdot mol^{-1}$。

3.物质的量浓度 c

分析化学中常简称为浓度。其意义是物质的量 n 除以溶液的体积 V,即

$$c = \frac{n}{V} \tag{3}$$

单位为 $mol \cdot L^{-1}$。某物质 A 的浓度可写成 $c(A)$。

4.质量 m、摩尔质量 M、物质的量 n 和物质的量浓度 c 的关系

将式(1) 代入式(3),得

$$c = \frac{n}{V} = \frac{m}{MV} \tag{4}$$

5.用固体物质配制溶液的计算式

由式(4) 得

$$m = cMV \tag{5}$$

单位为 g。欲配制某物质(其摩尔质量为 M) 溶液的浓度为 c、需配制体积为 V(以 L 为单位)时,其质量 m 可用式(5) 很容易计算出来。

6.物质的质量浓度 ρ_B

物质的质量浓度是指质量 m 除以溶液的体积 V,即

$$\rho_B = \frac{m}{V} \tag{6}$$

单位为 $g \cdot L^{-1}$。

7.质量摩尔浓度 b_B

质量摩尔浓度是指溶液中溶质 B 的物质的量除以溶剂的质量,即

$$b_B = \frac{n_B}{m_A} \tag{7}$$

单位为 $mol \cdot kg^{-1}$,它多在标准缓冲溶液的配制中使用。

8.滴定分析的计算式

对于一个化学反应

$$aA + bB = cC + dD \tag{8}$$

A 物质和 B 物质在反应达到化学计量点时,其间物质的量的关系为

$$n_A = \frac{a}{b}n_B \quad 或 \quad n_B = \frac{b}{a}n_A \tag{9}$$

式中,$\frac{a}{b}$ 或 $\frac{b}{a}$ 称为 A 物质和 B 物质的化学计量数比。

（1）两种溶液间的计量关系。例如，用NaOH标准溶液（A）滴定H_2SO_4（B）溶液时，反应式为

$$2NaOH + H_2SO_4 = Na_2SO_4 + 2H_2O$$

其计量关系式是

$$c_A V_A = \frac{a}{b} c_B V_B \qquad \left(\frac{a}{b} = \frac{2}{1}\right) \tag{10}$$

式（10）如果用于配制稀酸（盐酸等）或稀碱（氨水等）时，$\frac{a}{b} = 1$。

（2）固体物质（A）与溶液间的计量关系。例如，用基准物质标定溶液时，其计算式为

$$\frac{m_A}{M_A} = \frac{a}{b} c_B V_B \tag{11}$$

式（11）也可很方便地用于计算所需待测物质或所需基准物质的质量，即

$$m_A = \frac{a}{b} c_V M_A$$

例如，用草酸标定约0.1 $mol \cdot L^{-1}$NaOH溶液，欲使滴定消耗NaOH 25 mL左右，则草酸所需质量约为

$$m = \frac{1}{2} \times 0.1\ mol \cdot L^{-1} \times 25 \times 10^{-3}\ L \times 126\ g \cdot mol^{-1} \approx 0.16\ g$$

（3）质量分数计算式。当用物质B标准溶液测定物质A的质量分数时，其关系式为

$$w(A) = \frac{\frac{a}{b} c_B V_B M_A}{m_s} \tag{12}$$

物质的质量分数，根据SI单位是用质量分数0. ×× 表示，分析化学中可以乘以100%，用百分数表示。例如 $w(H_2SO_4) = 0.05$，$w(H_2SO_4) = 5\%$。

（4）滴定度的计算式。用物质A标准溶液滴定物质B时，A物质对B物质的滴定度 $T_{A/B}$ 的计算式为

$$T_{A/B} = \frac{\frac{b}{a} c_A M_B}{1\ 000} \tag{13}$$

在式（10）～（13）中，c 为物质的量浓度（单位为 $mol \cdot L^{-1}$）；V 为溶液的体积（单位为L），M 为物质的摩尔质量（单位为 $g \cdot mol^{-1}$）；w 为物质的质量分数；T 为滴定度（单位为 $g \cdot mL^{-1}$）；m_s 为试样的质量（单位为g）。

9.基本单元的表述及其计算式

根据SI计量单位的规定，在使用摩尔定义时有一条基本原则，即必须指明物质的基本单元。基本单元可以是原子、分子、离子和它们的特定的组合。例如，1 mol CaO、1 mol $\frac{1}{2}$CaO、1 mol H_2SO_4、1 mol $\frac{1}{2}H_2SO_4$、$c(KMnO_4)$、$c(\frac{1}{5}KMnO_4)$、$c(\frac{1}{6}K_2Cr_2O_7)$、$M(H_2SO_4)$、$M(K_2Cr_2O_7)$等等，这里1 mol $\frac{1}{2}$CaO中，"$\frac{1}{2}$"为基本单元系数 b，"$\frac{1}{2}$CaO"称为CaO的基本单元，依此类推。

同一物质在用不同基本单元表述时，其摩尔质量 M、物质的量 n、物质的量浓度 c 有下

面3个重要的计算式。

(1) 摩尔质量的计算式为

$$Mb_A = b \times M_A \tag{14}$$

例如，Ca 的摩尔质量 $M(Ca) = 40.08\ g \cdot mol^{-1}$，若以"$\frac{1}{2}Ca$"为基本单元，则

$$M(\frac{1}{2}Ca) = \frac{1}{2} \times 40.08\ g \cdot mol^{-1} = 20.04\ g \cdot mol^{-1}$$

(2) 物质的量 n 的计算式为

$$nb_A = \frac{1}{b} \times n_A \tag{15}$$

例如，$n(H_2SO_4) = 1.5\ mol$ 时，若以"$\frac{1}{2}H_2SO_4$"为基本单元，则

$$n(\frac{1}{2}H_2SO_4) = \frac{1}{(\frac{1}{2})} \times 1.5\ mol = 3.0\ mol$$

(3) 物质的量浓度 c 计算式为

$$cb_A = \frac{1}{b} \times c_A \tag{16}$$

例如，已知 $c(H_2C_2O_4) = 0.100\ 0\ mol \cdot L^{-1}$，若以"$\frac{1}{2}H_2C_2O_4$"为基本单元，则

$$c(\frac{1}{2}H_2C_2O_4) = \frac{1}{(\frac{1}{2})} \times 0.100\ 0\ mol \cdot L^{-1} = 0.200\ 0\ mol \cdot L^{-1}$$

二、溶液的配制方法

(一) 一般溶液的配制方法

1. 由固体试剂配制溶液

式(5)($m = cMV$)是用固体物质配制溶液的最基本公式。摩尔质量 M 与所配制溶液浓度 c 的基本单元必须相对应。

例如，当欲配制 500.0 mL $c(\frac{1}{5}KMnO_4) = 0.100\ mol \cdot L^{-1}$ 溶液时，需称取 $KMnO_4$ 物质的质量为

$$m = c \times V \times M(KMnO_4) = 0.100\ mol \cdot L^{-1} \times 0.500\ L \times \frac{1}{5} \times 158.03\ g \cdot mol^{-1} \approx 1.58\ g$$

当欲配制 250.0 mL $c(\frac{1}{6}K_2Cr_2O_7) = 0.100\ 0\ mol \cdot L^{-1}$ 溶液时，需称取 $K_2Cr_2O_7$ 物质的质量为

$$m = c \times V \times M(K_2Cr_2O_7) = 0.100\ 0\ mol \cdot L^{-1} \times 0.250\ L \times \frac{1}{6} \times 294.18\ g \cdot mol^{-1} \approx 1.226\ g$$

总之，用固体试剂配制溶液时，必须正确运用式(5)和式(14)、(15)、(16)，主要是掌握基本单元的应用。

在台秤或分析天平上称出所需量固体试剂，于烧杯中先用适量水溶解，再稀释至所需的体积。试剂溶解时若有放热现象，或以加热促使溶解，应待冷却后，再转入试剂瓶中或定量转入容量瓶中。配好的溶液，应马上贴好标签，注明溶液的名称、浓度和配制日期。

2. 由液体(或浓溶液)试剂配制溶液

(1) 质量分数

① 混合两种已知质量分数的溶液,配制所需质量分数溶液的计算方法是:把所需溶液的质量分数放在两条直线交叉点上(即中间位置),已知溶液的质量分数放在两条直线的左端(较大的在上,较小的在下),然后每条直线上的两个数字相减,差额写在同一直线另一端(右边的上、下),这样就得到所需的已知质量分数溶液的份数。如,由质量分数为 85% 和质量分数为 40% 的溶液混合,制备质量分数为 60% 的溶液,即

```
85        20(60 - 40)
   \    /
     60
   /    \
40        25(85 - 60)
```

则需取 20 份质量分数为 85% 的溶液和 25 份质量分数为 40% 的溶液混合。

② 用溶剂稀释原液配制成所需质量分数的溶液,在计算时只需将左下角较小的质量分数写成零,表示是纯溶剂即可。如用水把 35% 的水溶液稀释成质量分数为 25% 的溶液,即

```
35        25(25 - 0)
   \    /
     25
   /    \
0         10(35 - 10)
```

则需取 25 份质量分数为 35% 的溶液和 10 份的水,就得质量分数为 25% 的溶液。

(2) 物质的量浓度

由已知物质的量浓度溶液稀释,稀释前后物质的量浓度与体积对应的关系为

$$V = \frac{c_0 \cdot V_0}{c}$$

式中,c 为稀释后溶液的物质的量浓度;V 为稀释后溶液的体积;c_0 为原溶液的物质的量浓度;V_0 为取原溶液的体积。

对于易水解的物质,在配制溶液时,还要考虑先以相应的酸溶解易水解的物质,再用水或稀酸稀释。

有些易被氧化或还原的溶液(如含 Sn^{2+}、Fe^{2+} 的溶液),常在使用前临时配制,或采取措施,应分别在溶液中加入一些铅粒和铁粉,以防止氧化。

易侵蚀或腐蚀玻璃的溶液,不能盛放在玻璃瓶内,如氟化物应保存在聚乙烯瓶中,装苛性碱的玻璃瓶应换成橡皮塞,最好也盛于聚乙烯瓶中。

见光容易分解的溶液,要注意避光保存,如 $AgNO_3$、$KMnO_4$、KI 等溶液应储存于棕色容器中。

配制指示剂溶液时,需称取的指示剂量往往很少,这时可用分析天平称量,但只要读取两位有效数字即可;要根据指示剂的性质,采用合适的溶剂,必要时还要加入适当的稳定剂,并注意其保存期;配好的指示剂一般储存于棕色瓶中。

配制溶液时,要合理选择试剂的级别,不要超规格使用试剂,以免造成浪费;也不要降低规格使用试剂,以免影响分析结果。

经常并大量使用的溶液,可先配制成使用浓度的 10 倍的储备液,需要用时取储备液稀释 10 倍即可。

(二)标准溶液的配制

标准溶液通常有直接法和标定法两种配制方法。

1. 直接法

用分析天平准确称取一定量的基准试剂,溶于适量的水中,再定量转移到容量瓶中,用水稀释至刻度。根据称取试剂的质量和容量瓶的体积,计算它的准确浓度。

基准物质是纯度很高、组成一定、性质稳定的试剂,它是相当于或高于优级纯试剂的纯度。基准物质可用于直接配制标准溶液或用于标定溶液浓度的物质。作为基准试剂应具备下列条件:

(1)试剂的组成与其化学式完全相符。

(2)试剂的纯度应足够高(一般要求纯度在 99.9%以上),而杂质的含量应少到不至于影响分析的准确度。

(3)试剂在通常条件下应该稳定。

(4)试剂参加反应时,应按反应式定量进行,没有副反应。

2. 标定法

实际上只有少数试剂符合基准试剂的要求。很多试剂不宜用直接法配制标准溶液,而要用间接的方法,即标定法。在这种情况下,先配成接近所需浓度的溶液,然后用基准试剂或另一种已知准确浓度的标准溶液来标定它的准确浓度。

在实际工作中,特别是在工厂实验室,还常采用"标准试样"来标定标准溶液的浓度。"标准试样"含量是已知的,它的组成与被测物质相近。这样标定标准溶液浓度与测定被测物质的条件相同,分析过程中的系统误差可以抵消,结果准确度较高。

对于储存的标准溶液,由于水分蒸发,水珠凝于瓶壁,使用前应将溶液摇匀。如果溶液浓度有了改变,必须重新标定。对于不稳定的溶液应定期标定。

必须指出,使用不同温度下配制的标准溶液,若从玻璃的膨胀系数考虑,即使温度相差30℃,造成的误差也不大。但是,水的膨胀系数约为玻璃的 10 倍,当使用温度与标定温度相差 10℃以上时,则应注意这个问题。

第四节　试纸的使用

一、试纸的种类

1.石蕊试纸和酚酞试纸

石蕊试纸有红色和蓝色两种。石蕊试纸和酚酞试纸用来定性检验溶液的酸碱性。

2.pH 试纸

pH 试纸包括广泛 pH 试纸和精密 pH 试纸两类,用来检验溶液的 pH 值。广泛 pH 试纸的变色范围是 pH = 1 ~ 14,它只能粗略地估计溶液的 pH 值。精密 pH 试纸可以较精确地估计溶液的 pH 值,根据其变色范围可分为多种。如变色范围为 pH = 0.5 ~ 5.0、pH = 3.8 ~ 5.4、pH = 8.2 ~ 10 等等。根据待测溶液的酸碱性,可选用某一变色范围的试纸。

3.淀粉碘化钾试纸

用来定性检验氧化性气体,如 Cl_2、Br_2 等。当氧化性气体遇到湿的试纸后,则试纸上 I^-

被氧化成 I_2,立即与试纸上的淀粉作用变成蓝色,即

$$2I^- + Cl_2 = 2Cl^- + I_2$$

如气体的氧化性强,而且浓度大时,还可以进一步将 I_2 氧化成无色的 IO_3^-,使蓝色褪去,即

$$I_2 + 5Cl_2 + 6H_2O = 2HIO_3 + 10HCl$$

可见,使用时必须仔细观察试纸的颜色变化,否则会得出错误的结论。

4.醋酸铅试纸

用来定性检验硫化氢气体。当含有 S^{2-} 的溶液被酸化时,溢出的硫化氢气体遇到试纸后,即与试纸上的醋酸铅反应,生成黑色的硫化铅沉淀,使试纸呈现黑褐色,并有金属光泽,即

$$Pb(Ac)_2 + H_2S = PbS\downarrow + 2HAc$$

当溶液中 S^{2-} 浓度较小时,则不易检出。

二、试纸的使用

1.石蕊试纸和酚酞试纸

用镊子夹取小块试纸放在表面皿边缘或点滴板上,用玻璃棒将待测溶液搅拌均匀,然后用玻璃棒末端沾少许溶液接触试纸,观察试纸颜色变化,确定溶液的酸碱性。切勿将试纸浸入溶液中,以免弄脏溶液。

2.pH 试纸

用法同石蕊试纸,待试纸变色后,与色阶板比较,确定 pH 值或 pH 值范围。

3.淀粉碘化钾试纸和醋酸铅试纸

将小块试纸用蒸馏水润湿后放在试管口,须注意不要使试纸直接接触溶液。

使用试纸时要注意节约,应把试纸剪成小块,并且用时不能多取。取用后马上盖好瓶盖,以免试纸沾污。用后的试纸丢弃在垃圾桶内,不能丢在水槽内。

三、试纸的制备

1.酚酞试纸(白色)

溶解 1 g 酚酞在 100 mL 乙醇中,振摇后加入 100 mL 蒸馏水,将滤纸浸渍后,放在无氨蒸气处晾干。

2.淀粉碘化钾试纸(白色)

把 3 g 淀粉和 25 mL 水搅匀,倾入 225 mL 沸水中,加入 1 g 碘化钾和 1 g 无水碳酸钠,再用水稀释至 500 mL,将滤纸浸泡后,取出放在无氧化性气体处晾干。

3.醋酸铅试纸(白色)

将滤纸浸入 3 %醋酸铅溶液中浸泡后,放在无硫化氢气体处晾干。

第五节　微型化学实验与绿色化学简介

一、微型化学实验简介

1.微型化学实验的概念

微型化学实验 (microscale chemical experiment 或 microscale laboratory,简写为 ML)是在微

型化的仪器装置中进行的化学实验，其试剂用量比对应的常规实验节约90%以上。微型实验有两个基本特征：试剂用量少和仪器微型化。微型化实验不是常规实验的简单缩微或减量，而是在微型化的条件下对实验进行重新设计和探索，达到以尽可能少的试剂来获取尽可能多的化学信息。

微量化学实验与微型化学实验是两个不同的概念。微量化学指组分的微量或痕量的定量测定、理论、技术和方法，即微量分析化学。而微型化学实验尽管包含一些微量化学的技术，但实验的对象和内容却超越了微量化学的范围。用于化学教学的微型实验还要具备现象明显、操作简单、效果优良、成本低、易推广等特点。

2.微型化学实验的发展

随着科学技术的发展、实验仪器精确程度的提高，化学实验的试剂和样品用量逐渐减少。16世纪中叶，冶金工业中化学分析的样品用量为数千克(kg)；19世纪30~40年代，0.5 mg精度分析天平的问世，使重量分析样品量达1 g以下；0.01 mg精度的扭力天平，让Nernst尝试做1 mg样品的分析；1 μg精度天平的出现，使Frilz pregl成功地用3~5 mg有机样品做了碳、氢等元素的微量分析。

20世纪，半微量有机合成、半微量的定性分析已广泛地出现在教材中。1925年，埃及E.C.Grey出版的《化学实验的微型方法》是较早的一本微型化学实验大学教材；1955年在维也纳国际微量化学大会上，马祖圣教授就建议以mg作为微量实验的试剂用量单位；自1982年开始，美国的Mayo等人着眼于环境保护和实验室安全，研究微型有机化学实验，并在基础有机化学实验中采用主试剂在mmol量级的微型制备实验方面取得成功。可见化学实验小型化、微型化是化学实验方法不断变革的结果。

中国的微型化学实验的研究是从无机化学、普通化学的微型实验和中学化学的研究开始的。国内自编的首本《微型化学实验》于1992年出版。此后，天津大学沈君朴主编的《无机化学实验》、清华大学袁书玉主编的《无机化学实验》、西北大学史启帧等主编的《无机与分析化学实验》等教材已收载了一定数量的微型实验。1995年华东师大陆根土编写的《无机化学教程（三）实验》将微型实验与常规实验并列编入；2000年周宁怀主编了《微型无机化学实验》。迄今为止，国内已有800余所大、中学校开始在教学中应用微型实验，显示了微型实验在国内已进入大面积推广阶段。

3.对微型化学实验的评价

微型化学实验是近20年来国内外对化学实验方法的一项重要的发展与变革，是在创新思维、环保观念和面向全体学生的素质教育思想指导下的教学实践。微型化学实验被誉为“化学实验的革命”，已经成为当今世界化学教育及研究的关注热点，它具有“小、省、快、好、易、安、多、高、少、低”等十大特点，即“体积小、省时间、反应快、效果好、易操作、又安全、动手多、趣味高、用药少、污染低”，体现了“绿色化学”和“环境友好化学”的精神。同时，对激发学生的学习热情，提高学生的实验兴趣和实验技能，培养创新思维，树立严谨细致的科学作风，都起到积极的作用。

但是，微型化学实验仍有待于完善，还有些问题需要解决，如某些实验现象可能被掩盖，定量实验精度较差，由于仪器小和试剂少，使实验操作中条件控制难度较大，多步骤合成实验难度增大，微型实验与扩大性实验的衔接还存在问题等，因此目前微型化学实验不可能完全取代常规实验，微型化学实验与常规实验应该相互补充、相互促进、相互完善。

由于微型化学实验的优越性，已引起广泛的关注和重视，有越来越多的高校正在探索微型化学实验改革。微型化过程中出现的某些问题相信能够得到妥善解决，如果能坚持不懈、锐意进取，并把它与创新教育和素质教育有机地结合起来，微型化学实验在促进教学改革、化学学科发展和创新人才的培养方面将有更加美好的前景。

二、绿色化学简介

1.绿色化学的概念

绿色化学（green chemistry），又称清洁化学（clean chemistry）、环境无害化学（enviromentally benign chemistry）、环境友好化学（enviromentally friendly chemistry）。绿色化学有三层含义：第一是清洁化学，绿色化学致力于从源头制止污染，而不是污染后的再治理，绿色化学技术应不产生或基本不产生对环境有害的废弃物，绿色化学所产生出来的化学品不会对环境产生有害的影响；第二是经济化学，绿色化学在其合成过程中不产生或少产生副产物，绿色化学技术应是低能耗和低原材料消耗的技术；第三是安全化学，在绿色化学过程中尽可能不使用有毒的或危险的化学品，其反应条件尽可能是温和的或安全的，其发生意外事故的可能性是极低的。总之，绿色化学是用化学的技术和方法去减少或消灭对人类健康、社区安全、生态环境有害的原料、溶剂和试剂、催化剂、产物、副产物、产品等的产生和使用。

2.绿色化学的发展

不可否认，人类进入20世纪以来创造了高度的物质文明，从1990～1995年的6年间，合成的化合物数量就相当于有记载以来的1 000多年间人类发现和合成化合物的总量（1 000万种），这是科技的发展、社会的进步；但同时也带来了负面的效应，即资源的巨大浪费、日益严重的环境问题等。人们开始重新认识和寻找更为有利于其自身生存和可持续发展的道路，注意人与自然的和谐发展，绿色意识成了人类追求自然完美的一种高级表现形式。

1995年3月，美国成立"绿色化学挑战计划"，并设立"总统绿色化学挑战奖"。1997年中国国家科委主办第72届香山科学会议，主题为"可持续发展对科学的挑战——绿色化学"。近些年来，各国化学家在绿色化学的研究领域里，运用物理学、生态学、生物学等的最新理论、技术和手段，取得了可喜的成绩。

3.绿色化学的思维方式

绿色化学的核心是"杜绝污染源"，防治污染的最佳途径就是从源头消除污染，一开始就不要产生有毒、有害物。事实上，实现化学实验绿色化的关键是建立绿色化学的思维方式。在化学实验教学中，应在教师和学生的头脑中确立这种意识和思维方式，应从环境保护的角度，从经济和安全的角度来考虑各个实验的设置、实验手段、实验方法等，并遵循以下原则。

(1)设计合成方法时，只要可能，不论原料、中间产物还是最终产品，均应对人体健康和环境无毒害（包括极小毒性和无毒）。

(2)合成方法必须考虑能耗、成本，应设法降低能耗，最好采用在常温常压下的合成方法。

(3)化工产品要设计成在其使用功能终结后，不会永存于环境中，要能分解成可降解的无害产物。

(4)选择化学生产过程的物质时，应使化学意外事故（包括渗透、爆炸、火灾等）的危险性降低到最小程度。

(5)在技术可行和经济合理的前提下，原料要以可再生资源代替消耗性资源。

第二章　基本操作

第一节　实验室常用仪器简介

一、玻璃仪器

玻璃具有良好的化学稳定性，因而在化学实验中大量使用玻璃仪器。玻璃仪器按照玻璃的性质和仪器的用途不同有不同的分类（见附录）。

1.按性质分

（1）软质玻璃仪器。软质玻璃的透明度好，但硬度、耐热性和耐腐蚀性较差，常用来制造量筒、吸管、试剂瓶、容量瓶等不需要加热的仪器。

（2）硬质玻璃仪器。硬质玻璃的耐热性、耐腐蚀性和耐冲击性较好，常用来制造试管、烧杯、锥形瓶等仪器。

2.按用途分

（1）容器类。容器类玻璃仪器主要包括常温或加热条件下物质的反应容器、储存容器。包括试管、烧杯、烧瓶、锥形瓶、滴瓶、细口瓶、广口瓶、称量瓶和洗瓶。每种类型又有许多不同的规格，使用时要根据用途和用量选择不同规格的容器。在使用时还应注意阅读使用说明和注意事项，特别要注意容器加热的方法，以防损坏仪器。

（2）量器类。量器类玻璃仪器用于度量溶液的体积，不可以作为实验容器。例如，用于溶解、稀释操作，不可以量取热溶液，不可以加热，不可以长期存放溶液。量器类仪器主要有量筒、移液管、吸量管、容量瓶和滴定管等。每种类型又有不同规格，应遵循保证实验结果精度的原则选择度量仪器。正确地选择和使用度量仪器，反映了学生实验技能水平的高低。

二、其他仪器

其他仪器的用途、使用方法和注意事项见附录。

第二节　玻璃仪器的洗涤与干燥

一、玻璃仪器的洗涤

化学实验中经常使用的玻璃仪器和瓷器，常常由于污物和杂质的存在而得不出正确的结果。尤其是对于久置变硬不易洗掉的实验残渣和对玻璃仪器有腐蚀作用的废液，一定要在实验后清洗干净。玻璃仪器的洗涤方法很多，应根据实验的要求、污物的性质、沾污程度来选择。常用的洗涤方法如下。

1.水洗

用水和毛刷刷洗，再用自来水冲洗几次，可除去附在仪器上的尘土、可溶性和不溶性杂质。注意洗刷时不能用秃顶的毛刷，也不能用力过猛，否则会戳破仪器。

2.用去污粉、肥皂洗

去污粉由碳酸钠、白土、细砂等组成,它与肥皂、合成洗涤剂一样,能去除油污和一些有机物。由于去污粉中细砂的摩擦和白土的吸附作用,使得洗涤的效果更好。洗涤时,可用少量水将要洗的仪器润湿,用毛刷蘸取少量去污粉刷洗仪器的内外壁,最后用自来水冲洗。

3.用洗衣粉或洗涤剂洗

在进行精确的定量实验时,对仪器的洁净程度要求较高,一些具有精确刻度、形状特殊的仪器不宜用上述方法洗涤时,可往容器内加入少量质量分数为0.5%左右的洗涤液摇动几分钟后,把洗涤液倒回原瓶,然后用自来水清洗仪器。

4.用铬酸洗液洗

铬酸洗液是由浓硫酸和重铬酸钾配制而成的,具有很强的氧化性,对有机物和油污的去污能力特别强。用铬酸洗液洗涤时,可往仪器内加入少量洗液,使仪器倾斜并慢慢转动,让仪器内部全部被洗液润湿,转动仪器几圈后将洗液倒回原瓶,然后用自来水清洗仪器。

使用铬酸洗液时要注意如下几点。

① 被洗涤的仪器内不宜有水,以免洗液被冲淡而失效。

② 洗液可以反复使用,用后应倒回原瓶。当洗液颜色变成绿色时则已失效。

③ 洗液吸水性很强,应把洗液瓶的瓶塞盖紧,以防洗液吸水而失效。

④ 洗液具有很强的腐蚀性,会灼伤皮肤和破坏衣物,使用时应当注意安全。如不慎洒在皮肤、衣服或实验桌上,应立即用水冲洗。

⑤ 铬(Ⅵ)的化合物有毒,清洗仪器上残留的洗液所产生的废液应回收处理,以免锈蚀管道和污染环境。

5.特殊污物的去除

应根据沾在器壁上污物的性质,采用合适的方法或药品来处理。例如,沾在器壁上的二氧化锰用浓盐酸处理;AgCl沉淀可以用氨水洗涤;硫化物沉淀可选用硝酸加盐酸洗涤等等。

用上述各种方法洗涤后的仪器,经自来水多次、反复冲洗后,往往还留有Ca^{2+}、Mg^{2+}、Cl^-等离子。如果实验中不允许这些离子存在,应该再用蒸馏水或去离子水把它们洗去,洗涤时应遵循"少量多次"的原则,一般以洗三次为宜。

已经洗干净的仪器应清洁透明,当把仪器倒置时,可观察到器壁上只留下一层均匀的水膜而不挂水珠。

凡是已洗净的仪器内壁,决不能再用布或纸去擦拭,否则,布或纸的纤维将会留在仪器壁上反而沾污了仪器。

二、玻璃仪器的干燥

洗净的仪器可用以下方法干燥。

1.晾干

不急用的仪器在洗净后,可倒置在干净的实验柜内或仪器架上任其自然干燥。

2.烘干

将洗净的仪器尽量倒干水后放入烘箱内烘干(图1.2.1)。放时应使仪器口朝下,并在烘箱的最下面放一搪瓷盘,承接从仪器上滴下的水,以免水滴到电热丝上而损坏烘箱。

3.烤干

一些常用的烧杯、蒸发皿等可放在石棉网上用小火烤干。试管可以用试管夹夹住后在火焰上来回移动，但管口必须向下倾斜，以免水珠倒流炸裂试管，待烤到不见水珠后，将管口朝上赶尽水气（图 1.2.2）。

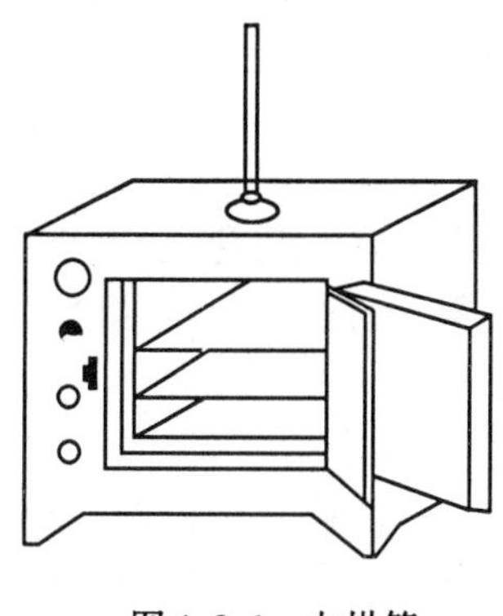

图 1.2.1　电烘箱

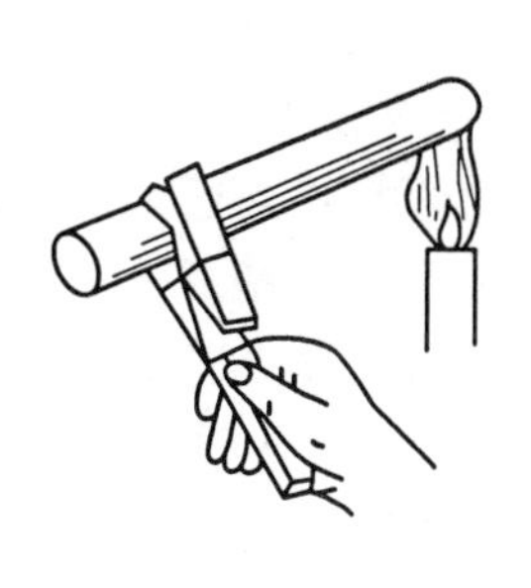

图 1.2.2　烤干试管

4.吹干

用吹风机或气流烘干器把仪器吹干。

5.用有机溶剂干燥

带有刻度的计量仪器，不能用加热的方法进行干燥，因为加热会影响这些仪器的准确度。我们可以加一些易挥发的有机溶剂（常用乙醇或丙酮）到洗净的仪器中倾斜并转动仪器，使器壁上的水与有机溶剂互相溶解，然后倒出，仪器中少量的混合液很快挥发而干燥。如利用电吹风往仪器内吹风，则干得更快。

第三节　加热与冷却

一、加热装置及使用

1.酒精灯

酒精灯为玻璃制品，所用的燃料为酒精。它的结构组成分为灯罩、灯芯、灯壶三部分（图 1.2.3），酒精灯的外焰温度为 400～500℃，使用酒精灯时要注意。

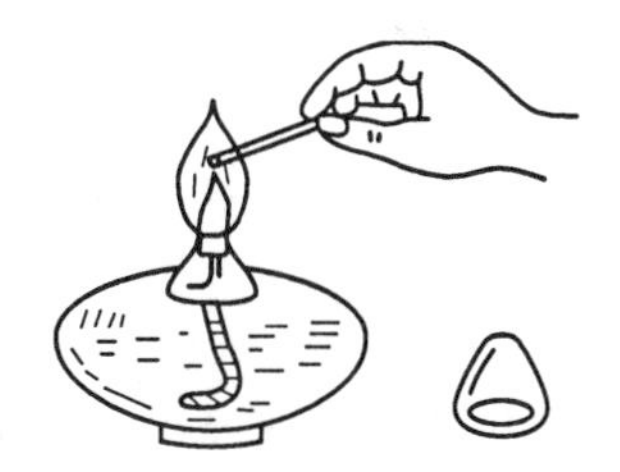

图 1.2.3　酒精灯

（1）灯内的酒精不应超过容积的 2/3，以免装得太满导致移动酒精灯时酒精倾出或点燃时酒精受热膨胀溢出。

（2）用火柴点燃酒精灯，不得用燃着的酒精灯引燃。酒精灯熄灭时应用灯罩盖熄灭，不得用嘴吹灭。

（3）酒精灯不得连续长时间使用，以免火焰使酒精灯本身灼热，灯内酒精大量汽化形成爆炸混合物。

2.酒精喷灯

常用的挂式酒精喷灯是由金属制成的，所用燃料为酒精，它是先将酒精汽化后与空气混合才燃烧的，其外焰温度可达 900℃左右。

挂式酒精喷灯构造如图 1.2.4 所示。使用时把酒精储罐挂在 1.5 m 高的地方，灯管下部为预热盆，盆的下方有 1 支管，通过橡皮管与酒精储罐相通。其操作步骤如下。

（1）将预热盆中装满酒精并用火柴点燃。

(2)当盆中酒精烧至近干时,灯管已经被灼热。

(3)依次打开酒精储罐下部开关和喷灯开关,从储罐流入热灯管中的酒精立即汽化并与从气孔进来的空气混合,即可在管口点燃。

(4)调节灯管旁边的开关可控制火焰的大小。

(5)使用完毕,关闭开关,火焰熄灭。

必须注意:若喷灯的灯管未烧至灼热,酒精在灯管内不能完全汽化,会有液态酒精从管口喷出形成“火雨”,甚至酿成火灾。因此,必须在点燃前保证灯管充分预热,并在开始时使开关开小些,待观察火焰正常或没有“火雨”之后,再逐渐调大。

3.煤气灯

煤气灯由灯管和灯座组成(图 1.2.5)。灯管的下部设有螺旋和进入空气的气孔,旋转灯管即可控制气孔的大小,从而调节空气的进入量。灯座的侧面为煤气入口,通过橡皮管与煤气管道相连接。灯座下面设有用以调节煤气进入量的螺旋形针形阀。点燃过程:使用煤气灯时,应先顺时针旋转金属灯管关闭空气入口,将点燃的火柴放在灯管口边缘,此时打开煤气开关,煤气灯即点燃。调节空气及煤气进入量,让煤气完全燃烧,即可得到淡紫色分层的正常火焰。

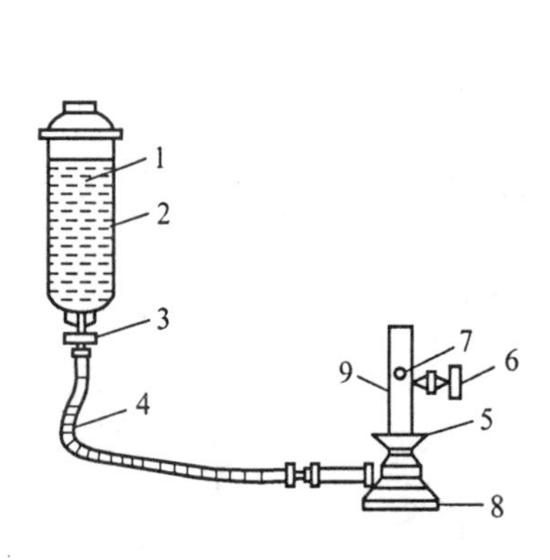

图 1.2.4　酒精喷灯

1—酒精;2—酒精储罐;3—活塞;4—橡皮管;5—预热盆;6—开关;7—气孔;8—灯座;9—灯管

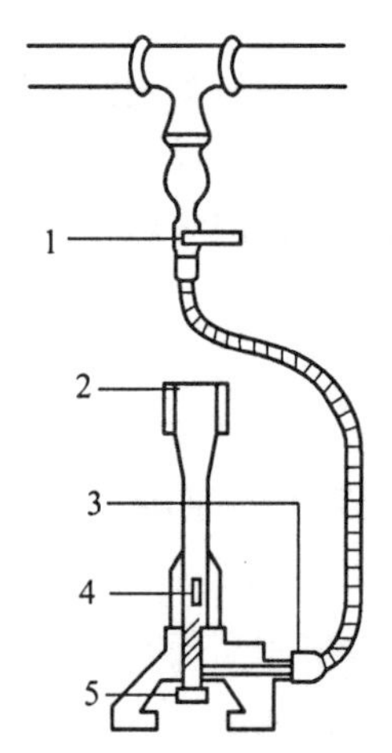

图 1.2.5　煤气灯

1—煤气开关;2—灯管;3—煤气入口;4—空气入口;5—煤气调节器(针阀)

正常火焰分成三层(图 1.2.6(a)):内层是焰心,由未燃烧的煤气和空气的混合物组成;中层是还原焰,由煤气不完全燃烧并分解为含碳的产物组成,这部分火焰具有还原性,温度较高,火焰呈淡蓝色;外层是氧化焰,煤气完全燃烧,这部分火焰由于有过剩的空气而具氧化性。最高温处的温度约为 1 500℃,位于还原焰顶端上部的氧化焰处。实验时一般都用氧化焰来加热。

如果空气或煤气的进入量调节得不合适,会产生不正常的火焰。如煤气和空气的进入量都很大,气流冲击管外,火焰在灯管上空燃烧,会形成临空火焰(图 1.2.6(b));如煤气进入量很小,而空气进入量很大,火焰在灯管内燃烧,火焰呈绿色并发出特殊的嘶嘶声,形成侵入火焰(图 1.2.6(c))。如产生这两种不正常的火焰时,必须立即关闭煤气开关,重新调节后再点燃。

4.电加热器

根据需要,实验室还常用电炉、电热板、电热套、管式炉、马福炉、红外灯等多种电器加热。

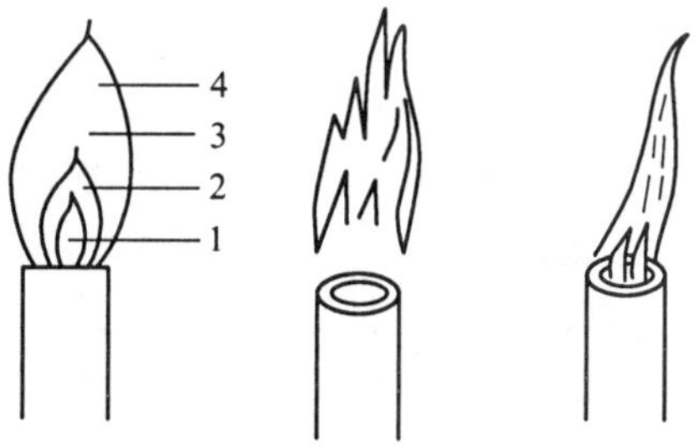

(1)电炉(图 1.2.7)。电炉可以代替酒精灯或煤气灯加热,温度可通过调节电阻来控制。加热时容器和电炉之间要垫上一块石棉网,使容器受热均匀,以免炸裂。

(a) 正常火焰　(b) 临空火焰　(c) 侵入火焰

图 1.2.6　各种火焰

1—焰心;2—还原焰;3—最高温度处;4—氧化焰

(2)电热板、电热套。电炉做成封闭式称为电热板。由控制开关和外接调压变压器调节加热温度,电热板升温速度较慢,且受热是平面的,不适合加热圆底容器,多用作水浴和油浴的热源,也常用于加热烧杯、锥形瓶等平底容器。由于电热板的加热面积比电炉大,可用于加热体积较大或数量较多的试样。电热套(包)是专为加热圆底容器而设计的,使用时应根据圆底容器的大小选用合适的型号。电热套相当于一个均匀加热的空气浴。为有效地保温,可在包口和容器间用玻璃布围住。

图 1.2.7　电炉

(3)管式炉(图 1.2.8)。管式炉有一管状炉膛,利用电热丝或硅碳棒来加热,温度可以调节,其温度可达 1 000℃以上,炉膛中可插入一根耐高温的瓷管或石英管,瓷管中再放入盛有反应物的瓷舟,反应物可以在空气气氛或其他气氛中受热。

(4)马福炉(图 1.2.9)。马福炉又叫高温炉,也是一种利用电热丝或硅碳棒来加热的炉子。它的炉膛是长方体,有一炉门,通过炉门就能很容易地放入要加热的坩埚或其他耐高温的器皿,炉温可达 1 300℃。

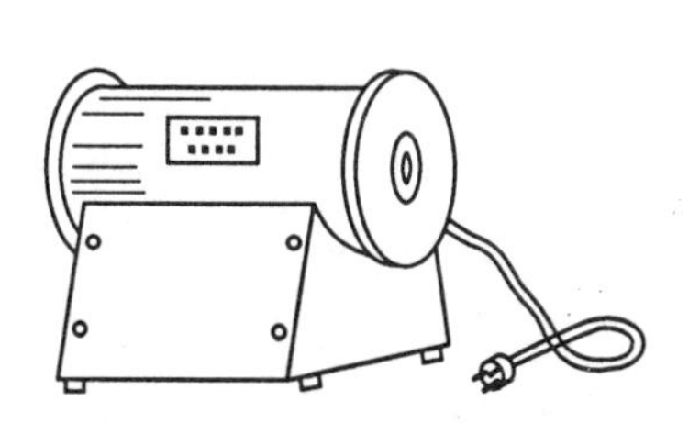

图 1.2.8　管式炉

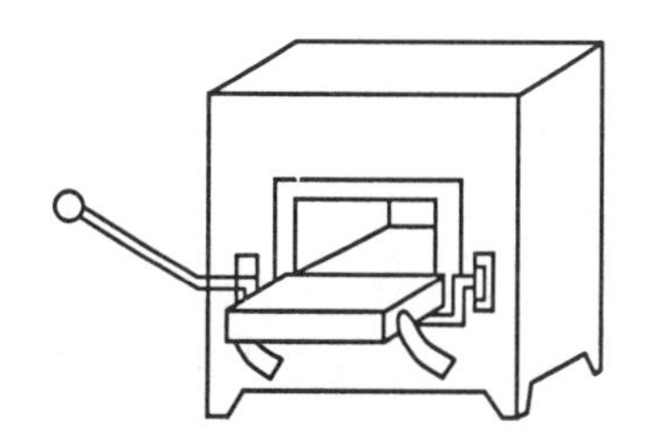

图 1.2.9　马福炉

(5)红外灯。红外灯用于低沸点易燃液体的加热。使用时,受热容器应正对灯面,中间留有空隙,再用玻璃布或铝箔将灯泡松松包住,既保温又可防止灯光刺激眼睛,并能保护红外灯不被溅上冷水或其他液滴。

二、加热方法

1.直接加热

(1)直接加热液体。直接加热试管中的液体时,应擦干试管外壁,用试管夹夹住试管中上部(图 1.2.10)(不要用手拿,以免烫伤),试管口应稍向上倾斜,管口不能对着别人或自己,以免溶液在煮沸时迸溅到脸上。管内液体量不能超过试管高度的 1/3。加热时,应先加热液体的中上部,再慢慢往下移动,然后不时地上下移动,使溶液受热均匀。不要集中加热某一部位,否则容易造成局部暴沸而迸溅。

加热烧杯、烧瓶、锥形瓶等玻璃仪器中的液体时,器皿必须放在石棉网上,以免受热不均而使仪器破裂(图 1.2.11),烧瓶还要用铁夹固定在铁架上。所盛液体不应超过烧杯容量的 1/2 和烧瓶的 1/3,烧杯加热时还要适当搅拌其内的物质,以防暴沸。

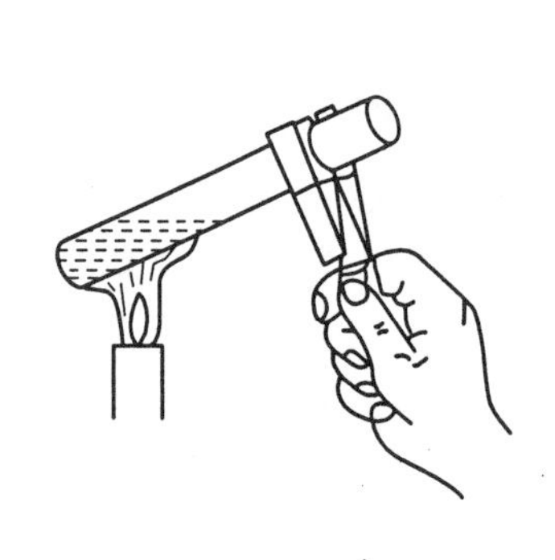

图 1.2.10 加热试管中的液体

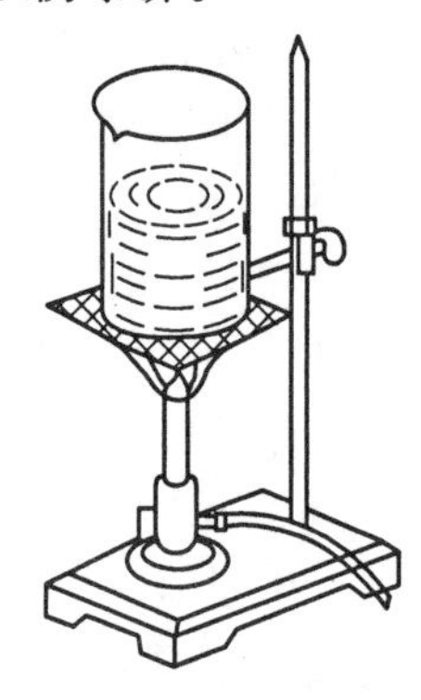

图 1.2.11 加热烧杯

直接加热蒸发皿中的液体时(如蒸发浓缩),可将蒸发皿放在泥三角上加热(应先均匀预热,外壁不能有水珠),蒸发皿内盛放溶液的量不能超过其容量的 2/3。

(2)直接加热固体。加热试管中的固体时,其方法不同于液体,通常试管口应向下倾斜(图 1.2.12),防止冷凝的水珠倒流到试管的灼热部位而使试管炸裂。

在蒸发皿中加热固体时,先用小火预热,再慢慢加大火焰,但火也不能太大,以免蒸发皿中固体溅出造成损失。要充分搅拌,使固体受热均匀。

当需要高温加热固体时,可把固体放在坩埚中,将坩埚放在泥三角上并架在铁环上,用小火预热后慢慢加大火焰灼烧,直至坩埚红热,维持一段时间后停止加热,稍冷,用预热过的坩埚钳将坩埚夹持到干燥器中冷却。

2.水浴加热

如果被加热的物质要求受热均匀,且温度不能超过 100℃,这时可采用水浴加热。加热可在水浴锅上进行(图 1.2.13),也可用大烧杯代替水浴锅使用,水浴锅中的水量不得超过其容量的 2/3,在加热过程中要随时补充水以保持原体积,切不可烧干。把盛有溶液的蒸发皿或试管放在水浴锅上,用加热装置加热锅中的水至所需温度,利用热水或水蒸气加热。

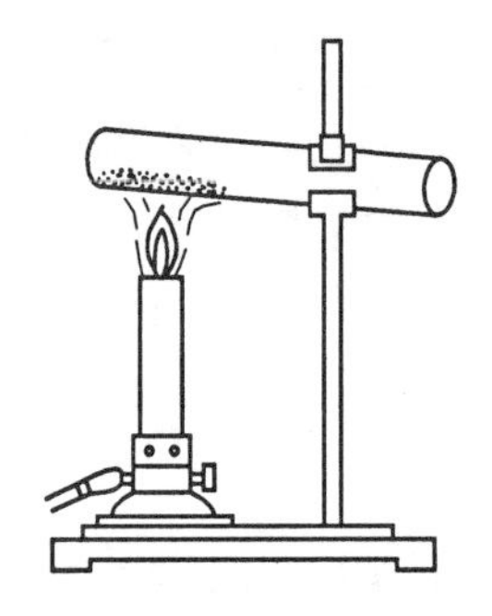

图 1.2.12 加热试管中的固体

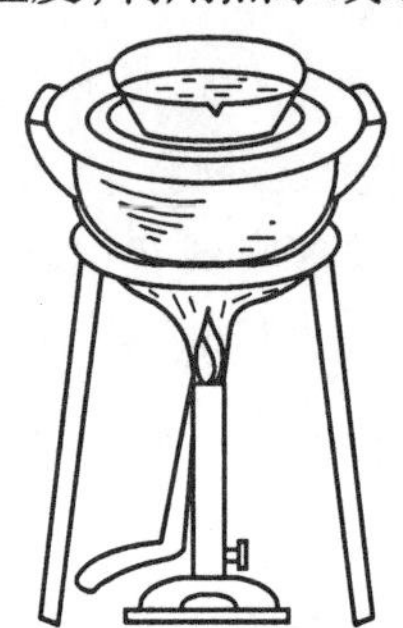

图 1.2.13 水浴加热

3. 油浴或沙浴加热

如果被加热的物质要求受热均匀，且温度要求高于100℃时，一般采用油浴或沙浴加热。

油浴是用油代替水浴锅中的水，油浴的最高温度决定于所用油的沸点。甘油浴用于150℃以下的加热，液体石蜡浴用于200℃以下的加热。使用油浴时应防止着火。

把细沙装在铁盘内即做成沙浴。被加热的器皿埋在沙子中(图1.2.14)。用煤气灯加热。测量温度时应把温度计埋入靠近器皿的沙中，不能触及底部。

三、冷却方法

实验中，为了控制适当的反应速度，还常常需要适当冷却。

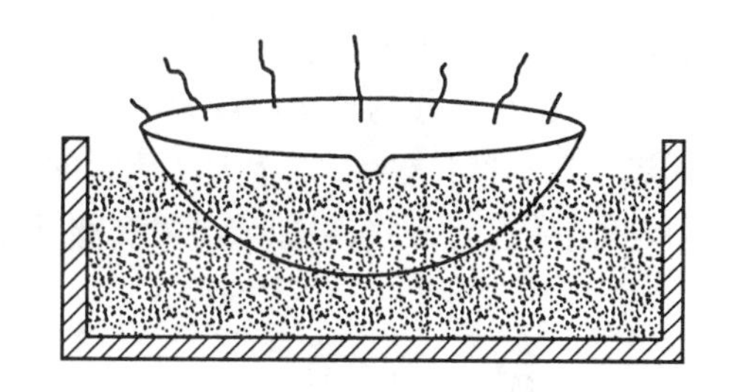

图1.2.14 沙浴加热

(1)流水冷却。需冷却到室温的溶液可用此法。将需冷却的物品直接用流动的自来水冷却。

(2)冰水冷却。将需冷却的物品直接放在冰水中，可使温度降得更低些。

(3)冰盐浴冷却。冰盐浴由容器和冷却剂(冰与盐或水与盐的混合物)组成，可冷却至0℃以下，所能达到的温度由冰与盐的比例和盐的品种决定。干冰和有机溶剂混合时其温度更低。为了保持冰盐浴的效率，要选择绝热较好的容器。

第四节 玻璃管、玻璃棒的加工

一、截断和熔烧玻璃管(棒)

1. 锉痕

将玻璃管平放在实验台面上，用锉刀的棱或小砂轮片(或碎瓷片的断口)在左手拇指按住玻璃管要截断的地方用力锉出一道凹痕(图1.2.15)。应该向一个方向锉，不要来回锉，锉出来的凹痕应与玻璃管垂直，这样才能保证折断后的玻璃管截面是平整的。

2. 截断

双手持玻璃管(凹痕向外)，用拇指在凹痕的背面轻轻外推，同时用食指和拇指把玻璃管向外拉，以折断玻璃管(图1.2.16)。截断玻璃棒的操作与截断玻璃管相同。

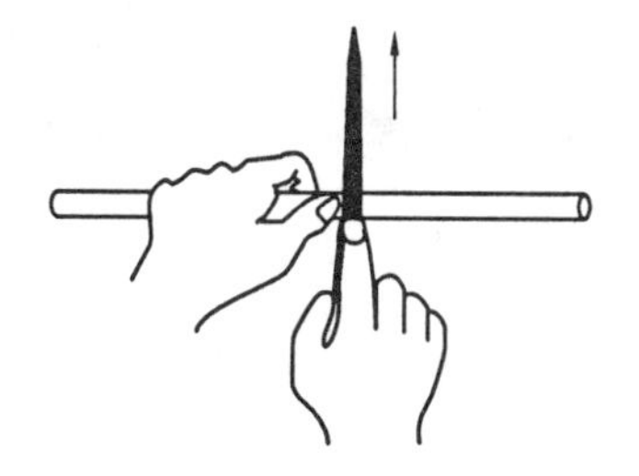

图1.2.15 玻璃管的锉割

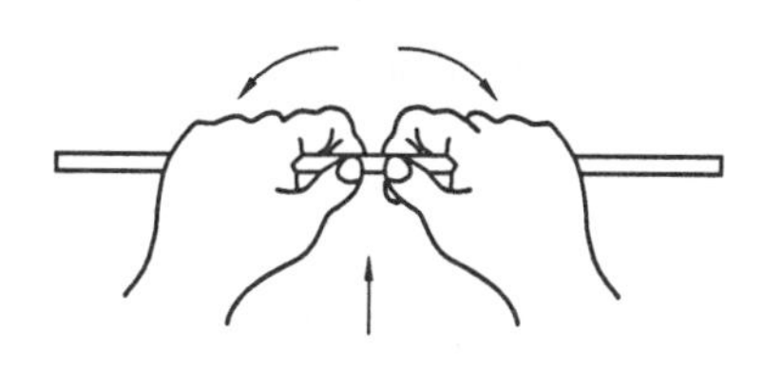

图1.2.16 玻璃管的折断

3.熔光

玻璃管的截断面很锋利,容易把手划破,且难以插入塞子的圆孔内,所以必须在煤气灯的氧化焰中熔烧,使之平滑(图 1.2.17)。把截断面斜插入氧化焰中熔烧时,要缓慢地转动玻璃管使熔烧均匀直到熔烧光滑为止。注意,熔光的时间不要过长,以免管口收缩。灼热的玻璃管,应放在石棉网上冷却,不要放在桌上,也不要用手去摸,以免烫伤。玻璃棒的截断面也同样需要熔烧。

二、弯曲玻璃管

1.烧管

如图 1.2.18 所示,先将玻璃管在罩有鱼尾灯头的煤气灯上用小火预热一下,然后双手持玻璃管,把待弯曲的部位放在鱼尾灯头的氧化焰中加热(如无鱼尾灯头,可将待弯部位斜插入煤气灯的氧化焰中,以增大玻璃管的受热面积)。同时缓慢而均匀地转动玻璃管,两手用力均等,转速要一致,以免玻璃管在火焰中扭曲。加热到它发黄变软。

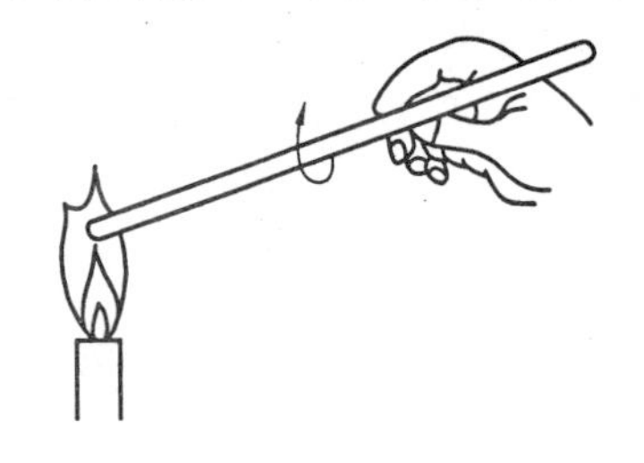

图 1.2.17 玻璃管的熔光

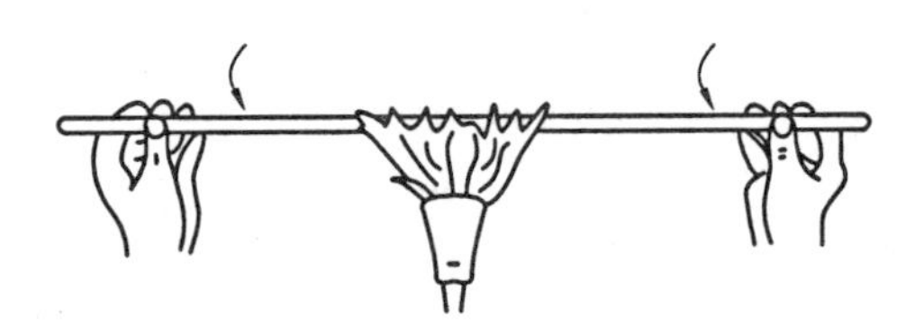

图 1.2.18 加热玻璃管

2.弯管

自火焰中取出玻璃管,稍等 1 ~ 2 s,使各部分温度均匀,然后把它弯成所需的角度,弯管的正确手法是“V”字形,两手在上方,玻璃管的弯曲部分在两手中间的下方(图 1.2.19)。弯好后,等其冷却变硬才把它放在石棉网上继续冷却。冷却后,应检查其角度是否准确,整个玻璃管是否处在同一平面上。图 1.2.20 是玻璃管弯得好坏的比较。

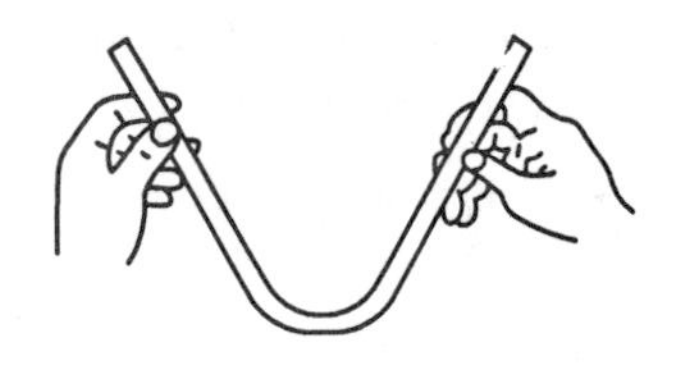

图 1.2.19 弯曲玻璃管

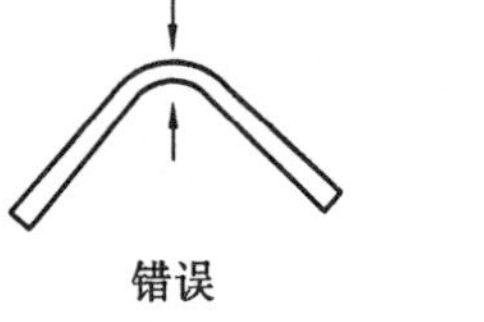

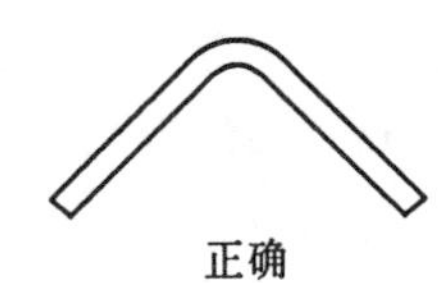

图 1.2.20 弯管好坏比较

120°以上的角度,可以一次弯成。较小的锐角可分几次弯成,先弯成一个较大的角度,然后在第一次受热部位的稍偏左或稍偏右处进行第二次加热和弯曲、第三次加热和弯曲,直到弯成所需的角度为止。

三、拉毛细管和滴管的操作

拉玻璃管时加热玻璃管的方法与弯玻璃管时基本相同,不过要烧得更软一些。玻璃管应烧到红黄时才从火焰中取出,顺着水平方向边拉边来回转动玻璃管(图 1.2.21),拉到所需要的粗细时,一手持玻璃管,使玻璃管垂直。冷却后,可按需要截断。如果要求细管部分具有一定的厚度(如滴管),须在烧软玻璃管过程中一边加热一边两手轻轻向中间用力挤压,使中间受热部分管壁加厚，然后按上述方法拉细。

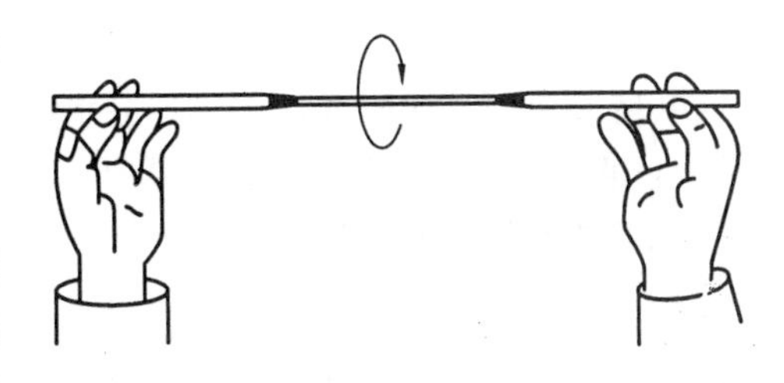

图 1.2.21　拉细玻璃管

四、塞子钻孔

容器上常用的塞子有软木塞、橡皮塞和玻璃磨口塞。软木塞易被酸、碱损坏，但与有机物作用较小。橡皮塞可以把瓶子塞得很严实，并可以耐强碱性物质的侵蚀，但它易被强酸和某些有机物质（如汽油、苯、氯仿、丙酮、二硫化碳等）侵蚀。玻璃磨口塞子可以将瓶口塞得很严，它适合于塞除碱和氢氟酸以外的一切盛放液体或固体物质的瓶口。

各种塞子都有大小不同的型号，可根据瓶口或仪器口径的大小来选择合适的塞子。通常选用能塞进瓶口或仪器口 1/2～2/3 的塞子，过大或过小的塞子都是不合适的。实验装配仪器时多用橡皮塞。

实验时，有时需要在塞子上安装温度计，有时需要插入玻璃管，所以要在软木塞和橡皮塞上钻孔。

钻孔要用钻孔器（图 1.2.22）或钻孔机。钻孔器是一组直径不同的金属管，一端有柄，另一端的管口很锋利，可用来钻孔。另外还有一个带圆头的细铁棒，用来捅出钻孔时进入钻孔器中的橡皮或软木。

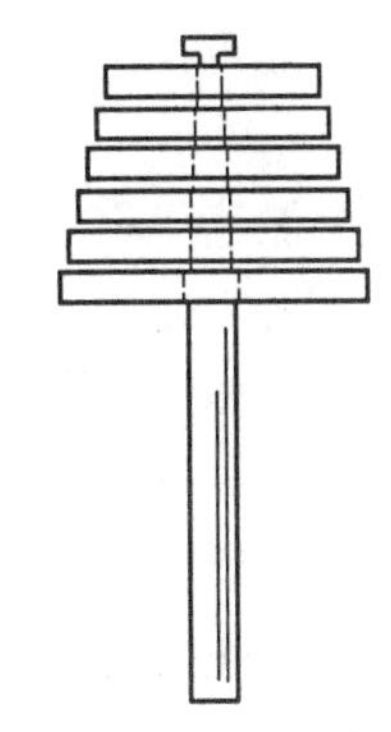

图 1.2.22　钻孔器

钻孔的步骤如下。

（1）塞子大小的选择。塞子的大小应适合仪器的口径，塞子进入瓶颈或管颈部分不能少于塞子本身高度的1/2，也不能多于 2/3。

（2）钻孔器的选择。选择一个比要插入橡皮塞的玻璃管略粗一点的钻孔器，因为橡皮塞有弹性，孔道钻成后会收缩使孔颈变小。对于软木塞，应选用比管颈稍小的钻孔器，因为软木质软而疏松，导管可稍加挤压插进去而保持严密。

（3）钻孔方法。将塞子的小头向上，平放在桌面上的木板上（避免钻坏桌面），用左手按住塞子，右手握住钻孔器的手柄（图 1.2.23），并在钻孔器前端涂点甘油或水，在选定的位置上，沿顺时针方向垂直地边转边往下钻，钻到超过一半深时，反方向旋转并拔出钻孔器。调换橡皮塞另一头，对准原孔的方位按同样的操作钻孔，直到打通为止，把钻孔器中的橡皮条捅出。

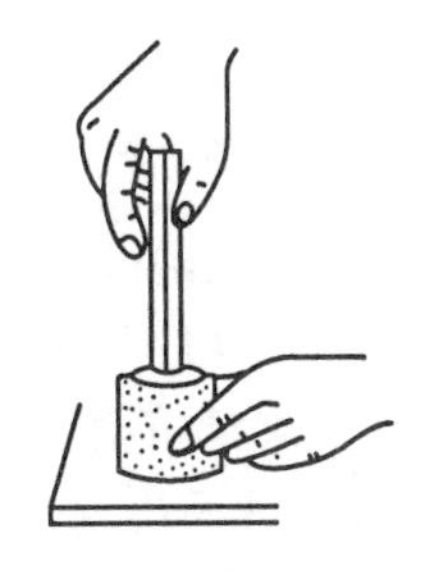

图 1.2.23　钻孔法

钻孔时，可用一些润滑剂（如甘油、凡士林）涂在钻孔器前端，以减小摩擦力。软木塞的钻孔方法和橡皮塞大同小异。钻孔前，首先用压塞机把软木塞压紧实一些，以免钻孔时钻裂。其次，钻孔器的直径应比玻璃管略细一些，因为软木塞没有橡皮塞那样大的弹性。其他操作两者完全一样。

钻孔时要注意保持钻孔器与塞子的平面垂直，不能左右摆动，更不能倾斜，以免把孔钻斜。

(4)玻璃管插入橡皮塞。用甘油或水把玻璃管的前端润湿后,先用布包住玻璃管,然后手握玻璃管的前半部,把玻璃管慢慢旋入塞孔内合适的位置。切勿用力过猛或手离塞子太远,以免把玻璃管折断或刺伤手掌。

第五节 溶解、结晶和固液分离

一、溶解和熔融

1.溶解

把固体物质溶于水、酸或碱等溶剂中制备成溶液的过程称为溶解。

将固体溶解于某一溶剂时,通常要考虑温度对物质溶解度的影响和实际需要来选择合适的溶剂。

加热一般可加速溶解过程,应根据物质对热的稳定性选用直接用火加热或水浴等间接加热方法。

搅拌可加速溶质的扩散,从而加快溶解速度。搅拌时注意手持搅拌棒,轻轻搅动,不能用力过猛,不要触及容器底部及器壁。

如果固体颗粒较大不易溶解时,应先在洁净干燥的研钵中将固体研细,研钵中盛放固体的量不要超过其容量的1/3。

在试管中溶解固体时,可用振荡的方法加速溶解,振荡时不能上下振荡,也不能用手堵住管口来回振荡。

2.熔融

把固体物质与固体熔剂混合,置高温下加热,让固体物质转化为可溶于水或酸的化合物,称为熔融。利用酸性溶剂分解碱性物质的方法称为酸熔法;利用碱性熔剂分解酸性物质的方法称为碱熔法。因熔融是在很高的温度下进行的,所以必须根据熔剂的性质选用合适的坩埚(如白金坩埚、镍坩埚、铁坩埚等),先把固体物质与熔剂放入坩埚中混匀,然后放入马福炉中灼烧熔融,冷却后用去离子水或酸浸取溶解。

二、蒸发和浓缩

为了使溶质从溶液中析出晶体,常采用加热的方法使水分不断蒸发、溶液不断浓缩到一定程度时冷却,即可析出晶体。若物质的溶解度较大时,必须蒸发到溶液表面出现晶膜时才可停止加热;若物质的溶解度较小或高温时溶解度大而室温时溶解度小,降温后容易析出晶体,不必蒸发至液面出现晶膜就可以冷却。如果溶液很稀且物质对热的稳定性较好,可以先放在石棉网上用火直接加热蒸发,然后再放在水浴上加热蒸发。蒸发皿为常用的蒸发容器,内盛液体不得超过其容量的2/3,如果液体量较多,蒸发皿一次盛不下,可随水分的不断蒸发而继续添加液体。

三、结晶和重结晶

溶质从溶液中析出晶体的过程称为结晶。析出晶体的颗粒大小与结晶条件有关,如果溶液的浓度较高,溶质的溶解度较小,溶剂的蒸发速度快或溶液冷却得快,就容易得到细晶;反之,则得到较大颗粒的晶体。搅拌溶液和静置溶液可以得到不同的效果,前者有利于细小晶体的生成,而后者有利于大晶体的生成。

若溶液容易发生过饱和现象,可以用搅拌、摩擦器壁或投入几粒小晶体(晶种)等办法,使其形成结晶中心而结晶析出。

当第一次结晶得到物质的纯度不符合要求时,可以进行重结晶。方法是:把待纯化的物质在加热的情况下溶于少量去离子水中,使其形成饱和溶液,趁热过滤,除去不溶性杂质,待滤液冷却后,被纯化的物质即结晶析出。重结晶是使不纯物质通过重新结晶而获得纯化的过程,是提纯固体物质常用的重要方法之一,适用于溶解度随温度有显著变化的化合物。

四、固液分离

溶液与沉淀分离的方法有三种:倾析法、过滤法、离心分离法。

1.倾析法

当沉淀的相对密度较大或晶体的颗粒较大,静止后很快沉降至容器的底部时,常用倾析法进行分离和洗涤。倾析法是将沉淀上部的溶液倾入另一容器中而使沉淀与溶液分离。如需洗涤沉淀时,只要向盛沉淀的容器内加入少量洗涤液,将沉淀和洗涤液充分搅拌均匀,待沉淀沉降到容器的底部后,再用倾析法倾去溶液,如此反复操作两三遍,即能将沉淀洗净。

2.过滤法

过滤是固液分离常用的方法之一。当沉淀和溶液经过过滤器时,沉淀留在过滤器上;滤液通过过滤器进入容器中,所得的溶液称为滤液。

溶液的黏度、温度、过滤时的压力及沉淀物的性质、状态、过滤器孔径大小都会影响过滤速度。过滤时,应考虑各种因素的影响而选用不同的方法。通常热的溶液比冷的溶液过滤快,一般黏度小的比黏度大的过滤快,减压过滤比常压过滤快。过滤器的大小有不同的规格,应根据沉淀颗粒的大小和状态选择使用。孔隙太大,小颗粒沉淀容易透过,孔隙太小,易被小颗粒沉淀堵塞,使过滤难以进行。如果沉淀是胶状的,可在过滤前加热破坏,以免胶状沉淀透过滤纸。

常用的过滤方法有常压过滤(普通过滤)、减压过滤(吸滤)和热过滤 3 种。

(1)常压过滤。此法最为简单、常用,是在常压下用普通漏斗过滤,适用于过滤胶体沉淀或细小的晶体沉淀,但过滤速度比较慢。

① 滤纸的选择。滤纸是一种具有良好过滤性能的纸,纸质疏松,对液体有强烈的吸收性能。实验室常用滤纸作为过滤介质,使溶液与固体分离,主要有定量分析滤纸、定性分析滤纸和层析定性分析滤纸三类。

定量分析滤纸在制造过程中,纸浆经过盐酸和氢氟酸处理,并经过蒸馏水洗涤,将纸纤维中大部分杂质除去,所以灼烧后残留灰分很少,称为无灰滤纸,每张滤纸的灰分质量约为 0.08 mg 左右,对分析结果几乎不产生影响,可以忽略,适于作重量分析。目前国内生产的定量分析滤纸,分快速、中速、慢速三类,在滤纸盒上分别用白带(快速)、蓝带(中速)、红带(慢速)为标志分类。重量分析中过滤硫酸钡用的滤纸,可用慢速或中速滤纸。滤纸的外形有圆形和方形两种,圆形滤纸的规格按直径分,有 9 cm、11 cm、12.5 cm、15 cm 和 18 cm 等。方形定量滤纸有 60 cm × 60 cm 和 30 cm × 30 cm。根据沉淀量的多少选择滤纸的大小,一般要求沉淀的总体积不得超过滤纸锥体高度的 1/3。滤纸的大小应与漏斗的大小相适应,一般滤纸上沿应低于漏斗上沿约 1 cm。

定性分析滤纸一般残留灰分较多,仅供一般的定性分析和用于过滤沉淀或溶液中所用,不能用于重量分析。定性分析滤纸的类型和规格与定量分析滤纸基本相同,表示快速、中速和慢速,印有快速、中速、慢速字样。

② 漏斗。普通漏斗大多是玻璃做的,但也有搪瓷做的,通常分为长颈和短颈两种。在热过滤时,必须用短颈漏斗;在重量分析时,必须用长颈漏斗。

普通漏斗的规格按斗径(深)划分,常用的有 30 mm、40 mm、60 mm、100 mm、120 mm 等几种。过滤后要得到滤液时,应先按过滤溶液的体积斗径大小选择合适的漏斗。

③ 滤纸的折叠与安放。用干净的手将滤纸对折,然后再对折,展开后成 60°角的圆锥体,一边为一层,另一边为三层(图 1.2.24)。为保证滤纸与漏斗密合,第二次对折不要折死,如果滤纸放入漏斗后上边缘不十分密合,可以稍微改变滤纸的折叠角度,直到与漏斗密合,此时可把第二次的折边折死。

图 1.2.24 滤纸的折叠和安放

为了使滤纸和漏斗内壁贴紧而无气泡,常把滤纸三层外面两层滤纸折角处撕下一角,此小块滤纸保存在洁净干燥的表面皿上,以备擦拭烧杯中的沉淀用。滤纸应在漏斗边缘下约 0.5 ~ 1 cm。滤纸放好后,手按住滤纸三层的一边,从洗瓶吹出少量去离子水润湿滤纸,轻压滤纸,赶出气泡,使滤纸锥体上部与漏斗壁刚好贴合。加去离子水至滤纸边缘,漏斗颈内应全部充满水形成水柱。形成水柱的漏斗,可借水柱的重力抽吸漏斗内的液体,使过滤速度加快。如漏斗颈内没形成水柱,可用手指堵住漏斗下口,把滤纸的一边稍掀起,用洗瓶向滤纸与漏斗之间的空隙里加水,使漏斗颈和锥体的大部被水充满,然后压紧滤纸边,松开堵住下口的手指,水柱即可形成。

④ 安放漏斗。把洁净的漏斗放在漏斗架上,下面放一洁净的承接滤液的烧杯,应使漏斗颈口斜面长的一边紧贴杯壁,这样滤液可顺杯壁流下,不致溅出。漏斗放置的高度应以其颈的出口不触及烧杯中的滤液为宜。

⑤ 过滤。一般采用倾泻法过滤,待沉淀沉降后,将上层清液先倒入漏斗中,沉淀尽可能留在烧杯中。溶液应沿着玻璃棒流入漏斗中,玻璃棒的下端对着三层滤纸处,但不要接触滤纸。一次倾入的溶液一般最多只充满滤纸的 2/3,以免少量沉淀因毛细作用越过上层滤纸而损失。

在重量分析法中,为减小误差,避免烧杯嘴上的液滴流失,要求暂停倾泻溶液时,烧杯不要直接离开玻璃棒,而应在烧杯扶正的同时使烧杯嘴沿玻璃棒上提起,然后将玻璃棒放回烧杯中,注意玻璃棒不要靠在烧杯嘴上,避免烧杯嘴上的沉淀沾在玻璃棒上部而损失。

过滤过程中,要注意带有沉淀和溶液的烧杯放置方法,即在烧杯下放一块木头,使烧杯倾斜,以利沉淀和清液分开,便于转移清液。倾泻法如一次不能将清液倾注完时,应待烧杯中沉淀下沉后再次倾注。

⑥ 初步洗涤。洗涤应遵循“少量多次”的原则,待上层清液倾出后,再往烧杯中加入洗涤液约 10 mL,搅起沉淀充分洗涤,再静置,待沉淀沉降后,再倾出上层清液,如此重复 3 ~ 4 次,这样既可以充分洗涤沉淀,又不致使沉淀堵塞滤纸,从而可加快过滤速度。操作过程如

图1.2.25所示。

⑦ 转移。在沉淀中加入少量洗涤液，用玻璃棒把沉淀搅起，将悬浮液立即按上述方法转移到滤纸上。如此重复几次，可将绝大部分沉淀转移到滤纸上，最后残留少量沉淀按图 1.2.26 所示方法可将全部沉淀转移干净。左手持烧杯倾斜着拿在漏斗上方，烧杯嘴朝向漏斗。用食指将玻璃棒横架在烧杯口上，玻璃棒的下端朝向滤纸的三层处，用洗瓶吹出洗液，冲洗烧杯内壁，沉淀连同溶液沿着玻璃棒流入漏斗中。

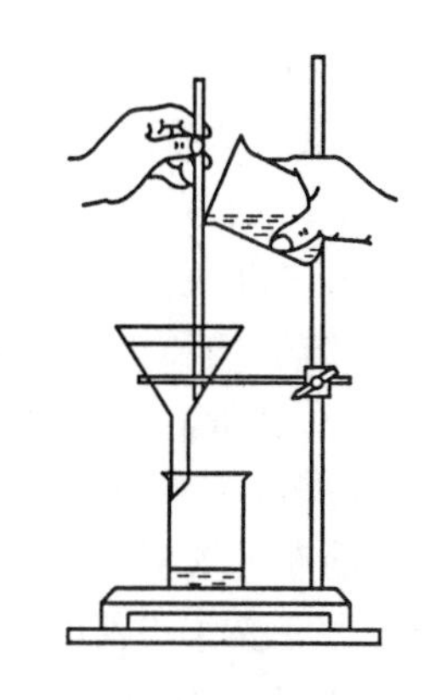

图 1.2.25　普通过滤

在重量分析法中，如果仍有少量沉淀牢牢地黏附在烧杯壁上而吹洗不下来时，可将烧杯放在桌上，用沉淀帚(它是一头带橡皮的玻璃棒)在烧杯内壁自上而下、自左至右擦拭，使沉淀集中在底部。再按图 1.2.26 操作将沉淀吹洗入漏斗上。也可用前面折叠滤纸时撕下的滤纸角擦拭玻璃棒，并用玻璃棒推滤纸角擦拭烧杯内壁，将此滤纸角转移到漏斗上。经吹洗、擦拭后的烧杯内壁，应在明亮处仔细检查是否吹洗、擦拭干净，包括玻璃棒、表面皿、沉淀帚和烧杯内壁都要认真检查。

必须指出，过滤开始后，应随时检查滤液是否透明，如不透明，说明有穿滤现象。此时必须换另一洁净烧杯承接滤液，在原漏斗上将穿滤的滤液进行第二次过滤。如发现滤纸穿孔，则应更换滤纸重新过滤。而第一次用过的滤纸应保留。

⑧ 滤纸上洗涤沉淀。沉淀全部转移到滤纸上以后，应做最后的洗涤，以除去沉淀表面吸附的杂质和残留的母液。洗涤方法如下：用洗瓶挤出洗涤液，从滤纸的多重边沿稍下部位开始，按螺旋形向下移动(图 1.2.27)，最后到多重部分停止，称为“从缝到缝”，这样可使沉淀洗得干净，同时可将沉淀集中到滤纸锥体下部。

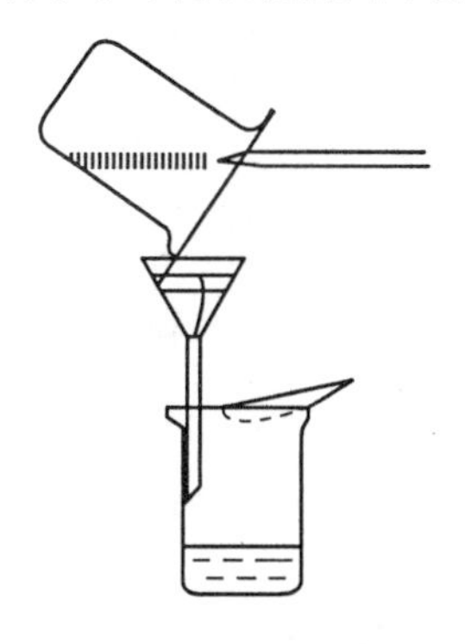

图 1.2.26　转移沉淀

图 1.2.27　洗涤沉淀

本着“少量多次”的原则，洗涤时应该在前一次洗液完全滤出后，再进行下一次洗涤。

沉淀洗涤数次后，用洁净的试管接取 1～2 mL 滤液，选择灵敏的定性反应来检查判断洗涤是否彻底。

(2)减压过滤。减压能加速过滤，并使沉淀抽吸得比较干燥，但对于颗粒太小的沉淀和胶状沉淀不适宜，因为胶状沉淀在快速过滤时易透过滤纸，颗粒太小的沉淀易在滤纸上形成一层密实的沉淀,溶液不易透过。

减压过滤的原理是利用水泵冲出的水流带走空气,造成吸滤瓶内的压力减小,使布氏漏斗与瓶内产生压力差,因而加快了过滤速度。水泵与吸滤瓶之间装一个安全瓶,防止关水龙头后,由于吸滤瓶内压力低于外界压力而使自来水倒吸,沾污滤液。布氏漏斗管插入单孔橡胶塞内,与吸滤瓶相连接,注意漏斗管下方的斜口应对着吸滤瓶的支管口。

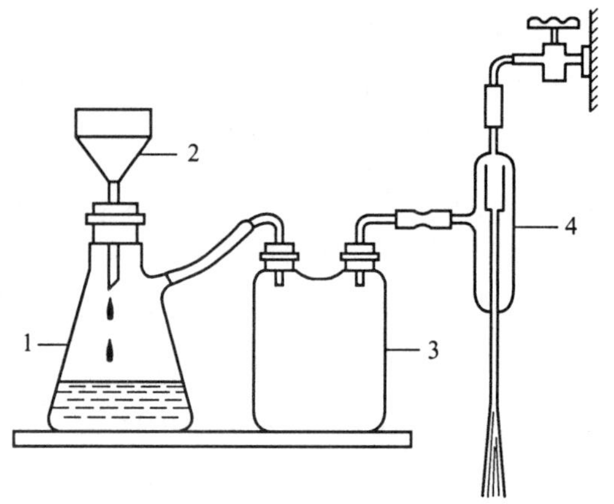

图 1.2.28 减压吸滤装置
1—吸滤瓶;2—布氏漏斗;3—安全瓶;4—水吸滤泵

减压过滤操作步骤如下。

① 铺滤纸。按图 1.2.28 安装好仪器后,剪一张比布氏漏斗内径略小的滤纸,滤纸应能全部覆盖布氏漏斗上的小孔。用少量蒸馏水润湿滤纸,微开水龙头,抽气使滤纸紧贴在漏斗的瓷板上。

② 过滤。用倾析法将上层清液沿玻璃棒倒入漏斗,每次倒入量不应超过漏斗容量的 2/3,然后开大水龙头,待上层清液滤下后,再转移沉淀。把沉淀平铺在漏斗上,直到沉淀被吸干为止。吸滤瓶中的滤液不应超过吸气口。

③ 过滤完毕。先拔下连接在吸滤瓶上的橡皮管,再关水龙头,以防止倒吸。

④ 洗涤沉淀。关小水龙头,使洗涤液缓慢透过沉淀,然后开大水龙头,把沉淀吸干。

⑤ 取出沉淀和滤液。把漏斗取下倒放在滤纸或容器中,在漏斗的边缘轻轻敲打或用洗耳球从漏斗管口处往里吹气,滤纸和沉淀即可脱离漏斗。滤液应从吸滤瓶的上口倒入洁净的容器中,不可从侧面的支管倒出,以免滤液被污染。

如果过滤的溶液具有强酸性或强氧化性,溶液会破坏滤纸,此时可用玻璃砂漏斗。玻璃砂漏斗也叫垂熔漏斗或砂芯漏斗,它是一种耐酸的过滤器,不能过滤强碱性溶液,过滤强碱性溶液使用玻璃纤维代替滤纸。砂芯漏斗的规格和用途如表 1.2.1 所示。

表 1.2.1 砂芯漏斗的规格和用途

滤板代号	滤板孔径/μm	一 般 用 途
G_1	20 ~ 30	过滤大颗粒沉淀物及胶状沉淀物
G_2	10 ~ 15	滤除较大颗粒沉淀物
G_3	4.5 ~ 9	滤除细小颗粒沉淀物
G_4	3 ~ 4	滤除细小颗粒或极细颗粒沉淀物
G_5	1.5 ~ 2.5	滤除较大杆菌及酵母
G_6	1.5 以下	滤除 1.4 ~ 0.6 μm 的病菌

(3)热过滤。某些物质在溶液温度降低时,易形成晶体析出。为了滤除这类溶液中所含的其他难溶性杂质,通常使用热滤漏斗进行过滤,防止溶质结晶析出。过滤时,把玻璃漏斗放在铜质的热滤漏斗内,热滤漏斗内装有热水(水不要装太满,以免加热至沸后溢出),以维持溶液的温度。也可以事先把玻璃漏斗在水浴上用蒸气加热后再使用。热过滤选用的玻璃漏斗颈越短越好,以免过滤时溶液在漏斗颈内停留过久,因散热降温析出晶体而发生堵塞。

3.离心分离法

当被分离的沉淀量很少时,应采用离心分离法。实验室常用的有手摇离心机和电动离心机两种(图 1.2.29 和图 1.2.30)。将盛有混合物的离心管放在离心机的管套内,开动离心机,沉淀受到离心力的作用迅速聚集到离心管的尖端而和溶液分开。用滴管将溶液吸出,也可将其倾出。如果沉淀需要洗涤,可以加入少量洗涤液,用玻璃棒充分搅动,再离心分离,如此反复两三遍即可。

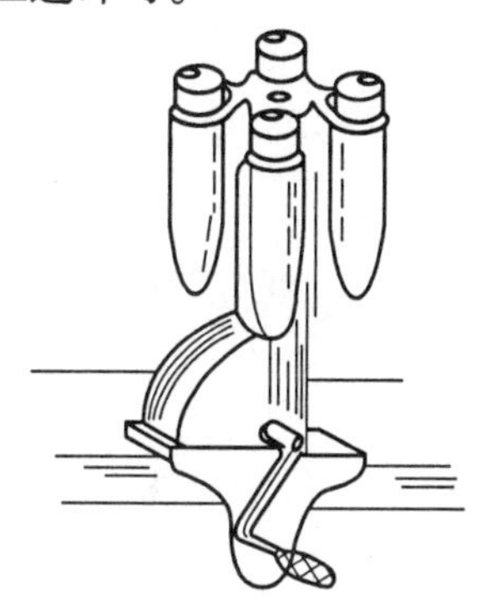

图 1.2.29　手摇离心机

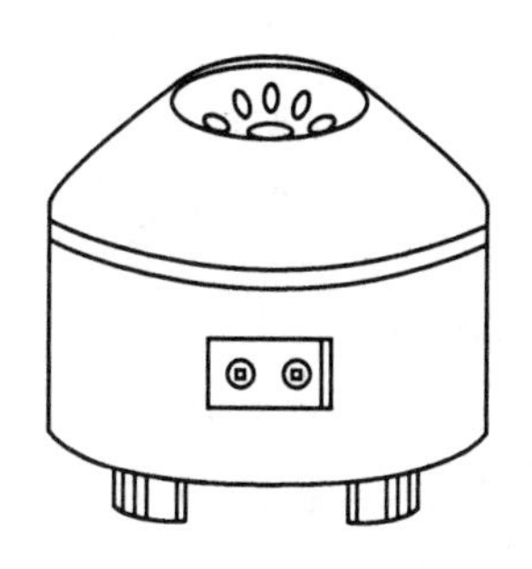

图 1.2.30　电动离心机

使用离心机时应注意:

(1)离心机管套底部预先放少许棉花或泡沫塑料等柔软物质,以免旋转时打破离心管。

(2)为使离心机在旋转时保持平衡,离心管要放在对称的位置上。如果只处理一支离心管,则在对称位置放一支装有等量水的离心管。

(3)开动离心机应从慢速开始,运转平稳后再转到快速。关机时要任其自然停止转动,决不能用手强制它停止转动。

(4)转速和旋转时间视沉淀性状而定。一般晶形沉淀以 1 000 $r \cdot min^{-1}$,离心 1 ~ 2 min 即可,非晶形沉淀以 2 000 $r \cdot min^{-1}$,离心 3 ~ 4 min。

(5)如发现离心管破裂或震动厉害立即停止使用。

第六节　重量分析法的基本操作

一、方法分类

重量分析法是化学分析法中重要的经典分析方法之一,一般是将被测组分与试样中的其他组分分离后,转化为一定的称量形式,然后用称重的方法测定该组分的含量。由于试样中待测组分性质不同,采用的分离方法也不同。按其分离方法的不同,重量分析法可分为沉淀法、挥发法、萃取法和电解法。

1. 沉淀法

将待测组分以难溶化合物的形式沉淀下来,经过分离、烘干、灼烧等步骤,使其转化为称量形式,然后称量沉淀的质量,根据沉淀质量计算该组分在试样中的质量分数。较常用的是沉淀重量法。

2. 挥发法

将试样加热或与某种试剂作用,使待测组分生成挥发性物质逸出,然后根据试样所减轻的质量，计算待测组分的质量分数(间接挥发法)；或者用某种吸收剂将逸出的挥发性物质吸收，根据吸收剂增加的质量，计算待测组分的质量分数(直接挥发法)。

3. 萃取法

利用待测组分在两种互不相溶的溶剂中溶解度的不同，使它从原来的溶剂中定量地转入作为萃取剂的另一种溶剂中，然后将萃取剂蒸干，称量萃取物的质量，根据萃取物的质量计算待测组分质量分数的方法，称为萃取重量法。

4. 电解法

利用电解的原理，使金属离子在电极上析出，然后称重，求得其含量。

二、沉淀重量法的操作

沉淀重量法的操作过程包括：试样的干燥、溶解、沉淀制备、过滤、沉淀洗涤、沉淀烘干、炭化、灰化、灼烧、称量等。

1.试样的干燥

研磨得很细的试样具有极大的表面积，会从空气中吸附一定量的水分，因此，在称样前应做干燥处理，以除去吸附的水，这样才能得到正确的结果。

由于试样的吸湿性和其他性质不尽相同，干燥所需要的温度和时间也不一样。所用的温度应既能赶去水分，又不致引起试样中组成水和挥发性组分的损失，一般用的温度为378～383 K。干燥时，将试样放入称量瓶内，瓶盖斜放在瓶口上。将称量瓶置于1只干燥烧杯中，烧杯沿口放3只玻璃钩或1只玻璃三角架，上面盖1只表面皿(凸面向下)。干燥试样需要一定的温度，而且最好不时搅动，以利干燥。若处理的试样较多，可平铺于蒸发皿或培养皿中，上面同样盖1只表面皿进行干燥。经干燥的试样应放在干燥器中保存。

有的试样也可用空气干燥(风干)。风干的试样应保存在无干燥剂的干燥器中，或用纸将称量瓶包好放在干净的烧杯内保存。含结晶水的试样也不能放在干燥器中。

计算各组分的含量时，应该注明试样的干燥情况，必要时应换算成干基试样表示。

2.试样的溶解

根据被测试样的性质，选用不同的溶(熔)剂，以确保待测组分全部溶解，且不使待测组分发生氧化还原反应造成损失，加入的试剂应不影响测定。

(1)准备好洁净的烧杯、玻璃棒和表面皿。玻璃棒的长度应比烧杯高5～7 cm，不要太长。表面皿的直径应略大于烧杯口直径。烧杯内壁和底不应有裂纹。

(2)称取试样于烧杯中，溶样时，若有气体产生，可取下表面皿，将溶剂顺着紧靠烧杯壁的玻璃棒下端加入，或沿着烧杯壁加入，边加边搅拌，直至试样完全溶解。若有气体产生，应先加少量的水将试样润湿，盖好表面皿，再由烧杯嘴与表面皿间的狭缝滴加溶剂。待气泡消失后，再用玻璃棒搅拌使其溶解。试样溶解后，用洗瓶吹洗表面皿和烧杯内壁。

(3)试样在溶解过程中需加热时，可在水浴锅、电炉或煤气灯上进行。但一般只能让其微热或微沸溶解，不能暴沸。加热时需盖表面皿，凸面向下。注意防止溶液蒸干，因溶液蒸至稠状时极易迸溅，而且许多物质脱水后很难再溶解。

(4)若在锥形瓶中加热，可在瓶口放一只小漏斗，既可防灰尘落入瓶中，又可减缓溶剂挥发。

3.沉淀的制备

沉淀类型主要分成两类：晶形沉淀和非晶形沉淀。根据沉淀类型不同，选择不同的沉淀条件。

(1)晶形沉淀。可按照“稀、热、慢、搅、陈”五字原则进行沉淀,即:

稀:沉淀的溶液配制要适当稀;

热:沉淀时应将溶液加热;

慢:沉淀剂的加入速度要缓慢;

搅:沉淀时要用玻璃棒不断搅拌;

陈:沉淀完全后,要静置一段时间陈化。

为达到上述要求,沉淀操作时,应一手拿滴管,缓慢滴加沉淀剂,另一手持玻璃棒不断搅动溶液,搅拌时玻璃棒不要碰烧杯的内壁和烧杯底,速度不宜过快,以免溶液溅出。加热时应在水浴或电热板上进行,不得使溶液沸腾,否则会引起水溅或产生泡沫飞散造成被测物的损失。

沉淀完后,应检查沉淀是否完全,方法是将沉淀溶液静置一段时间,让沉淀下沉,上层溶液澄清后,滴加一滴沉淀剂,观察交界面是否混浊,如混浊,表明沉淀未完全,还需加入沉淀剂;反之,如溶液清亮,则沉淀完全。

沉淀完全后,盖上表面皿,放置过夜或在水浴上加热 1 h 左右,让沉淀的小晶体生成大晶体,不完整的晶体转化为完整的晶体。

(2)非晶形沉淀。宜用较浓的沉淀剂溶液,加热沉淀剂和搅拌的速度均快些,沉淀完全后要用蒸馏水稀释,不必放置陈化,有时还需要加入电解质等。

4.过滤和洗涤

沉淀的过滤可采用滤纸或微孔玻璃砂芯滤器过滤,用哪一种方法应根据沉淀在灼烧中是否会被滤纸还原及称量物的性质而定。

(1)滤纸过滤法(灼烧灰化法)。对于需要灼烧称重的沉淀,应使用定量滤纸过滤。根据沉淀的性质和数量选用滤纸。重量分析法中过滤硫酸钡用的滤纸,可用慢速滤纸;而过滤氢氧化铁等胶体沉淀,应选用大尺寸的快速滤纸。

过滤和洗涤的方法见常压过滤(p39 ~ 41①~⑧)。

(2)微孔玻璃砂芯滤器过滤法(微波干燥恒重法)。对于烘干后即可称量或热稳定性差的沉淀,须采用玻璃砂芯滤器过滤。包括微孔玻璃漏斗和微孔玻璃坩埚。此种过滤器皿的滤板是用玻璃粉末在高温熔结而成,定量分析化学实验常用的玻璃过滤器的规格和使用见表 1.2.1。

在定量分析中,一般用 4、5 号(相当于慢速滤纸)过滤细晶形沉淀,用 3 号(相当于中速滤纸)过滤一般的晶形沉淀。使用此类滤器时,需用减压抽气法过滤,将微孔玻璃滤器安置在具有像皮垫圈或塞孔的抽滤瓶上。玻璃砂芯滤器只能在低温下干燥和烘烤,最高温度不超过 500℃。最适用于只需在 150℃以下烘干的沉淀;凡沉淀呈浆状,不宜用玻璃砂芯坩埚过滤,因为沉淀会堵塞滤片细孔。玻璃砂芯滤器滤片耐碱性差,不宜用玻璃漏斗或坩埚过滤强碱性溶液,因它会损坏坩埚或漏斗的微孔。

① 玻璃坩埚或漏斗的准备。选择合适孔径的玻璃滤器,用稀盐酸或稀硝酸浸洗,然后用自来水冲洗,把微孔玻璃滤器安置在具有橡皮垫圈或塞孔的抽滤瓶上,用真空泵抽滤,在抽气下用蒸馏水冲洗坩埚。冲洗干净后抽滤至不再产生水雾,以除掉玻璃砂板微孔中的水分,便于干燥。放进微波炉于 500 W 的输出功率(中高火)下进行干燥,第一次干燥 10 min,

第二次 4 min。每次干燥后，放入干燥器中冷却 15 ~ 20 min(刚放入时留一小缝隙，30 s 后再盖严)，然后在分析天平上快速称量。两次干燥后称量所得质量之差，若不超过 0.4 g，即已恒重，否则，还要再次干燥 4 min，冷却、称量，直至恒重。

② 沉淀的过滤、洗涤和干燥。用倾泻法在已恒重的玻璃坩埚中进行减压过滤。上层清液滤完后，用稀洗涤液洗涤沉淀 3 ~ 4 次，每次约 10 mL。再用水洗一次。然后将沉淀转移到坩埚中，用沉淀帚擦“活”黏附在杯壁和搅棒上的沉淀，再用水冲洗烧杯和玻璃棒直至沉淀转移完全。最后用水淋洗沉淀及坩埚内壁 6 次以上，这时沉淀基本已洗涤干净，继续抽干 2 min以上(至不再产生水雾)，将坩埚放入微波炉进行干燥(第一次 10 min，第二次 4 min)，冷却、称量、直至恒重。

过滤、洗涤方法的操作细节参考常压过滤(p40 ~ 41⑤ ~ ⑧)。

注意过滤前，先将溶液倾入玻璃坩埚中，然后打开水泵，每次不要等吸干后倾入溶液，以免沉淀被吸紧，影响过滤速度。结束过滤时，左手一定握住玻璃坩埚，防止坩埚由于没有吸力而掉落，右手松开吸滤瓶上的橡皮管，最后关闭水泵。

③微孔玻璃滤器洗涤。微孔玻璃滤器每次用毕，必须及时洗涤干净。可将滤器倒置，在沉淀物相反的方向用水反复冲洗，以洗去沉淀物。也可针对不同的沉淀物，采用相应的洗涤液处理。表 1.2.2 列出某些沉淀物的清洗方法。

表 1.2.2　玻璃过滤器的清洗方法

沉　淀　物	清　洗　液
脂肪等	四氯化碳或适当的有机溶剂
氯化亚铜、铁质	含 $KClO_4$ 的热浓 HCl
$BaSO_4$	100℃的热浓 H_2SO_4
汞渣	热浓 HNO_3
AgCl	氨水或 $Na_2S_2O_3$ 溶液
铝质、硅质残渣	先用质量分数为 2%的 HF，继用浓 H_2SO_4 洗涤，随即用蒸馏水、丙酮反复漂洗几次
各种有机物	铬酸洗液

5.沉淀烘干

(1)坩埚的准备。沉淀的烘干和灼烧一般在坩埚中进行。使用前先用自来水洗去坩埚中的污物，将其放入热盐酸或热铬酸洗液中，以洗去 Al_2O_3、Fe_2O_3 和油脂，然后用蒸馏水冲净后烘干。用 $FeCl_3$ 或 $K_4[Fe(CN)_6]$在坩埚和盖子上编号，干后，将它放入高温炉中，在 800 ~ 1 000℃灼烧。第一次灼烧约 30 min，取出稍冷后放入干燥器中冷至室温，称重。第二次再灼烧 15 ~ 20 min，再冷却称量。两次称量之差小于 0.4 mg，即认为达到了恒重。恒重的坩埚应放在干燥器中保存备用。

(2)沉淀的包裹。用玻璃棒将滤纸的三层部分挑起，向中间折叠，将沉淀盖住，再用玻璃棒轻轻转动滤纸包，以便擦净漏斗内壁可能沾有的沉淀，然后把滤纸包的三层部分向上放入已恒重的坩埚中(图 1.2.31)。

(3)沉淀和滤纸的烘干。烘干时可在煤气灯或电炉上进行。将放有沉淀包的坩埚倾斜置于泥三角上，坩埚的底部枕在泥三角的一边上，坩埚口朝着泥三角的顶角，坩埚盖半掩于坩埚口(图 1.2.32)。放好后,先用煤气灯的火焰来回扫过坩埚,使其缓慢均匀受热,以防坩埚骤热破裂,然后用反射焰加热,即用小火加热坩埚盖的中部,这时热空气流进入坩埚内部,而水蒸气则从坩埚上面逸出(图 1.2.33(a))。沉淀烘干这一步不能太快,尤其对于含有大量水分的胶状沉淀,很难一下烘干,若加热太猛,沉淀内部水分会迅速汽化而挟带沉淀溅出坩埚,造成实验失败。

图 1.2.31　沉淀的包裹

6.炭化和灰化

滤纸和沉淀干燥后,将煤气灯逐渐移至坩埚底部,逐渐加大火焰,使滤纸炭化变黑(图 1.2.33(b))。如炭化时滤纸着火,可立即用坩埚盖盖住,同时移去火源使其熄灭。切不可用嘴吹灭,以防沉淀飞散损失。

炭化后可加大火焰,使氧化焰完全包住坩埚,烧至红热,并用坩埚钳夹住坩埚不断转动,把黑色的炭全部烧成白色的灰。

图 1.2.32　坩埚的放置

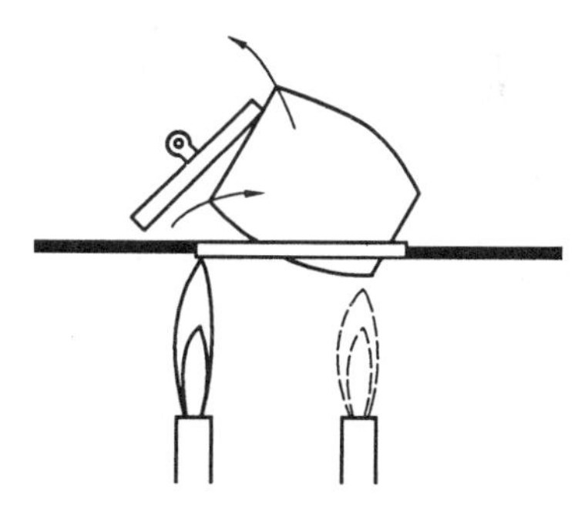

(a) 烘干火焰　(b) 炭化、灰化火焰

图 1.2.33　烘干、炭化和灰化的火焰位置

7.灼烧

沉淀和滤纸灰化后,将坩埚移入高温炉中,盖上坩埚盖,稍留有孔隙。在与灼烧空坩埚时相同的温度下,灼烧 40 ~ 45 min,取出冷却,然后放入干燥器中冷至室温,称量。再灼烧 20 min,冷却、称量,直至恒重。每次灼烧、称重和放置的时间都要保持一致。

此外,凡是烘干后即可称重或热稳定性差的沉淀,均需采用微孔玻璃漏斗(或坩埚)。其方法是:将微孔玻璃漏斗连同沉淀放在表面皿上,置于烘箱中,根据沉淀的性质选择适当的温度,通常在 250℃以下。第一次烘干 2 h,第二次烘干 1 h,如此反复烘干、称重,直至恒重。

三、干燥器的使用

干燥器是一种具有磨口盖子的厚质玻璃器皿。其用途是保存称量瓶、基准物或试样以及烘干后的坩埚。磨口上涂有一薄层凡士林,使其更好地密合,防止水气进入。底部装有干燥剂(常用变色硅胶、无水氯化钙等),中间放置一带孔的圆形瓷板,用来盛放被干燥的物品。

开启干燥器时,左手按住干燥器的下部,右手按住盖顶,向前方或旁边推开。加盖时,也应拿着盖顶,平推着盖好(图 1.2.34)。

搬动干燥器时,应用两手的拇指同时按住盖子,防止盖子滑落打破(图 1.2.35)。

图 1.2.34　开启干燥器

图 1.2.35　搬动干燥器

将热坩埚放入干燥器后，如马上盖严，里面的空气受热会膨胀，压力很大，甚至会将盖掀翻打碎；而放置冷却后，由于里面空气冷却，压力降低，又会将盖吸住而打不开。为避免上述情况发生，放入坩埚后，应先将盖留一缝隙，稍等几分钟再盖严，冷却过程中可不时开闭干燥器 1～2 次。

第七节　定量分析仪器

一、量筒

量筒（图 1.2.36）是化学实验中最常使用的度量液体的仪器之一，常见量筒的容量有 10 mL、20 mL、50 mL、100 mL 等，可根据需要来选用。量取液体时，应用左手持量筒，并以大拇指指示所需体积的刻度处，右手持试剂瓶，将液体小心倒入量筒内。读取刻度时，应让量筒垂直，使视线与量筒内液面的弯月形最低点处于同一水平面上（图 1.2.37），偏高或偏低都会产生误差。量筒不能作反应器用，也不能装热的液体。

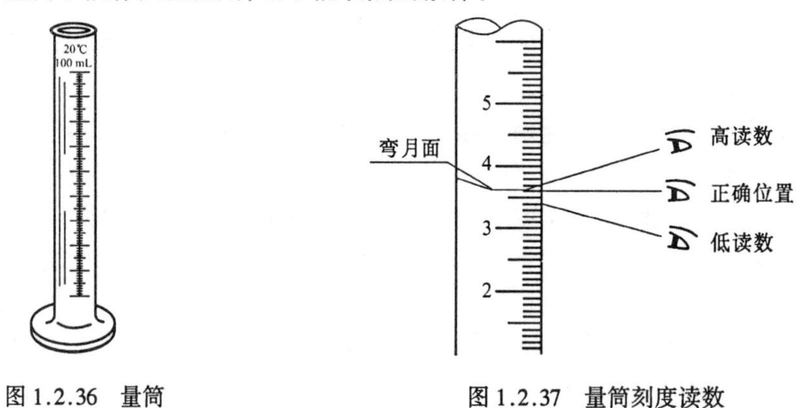

图 1.2.36　量筒　　　　图 1.2.37　量筒刻度读数

二、滴定管

滴定管是可放出不固定量液体的量出式玻璃量器，主要用于滴定过程中准确测量溶液体积。滴定管的管身用细长而内径均匀的玻璃管制成，上面有精确的刻度线。常量分析的滴定管容积有 50 mL 和 25 mL 两种，最小刻度为 0.1 mL，读数可估计到 0.01 mL。另外还有 10 mL、5 mL、2 mL、1 mL 的半微量和微量滴定管。

按盛装溶液的性质不同，滴定管分为两种：酸式滴定管和碱式滴定管（图 1.2.38）。酸式滴定管下端有玻璃活塞开关，它用来盛装酸性溶液和氧化性溶液，不宜盛碱性溶液，因其磨口玻璃塞会被碱性溶液腐蚀，放置久了活塞打不开。碱式滴定管的下端连一乳胶管，管内有一玻璃珠，管的下端连一尖嘴玻璃管，用手指捏玻璃珠周围的乳胶管时，便会形成一条狭缝，溶液即可流出并可控制流速。玻璃珠的大小应适当，过小会漏液或使用时上下移动，过大则在放溶液时手指吃力，操作不方便。碱式滴定管只能盛装碱性溶液，不能盛放与乳胶管发生反应的氧化性溶液，如 $KMnO_4$、I_2 等。

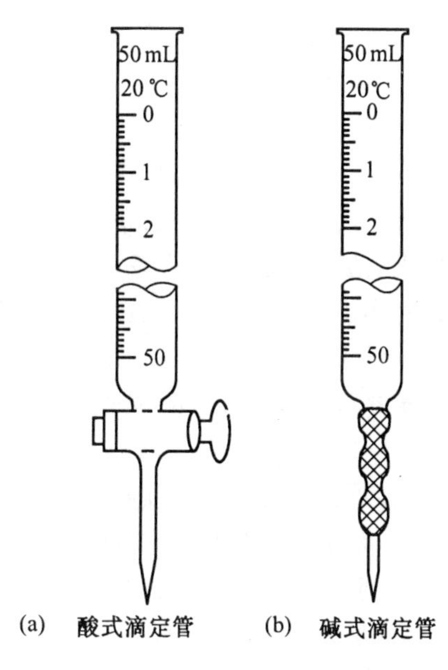

(a) 酸式滴定管 (b) 碱式滴定管

图 1.2.38 酸碱滴定管

目前，有一种新型滴定管，外形与酸式滴定管相同，但其旋塞用聚四氟乙烯材料制作，是一种同时适用于酸、碱、氧化性等各种性质溶液的通用滴定管；同时，由于聚四氟乙烯旋塞富有弹性，通过调节旋塞尾部的螺帽即可调节旋塞的紧密度，因此，此类通用滴定管无需涂凡士林。

常量滴定管的使用方法：

1.洗涤

滴定管在使用前要用水、洗涤剂或洗液洗涤至内壁不挂水珠为止。

2.试漏

将管中充水至最高标线，垂直夹在滴定台上，15 min 后漏水不应超过 1 个分度(0.1 mL)，将旋塞旋转 180°，再放置 2 min，若前后两次均无渗水即可使用。如果旋塞处漏水，需将旋塞涂油。涂油方法：将滴定管平放在台面上，抽出旋塞，用滤纸将旋塞和槽内壁的水擦干，用手指粘少许凡士林在旋塞的周围涂上薄薄的一层(图 1.2.39)，应特别注意在孔的附近不能多涂，以免凡士林堵住塞孔。涂完后将旋塞插入塞槽内，插时旋塞孔应与滴定管平行，然后沿着同一方向旋转旋塞，直到从旋塞外面观察全部呈现透明为止。如发现转动不灵旋或旋塞上出现纹路，表示油涂得不够；如果凡士林从旋塞缝隙挤出或挤入塞孔，表示涂油太多。遇到这些情况，都必须重新涂油。涂好凡士林后，用胶圈套在旋塞上，以防活塞脱落打碎。

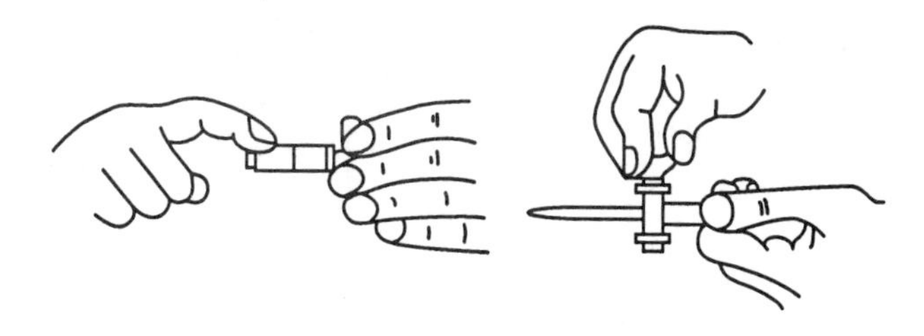

图 1.2.39 旋塞涂油

如果旋塞孔或出口尖嘴被凡士林堵塞时，可将滴定管充满水后，将活塞打开，用洗耳球在滴定管上部鼓气，即可将油排除。

碱式滴定管要检查玻璃珠的大小和乳胶管粗细是否匹配,即是否漏水,能否灵活控制液滴。

3.装液

在装入操作溶液之前,必须将试剂瓶中的溶液摇匀,使凝结在瓶壁上的水珠混入溶液。装入溶液时,应由试剂瓶直接装入,不得借助任何别的器皿,如漏斗或烧杯等,以免溶液的浓度改变或造成污染。先用待装液洗涤管内壁 2~3 次,每次用量约 10 mL,双手拿住滴定管两端无刻度部位,平端滴定管,边转动边倾斜,使溶液洗遍整个内壁,将溶液从尖嘴放出,然后装入溶液至“0”刻度线以上。

装满溶液的滴定管,应检查下面尖嘴内有无气泡,如果有必须排出。对于酸式滴定管,可用右手拿住管的上部无刻度处,使其倾斜约 30°,左手迅速打开旋塞,使溶液快速冲出而将气泡带走;对于碱式滴定管,可把乳胶管向上弯曲,出口上斜,挤捏玻璃珠部位,使溶液从尖嘴快速冲出即可排出气泡(图 1.2.40)。

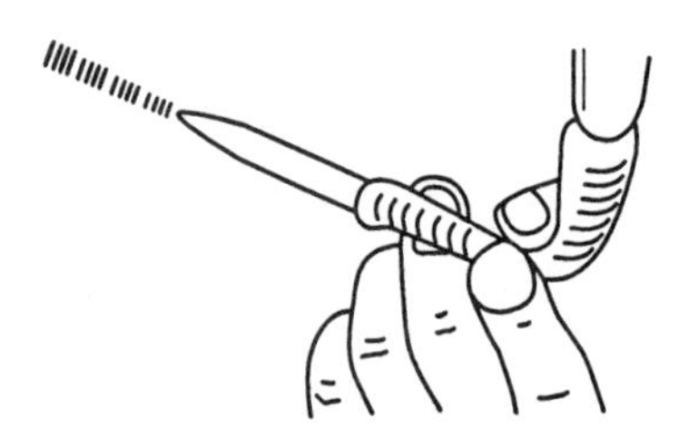

图 1.2.40 碱式滴定管排气泡

4.读数

为了正确读数,应遵守下列原则:

(1)读数前应观察,管壁是否挂有水珠,管内的出口尖嘴处有无悬挂液滴,管嘴是否有气泡。

(2)读数时应把滴定管从滴定管架上取下,用右手大拇指和食指捏住管上部无刻度部位,使滴定管自然垂直,然后读数。每次装入溶液或放出溶液后,应等 1~2 min,待附着在管内壁的溶液流下后再读数。

(3)对于无色和浅色溶液,应读取弯月面下缘实线的最低点,视线应与弯月面下缘实线的最低点相切。为了便于观察和读数,可在滴定管后衬一张“读数卡”,此卡由贴有黑纸或涂有黑色长方形(约 3 cm × 1.5 cm)的白纸板制成。读数时,把读数卡放在滴定管的背后,使黑色部分在弯月面下约 1 cm 处,此时可看到弯月面的反射层全部成为黑色,然后读此黑色弯月面下缘的最低点(图 1.2.41(a))。

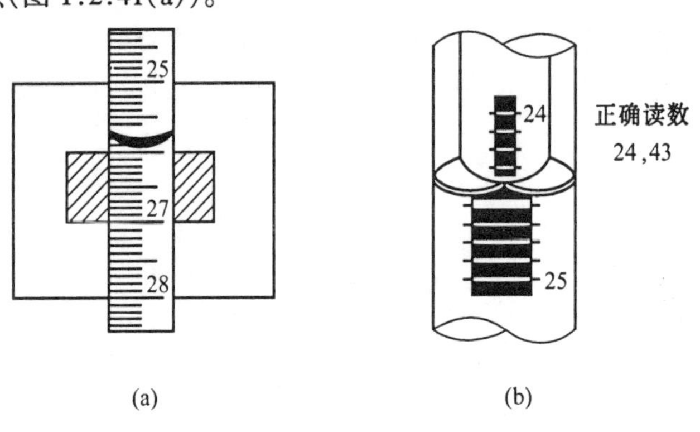

图 1.2.41 滴定管读数

(4)对于有色溶液,如 $KMnO_4$、I_2 溶液等,视线应与液面两侧的最高点相切。若滴定管的背后有一条蓝线或带,无色溶液就形成了两个弯月面,并且相交于蓝线的中线上,读数时读此交点的刻度(图 1.2.41(b))。

(5)滴定时,最好每次从 0.00 mL 开始,或从“0 ~ 5 mL”的范围内的任一刻度开始,这样可以减少体积误差。滴定管读数必须准确至 0.01 mL。

5.滴定操作

使用酸式滴定管时,用左手控制活塞,大拇指在管前,食指和中指在管后,三指轻轻捏住塞柄,无名指和小指向手心弯曲,手心内凹,以防活塞被顶出造成漏液(图 1.2.42)。滴定时,右手握锥形瓶上部,将滴定管下端伸入锥形瓶口约 1 cm,然后边滴加溶液边向同一方向摇动锥形瓶。滴定的速度开始时可稍快,一般为每秒 3 ~ 4 滴左右,但不能滴成水线,应呈“见滴成串”。接近终点时,应逐滴加入,即加一滴摇动后再加,马上到达终点时,应控制半滴加入,即将活塞稍稍转动,使半滴悬于管口,用锥形瓶内壁将其沾下,再用洗瓶吹洗内壁,使附着的溶液全部流下,然后摇动锥形瓶。如此继续滴定至滴定终点为止。

使用碱式滴定管时(图 1.2.43),左手捏住乳胶管,拇指在前,食指在后,其余三指辅助夹住出口管,用拇指和食指捏住玻璃珠中上部,向一边挤压玻璃珠外面的乳胶管,使玻璃珠和乳胶管之间形成一个狭缝,溶液即可流出。注意不要用力捏玻璃珠,也不要使玻璃珠上下移动,更不要捏玻璃珠下部的乳胶管,以免进入空气形成气泡,影响读数。

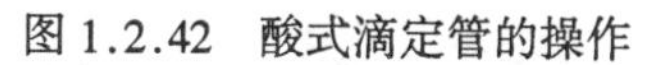

图 1.2.42　酸式滴定管的操作

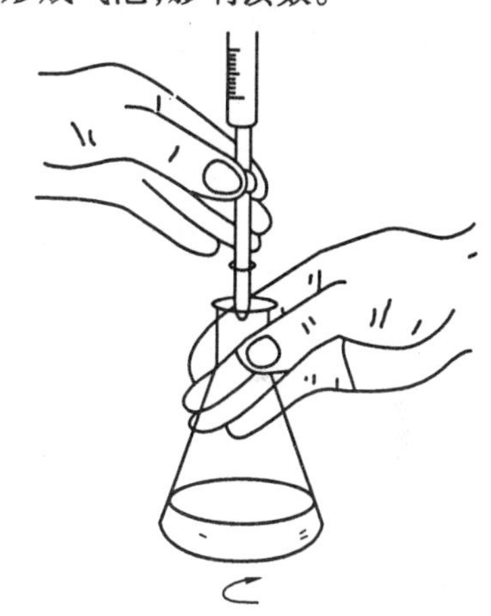

图 1.2.43　碱式滴定管的操作

滴定通常在锥形瓶中进行,必要时也可以在烧杯中进行(图 1.2.44),把烧杯放在实验台上,滴定管的高度应以其下端伸入烧杯内约 1 cm 为宜。滴定管的下端应在烧杯的左后方处,如放在中央,会影响搅拌;如离杯壁过近,滴下的溶液不易搅拌均匀。左手控制滴定管滴加溶液,右手持玻璃棒搅拌溶液。玻璃棒应作圆周搅动,不要碰到杯壁和底部。接近终点加半滴时,可用玻璃棒下端轻轻沾下,再浸入烧杯中搅匀。

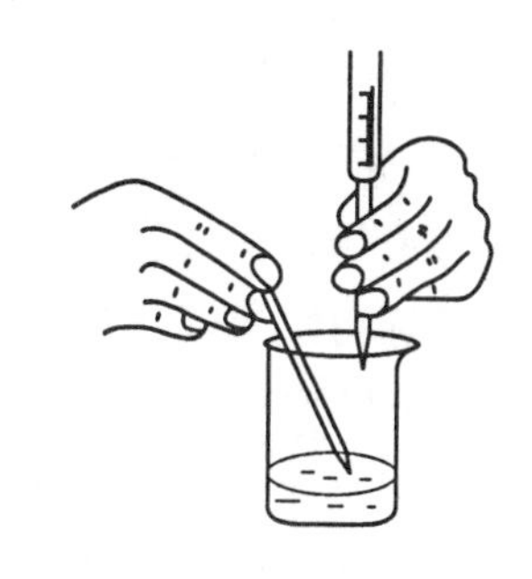

图 1.2.44　在烧杯中滴定

滴定操作注意事项:

(1)每次滴定都应将液面调至零刻度或接近零刻度处,这样可以消除系统误差。

(2)滴定时左手不能离开活塞,任溶液自流。

(3)摇瓶时,应微动腕关节,使锥形瓶口基本不动,瓶底作圆周运动,瓶中的溶液向同一方向旋转，左右旋转均可，但不可前后晃动，以免溶液溅出。

(4)滴定时，应认真观察锥形瓶中溶液颜色的变化，不要去看滴定管上刻度的变化，而不顾滴定反应的进行。

(5)要正确控制滴定速度。

溴酸钾法、碘量法等需要在碘量瓶中进行反应和滴定。碘量瓶是带有磨口玻璃塞和水槽的锥形瓶，喇叭形瓶口与瓶塞之间形成一圈水槽，槽中加入纯水即可形成水封，防止瓶中溶液反应生成的气体(Br_2、I_2 等)逸失。反应完成后，打开瓶塞，水即流下并可冲洗瓶塞和瓶壁，然后滴定。

滴定结束后，把滴定管中剩余的溶液倒掉，不可倒回原瓶，以防沾污标准溶液，依次用自来水和蒸馏水将管洗净，然后夹在滴定管架上，上口用一器皿罩上，下口套一洁净的橡皮管。

微型滴定管：为减少废液排放，保护环境，减少贵重试剂的用量，微型滴定分析逐步在实验教学中得到推广，由武汉大学与分子科学院实验中心研制的 WD－COII 型 3.000 mL 微量四氟滴定管已被授予国家专利。

微型滴定管结构如图 1.2.52 所示。

微型滴定管操作(3.000 mL 滴定管的使用)：微型滴定管与常量滴定管的操作基本相同，使用时可参考常量滴定管方法，但洗涤与常量有所不同。

洗涤方法：将滴定管固定在滴定台架上。打开旋塞，用吸耳球抽取清洗液至刻度管内，反复挤压吸耳球，让清洗液不断上下抽动，洗完后，再用清水和蒸馏水洗净，如刻度管内的油污很多，可先用铬酸洗涤液抽洗或浸泡一段时间，在用自来水冲洗，蒸馏水润洗，待装液润洗。

加滴定液时，将滴定管放入试剂瓶中，注意不要将塑料滴嘴碰到瓶底，以免弯折。旋开活塞，用吸耳球吸取滴定液至玻璃球内，再放至 0 刻度线，旋紧活塞，即可进行滴定操作。

三、移液管、吸量管

1.称液管

移液管是用于准确移取一定体积溶液的量出式玻璃量器。它的中间有一膨大部分(称为球部)，球部的上下均为细窄的管颈，管颈上端有一条标线，亦称“单标线吸量管”(图 1.2.45(a))。常用的移液管有 5 mL、10 mL、25 mL、50 mL 等规格。

在标明温度下，使溶液的弯月面与移液管标线相切，让溶液按一定的方法自由流出，则流出的体积与管上标明的体积相同。移液管按其容量精度分为 A 级和 B 级。国家规定的容量允差见表 1.2.3。

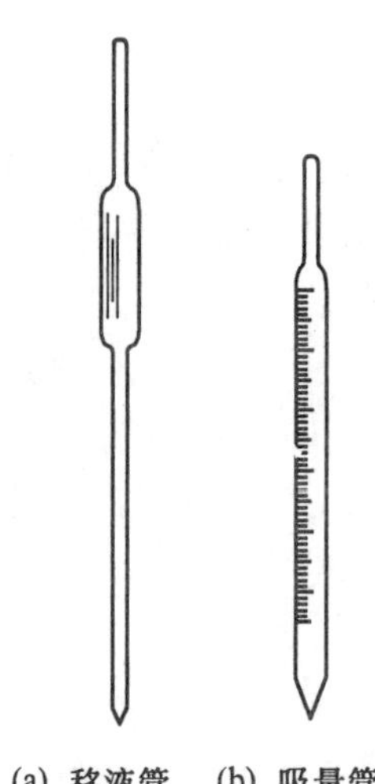

(a) 移液管 (b) 吸量管

图 1.2.45 移液管和吸量管

表 1.2.3　常用移液管的容量允差

标称容量/mL		2	5	10	20	25	50	100
容量允差/mL (±)	A	0.010	0.015	0.020	0.030	0.030	0.050	0.080
	B	0.020	0.030	0.040	0.060	0.060	0.100	0.160

2.吸量管

吸量管的全称是“分度吸量管”,它是带有分度的量出式量器(图 1.2.45(b)),用于移取非固定量的溶液。常用的吸量管有1 mL、2 mL、5 mL、10 mL 等规格,一般用于量取小体积的溶液。

吸量管吸取溶液的准确度不如移液管。应该注意,有些吸量管的分刻度不是刻到管尖,而是离管尖差 1 ~ 2 cm。

3.移液管、吸量管洗涤

先用自来水或洗涤液冲洗(如有必要需用铬酸洗液洗涤),若用洗涤液必须用自来水彻底冲洗至无残留,再用蒸馏水润洗 3 次。移取溶液前,可用吸水纸将管的尖端内外的水除去,然后用待吸溶液润洗 3 次。方法是:用左手持洗耳球,将食指或拇指放在洗耳球的上方,其余手指自然地握住洗耳球,用右手的拇指和中指拿住移液管或吸量管径标线以上的部分,无名指和小指辅助拿住移液管,将洗耳球对准移液管口,管尖伸入溶液中吸取,待吸液吸至球部的 1/4 处(注意,勿使溶液流回,以免稀释溶液)时,移出、润洗、弃去。如此反复润洗 3 次,润洗过的溶液应从尖口放出。

4.移取溶液

移取溶液时,用右手的大拇指和中指拿住管颈上方,下部的尖端插入溶液中1 ~ 2 cm,不要伸入太深,以免管口外壁沾附溶液过多;也不要伸入太浅,以免液面下降后吸入空气。左手拿洗耳球,先把球中的空气挤出,然后将球的尖端紧按在移液管管口,慢慢松开左手使溶液吸入管内。当液面升高到标线以上时,移去洗耳球,立即用右手的食指堵住管口,将移液管下口提出液面,管的末端靠在盛溶液的器皿的内壁上,然后微微松动右手食指,用拇指和中指轻轻捻转管身,使液面缓慢下降,直到视线平视时弯月面与标线相切,立即按紧食指。取出移液管,插入接收溶液的器皿中,使容器倾斜约 30°,移液管垂直,尖端紧贴接收器皿的内壁,松开食指,使溶液自然顺壁流下(图1.2.46)。待溶液下降到管尖后,应等 10 ~ 15 s 左右,然后移开移液管,放在管架上,不可乱放,以免沾污。

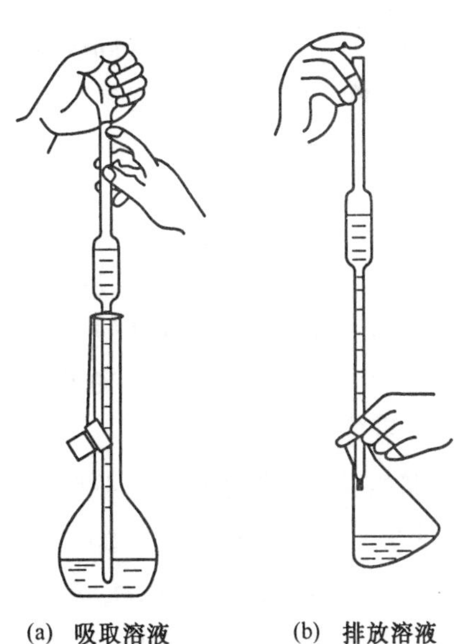

(a) 吸取溶液　　(b) 排放溶液

图 1.2.46　移液管的使用

注意移液管或吸量管放液后,如管上未标有“吹”字,残留在移液管末端的溶液不可吹入到接受瓶中,因为在生产检定时,并未把这部分体积记入进去。

但必须指出，由于一些管口尖部做得不是很圆滑，因此可能会由于随靠接受容器内壁的管尖部位不同而留存在管尖部位的体积有大小的变化，为此，可等 15 s 后，将管身往左右旋动一下，这样管尖部分每次残留的体积将会基本相同，不会导致平行测定时的过大误差。

用吸量管吸取溶液时，大体与上述操作相同。但吸量管上常标有“吹”字，特别是 1 mL 以下的吸量管尤其如此，对此，要特别注意。实验中，要尽量使用同一支吸量管，以免带来误差。

此外，还有一种自动取液器，这种取液器在定量分析和仪器分析中大量使用，它们主要用于多次重复的快速定量移取溶液，可以一只手操作，十分方便。移取的准确度（即容量误差）为 ±(0.5% ~ 1.5%)，移液的精密度（即重复性误差）更小些（≪0.5%）。取液器可分为两种：一种是固定容量的，常用的有 100 μL、1 000 μL 等多种规格。每种取液器都有其专用的聚丙烯料吸头，吸头通常是一次性的，当然也可以超声清洗后重复使用，而且此种吸头还可以进行 100℃高压灭菌；另一种是可调容量的取液器，常用的有 200 μL、500 μL、1 000 μL。

可调式自动取液器的操作方法是用拇指和食指旋转取液器上部的旋钮，使数字窗口出现所需容量体积的数字，在取液器下端插上一个塑料吸头，并旋紧以保证气密，然后四指并拢握住取液器的上部，用拇指按住柱塞顶端的按钮，向下按到第一停点，将取液器的吸头插入待取溶液中，缓慢松开按钮，吸上液体，并停留 1 ~ 2 s（黏性大的溶液，可加长停留时间），将吸头沿器壁滑出容器，用吸水纸擦去吸头表面可能吸附的液体，排液时吸头接触倾斜的器壁，先将按钮按压到第一停点，停留 1 s（黏性大的溶液，可加长停留时间），再按压到第二停点，吹出吸头尖部的剩余溶液。如需取下吸头，可按下除吸头推杆，将吸头推入废物缸。

使用注意事项：

(1)吸取液体时一定要缓慢地松开拇指，绝对不允许突然松开，以防溶液吸入过快而冲入取液器内腐蚀柱塞而造成漏气。

(2)为获得较高的精度，吸头需预先吸取一次样品溶液，然后再正式移取，因为吸取血清蛋白质溶液或有机溶剂时，吸头内壁会残留一层“液膜”，造成排液量偏小而产生误差。

(3)浓度和黏度大的液体，会产生误差，为消除其误差的补偿量，可由试验确定，补偿量可用调节旋钮改变读数窗的读数来进行设定。

(4)可用分析天平称量所取纯水的重量并进行计算的方法来校正取液器。

(5)必须将取液器吸头向下放置，防止溶液回流而腐蚀柱塞。

四、容量瓶

容量瓶是一种细颈梨形的平底玻璃瓶，带有磨口玻璃塞或塑料塞，瓶颈上刻有环形标线，表示在所指温度下（一般为 20℃），当液体充满到标线时的容积。容量瓶一般是量入式量器，常用的容量瓶有 10 mL、25 mL、50 mL、100 mL、250 mL、500 mL、1 000 mL 等各种规格，容量瓶主要用途是配制准确浓度的溶液或定量地稀释溶液，它常与移液管配套使用。

使用容量瓶时应注意以下事项：

(1)检查是否漏水。加自来水至标线附近，盖好瓶塞，用左手食指按住塞子，其余手指拿住瓶颈以上部分，用右手食指尖托住瓶底边缘。将瓶倒立 2 min，看是否漏水。如不漏水，将瓶直立，瓶塞转动 180°，再倒过来检查一次，确无漏水后，方可使用。容量瓶的瓶塞应用橡皮筋或细绳系在瓶颈上，不应取下随意乱放，以免沾污、弄错或打碎。

(2)洗涤。按常规洗涤方法把容量瓶洗涤干净,并应用洗液或容量瓶专用刷刷洗。

(3)配制溶液。如用固体物质配制溶液,应先把称好的固体试样放在烧杯中,加入少量去离子水或其他溶剂将试样溶解。如需加热溶解,则加热后应冷却至室温,然后将溶液定量转移至容量瓶中。定量转移溶液时,烧杯嘴应紧靠玻璃棒,玻璃棒的下端靠着瓶颈内壁,使溶液沿着玻璃棒和瓶颈内壁流入瓶中(图 1.2.47(a))。烧杯中的溶液倾倒完后,烧杯不要直接离开玻璃棒,而应在烧杯扶正的同时使烧杯嘴沿玻璃棒上提 1 ~ 2 cm,随后离开玻璃棒,这样可以避免杯嘴与玻璃棒之间的溶液流到烧杯外面,同时将玻璃棒放回到烧杯中,但不要靠在烧杯嘴上。然后用少量去离子水或其他溶剂刷洗杯壁 5 次以上,每次用洗瓶中的水冲洗烧杯内壁和玻璃棒,溶液按同样操作定量转移至容量瓶中。当溶液量达到容量瓶的 3/4 容量时,将容量瓶沿水平方向摇晃使溶液混匀,再继续加水至标线以下约 1 cm 处,等待 1 ~ 2 min,使附在瓶颈内壁的水流下后,再用滴管滴加纯水至弯月面下缘与标线相切。盖紧瓶盖,食指压住瓶塞,另一只手托住瓶底,倒转容量瓶,使气泡上升到顶部,边倒转边摇动,如此反复多次,使瓶内的溶液充分混合均匀(图 1.2.47(b)、(c))。用手托瓶时,应尽量减少与瓶身的接触面积,以避免体温对溶液温度的影响。100 mL 以下的容量瓶可不用手托,只用一只手拿住瓶颈,用食指按住瓶塞即可。

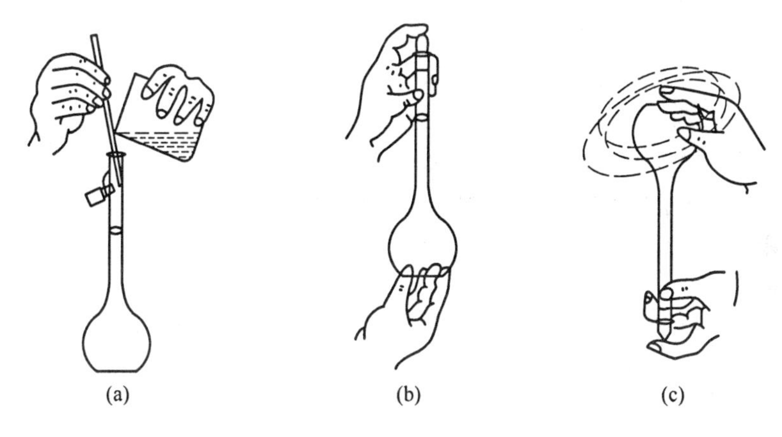

图 1.2.47　容量瓶的使用

(4)如稀释溶液,则用移液管移取一定体积的溶液,放入容量瓶中,按上述方法稀释至标线。

(5)容量瓶不宜长期存放溶液,如需长期保存,应将其转移至磨口试剂瓶中,磨口瓶洗净后还必须用容量瓶中的溶液淋洗 2 ~ 3 次,以保证浓度不变。

(6)容量瓶不得在烘箱中烘烤,也不能用明火直接加热。

第八节　微型实验仪器简介

目前,微型化学实验已扩展到无机化学、有机化学、分析化学、高分子化学等化学教学的各个领域,而且微型化学实验技术在工农业生产和科学研究中也有广阔的应用前景。随着微型实验的发展,现已开发了多种类型微型实验技术。

一、高分子材料制作的微型仪器及其操作

无机微型化学实验经常用到由高分子材料制作的一类微型仪器，它们制作精细规范，价格低廉，试剂用量少，不易破碎，易于普及。这类仪器主要是多用滴管和井穴板。

1.多用滴管

多用滴管由聚乙烯吹塑而成，是一个圆筒形的具有弹性的吸泡连接一根细长的径管构成(图1.2.48)。吸泡的体积为 4 mL 或 8 mL。

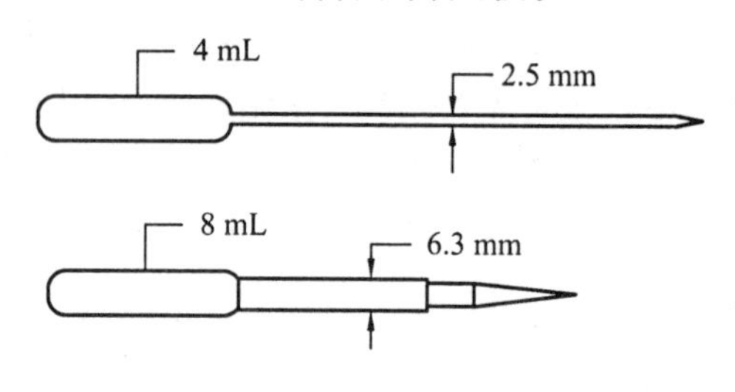

图 1.2.48　多用滴管

多用滴管的基本用途是作滴液试剂瓶(图1.2.49)。一般浓度的无机酸、碱、盐溶液可长期储于吸泡中；强氧化剂或有机溶剂等与聚乙烯有不同程度的反应，不宜长期储于吸泡中。

市售多用滴管的液滴体积约为0.04 mL·滴$^{-1}$，加热软化滴管的径管，拉细后得到液滴体积约为 0.02 mL·滴$^{-1}$的滴管，用于一般的微型实验。按捏多用滴管的吸泡且排出空气后，便可吸入液体试剂，盖上自制的瓶盖，贴上标签后就是适用的试剂滴液滴瓶。

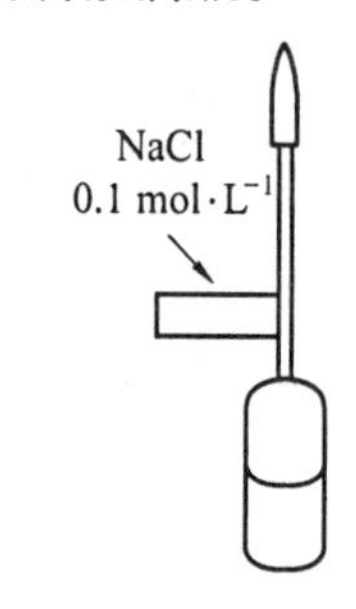

图 1.2.49　滴液试剂瓶

多用滴管的液滴体积经过标定后，便是小量液体的计量器。通过计量滴加液滴的滴数，就得知滴加试剂的体积。因此，已知液滴体积的多用滴管，便是一支简易的滴定管。滴管液滴的体积主要由滴管出口的大小决定，手工拉细的毛细滴管管壁薄，温度变化对毛细管口径的影响较大，液滴体积要经常标定，比较麻烦。在多用滴管径管出口处，紧套上一个市售医用塑料微量吸液头(简称微量滴头)就组成一个液滴体积约为 0.02 mL 的滴液滴管(图 1.2.50)。此时，液滴体积不易变化。将同一微量滴头逐一套到盛有不同试剂的滴管上，可得到液滴体积划一的不同试剂液滴。这时，滴液滴数之比即所滴加试剂的体积比。采用微量滴头可使滴定操作和反应级数、配合物配位数测定等实验的精确度提高，操作规范化。

多用滴管的吸泡还是一个反应容器。许多化学反应也可在吸泡中进行，反应的温度可通过水浴调节，最高不要超过 80℃。已盛有溶液的滴管，要再吸进另一种溶液时，采取径管朝上左手缓缓挤出吸泡中空气，擦干外壁后，右手再把径管朝下弯曲伸入欲吸溶液(预先按需用量置于井穴板中)，再松开左手的办法。不允许将已盛有溶液的滴管的径管直接插到储液瓶中吸取试剂，以免对瓶中试剂造成污染。

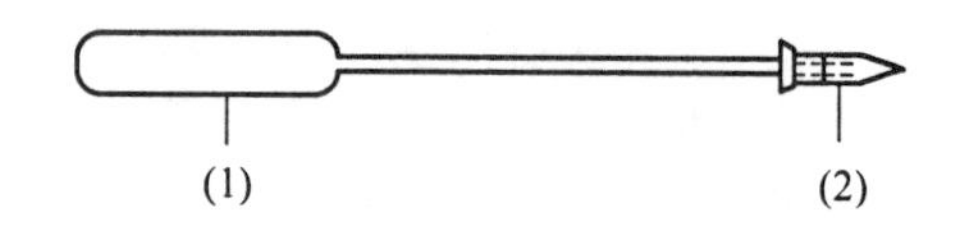

图 1.2.50　滴液滴管
(1)—多用滴管；(2)—微量滴头

多用滴管还可用作离心管、滴液漏斗等。总之，多用滴管的用途确实很多，掌握它的材料与结构特点、基本功能与操作要领，开动脑筋，勇于实践，在不同的实验中它还能有不少新的用途。

2.井穴板

由透明的聚苯乙烯或有机玻璃经精密注塑而成。对井穴板的质量要求是一块板上各孔穴的容积相同,透明度好,同一列井穴的透光率相同。

井穴板(图 1.2.51)是微型无机或普化实验的重要反应容器,它的种类很多,从 6 孔到 96 孔板,常用的是 9 孔和 6 孔井穴板,简称 9 孔板和 6 孔板。温度不高于 80℃(限于水浴加热)的无机反应,一般可在板上井穴中进行,因而井穴板具有烧杯、试管、点滴板、试剂储瓶等功能,有时还可起到一组比色管的作用。由于井穴板上孔穴较多,可由板的纵横边沿所标示的数字给每个孔穴定位,这样就便于向指定的井穴滴加规定的试剂。颜色改变或有沉淀生成的无机反应在井穴板上进行时现象明显,不仅操作者容易观察,而且通过投影仪还可做演示实验。对于一些由量变引起质变的系列对比实验,如指示剂的 pH 值变色范围等实验,9 孔板尤其适用。电化学实验、pH 值测定等宜在 6 孔板中进行。如给 6 孔板的孔穴中加上有导气和滴液导管的塞子,就使孔穴板扩展为具有气体发生、气液反应或吸收功能的装置。

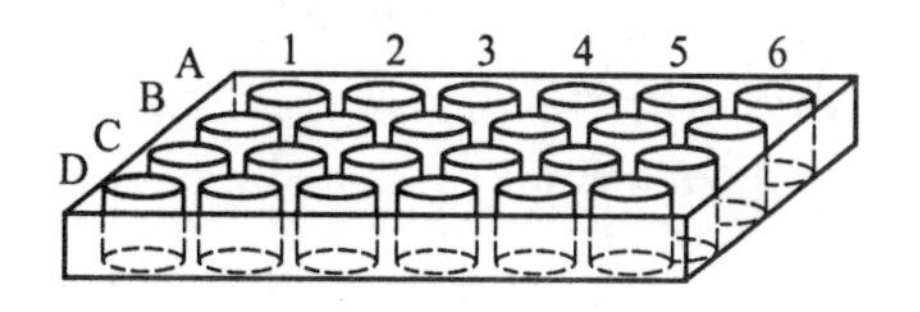

图 1.2.51　井穴板

使用井穴板时应注意的是:

① 不能用火直接加热,而要采用水浴间接加热,浴温不宜超过 80℃。

② 一些能与聚苯乙烯等反应的有机物不得储于井穴板中。

3.滴管架

由加填料 ABS 塑料注塑而成。有 30 个插孔,用于放置多用滴管、滴液流瓶和小试管,架端两侧有小孔,插入铅笔般粗细的小棒后就是一个微型仪器支架。底层的匠孔用于放置微型酒精灯。

从上述仪器的介绍中看出,设计多功能的器件是微型实验仪器的一项重要原则。在使用中也应注意充分地发挥这些仪器的各种功能。

以上塑料仪器,再配上一些小试管、小漏斗等玻璃仪器,即可完成元素与化合物性质鉴别等一系列实验,其成本低廉,试剂用量少,易于实现人手一套,是改变我国学生动手实验机会少的状况的有效途径。

二、微型玻璃仪器

用于普化、无机的微型玻璃仪器现在国内已开发出两套。由杭州师范学院研制的一套仪器放置在 320 mm × 255 mm × 78 mm 的塑料盒中,共由 24 个品种 34 个部件组成,均采用 10# 标准磨砂接口。另一套玻璃仪器是由天津大学化学系研制的,采用 14# 标准磨砂接口,全套共 27 类 36 个部件。

微型化学制备仪器中多数部件是常规玻璃仪器的缩微,在微型制备实验中,由于原料试剂用量少,仪器器壁对试剂的沾损和多步骤转移的损耗成为影响产率的主要因素。减少这些损耗的办法是采用多功能部件。

为减少废液排放,保护环境,减少贵重试剂的用量,微型滴定分析在实验教学中得到推广,由武汉大学化学与分子科学学院实验中心研制的 WD－COⅡ型 3.000 mL 微量四氟滴定管已获国家专利。微型滴定管结构如图 1.2.52 所示。图中缓冲球的作用是防止滴定剂吸取过量而冲至洗耳球中和消除刻度管内的气泡。

微型玻璃仪器的质(量)/壁厚比显著下降,仪器耐冲击性能好,使用微型玻璃仪器时,仪器的破损率显著降低。国外有一个统计,用于购买微型成套仪器的支出,可在2～3年里由微型实验节省试剂、减少仪器破损而节约的经费来收回。这就促使化学实验微型化工作的开展。

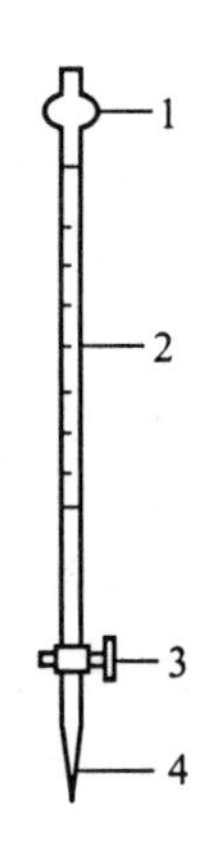

图1.2.52 微型滴定管
1—缓冲球;2—刻度管;3—四氟旋塞;4—塑料套管滴头

第三章　电光仪器及其使用

第一节　天　　平

天平是进行化学实验不可缺少的重要称量仪器，由于对质量准确度的要求不同，需要使用不同类型的天平进行称量。常用的天平种类很多，如托盘天平、电光天平、单盘分析天平等，它们都是根据杠杆原理设计制造的。20 世纪 90 年代开始使用的电子天平则是精确利用电磁力平衡样品的重力，测得样品的精确质量（一般可精确到 1/10 000 g）。

一、托盘天平

托盘天平，又叫台秤，常用于一般称量，它能迅速地称量物体的质量，但精确度不高，最大载荷为 200 g 的托盘天平能称准至 0.1 g（即感量为 0.1 g），最大载荷为 500 g 的托盘天平能称准至 0.5 g（即感量为 0.5 g）。

1.构造

如图 1.3.1 所示，天平的横梁架在底座上，横梁的左右各有一个托盘，横梁的中部有指针与刻度盘相对，称量时根据指针在刻度盘左右摆动情况，可以看出天平是否处于平衡状态。

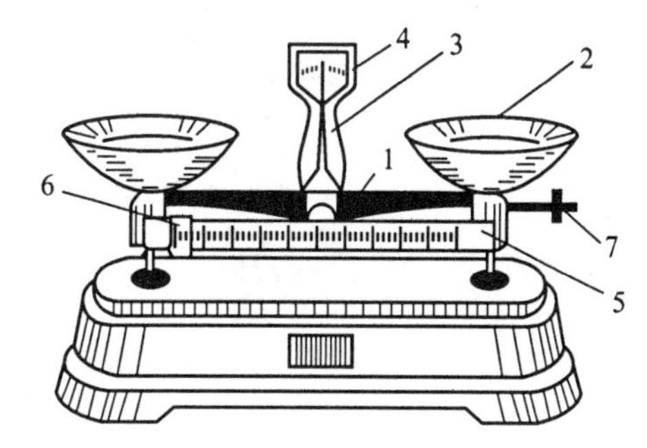

图 1.3.1　托盘天平

1—横梁；2—托盘；3—指针；4—刻度牌；5—游码标尺；6—游码；7—平衡调节螺丝

2.称量

称量前首先检查天平的零点。将游码拨到游码标尺的“0”处，检查天平的指针是否停在刻度盘的中间位置，如果不在中间位置，可调节天平托盘下面的平衡调节螺丝，当指针在刻度盘的中间左右摆动大致相同时，则天平指针就能停在刻度盘的中间位置，将此中间位置称为天平的零点。

称量时，左盘放称量物，右盘放砝码，砝码用镊子夹取，10 g 或 5 g 以下，可移动游码标尺上的游码来添加，当添加砝码到天平的指针停在刻度盘的中间位置时，此时指针所停位置称为停点，停点与零点重合时（允许偏差在一小格以内），砝码所表示的质量就是称量物的质量。

称量完毕，将砝码放回砝码盒，游码拨到“0”处，取下盘上物品，将托盘放在一侧或用橡皮圈架起，以免天平摆动。

3.称量时必须注意以下几点：

① 不能称量热的物品。

② 化学药品不能直接放在托盘上，应根据情况决定称量物放在洁净的表面皿、烧杯或光洁的纸上；湿的或有腐蚀性的药品必须放在玻璃容器内。

③ 经常保持托盘干净，如有药品或污物，应立即清除。

④ 砝码不能放在托盘和砝码盒以外的其他任何地方。

二、电光分析天平

分析天平一般指能精确到0.000 1 g的天平,电光分析天平是其中的一类,它分为全机械加码(全自动)和半机械加码(半自动)两种。现以TG－328B型半自动电光分析天平(图1.3.2)为例,介绍这类天平的结构和使用方法。

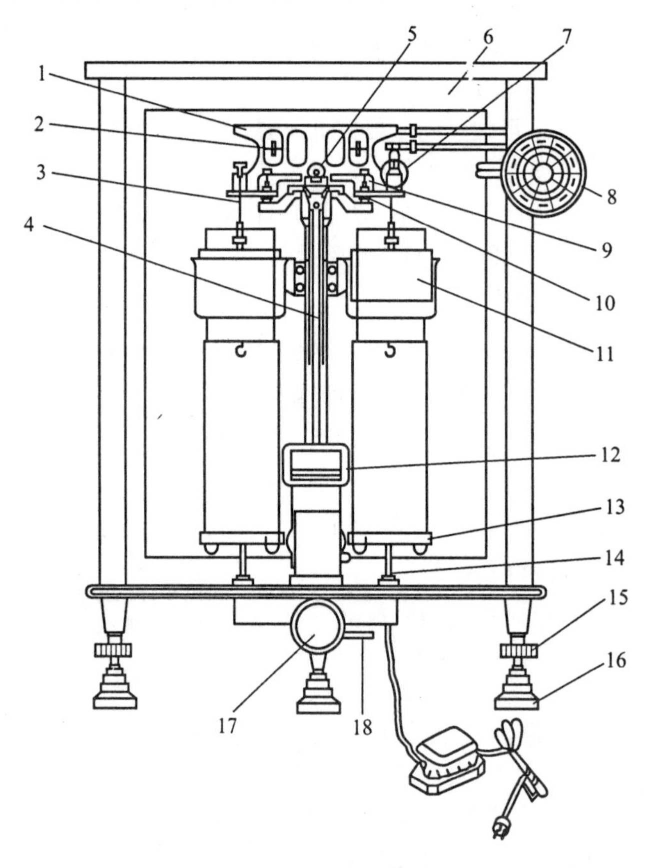

图1.3.2 电光分析天平

1—横梁;2—平衡螺丝;3—吊耳;4—指针;5—支点刀;6—框罩;7—环码;8—指数盘;9—承重刀;10—支架;11—阻尼内筒;12—投影屏;13—称盘;14—盘托;15—螺旋脚;16—垫脚;17—开关旋钮(升降枢);18—微动调节杆

1.构造

(1)天平梁。通常称横梁是天平的主要部件,一般用轻质、坚固、膨胀系数小的铝合金制成。梁上装有三个三角棱形的玛瑙刀,一个装在天平的中央,刀口向下,称为支点刀,工作时刀刃与一个玛瑙平板接触。另外两个玛瑙刀等距离地装在支点刀的两侧,刀口向上,用来悬挂称盘,称为承重刀。三个刀的棱边完全平行并且处于同一水平面上,刀口的尖锐程度决定天平的灵敏度,直接影响称量的精确度,因此,在使用天平时必须注意保护刀口。横梁两端装有两个平衡调节螺丝,用来调整横梁的平衡位置(即调节零点)。

(2)指针。固定在天平梁的中央,天平梁摆动时,指针也随之摆动。指针的下端装有一个透明的微分标尺牌,微分标尺等分为10大格,100小格,最大可读出10 mg,最小可读出0.1 mg。

(3)吊耳。两个吊耳分别悬挂于左右两端的边刀上,吊耳的中间面向下的部分嵌有玛瑙平板,吊耳上还装有悬挂阻尼器内筒和天平盘的挂钩。当使用天平时,承重刀通过吊耳上的玛瑙平板与悬挂的阻尼器内筒和天平盘相连接;不使用时,托蹬将吊耳托住,使玛瑙平板与承重刀脱开。

(4)空气阻尼器。由两个特制的金属圆筒构成:外筒开口向上固定在支柱上,内筒挂在吊耳上,比外筒略下,开口向下,悬于外筒中,两筒间隙均匀无摩擦。当天平梁摆动时,左右阻尼器的内筒也随之上下移动,由于盒内空气的阻力产生阻尼作用,使天平很快达到平衡,从而提高称量速度。

(5)支柱。支柱是金制的中空圆柱,下端固定在天平底座中央,支撑着天平横梁。在支柱上装有水平泡,用以检查天平是否放置水平。托叶也装在支柱上,用以保护刀口。当天平处于非工作状态时,由两个托叶支起天平横梁,使刀口与平板分离。

(6)升降枢。升降枢也称升降旋钮,是天平的重要部件,它连接着托梁架、盘托和光源,当天平开启时,顺时针旋转升降枢,控制与其连接的托叶下降,天平梁放下,刀口与刀承平板接触,同时托盘下降,天平处于工作状态;光源也同时打开,在光屏上可以看到缩微标尺的投影。当不使用天平、加减砝码或取放称量物时,为保护刀口,一定要将升降枢的旋钮关闭,此时天平梁和托盘被托起,刀口与平板脱离,光源切断。

(7)天平箱。天平箱由木框和玻璃制成,将天平装在箱内,以防止气流、灰尘、水蒸气给天平和称量带来影响。箱前有一个可以上下移动的玻璃门,一般是不开的,只有在清理和调整天平时才使用;两侧的边门供取放称量物和加减砝码时用,要随开随关,不得敞开。

(8)天平足。天平箱下有 3 只足,前面 2 只足上装有螺旋,可使天平足升高或降低,以调节天平的水平位置,天平是否处于水平,可观察天平箱内的水平泡。

(9)砝码。将 1 g 以下、10 mg 以上的砝码制成环码(圆形砝码),按 1、1、2、5 的组合方式安装在天平梁的右侧刀上方,通过指数盘的旋转带动操作杆将环码加上或取下。转动外圈,可操纵 100 ~ 900 mg 环码;转动内圈,可操纵 10 ~ 90 mg 环码。1 g 以上的砝码仍需用砝码盒中的砝码,盒内装有三等砝码 9 个,它们的质量分别是 1 g、2 g、2 g、5 g、10 g、20 g、20 g、50 g、100 g,由于数值相同的砝码间的质量有微小差别,因此砝码上均打有标记以示区别。

(10)光学读数装置。光源通过光学系统将缩微标尺刻度放大后反射到光屏上,光屏中央有一条垂直的刻线,标尺投影与刻线重合处即为天平的平衡位置。天平箱下的投影屏调节杆可将光屏左右移动,用于天平的细调。

2.使用方法

分析天平是精密仪器,放在天平室内,天平室应保持干燥清洁,进入天平室后,对照天平号坐在自己使用的天平前,按下述方法进行操作:

(1)称前检查。检查天平放置是否水平;机械加码装置是否处于“000”位置;环码是否齐全、有无脱落;吊耳是否错位等。如天平内或称盘上不洁净,应用软毛刷小心清扫干净。

(2)调节零点。接通电源,轻轻开启升降枢,此时可以看到缩微标尺的投影在光屏上移动,当标尺稳定后,光屏上的刻线应与标尺中的“0”线重合,即为零点;如不在零点,可拨动投影屏调节杆,移动光屏位置调至零点;如还调不到零点,应报告指导教师,通过调节平衡螺丝来调整。

(3)称量。将称量物先在台秤上粗称,然后把要称量物放入天平左盘中央,在右盘中央放入相应质量的砝码，慢慢开启升降枢，观察标尺的移动方向，根据“指针总是指向轻盘，标尺投影总是移向重盘”的规律来决定增减砝码。为使称量迅速，在选取砝码时应遵循“由大至小，中间截取，逐级试验”的原则。当变换到 1 g 以下的砝码时，旋转指数盘，用与加法码相同的方法调节环码，直到投影屏上的标线与标尺投影上的某一读数重合为止。

(4)读数。当光屏上的投影稳定后，即可从标尺上读出 10 mg 以下的质量，根据称盘中的砝码、指数盘、投影屏上的读数三者统一单位后相加之和，即为被称量物的质量。

(5)称后检查。称量完毕，关上旋钮，取出称量物，砝码放回盒内，关上天平门，把指数盘旋至零位，罩好天平，关闭电源并填写天平使用记录。

TG-328A 型分析天平是全机械加码电光天平。它的结构和 TG-328B 型分析天平基本相同，不同在于：

① 所有的砝码均通过自动加码装置添加；

② 加码装置一般都在天平的左侧，分成三组：10 g 以上；1～9 g；10～990 mg。10 mg 以下，微分标牌经放大后在投影屏上直接读数；

③ 悬挂系统的称盘不同，在左盘的盘环上有三根挂砝码承受架，供承受相应的三组挂砝码。

3.分析天平的使用与维护

(1)天平室应避免阳光照射，保持干燥，防止腐蚀性气体的侵袭。天平应放在牢固的台上避免震动。

(2)天平箱内应保持清洁，要定期放置和更换吸湿变色干燥剂(硅胶)，以保持干燥。称量前一定要检查是否处于水平位置，吊耳、环码有否脱落，天平内是否清洁等。

(3)称量物体不得超过天平的载荷。

(4) 天平不能称量热的物体，以免引起空气对流，使称量的结果不准确。

(5) 注意保护天平的刀口。开关天平、取放物品等一切动作都要轻缓，以免震动损坏天平的刀口。只有在观察零点和停点时才开启旋钮，其他时间如取放被称量物、增减砝码以及结束称量等，都必须关闭旋钮，将天平梁架起。总之，一切要触动天平梁的动作都应在架起天平梁后进行，严禁在天平开启状态下加减砝码和取放物体。

(6)使用电光分析天平加减砝码时，必须用镊子夹取，取下的砝码应放在砝码盒内的固定位置上，不能随意乱放，也不能够用其他天平的砝码，以减少称量的系统误差。

(7)称量的样品，必须放在适当的容器中，不得直接放在天平盘上。称量具有腐蚀性、易挥发或吸湿性物质时，必须放在密闭容器内称量。

(8)称量完毕应将各部件恢复原位，关好天平门，罩上天平罩，切断电源。并检查盒内砝码是否完整无缺和清洁，最后在天平使用登记本上登记使用情况。

三、电子天平

电子天平是天平中最新发展的一类天平，已经逐渐进入化学实验室为学生们所使用。电子天平是利用电子装置完成电磁力补偿的调节，使物体在重力场中实现力的平衡，或通过电磁力矩的调节，使物体在重力场中实现力矩的平衡。目前使用的主要有顶部承载式和底部承载式电子天平。最初研制的电子天平是顶部承载式，它的梁是采用石英管制得的，此梁可保证天平具有极佳的机械稳定性和热稳定性。在梁上固定着电容传感器和力矩线圈，横梁一端挂有秤盘和机械加码装置。称量时，横梁围绕支承偏转，传感器输出电信号，经整流放大反馈到力矩线圈中,然后使横梁反向偏转恢复到零位,此力矩线圈中的电流经放大且模拟质量数字显示。

目前国内试制的电子天平有:WDZK-1上皿电子天平,最大载荷2 000 g,最小读数0.1 g,数字显示范围0~2 000 g;QD-1型电子天平,最大载荷160 g,最小读数10 mg,采用PMOS集成电路,具有上皿式不等臂式杠杆结构,有磁性阻尼装置,能在几秒内稳定读数;KZT数字式快速自动天平,最大载荷100 g,分度值0.1 mg。

METTLER公司的AE200型电子天平,其最大载荷200 g,最小读数0.1 mg;我国湖南生产的湘仪-岛津电子分析天平AEL-200最大载荷200 g,读数精度0.1 mg。

除以上介绍的几种外,还有MD200-1型、SX-016型、MD100-1型、SKT-1型等上皿式电子天平。

电子天平最基本的功能是自动调零、自动校准、自动扣除空白、自动显示称量结果,它称量快捷,使用方法简便,自动化程度高,是目前最好的称量仪器。

1.基本结构

电子天平的结构设计一直在不断改进和提高,向着功能多、平衡快、体积小、重量轻和操作简便的趋势发展。但就其基本结构和称量原理而言,各种型号的电子天平都大同小异。图1.3.3是奥豪斯(OHAUS)国际贸易(上海)有限公司生产的Adventure™天平。

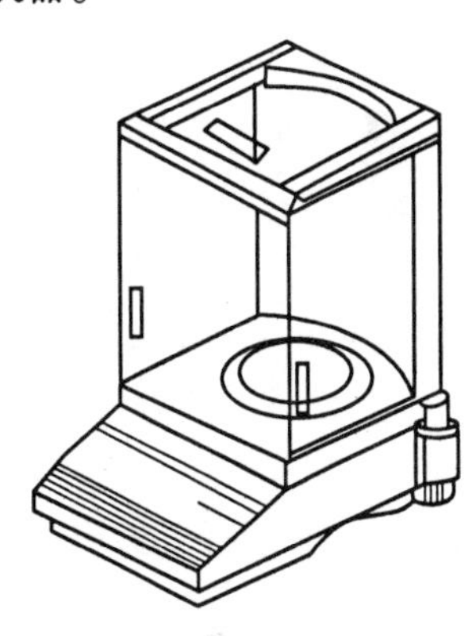

图1.3.3　电子分析天平

2.使用方法

① 检查水平。在使用前需观察水平仪是否水平,若不水平,需调整天平后面的水平调节脚,使天平水平泡到中央位置。

② 预热。接通电源,轻按天平面板上的on键,电子显示屏上显示所有字段和软件版本号接着出现0.0000 g闪动。需要预热20~30 min后,天平稳定,进入准备称量状态。

③ 称量。如果显示不是0.000 0 g,则需快速按一下O/T键回零。打开天平侧门,将样品放到物品托盘上(化学试剂不能直接接触托盘)。关闭天平侧门,待电子显示屏上闪动的数字稳定并且屏幕左上角出现稳定指示符"*"后,即可读数,并记录称量结果。

④ 去皮。将空容器置于秤盘上,按O/T键回零,把容器的质量去除,向容器中加入样品,显示的是样品的净重。皮重保留在天平的存储器中直到再次按O/T键,当拿走称量物后,就出现容器质量的负值。

⑤ 关机。称量完毕,取下被称物,按住Mode off键直到显示屏出现off后松开。拔掉电源,盖上防尘罩。

3.使用注意事项

① 电子天平的开机、通电预热、校准均由实验室技术人员负责完成,学生称量时只需按on键、O/T键、Mode off键就可以使用,不能乱按,否则会引起功能设置混乱。

② 电子天平自重较轻,容易被碰撞移位,造成不水平,从而影响称量结果,所以在使用过程中要特别注意,动作要轻、缓,并经常查看水平仪。

③ 粉末状、潮湿、有腐蚀性的物质绝对不能直接放在秤盘上,必须用干燥、洁净的容器

盛好才能称量。

④ 称量过程中,试样不能洒落在称盘上和天平箱内。若有试样洒落,应用天平刷清扫干净。

⑤ 称量结束时关闭天平,取出称量物,关好天平门,罩好天平罩,填写使用登记情况,经教师检查签字后,方可离开天平室。

四、称量方法

用天平称取试样时,一般采用直接称量法、指定质量称量法或递减称量法。应根据不同的称量对象和不同类型的天平,采用相应的称量方法和操作步骤。

1.直接称量法

直接称量法用于称量某一物体的质量,如称量洁净干燥的器皿、棒状或块状的金属等。这种称量方法也适用于称量洁净干燥的不易潮解或升华的固体试样,称量时,将试样放在干净而干燥的小表面皿或硫酸纸上,一次称得试样的质量。

2.指定质量称量法

指定质量称量法又称增量法,此法用于称量某一固定质量的试样,适用于不易吸潮、在空气中性质稳定的粉末状或小颗粒试样。使用电光天平称量时,在左盘放已称过质量的表面皿或其他容器,根据所需试样的质量,在右盘上放好砝码,然后用牛角勺向容器中加固体试样。加样时,小心地将盛有试样的牛角勺伸向容器上方约 2 ~ 3 cm 处,勺的另一端顶在掌心上,用拇指、中指及掌心拿稳牛角勺,并用食指轻弹勺柄,将试样慢慢抖入容器中,直到天平平衡为止。若使用电子天平,首先将容器放到称量盘上,按去皮键归零,然后将所称物质加入到容器中,直到指定的质量为止。

3.递减称量法

递减称量法又称减量法或差减法,此法用于称量一定质量范围的样品。有些试样易吸水、易氧化或在空气中性质不稳定,可用递减法来称取(图 1.3.4)。先在一个干净的称量瓶中装入适量的试样,用洁净的小纸条套在称量瓶上,在天平上准确称量,设称得的质量为 m_1。取出称量瓶,用左手将其置于承接试样的容器上方,右手用小纸片夹住瓶盖柄,将称量瓶向下倾斜,用瓶盖轻轻敲击瓶口上部,使试样慢慢落入容器内。当估计倾出的试样已接近所要求的质量时,慢慢将称量瓶竖起,同时用瓶盖轻轻敲打瓶口上部,使粘在瓶口处的试样落入称量瓶内,盖好瓶盖,放回秤盘上称量。如此反复,直到倾出的试样质量达到要求为止。设称得的质量为 m_2,前后两次称量的质量之差为 $m_1 - m_2$,即为所倾出的试样质量。如此连续操作,可称取多份试样。如若不慎倒出的试样超过了所需的量,则应弃之重称。

图 1.3.4　倾倒试样

若使用电子天平称量,先将干燥的称量瓶中装入适量的试样,放到称量盘上,按去皮 O/T 键归零。取出称量瓶,向容器中敲出一定量的试样,再将称量瓶放在天平上称量,如果所示质量(是负值)达到要求范围,即可记录数据。按去皮键 O/T,称取第二份试样。

第二节　酸度计

酸度计也称 pH 计，是测定溶液 pH 值最常用的仪器，除可以测量溶液的酸度外，还可以粗略地测量氧化还原电对的电极电势及配合电磁搅拌器进行电位滴定等。实验室常用的酸度计型号繁多，如雷磁 25 型、pHS－2 型、pHS－3B 型、pHS－3C 型、pHSW－3D 型、pHS－3TC 型等。它们的原理相同，只是结构和精密度略有差别，应按照仪器所附的使用说明书进行操作。

一、基本原理

各种型号的酸度计的结构虽有不同，但基本上都由电极和电计两大部分组成，电极是酸度计的检测部分，电计是指示部分。

利用酸度计测量 pH 值的方法是电位测定法。它是将指示电极（玻璃电极）和参比电极（饱和甘汞电极）一起浸在待测溶液中，组成一个原电池。由于在一定温度下，饱和甘汞电极的电极电势是定值，且不随溶液的 pH 值变化而改变，而玻璃电极的电极电势随溶液的 pH 值的变化而改变，待测溶液的 pH 值不同，就产生不同的电动势。因此，酸度计测量溶液的 pH 值，实质上就是测定溶液的电动势。

1. 饱和甘汞电极

饱和甘汞电极（图 1.3.5）是常用的参比电极，又称为外参比电极，它由金属汞、氯化亚汞（甘汞）和饱和氯化钾溶液组成。电极的内玻璃管中封接一根铂丝，铂丝插入金属汞中，下面是一层 Hg_2Cl_2 与 Hg 的糊状物。外玻璃管中装有饱和 KCl 溶液，外管的下端是烧结陶瓷芯或玻璃砂芯等多孔物质。测量时的电极反应是

$$Hg_2Cl_2 + 2e^- \rightleftharpoons 2Hg + 2Cl^-$$

根据奈斯特方程，甘汞电极的电势为

$$\varphi_{甘} = \varphi^{\ominus}(Hg_2Cl_2/Hg) + \frac{0.059\ 2}{2}\lg\frac{1}{[Cl^-]^2} = \varphi^{\ominus}(Hg_2Cl_2/Hg) - 0.059\ 2\ \lg[Cl^-]$$

当温度一定时，甘汞电极的电极电势决定于 Cl^- 的浓度，与溶液的 pH 值无关。在 25℃时，饱和甘汞电极的电极电势为 0.242 V。由于 KCl 的溶解度随温度变化而变化，所以饱和甘汞电极只能在低于 80℃左右的温度下使用。

2. 玻璃电极

玻璃电极（图 1.3.6）的头部是一种能导电的极薄的玻璃空心球泡，它由对 H^+ 有特殊敏感作用的玻璃薄膜组成，薄膜厚约 0.2 mm，球泡内装有一定 H^+ 浓度的缓冲溶液，溶液中插入 Ag－AgCl 电极作为内参比电极。将它浸入被测溶液内，被测溶液的氢离子与电极玻璃球泡表面水化层进行离子交换，玻璃球泡内层也同样产生电极电势。由于内部缓冲溶液的氢离子浓度不变，而外部氢离子浓度在变化。所以玻璃电极的电极电势随待测溶液的氢离子浓度变化而改变，即

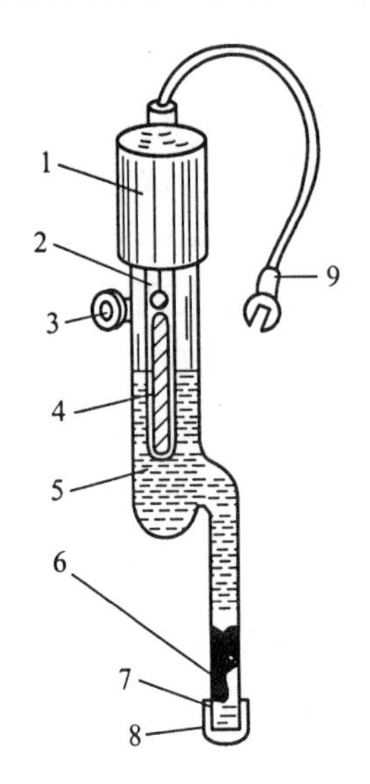

图 1.3.5　饱和甘汞电极

1—胶木帽;2—铂丝;3—小橡皮塞;4—汞、甘汞内部电极;5—饱和 KCl 溶液;6—KCl 晶体;7—陶瓷芯;8—橡皮帽;9—电极引线

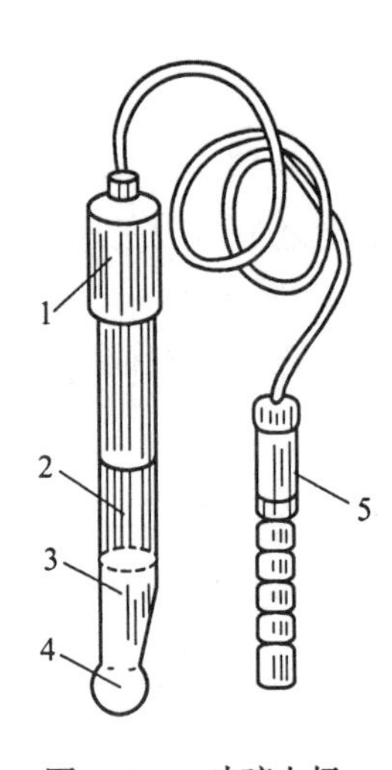

图 1.3.6　玻璃电极

1—胶木帽;2—Ag - AgCl 电极;3—盐酸溶液;4—玻璃球泡;5—电极插头

$$\varphi_{玻} = \varphi_{玻}^{\ominus} + 0.059\ 2\lg[H^+] = \varphi_{玻}^{\ominus} - 0.059\ 2\ pH$$

如果在室温下将玻璃电极和饱和甘汞电极插入待测溶液并接上精密电位计,此时测得电池的电动势为

$$E = \varphi_{正} - \varphi_{负} = \varphi_{甘} - \varphi_{玻} = 0.242 - \varphi_{玻}^{\ominus} + 0.059\ 2pH$$

$$pH = \frac{E - 0.242 + \varphi^{\ominus}}{0.059\ 2}$$

式中的 $\varphi_{玻}^{\ominus}$与温度、内参比溶液的浓度、膜表面性质等因素有关,在一定条件下为常数,可通过测定已知 pH 值的缓冲溶液的电动势获得,因此,待测溶液的 pH 值就由上式计算得到。酸度计是直接以 pH 值作为标度的,在 25℃时每单位 pH 值应相当于 59 mV 的电动势变化值,所以酸度计可直接测量溶液的 pH 值。

为了省去计算,仪器加装了定位调节器,在测量标准缓冲溶液时,利用定位调节器把电表读数调节到标准缓冲溶液的 pH 值上,这样再测量未知溶液的 pH 值时就可以从酸度计上直接读出。

二、pHS - 3TC 型酸度计

由于雷磁 25 型、pHS - 2 型酸度计由玻璃电极和甘汞电极组成,由指针显示数值,使用起来不方便,它们正逐步被 pHS - 3B 型、pHS - 3C 型、pHS - 3TC 型等使用复合电极、数字显示的酸度计所取代,故以下着重介绍 pHS - 3TC 型酸度计。

1.仪器的构造

pHS - 3TC 型酸度计的外形结构如图 1.3.7 和图 1.3.8 所示。

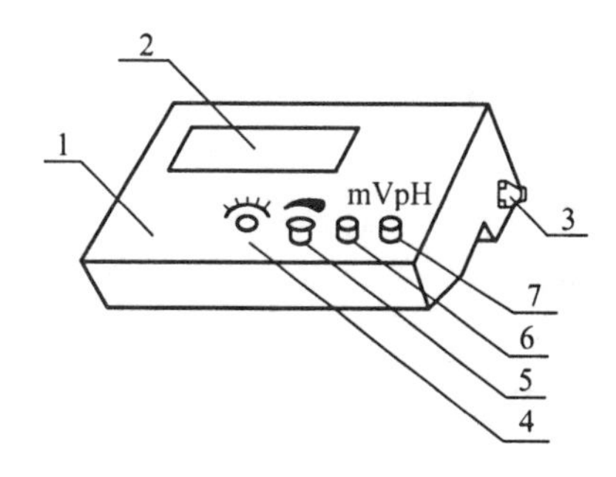

图 1.3.7　仪器正面图

1—前面板；2—显示屏；3—电极梗插座；4—温度补偿旋钮；5—斜率补偿旋钮；6—定位旋钮；7—选择旋钮(pH 或 mV)

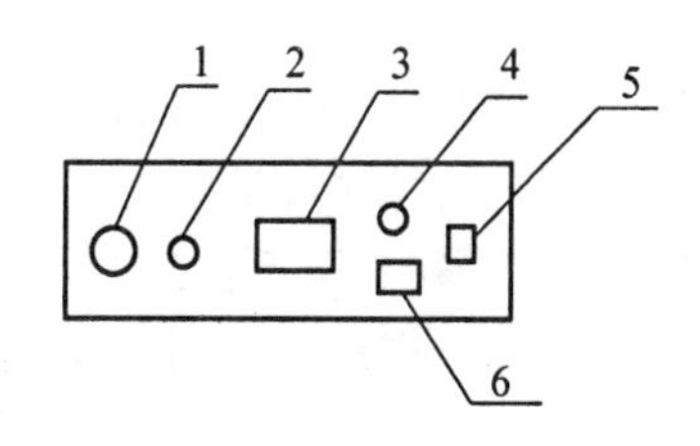

图 1.3.8　仪器后面图

1—测量电极插座；2—参比电极插座；3—铭牌；4—保险丝；5—电源开关；6—电源插座

2. 复合电极

一般酸度计的电极包括指示电极和参比电极，而 pHS－3TC 型酸度计的电极是由玻璃电极与参比电极组成的复合电极(图 1.3.9)，即将玻璃电极与参比电极组合成一体的电极进行测量。用复合电极比分立电极测量更方便、响应更快。

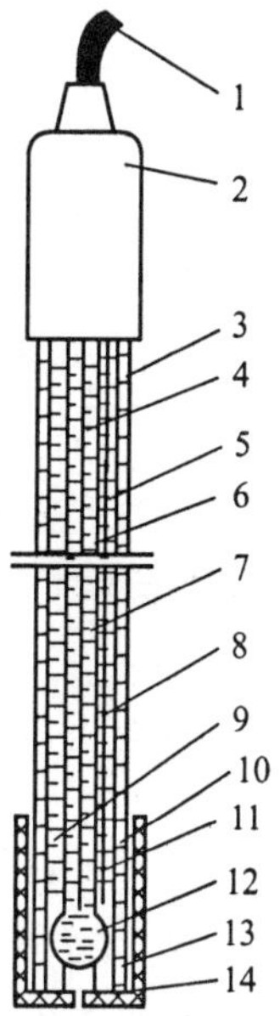

图 1.3.9　pH 复合电极

1—电极导线；2—电极帽；3—电极塑壳；4—内参比电极；5—外参比电极；6—电极支持杆；7—内参比溶液；8—外参比溶液；9—液接界；10—密封圈；11—硅胶圈；12—电极球泡；13—球泡护罩；14—护套

三、使用方法

1.准备工作

(1)连接好仪器，插上电源，按下电源开关，预热 10～20 min。

(2)仪器在电极插入之前，电极插座上必须插有短路插，使输入端短路以保护仪器。置选择旋钮于“mV”挡，仪器读数应显示 000，表明仪器可以正常使用。

(3)拔去电极座上的短路插头，把复合电极的插头插在仪器的电极插座上，拔去电极下端的保护套。

2.pH 值标定

(1)置选择旋钮于“pH”挡，斜率旋钮向顺时针方向旋到底，将温度传感器插入后面板的测温传感器的插座，仪器自动进行温度补偿，此时手动温补旋钮不起作用。若使用手动温度补偿，可将温度传感器拔去，调节温度补偿旋钮至待测液的温度值。

(2)定位

①一点定位法。将电极用蒸馏水洗净、用滤纸吸干，将“斜率”旋钮向右轻旋到底，然后插入已知 pH 值的标准缓冲溶液中，调节定位旋钮，使显示屏上显示出标准缓冲溶液的 pH 值，定位完毕。

②二点定位法。准确测量溶液的 pH 值时，应采用二点定位法进行校准。

把清洗过的电极插入中性(pH = 6.86)的缓冲溶液中，调节定位旋钮，使仪器显示读数与该缓冲溶液当时温度下的 pH 值相同。

再将电极洗净、吸干，插入 pH = 4.00(或 pH = 9.18)的标准缓冲溶液中，调节斜率旋钮，使仪器显示读数与该缓冲溶液当时温度下的 pH 值相同。

重复上述步骤，直至不再调节定位和斜率旋钮为止。

经上述操作标定后的仪器，“定位”、“温补”、“斜率”等旋钮不应再有变动，否则须重新定位。

3.pH 值测量

把电极洗净、吸干后插入待测溶液中，摇动烧杯，使溶液均匀，显示器上即显示出待测溶液的 pH 值。测量完毕，将电极洗净、吸干插入保护液中。

4. 测量电极电势

(1)将离子选择电极或金属电极和甘汞电极洗净、吸干夹在电极架上。

(2)首先把电极转换器的插头插入仪器后部的测量电极插座内，然后将离子电极的插头插入转换器的插座内，再把甘汞电极接入仪器后部的参比电极接口上。

(3)置选择旋钮于“mV”挡，此时，“定位”、“温补”、“斜率”等旋钮均不起作用，把两支电极同时插入待测溶液中，将溶液搅拌均匀后，即可在显示屏上读出该离子选择电极的电极电势(mV)，还可自动显示正负极性。

四、使用维护和注意事项

(1)复合电极的敏感部位是下端的玻璃球泡，应避免与硬物接触，任何破损和擦毛都会使电极失效。

(2)电极在测量前必须用已知 pH 值的标准缓冲溶液进行定位校准，为取得正确的结果，已知 pH 值要可靠，而且其 pH 值越接近待测值越好。

(3)仪器经标定后，在使用过程中一定不要碰动定位、温补和斜率旋钮，以免仪器内设定的数据发生变化。

(4)测量完毕，电极不用时应插入保护套中，套内应补充饱和 KCl 溶液，以保持电极球泡的润湿。

(5)电极应避免长期浸泡在蒸馏水中或蛋白质溶液和酸性氟化物溶液中，并防止和有机硅油脂接触。

(6)电极的引出端必须保持清洁干燥，防止输出两端短路，否则将导致测量结果不准确。

第三节 电导率仪

一、基本原理

导体导电能力的大小，通常用电阻(R)或电导(G)表示。电导是电阻的倒数，关系式为

$$G = \frac{1}{R} \tag{1}$$

电阻的单位是欧姆(Ω)，电导的单位是西[门子](S)。

导体的电阻与导体的长度 l 成正比,与面积 A 成反比,即

$$R \propto \frac{l}{A}$$

或

$$R = \rho \frac{l}{A} \tag{2}$$

式中,ρ 为电阻率,表示长度为 1 cm、截面积为 1 cm^2 的电阻,单位为 $\Omega \cdot cm$。

和金属导体一样,电解质水溶液体系也符合欧姆定律。当温度一定时,两极间溶液的电阻与两极间距离 l 成正比,与电极面积 A 成反比。对于电解质水溶液体系,常用电导和电导率来表示其导电能力,即

$$G = \frac{1}{\rho} \cdot \frac{A}{l} \tag{3}$$

令

$$\frac{1}{\rho} = \kappa$$

则

$$G = \kappa \cdot \frac{A}{l} \tag{4}$$

式中,κ 是电阻率的倒数,称为电导率。它表示在相距 1 m、面积为 1 m^2 的两极之间溶液的电导,其单位为西门子每米($S \cdot m^{-1}$)。

在电导池中,电极距离和面积是一定的,所以对某一电极来说,$\frac{l}{A}$ 是常数,常称其为电极常数或电导池常数。

令

$$K = \frac{l}{A}$$

则

$$G = \kappa \frac{1}{K} \tag{5}$$

即

$$\kappa = K \cdot G \tag{6}$$

不同的电极,其电极常数 K 不同,因此测出同一溶液的电导 G 也就不同。通过式(6)换算成电导率 κ ,由于 κ 的值与电极本身无关,可见,用电导率来反映溶液导电能力的大小更为恰当。而电解质水溶液导电能力的大小正比于溶液中电解质含量,通过对电解质水溶液电导率的测量可以测定水溶液中电解质的含量。

电解质溶液的摩尔电导率(Λ_m)是指把含有 1 mol 的电解质溶液置于相距 1 m 的两个电极之间的电导。设溶液的物质的量浓度为 c,单位为 $mol \cdot L^{-1}$,则含有 1 mol 电解质溶液的体积为 $\frac{1}{c}$ L 或 $\frac{1}{c} \times 10^{-3} m^3$,此时溶液的摩尔电导率等于电导率和溶液体积的乘积,即

$$\Lambda_m = \kappa \times \frac{10^{-3}}{c} \tag{7}$$

摩尔电导率的单位是 $S \cdot m^2 \cdot mol^{-1}$。摩尔电导率的数值通常是先测定溶液的电导率,再用式(7)计算得到。

测定电导率的方法是利用两个电极插入溶液,测出两极间的电阻 R_x。由式(1)和式(6)得

$$\kappa = \frac{K}{R_x} \tag{8}$$

由于 κ 的单位($S \cdot m^{-1}$)太大,常用 $mS \cdot m^{-1}$ 或 $\mu S \cdot m^{-1}$ 表示,它们之间的换算关系是:

$1\ S \cdot m^{-1} = 10^3\ mS \cdot m^{-1} = 10^6\ \mu S \cdot m^{-1}$

二、使用方法

DDS－11A 型电导率仪是常用的电导率测量仪器。它除能测量一般液体的电导率外，还能测量高纯水的电导率，被广泛用于水质检测以及水中含盐量、大气中 SO_2 含量等的测定和电导滴定等方面。

国产 DDS－11A 型电导率仪(图 1.3.10)的使用方法和步骤有以下几点：

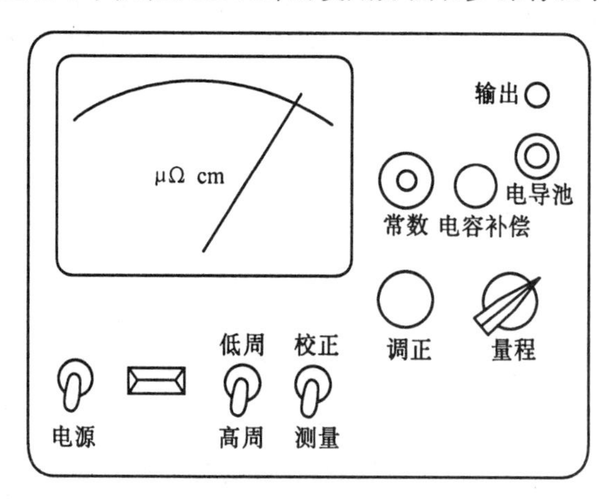

图 1.3.10　DDS－11A 型电导率仪示意图

(1)按电导率仪使用说明书的规定选用电极，将所选电极放在盛有待测溶液的烧杯中数分钟。

(2)未打开电源开关前，观察表头指针是否指零，如不指零，可调整表头螺丝，使指针指零。

(3)将"校正/测量"开关扳到"校正"位置。

(4)打开电源开关，预热 5 min，调节"调正"调节器旋钮，使表针满刻度指示。

(5)将"高周/低周"开关扳到低周位置。

(6)"量程"扳到最大挡，"校正/测量"开关扳到"测量"位置，选择量程由大至小，至可读出数值。

(7)将电极夹夹紧电极胶木帽，固定在电极杆上。选取电极后，调节与之对应的电极常数。

(8)将电极插头插入电极插口内，紧固螺丝，将电极插入待测液中。

(9)再调节"调正"调节器旋钮使指针满刻度，然后将"校正/测量"开关扳至"测量"位置。读取表针指示数，再乘上量程选择开关所指的倍率，即为被测溶液的实际电导率。将"校正、测量"开关再扳回"校正"位置，看指针是否满刻度。再扳回"测量"位置，重复测定一次，取其平均值。

(10)将"校正/测量"开关扳到"校正"位置，取出电极，用蒸馏水冲洗后，放回盒中。

(11)关闭电源，拔下插头。

三、注意事项

使用电导率仪时，应注意以下几点：

(1)电极的引线不能潮湿,否则测不准。

(2)测量高纯水时应迅速,否则空气中的 CO_2 溶于水会解离出 H^+ 和 HCO_3^-,使电导率增大。

(3)盛待测液的容器必须清洁,无其他离子沾污。

(4)每测定一份试样后,应洗净、吸干电极,但不能用吸水纸擦铂黑电极,以免铂黑脱落。也可用待测液洗涤 3 次后测定。

第四节　分光光度计

一、基本原理

分光光度计的基本原理是:溶液中的物质在光的照射激发下,产生对光吸收的效应,而物质对光的吸收是具有选择性的,各种不同的物质都具有其各自的吸收光谱,因此,当某单色光通过溶液时,其能量就会被吸收而减弱。如果设 I_o 为入射光强度,I_t 为透射光强度,则 I_t/I_o 称为透光率,用 T 表示,而将 $\lg(I_o/I_t)$ 定义为吸光度,用 A 表示,A 越大,溶液对光的吸收越多。吸光度和透光率的关系为

$$A = -\lg T$$

光能量减弱的程度和物质的浓度有一定的比例关系,符合比色原理——朗伯 - 比尔(Lamber-Beer)定律,即

$$A = abc$$

朗伯 - 比尔定律的物理意义是:当一束平行单色光垂直通过一定浓度的有色溶液时,溶液的吸光度 A 与吸光物质的量浓度 c 及液层厚度 b 成正比。其中 a 是比例系数。

当液层厚度 b 以 cm、吸光物质的浓度 c 以 $mol \cdot L^{-1}$ 为单位时,系数 a 就以 ε 表示,称为摩尔吸光系数,单位为 $L \cdot mol^{-1} \cdot cm^{-1}$。此时朗伯 - 比尔定律表示为

$$A = \varepsilon bc$$

摩尔吸光系数 ε 是一个比例常数,它取决于入射光和吸光物质的性质。当入射光波长一定时,某一吸光物质的 ε 值就是一定的,因此当液层厚度 b 一定时,吸光度 A 只与溶液物质的量浓度 c 成正比。这个定律是比色分析的理论基础。

白光通过棱镜或衍射光栅的色散,形成不同波长的单色光。将单色光通过待测溶液,经待测液吸收后的透射光射向光电转换元件,变成电信号,在检测计或数字显示器上就可以读出透光率或吸光度。

有色物质对光的吸收具有选择性,通常用光的吸收曲线来描述有色溶液对光的吸收程度。将不同波长的单色光依次通过一定浓度的有色溶液,分别测定吸光度 A,以波长 λ 为横坐标、吸光度 A 为纵坐标作图,所得曲线称为光的吸收曲线(图 1.3.11)。最大吸收峰处对应的单色光波长 λ_{max} 称为最大吸收波长,选用 λ_{max} 的光进行测量,光的吸收程度最大,测定的灵敏度最高。

在测定样品时,首先要做工作曲线,即在与试样测定相同的条件下,测量一系列已知准确浓度的标准溶液的 A 值,作 $A - c$ 曲线,即得工作曲线(图 1.3.12),待测出试样的 A 值后,就可以从工作曲线上求出相应的溶液浓度。

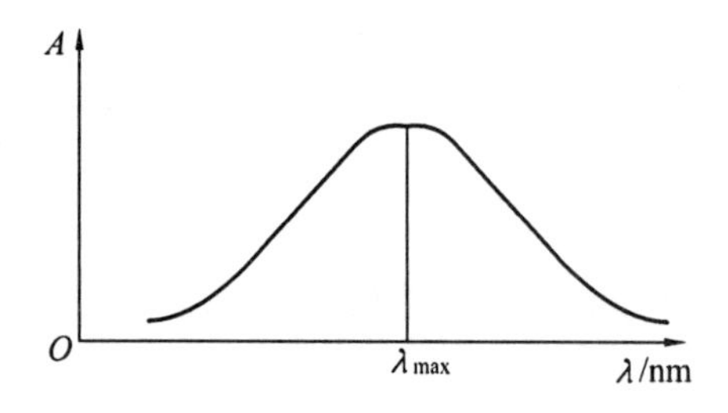

图 1.3.11　光的吸收曲线

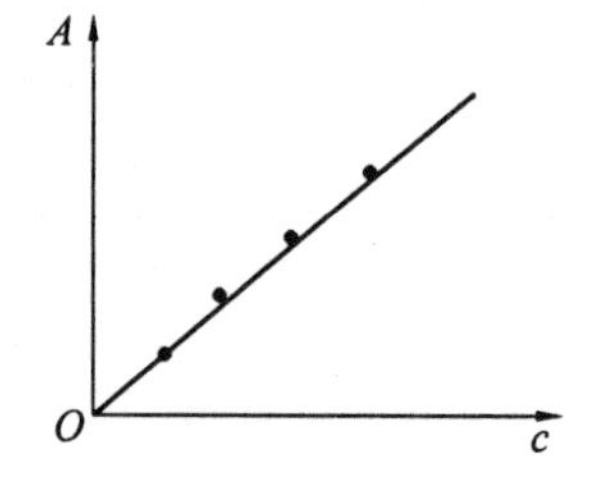

图 1.3.12　工作曲线

吸光光度法具有较高的灵敏度和一定的准确度，特别适宜微量组分的测量。本法还具有操作简便、快速和适用范围广等特点，在分析化学中占有重要的地位。

分光光度法使用的仪器是分光光度计。实验室常用的分光光度计主要有 72 型、721 型、VIS－7220 型、723 型和 751 型等。其原理基本相同，只是结构、测量精度、测量范围有差别。本节只对 721 型和 723 型分光光度计进行介绍。

二、721 型分光光度计

1.仪器的基本结构

721 型分光光度计的光学系统如图 1.3.13 所示。

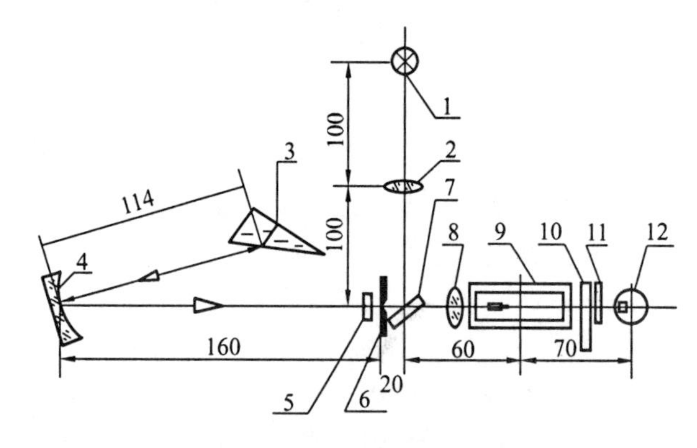

图 1.3.13　721 型分光光度计的光学系统

1—光源灯；2—聚光透镜；3—色散棱镜；4—准直镜；5—保护玻璃；6—狭缝；7—反射镜；8—聚光透镜；9—比色皿；10—光门；11—保护玻璃；12—光电管

由光源灯发出的连续辐射光线，射到聚光透镜上，会聚后再经过平面镜转角 90°，反射至入射狭缝，由此射到单色光器内，狭缝正好位于球面准直镜的焦面上，当入射光线经过准直镜反射后，就以一束平行光射向棱镜（该棱镜的背面镀铝）进行色散，入射角是最小偏向角，入射光在铝面上反射后是依原路稍偏转一个角度反射回来，这样从棱镜色散后出来的光线再经过物镜反射后，就会聚在出光狭缝上，出射狭缝和入射狭缝是一体的，为了减少谱线通过棱镜后呈弯曲形状对于单色性的影响，把狭缝的二片刀口作成弧形的，以便近似地吻合谱线的弯曲度，保证仪器有一定幅度的单色性。

721 型分光光度计的外形如图 1.3.14 所示。

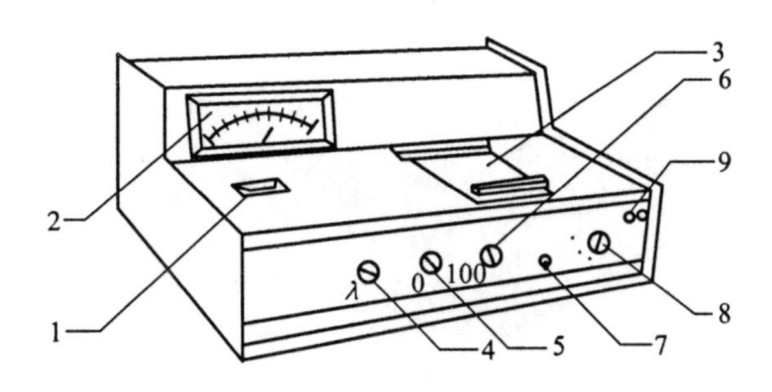

图 1.3.14　721 型分光光度计

1—波长读数盘;2—电表;3—比色皿暗盒盖;4—波长调节旋钮;5—“0”透光率调节旋钮;6—“100%”透光率调节旋钮;7—比色皿拉杆;8—灵敏度选择旋钮;9—电源开关

2.操作步骤

(1) 首先检查电表的指针是否位于“0”刻度线上,若不在零位,需调节电表上的零点校正螺丝。

(2)接通电源,打开比色皿暗盒盖,以关闭光门,防止光电管连续光照产生疲劳,预热 20 min。

(3)选择需用的单色波长,调节“0”透光率,调节旋钮位置,使指针指向透光率“0”位置,然后将装有参比溶液的比色皿放入比色皿架中,盖上比色皿暗盒盖,此时打开光路,调节“100%”透光率旋钮,使指针指到透光率“100%”(即 $A=0.00$)位置。通常灵敏度旋钮置于“1”挡,当透光率调不到 100%时,需增加挡位。

(4)反复调节“0”和“100%”旋钮,待指针稳定后即可开始测量

(5)将装有待测液的比色皿推入光路,此时指针所指的吸光数值,即为该溶液的吸光度。

(6)测量完毕,取出比色皿,洗净晾干。关闭电源,拔下电源插头。

3.注意事项

(1)测定时,比色皿要用被测液润洗 2~3 次,以避免被测液浓度改变。被测液以装至比色皿的 3/4 为宜,不要装得太满,以免洒到样品室内。

(2)要用吸水纸将附着在比色皿外表面的溶液擦干。擦时应注意保护其透光面,勿使其产生划痕。拿比色皿时,手指只能捏住毛玻璃的两面。

(3)比色皿放入比色皿架内时,应注意它们的位置,尽量使它们前后一致,否则容易产生误差。

(4)为了防止光电管疲劳,当不测定时,应经常使暗箱盖处于开启位置。连续使用仪器的时间一般不应超过 2 h。若已工作 2 h,最好是间歇 30 min 后,再继续使用。

(5)测定时,应尽量使吸光度在 0.1~0.65 范围内,这样可以得到较高的准确度。

(6)仪器不能受潮,使用中应注意放大器和单色器上的两个硅胶干燥筒(在仪器底部)里的防潮硅胶是否变色,如果硅胶的颜色已变红,应立即取出更换。

(7)比色皿用过后,要及时用蒸馏水洗净,晾干后存放在比色皿盒内。

三、723 型可见分光光度计

1. 仪器外形图

723 型可见分光光度计外形图如图 1.3.15 所示。

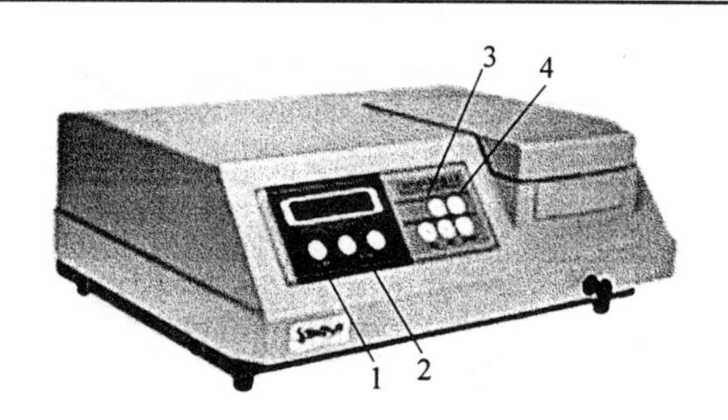

图 1.3.15　723 型可见分光光度计

1—方式设定;2—波长设定;3—100% T;4—0% T

2.使用方法(吸光度方式)

(1)接通电源,打开仪器背板开关,预热 20 min,同时仪器进入自检状态。自检结束后,波长自动停在 546 nm 处,测量方式自动设定在透射比方式,并自动调 100%透射比和 0%透射比。

注意:开机前,先确认仪器样品室内是否有物品挡在光路上。光路上有物品将影响自检甚至造成仪器故障。

(2)按"方式设定"键,将测试方式设置为吸光度方式,显示屏显示波长和吸光度。

(3)按"波长设定"键设置所需要的波长,然后按"100% T"键,调整零吸光度值。

注意:每当波长被重新设置后,请不要忘记,按"100% T"键,调整零吸光度值。

(4)用被测溶液润洗比色皿 2~3 次,将参比溶液和被测溶液分别倒入比色皿中,用镜头纸擦干表面。

注意:比色皿内溶液的高度应不低于 25 mm,大约 2.5 mL;被测样品中不能有气泡和漂浮物,否则,会影响测试参数的精确度。

(5)打开样品室盖,将盛有溶液的比色皿分别插入比色皿槽中,盖上样品室盖。

注意:比色皿透光部分表面不能有指印、溶液痕迹。否则,会影响样品的测试精度。

(6)按"100% T"键,调整零吸光度值。

(7)将被测溶液依次拉入光路中,显示器上显示被测溶液的吸光度值,记录结果。

(8)测试完毕,关机。

透射比方式与吸光度方式使用方法相同。

3.仪器的维护

(1)每台仪器所配套的比色皿,不能与其他仪器上的比色皿单个调换。

(2)当仪器工作不正常时,如数字显示无亮光、光源灯不亮等,应检查仪器后盖保险丝是否损坏,然后检查电源是否接通,再检查电路。

(3)每次使用结束后,应仔细检查样品室内是否有溶液溢出,若有溢出,必须随时用滤纸吸干,否则会引起测量误差或影响仪器使用寿命。

(4)每周应检查一次仪器左部干燥筒内防潮硅胶是否已经变色,如发现已经变为红色,应及时取出调换,或烘干至蓝色,待冷却后再放入。

(5)仪器使用一段时间(1~3 年)后,需用随机的附件钬滤色片测定仪器波长精度,若发生有偏移误差应及时校正。

(6)为了避免仪器积尘和沾污,停止使用仪器时,用套子罩住整个仪器,在套子内放数袋防潮硅胶,以免灯室受潮,使反射镜有霉点或污点,从而影响仪器的性能。

第五节　其他仪器的使用

一、温度计

实验室常用的温度计有水银温度计和酒精温度计。温度计一般由玻璃制成,下端的球泡内封水银或酒精,与上面一根内径均匀的厚壁毛细管相通,外刻有表示温度的刻度。下面主要介绍水银温度计。

常用的水银温度计有三种规格:0～100℃、0～250℃、0～360℃,精度为0.1℃。刻度为1/10℃的温度计精度为0.01℃。

在使用水银温度计时应注意以下事项:

(1)边加热液体边测其温度时,应将温度计固定在一定的位置上,使水银球完全浸入液体中,不可使水银球靠在容器壁上或接触容器的底部。

(2)不可将温度计当搅棒使用;刚测过高温的温度计不可立即测量低温或用自来水冲洗,以免温度计炸裂;温度计要轻拿轻放,以免打碎。

(3)温度计测量温度时,不应超过它的测温范围,因为玻璃的软化点约为450℃,而水银在常压下的凝固点为-39℃,沸点为365.7℃。

(4)温度计的水银球一旦被打碎,应先用滴管尽可能将洒出的水银收集起来,最后用硫磺粉覆盖在有汞溅落的地方,摩擦使汞转化为难挥发的HgS。

测量较高温度时一般使用电阻温度计或热电偶温度计。

二、气压计

气压计的种类很多,这里介绍一种常用的DYM_2型定槽水银气压计。

DYM_2型定槽水银气压计是用来测量大气压的仪器(图1.3.18)。它是以水银柱平衡大气压强,即以水银柱的高度来表示大气压强的大小。其主要结构是一根一端密封的长玻璃管,里面装满水银,开口的一端插入水银槽内,玻璃管内顶部水银面以上是真空。当拧松通气螺钉,大气压强就作用在水银槽内的水银面上,玻璃管中的水银高度即与大气压相平衡。拧转游尺调节手柄使游尺零线基面与玻璃管内水银弯月面相切,即可进行读数。

当大气压发生变化时,玻璃管内水银柱的高度和水银槽内水银液面的位置也发生相应的变化。由于在计算气压表的游尺时已补偿了水银槽内水银面的变化量,因而游标尺所示值经订正后,即为当时的大气压值。

附属温度表是用来测定玻璃管内水银柱和外管的温度,以便对气压计的值进行温度校正。

气压计的观测按下列步骤进行:

(1)用手指轻敲外管,使玻璃管内水银柱的弯月面处于正常状态。

(2)转动游尺调节手柄,使游尺移到稍高于水银柱顶端的位置,然后慢慢移下标尺,使游尺基面与水银柱弯月面顶端刚好相切。

(3)在外管的标尺上读取游尺零线以下最接近的毫巴(1 mba(毫巴)=100 Pa)整数,再读游尺上正好与外管标尺上某一刻度相吻合的刻度线的数值,即为毫巴读数的十分位小数。

(4)读取温度计的温度,准确到 0.1℃。水银气压计因受温度和悬挂地区等影响,有一定的误差,当需要精密的气压数值时,则需要作温度、器差、重力(纬度的高度)等项校正,但由于校正后的数值和气压表读数相差很小,故在通常情况下可不进行校正。

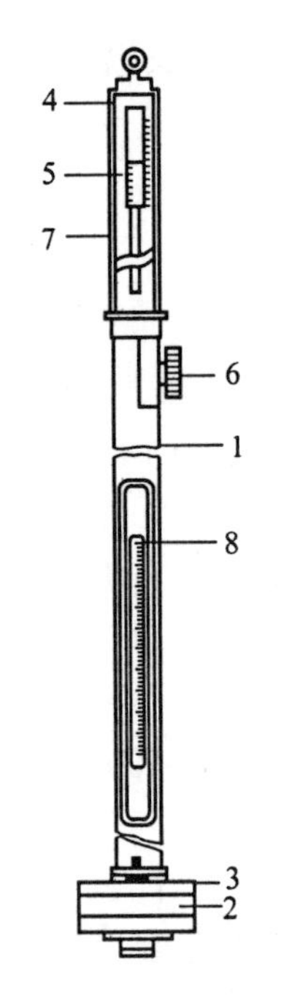

图 1.3.18　定槽水银气压计

1—玻璃管;2—水银槽;3—通气螺丝;4—外管(刻有标尺);5—游尺;6—游尺调节手柄;7—玻璃筒手套;8—温度计

三、密度计

密度计是测量液体相对密度的仪器。它像一根浮标,上端是中空的细玻璃管,附有刻度线,下端装有铅粒(图 1.3.19)。将密度计浸入液体时,它可垂直浮立,液面处的刻度,即为液体的密度。一般密度计分为重表和轻表两类,重表用于测量相对密度大于1 $g\cdot mL^{-1}$的液体,轻表用于测量相对密度小于1 $g\cdot mL^{-1}$的液体。测定液体密度前,应事先估计液体的大致密度,根据液体相对密度的不同而选用量程合适的密度计。密度计轻了,浮得过高,无法读数;密度计重了,沉到液体底部,也无法读数,还容易碰破密度计。

测量方法:将待测液体盛入大量筒中,把清洁干燥的密度计慢慢放入液体中,为了避免密度计在液体中上下沉浮和左右摇摆而与量筒壁接触以至打破,应该用手扶住密度计的上端,待其停稳后,再松开手,密度计浮于液面上,即可读数。读数时,视线应与凹液面最低点相切;有色液体凹液面难以看清,则视线与液面相平处即为读数。

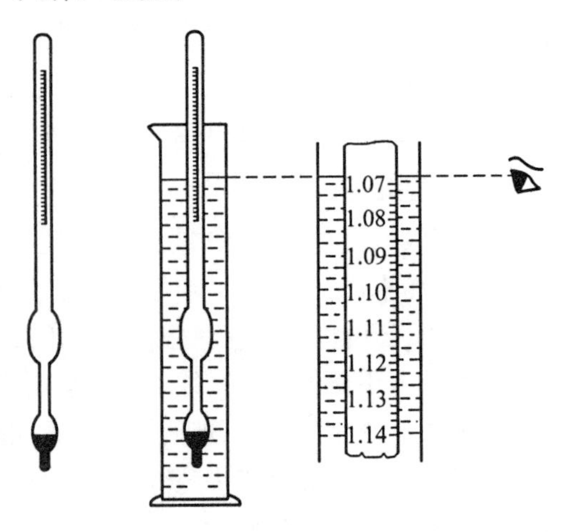

图 1.3.19　密度计及其使用

生产上常用波美度(°Be)来表示溶液的浓度,它是用波美(Baume)密度计,简称波美计或波美表测定的。用波美度测定密度方法简单,数值规整,故在工业生产中应用比较方便。通常使用的密度计,有的也有两行刻度,一行是不等距的,即相对密度;另一行是等距的,即波美度。两者可直接读出或通过公式换算。15℃时,相对密度和波美度之间的换算关系为

相对密度大于 1 的液体　　$d = \dfrac{144.3}{144.3 - {}^{\circ}\mathrm{Be}}$

相对密度小于 1 的液体　　$d=\frac{144.3}{144.3+°Be}$

需要指出的是,波美表种类很多,标尺均不同,常见的有美国标尺、合理标尺、荷兰标尺等,我国用得较多的是美国标尺和合理标尺。上述换算公式为合理标尺波美度与相对密度的换算公式。

测量完毕,应将密度计冲洗干净,用布擦干,放入密度计盒中保存。

第四章　化学实验中的数据表达与处理

第一节　误差与偏差

在化学实验中常常需要进行许多定量测定,然后由测得的数据经过计算得到实验结果。实验结果是否可靠是关键问题,在测定过程中,即使是技术非常熟练的人,采用同一种方法,对同一试样进行多次测定,也不可能得到完全一致的结果。也就是说,绝对准确是没有的,测定误差是普遍存在的,因此在测定过程中,除了选用合适的仪器和正确的方法外,还需要科学地处理数据,使分析结果与真实值尽可能相符。所以树立正确的误差及有效数字的概念,掌握分析和处理数据的科学方法十分必要。

一、准确度与误差

准确度是指测定值与真实值相差的程度,用误差表示。误差越小,表示测定结果的准确度越高,反之准确度就越低。通常误差的表示方法有绝对误差和相对误差,计算公式分别为

$$\text{绝对误差}(E) = \text{测量值}(x) - \text{真实值}(x_T)$$

$$\text{相对误差} = \frac{\text{绝对误差}(E)}{\text{真实值}(x_T)} \times 100\% = \frac{x - x_T}{x_T} \times 100\%$$

绝对误差与被测值的大小无关,而相对误差与被测值的大小有关,在绝对误差相同时,测定值越大,相对误差越小。因此,用相对误差来反映测定值与真实值之间的偏离程度,比用绝对误差来衡量测定值与真实值之间的偏离程度更为合理。

二、精密度与偏差

精密度是指测量结果的相互接近的程度,精密度高不一定准确度高,通常由于被测量的真实值很难准确知道,我们可以用多次重复测量结果的平均值代替真实值,这时单次测量的结果与平均值之间的偏离就称为偏差。偏差与误差一样,也有绝对偏差和相对偏差之分。

设一组多次平行测量测得的数据为 $x_1, x_2, \cdots, x_n$,计算出算术平均值后,应再用单次测量结果的偏差、平均偏差、相对偏差、相对平均偏差、标准偏差、相对标准偏差等表示出来,这些是定量分析实验中最常用的几种处理数据的表示方法。

1.算术平均值

$$\bar{x} = \frac{x_1 + x_2 + \cdots + x_n}{n} = \frac{\sum_{i=1}^{n} x_i}{n}$$

2.偏差

$$d = x_i - \bar{x}$$

3.平均偏差

$$\bar{d} = \frac{|x_1 - \bar{x}| + |x_2 - \bar{x}| + \cdots + |x_n - \bar{x}|}{n} = \frac{\sum_{i=1}^{n} |x_i - \bar{x}|}{n}$$

4. 相对偏差

$$d_i\% = \frac{x_i - \bar{x}}{\bar{x}} \times 100\%$$

5. 相对平均偏差

$$RAD = \frac{|x_1 - \bar{x}| + |x_2 - \bar{x}| \cdots + |x_n - \bar{x}|}{n\bar{x}} = \frac{\sum_{i=1}^{n} |x_i - \bar{x}|}{n\bar{x}} = \frac{\bar{d}}{\bar{x}}$$

6. 标准偏差

$$s = \sqrt{\frac{\sum_{i=1}^{n} (x_i - \bar{x})^2}{n - 1}}$$

7. 相对标准偏差

$$RSD = \frac{s}{\bar{x}} \times 100\%$$

相对偏差的大小可以反映出测量结果的精密度。相对偏差小,说明测定结果的再现性好,即精密度高。

准确度和精密度是两个不同的概念,它们是实验结果好坏的主要标志。精密度是保证准确度的先决条件,精密度差,所得结果不可靠。但是精密度高的测定结果不一定准确,这往往是由系统误差造成的,只有消除了系统误差之后,精密度高的测定结果才是既精密又准确的。

三、误差的来源及分类

1. 系统误差

由于所用仪器、实验方法、试剂、实验条件的控制及实验者本人的一些主观因素造成的误差,称为系统误差。这类误差的性质是:

(1)在多次测量中会重复出现。

(2)所有的测定结果或者都偏高,或者都偏低,即具有单向性。

(3)由于误差来源于某个固定的原因,因此,数值基本恒定不变。

实验系统误差可以通过校正仪器、改善方法、提纯药品等措施来减少或消除。

2. 偶然误差

偶然误差是由一些偶然的原因造成的,这类误差的性质是:由于来源于随机因素,误差数值不定,且方向也不固定,有时为正误差,有时为负误差。这种误差在实验中无法避免,从表面上看也没有什么规律可寻,但是我们通常可以采用“多次测定,取平均值”的方法来减少偶然误差。

3. 过失误差

过失误差是一种人为的误差,它主要是由于实验者工作粗枝大叶、不遵守操作规程等原因造成的。对确知因过失差错而引进误差时,在数据处理过程中应剔除该次测量的数据。通常只要我们加强责任感,对工作认真细致,过失误差是完全可以避免的。

第二节 有效数字

一、有效数字的概念

有效数字是指具体工作中实际能够测到的数字，它不仅代表一个数值的大小，而且反映了所用仪器的精密程度。例如，在台秤上称量某物为 8.6 g，它的有效数字是 2 位；如果用分析天平称量该物，称得质量为 8.647 8 g，则有 5 位有效数字。又如，用最小刻度为 1 mL 的量筒测量液体体积为 13.4 mL，它的有效数字是 3 位，其中 13 mL 是直接由量筒的刻度读出的，而 0.4 mL 是估计的；如果将该液体用最小刻度为 0.1 mL 的滴定管测量，可直接从滴定管的刻度读出 13.4 mL，再在两个小刻度之间估读出 0.06 mL，那么该液体的体积为 13.46 mL，它的有效数字是 4 位。

从上面的例子可以看出，有效数字与测量仪器的精密程度有关，其最后一位数字是估计的（不准确的），其他的数字都是准确的。因此，在记录测量数据时，任何超过或低于仪器精密程度的有效数字都是不合理的。

数字中的“0”位置不同，其含义也不同，要具体情况具体分析。“0”有两种用途：一种是表示有效数字；另一种是决定小数点的位置。

（1）“0”在数字前，仅起定位作用，本身不算有效数字，如 0.356、0.035 6、0.003 56 只起到表示小数点位置的作用，这三个数值都是三位有效数字。

（2）“0”在数字中间和数字后，如 35.06，35.00 中的“0”都是有效数字，所以这两个数值都是 4 位有效数字。

（3）以“0”结尾的正整数，有效数字位数不定，如 3 200 和 5 000，其有效数字位数可能是两位、三位甚至是四位，这种情况应根据实际测量的精密度来确定，如果它们有两位数字是有效的，那就写成 3.2×10^3 和 5.0×10^3，有三位有效数字，则写成 3.20×10^3 和 5.00×10^3。

二、有效数字的运算法则

1.加减运算

几个数相加或相减时，所得结果的小数点后面的位数应与加减数中小数点后面位数最少者相同。

例如，26.4 和 3.83 相加，和应为 $26.4 + 3.83 = 30.2$，因为在这两个数值中，26.4 是小数点后面位数最少者，该数的精密程度只能到小数点后一位，所以，另外的数值小数点后第二位数已没有意义，应该按照“四舍五入”的规则弃去多余的数字。

2.乘除运算

几个数据相乘或相除时，有效数字的位数应与各数值中有效数字位数最少的相同，而与小数点的位置无关。如 $20.03\times0.20 = 4.0$。

3.对数运算

对数的首数（整数部分）只起定位作用，不算有效数字，其尾数（小数部分）的有效数字与相应的真数相同。例如，有 3 份溶液的氢离子的物质的量浓度分别为 0.020 00 $mol\cdot L^{-1}$、0.020 $mol\cdot L^{-1}$、0.02 $mol\cdot L^{-1}$，其对数值 $\lg[H^+]$ 分别应为 $\bar{2}.301\,0$、$\bar{2}.30$、$\bar{2}.3$，因而它们的 pH（$-\lg[H^+]$）值应分别为 1.699 0、1.70 和 1.7，pH 值的有效数字分别为四位、两位和一位，整数“1”不算在有效数字位数中。

4.倍数或分数数字的表示

在化学计算中表示倍数或分数的数字，因其都是自然数而非测量值，故不应看做只有一位有效数字，而应认为是无限多位有效数字。

一般情况下，为方便起见，可以在进行计算前就将各个数值修约，然后再进行计算。但有时为了避免在运算中修约数字间的累计，给最终结果带来误差，可多保留一位不定值数字，待到最后再修约掉。有效数字位数的取舍也有按照“四舍六入五成双”的规则进行，即当数字尾数是 4 时弃去；当尾数为 6 时进位；尾数时 5 时，如进位后得偶数，则进位，如弃去后得偶数，则弃去。

第三节　实验数据的表达方法

化学实验数据的表达方法主要有列表法、图解法和数学方程式法三种。现将常用的列表法和图解法分别简述如下：

一、列表法

列表法是表达实验数据最常用的方法。把实验数据按照自变量和应变量一一对应的关系排列成表格，使得全部数据一目了然，便于进一步的处理、运算和检查。一张完整的表格应包含表的顺序号、名称、项目、说明及数据来源五项内容。因此，列表时要注意以下几点：

(1)每张表格都应编有序号，有完全而又简明的名称。

(2)表格中的横排称为“行”，竖排称为“列”。每个变量占表中一行，一般先列自变量，后列应变量。每一行的第一列应写出变量的名称和量纲。

(3)每一行所记数据应注意其有效数字位数。同一列数据的小数点要对齐，数据应按自变量递增或递减的次序排列，以显示出变化规律。

(4)处理方法和运算公式要在表下注明。

二、作图法

实验数据通常要作图处理，其特点是能直接显示数据的特点及其变化规律，能简明直观地揭示各变量之间的关系，从图上很容易找出数据的极大值、极小值、转折点及周期性等，利用图形可以求得斜率、截距、内插值、外推值及切线等。根据多次实验测量数据所描绘的图像一般具有“平均”的意义，由此可以发现和消除一些偶然误差。因此，图解法成为实验数据处理中的重要方法之一。现举例说明图解法在实验中的作用。

1.表示变量间的定量依赖关系

将自变量作横轴，应变量作纵轴，所得曲线表示二变量间的定量关系。在曲线所示范围内，对应于任意自变量的应变量值均可方便地从曲线上读得。如温度计校正曲线、吸光度-浓度曲线等。

2.求外推值

对一些不能或不易直接测定的数据，在适当的条件下，可用作图外推的方法取得。所谓的外推法，就是将测量数据间的函数关系外推至测量范围以外，以求得测量范围以外的函数值。但必须指出，只有在有充分理由确信外推所得结果可靠时，外推法才有实际价值。即外推的那段范围与实测的范围不能相距太远,且在此范围内被测变量间的函数关系应呈线性或可认为是线性,外推值不能与已有的正确经验相抵触。例如,测定反应热时,两种溶液刚混合时的最高温度不易直接测得,但可测得混合后随时间变化的温度值,通过作温度-时间图,外推得最高温度。

3.求直线的斜率和截距

两变量间的关系如符合 $y = mx + b$,则 y 对 x 作图是一条直线,用作图法可求得直线的斜率 m 和截距 b。如一级反应速率公式是 $\lg c = \lg c_0 - \frac{k}{2.303}t$,以 $\lg c$ 对 t 作图,得一直线,其斜率是 $-\frac{k}{2.303}$,即可求出反应速率常数 k。

三、作图技术简介

1. 准备材料

作图需要应用直角坐标纸、铅笔(以 1H 的硬铅为好)、透明直角三角板、曲线尺等。

2. 选取坐标轴

在坐标轴上画出两条互相垂直的直线,一条是横轴,一条是纵轴,分别代表实验数据的两个变量,习惯上以自变量为横坐标,应变量为纵坐标。

坐标轴上比例尺的选择原则:

(1)从图上读出的各种量的准确度和测量得到的准确度要一致,即使图上的最小分度与仪器的最小分度一致,最好能表示出全部有效数字。

(2)每一格所对应的数值要易读,有利于计算。例如,每单位坐标格应代表 1、2 或 5 的倍数,而不要采用 3、6、7、9 的倍数;还应把数字标示在逢五或逢十的粗线下面。

(3)坐标纸的大小必须能包括所有必需的数据且略有宽裕,这样可使图形布局匀称,既不使图形过大,甚至不能画出某些测量数据,也不使图形太小而偏于一角。

(4)若所作图形为直线,则应使直线与横坐标的夹角在 45°左右,切勿使角度太大或太小。不一定把变量的零点作为原点。

3.标定坐标点

根据实验测得的数据在坐标纸上画出响应的点,用符号○、⊗、×、△、□等表示清楚,若在同一图纸上画几条直(曲)线时,则每条线的代表点需用不同的符号表示。

4.线的描绘

用均匀光滑的曲线(或直线)连接坐标点,要求这条线尽可能接近(或贯串)大多数的点(并非要求贯串所有的点),并使各点均匀地分布在曲线(或直线)两侧。若有的点偏离太大,则连线时可不考虑。这样描出的曲线(或直线)就能近似地反映被测量的平均变化情况。

在曲线的极大、极小或折点附近应多取些点,以保证曲线所表示规律的可靠性。对个别远离曲线的点,要分析原因,若是偶然的过失误差造成的,可不考虑这一点;若是重复实验情况不变,则应在此区间进行反复仔细测量,搞清是否存在某些规律,切不可轻易舍去远离曲线的点。

5.标注数据及条件

图作好后,要写上图的名称,注明坐标轴代表的量的名称、所用单位、数值大小以及主要的测量条件。

第二部分　基础无机及分析化学实验

第一章　基础知识和基本操作

实验一　常用仪器的认领、洗涤和干燥

一、实验目的

(1)熟悉化学实验室规则和要求。

(2)领取实验常用仪器,熟悉其名称、规格,了解其主要用途及使用注意事项。

(3)练习并掌握常用仪器的洗涤和干燥方法。

二、预习与思考

1.预习本书中无机及分析化学实验常用仪器的介绍、洗涤和干燥部分。

2.思考下列问题

(1)怎样洗涤和干燥仪器?洁净仪器的标准是什么?

(2)用去污粉洗涤仪器时,应注意哪些问题?

(3)使用毛刷应注意什么?为什么不能用纸或布擦仪器?

(4)铬酸洗液怎样配制?使用时应注意什么?什么情况下用铬酸洗液洗涤仪器?废液怎样处理?

(5)用酒精灯烘干试管怎样操作?

三、实验内容

1.常用仪器的认领

逐个认识、验收实验中的全部仪器。验收时应特别注意仪器是否有破损,对带有活塞、盖子的仪器应检查是否能打开,带有螺旋的铁器应检查螺旋是否能转动等。对验收中发现的问题可按仪器的名称、规格、数量及存在的问题的性质填写在仪器领用单(表2.1.1)上。

2.玻璃仪器的洗涤和干燥

(1)洗涤烧杯、试管、称量瓶、表面皿、量筒,洗净后自然晾干。

(2)用酒精灯烘烤1支试管。

3.液体体积的估量

(1)用10 mL的量筒分别量取1 mL、2 mL、3 mL、5 mL自来水,倒入4支试管中,放在试管架上,以便作估量时的参考。

(2)分别向另外4支试管中加入1 mL、2 mL、3 mL、5 mL自来水,反复练习直到基本准确为止(与参比量对比)。

(3)用滴管向量筒中滴加水,计算该滴管每滴水的体积。

4.作业

(1)将实验中常用仪器按下列类别进行分类:

① 玻璃仪器:a.度量仪器;b.反应仪器;c.玻璃容器;d.其他。

② 瓷皿;

③ 加热仪器;

④ 其他器具。

(2)玻璃仪器壁上沾有下列物质应该怎样洗涤?

① 银镜;② MnO_2;③ 水泥;④ 油污;⑤ 铁锈。

表 2.1.1 化学实验常用仪器清单

(1)发给学生的仪器

仪器名称	规　　格	数　　量	仪器名称	规　　格	数　　量
吸管	带乳胶头	3支	移液管	25 mL	1支
玻璃棒		3支	量筒	10 mL	1个
离心管	10 mL	4支		20 mL	1个
试管		10支		100 mL	1个
试管夹		1个	烧杯	50 mL	3个
试管架		1个		100 mL	3个
试管刷		1把		250 mL	1个
石棉网	10 cm×10 cm	2个		500 mL	1个
玻璃漏斗	6 cm	1个	称量瓶	30 mm×20 mm	2个
容量瓶	50 mL	3个	洗耳球		1个
	100 mL	1个	药匙		1个
锥形瓶	200 mL	3个	塑料洗瓶	250 mL	1个
表面皿	6 cm	2个	研钵	9 cm	1个
	10 cm	2个	瓷蒸发皿	100 mL	1个
吸滤瓶	250 mL	1个	布氏漏斗	60 mm	1个
酒精灯	100 mL	1个	点滴板	6孔	1块
温度计	150℃	1支	酸式滴定管	50 mL	1支

(2)公用仪器

剪刀	滴定台
镊子	分析天平
铁环	酸度计
三角锉	分光光度计
铁夹	电烘箱
坩埚钳	马福炉
滴定管夹	水循环泵
泥三角	电动离心机
干燥器	恒温水浴锅

表 2.1.2　分析化学实验常用仪器清单

分析化学实验仪器清单					
常　　量			微　　量		
名　　称	规　　格	数　　量	名　　称	规　　格	数　　量
酸式滴定管	50 mL	1	微型滴定管	3 mL	1
碱式滴定管	50 mL	1	烧杯	5 mL	2
烧杯	500 mL	2	烧杯	25 mL	2
	250 mL	2	锥形瓶	25 mL	3
	100 mL	3	容量瓶	50 mL	2
锥形瓶	250 mL	3	洗瓶	250 mL	1
容量瓶	250 mL	1	吸量管	2 mL	1
	100 mL	1		5 mL	1
量筒	100 mL	1			
	25 或 50 mL	1			
	10 mL	1			
试剂瓶	1 000 mL	2			
	500 mL	1			
洗瓶	500 mL	1			
称量瓶	30 × 25	2			
干燥器		1			
移液管	25 mL	1			
表面皿	中、小	各 2			
牛角匙		1			
洗耳球		1			
公　用　仪　器					
剪刀			移液器		
滴定台			漏斗架		
蝴蝶夹			玻璃砂芯坩埚		
烧杯夹			移液管架		
石棉网					

实验二　无机及分析化学实验电化教学

一、实验目的

(1)通过观看化学教学录像进行实验室安全教育。

(2)通过观看化学实验基本操作录像,初步了解各项基本操作规程及注意事项。

二、预习要点

预习实验中的安全操作和事故处理、常用加热操作、玻璃操作和塞子钻孔、称量、液体体积度量仪器的使用方法、化学试剂的取用方法、溶解、结晶与固液分离。

三、录像内容

(1)化学实验室安全知识。

(2)加热。

(3)玻璃操作。

(4)分析天平的使用。

(5)过滤法。

(6)离心分离法。

(7)化学试剂的取用。

(8)试管的正确使用。

(9)酸度计和分光光度计的使用。

(10)滴定分析的基本操作。

四、思考题

(1)实验室的安全守则。

(2)事故紧急处理措施。

(3)截、拉、弯玻璃管(棒)的操作要领。

(4)实验室常用加热器及正确使用方法。

(5)固体、液体药品的取用规则。

(6)常用的固液分离方法。

实验三　玻 璃 细 工

一、实验目的

(1)弄清酒精喷灯的构造并掌握其正确的使用方法。

(2)学会截断、拉细、弯曲玻璃管(棒)的基本操作。

(3)练习塞子钻孔的基本操作。

二、预习与思考

(1)预习关于安全操作、事故处理、酒精喷灯的使用以及玻璃操作与塞子钻孔等内容。

(2)思考下列问题:

① 在切割烧制玻璃管(棒)以及往塞孔内穿进玻璃管等操作中,应注意哪些安全问题?刚灼烧过的热玻璃和冷玻璃在外表上往往难以分辨,如何防止烫伤?

② 正常火焰由哪三部分组成?应用哪一部分火焰加热?如何增大玻璃管的受热面积?

三、仪器和材料

玻璃管,玻璃棒,胶塞,橡皮胶头,三角锉,圆锉,火柴,酒精,酒精喷灯。

四、实验内容

1.酒精喷灯的使用

观察酒精喷灯的各部分构造,点燃并调试。

2.玻璃管(棒)的烧制加工

(1)截断玻璃管(棒)。

① 先用一些玻璃管(棒)反复练习截断玻璃管(棒)的基本操作。

② 制作长 14 cm、16 cm、18 cm 的玻璃棒各一根,断口熔融至圆滑。

(2)拉细玻璃管(棒)。

① 练习拉细玻璃管和玻璃棒的基本操作。

② 制作搅棒和滴管各 2 支,规格如图 2.1.1 所示。

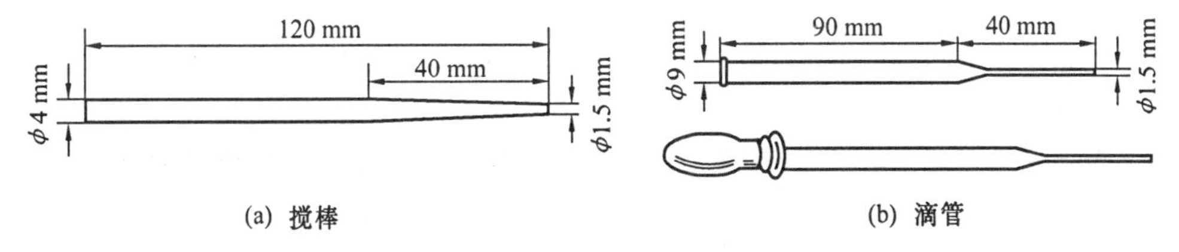

图 2.1.1　搅棒和滴管

烧熔滴管小口一端要特别小心,不能久置火焰中,以免管口收缩封死。粗口一端则应烧软,然后在石棉网上垂直下压(不能用力过大),使管口变厚略向外翻,便于套上橡皮吸头。制作的滴管规格要求是从滴管滴出 20 ~ 25 滴液体的总体积约为 1 mL。

3.弯曲玻璃管

(1)练习弯曲玻璃管,弯成 120°、90°、60°等角度。

(2)制作规格如图 2.1.2 所示的玻璃管 1 支,留作装配洗瓶用。

4.塞子的钻孔

(1)按塑料瓶口的直径大小选取一个合适的橡胶塞,塞子应能塞入瓶口 1/2 ~ 1/3 为宜。

(2)按玻璃管直径大小用打孔器在所选胶塞中间钻出一孔。

钻孔时,切记用手按住胶塞,以防旋压打孔器时,塞子移动打滑损伤手指。

5.装配洗瓶

(1)把制作好的弯管按图 2.1.3 所示的方法,边转动边插入到胶塞中去。为便于插入,玻璃管可事先蘸些水或甘油等润滑剂,不能强行塞入。孔径过小时,可用圆锉把孔锉大些,以防玻璃管折断而伤手。

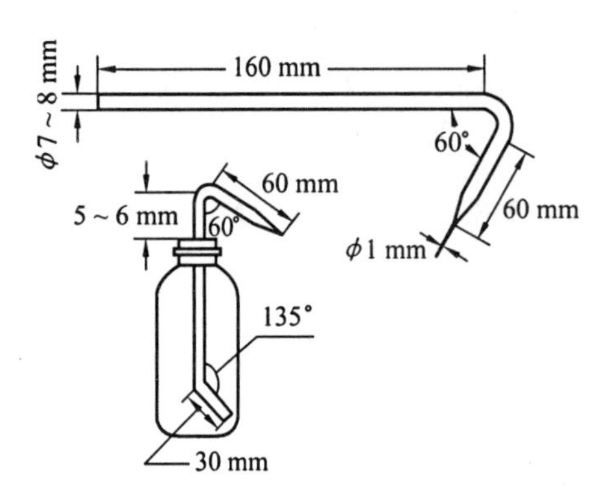

图 2.1.2　弯管及洗瓶

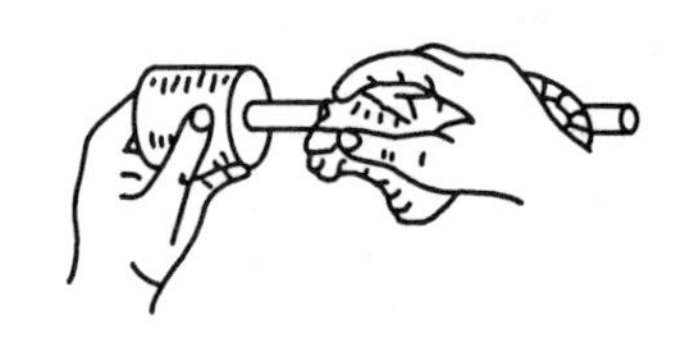

图 2.1.3　玻璃管插入胶塞

(2)把已插入胶塞中的玻璃弯管的下端按图 2.1.2 所示要求,在离下口 3 cm 处弯曲 135°,此弯管方向与上部弯管方向一致,并且两弯管处于同一平面上。

五、验收产品

(1)对应 50 mL、100 mL、250 mL、500 mL 烧杯的玻璃搅棒各 1 根。

(2)玻璃钉、玻璃匙、离心搅棒各 1 个。

(3)滴管 2 支,毛细管数根。

六、实验报告

报告中主要谈对实验的体会,并对自己的产品质量作出评价。

实验四　电子分析天平称量练习

一、实验目的

1.熟练掌握电子天平的使用方法。

2.学会用指定质量称量法和递减称量法称量试样。

3.学会正确使用称量瓶。

二、实验原理

电子天平是新一代的天平,它是根据电磁力平衡原理制造而成,也就是利用电子装置完成电磁力补偿调节,使物体在重力场中实现力的平衡,或通过电磁力力矩的调节,使物体在重力场中实现力矩的平衡。常见的电子天平的结构都是机电结合式的,由载荷接受与传递装置、测量与补偿装置等部件组成。天平的支撑点用弹簧片取代机械天平的玛瑙刀口,用差动变压器取代升降枢装置,用数字显示代替指针刻度式。天平全量程不需砝码,直接称量,放上被称物后,在几秒钟内即达到平衡,显示读数。因而具有使用寿命长、性能稳定、称量速度快、操作简便、精度高、灵敏度高的特点。

三、实验用品

电子天平 1 台,称量瓶,小烧杯,表面皿,石英砂,药匙。

四、实验步骤

1.电子天平使用方法

①检查水平:在使用前需观察水平仪是否水平,若不水平,需调整天平后面的水平调节脚,使天平水平泡位于中央位置。

②预热、开机:接通电源,用手指轻按天平面板上的 on 键,显示屏上显示所有字段和软件版本号,接着出现 0.000 0 g 闪动。需要预热 20 ~ 30 min 后,天平稳定,进入称量状态。

③称量:待电子显示屏上闪动的数字稳定并且屏幕左上角出现稳定指示符“ * ”后,即可称量读数。如果显示不是 0.000 0 g,则需快速按一下 O/T 键回零。打开天平侧门,将样品放到物品托盘上(化学试剂不能直接接触托盘)。关闭天平侧门,待电子显示屏上闪动的数字稳定并且屏幕左上角出现稳定指示符“”后,即可读数,并记录称量结果。取走物体后显示 - × × × × g,可用第二步操作。

④去皮:将空容器置于称盘上,按 O/T 键回零,把容器的质量去除,向容器中加入样品,显示的是样品的净重。

⑤关机:称量完毕,取下被称物,按住 Mode off 键直到显示屏出现 off 后松开。拔掉电源,盖上防尘罩。

2.指定质量称量法

准确称量 0.500 0 g 石英砂。误差范围 ± 0.5 mg。准备一个干净而干燥的表面皿,放在电子天平托盘上,待天平稳定后,按去皮重键,用药匙量取少量石英砂加到表面皿中,直至达到 0.500 0 g ± 0.5 mg 为止,记录称量数据。教师签字后,按去皮重键后,继续在表面皿上称量 0.500 0 g ± 0.5 mg。使用该方法时,称少了可继续用药匙向表面皿中加药品,多加了可取出,直至指定范围。

3.递减称量法(或称差减法)

(1)准备两个干净而干燥的小烧杯,标上编号,然后分别放在分析天平的托盘上,准确称量到 0.1 mg。将烧杯的质量 m_1、m'_1 记录在报告本上。

(2)取一个干净而干燥的约装有 1 g 石英砂的称量瓶于台秤上粗称其质量,再用分析天平准确称量。按去皮重键,然后用瓶盖轻轻地敲称量瓶磨口处,如图 2.1.4,将试样 0.4 ~ 0.5 g(约 1/2)转移到第一个烧杯内,将称量瓶放到分析天平的托盘上,此时天平显示的是 -0. × × × × g,此数据为样品净质量,记录为 m_2(注意称量时不能用手直接拿称量瓶或烧杯,要用干净的纸条夹拿或戴天平专用手套)。按去皮重键,用同样的方法再转移 0.4 ~ 0.5 g 试样于第二个烧杯中,准确记录天平显示的 -0. × × × × g,记为 m'_2。分别称量 1、2 两个已装有样品的小烧杯的质量,并记为 m_3、m'_3。

图 2.1.4　倾倒试样

4.结果检验

(1)检验称量瓶的减重是否等于烧杯的增重,即 $m_2 = m_3 - m_1$,$m'_2 = m'_3 - m'_1$。如果不相等,求出称量的绝对差值,该值应小于等于 0.5 mg。

(2)检验倒入烧杯中2份样品的质量是否合乎要求的范围,将称量结果记录在实验报告中。

五、数据记录(实验报告记录表格(表2.1.3和表2.1.4)示例)

1.指定质量称量法

表2.1.3

样品号	Ⅰ	Ⅱ
称样质量/g		
称量误差/mg		

2.递减法

表2.1.4

样品号	Ⅰ	Ⅱ
空烧杯质量/g	$m_1 =$	m'_1
倾出样品质量/g	$m_2 =$	m'_2
烧杯+样品质量/g	$m_3 =$	m'_3
烧杯中样品质量/g	$m_3 - m_1 =$	$m'_3 - m'_1 =$
称量误差/mg	$\mid m_2 - (m_3 - m_1) \mid =$	$\mid m'_2 - (m'_3 - m'_1) \mid =$

3.使用分析天平称量的注意事项

(1)天平内不可有任何遗落的药品,如有,可用毛刷清理干净。

(2)将天平台清理干净。

(3)在天平使用记录簿上登记,并请教师签字。

(4)罩好天平罩,关闭天平电源。

实验五　酸碱滴定练习

一、实验目的

(1)练习滴定操作,掌握滴定管的正确使用和准确判断滴定终点的方法。

(2)熟悉指示剂的使用和终点的颜色变化,初步掌握酸碱指示剂的选择方法。

二、预习与思考

(1)预习关于移液管和滴定管的洗涤、使用及滴定操作等内容。

(2)思考下列问题

① 为什么在洗涤移液管和滴定管时,最后都要用被量取的溶液洗几次?锥形瓶也要用同样的方法洗涤吗?

② 滴定管装入溶液后没有将下端尖管的气泡赶尽就读取液面读数,对实验结果有何影响?

(3)滴定结束后发现如下现象,它们对实验结果各有何影响?

① 滴定管末端液滴悬而不落;

② 溅在锥形瓶壁上的液滴没有用蒸馏水冲下;

③ 滴定管未洗净,内壁挂有液滴。

(4)滴定过程中如何避免以下现象:

① 碱式滴定管的橡皮管内形成气泡;

② 酸式滴定管活塞漏液。

三、基本原理

酸碱滴定是利用酸碱中和反应测定酸或碱的物质的量浓度的定量分析方法。

NaOH 与 HCl 的滴定反应为

$$NaOH + HCl = NaCl + H_2O$$

二者反应的物质的量之比为 1:1,所以酸碱反应达到化学计量点时

$$c(HCl) \cdot V(HCl) = c(NaOH) \cdot V(NaOH)$$

通过酸碱比较滴定,可以确定达到化学计量点时二者的体积比。因此,只要知道其中任何一种溶液的准确的物质的量浓度,再根据它们的体积比就可求得另一种溶液的物质的量浓度。

滴定终点的确定可借助于酸碱指示剂,指示剂本身是一种弱酸或弱碱,在不同 pH 值范围内可显示出不同的颜色,滴定时应根据不同的滴定体系选用适当的指示剂,以减少滴定误差。

实验室常用的酸碱指示剂有酚酞、甲基红、甲基橙、甲基红－溴甲酚绿等。

四、仪器和药品

酸式滴定管(50 mL),碱式滴定管(50 mL),移液管(25 mL),锥形瓶(250 mL),量筒(10 mL),滴定管夹,洗耳球。

NaOH 溶液(未知浓度),HCl 溶液(未知浓度),标准 NaOH 溶液(0.100 0 $mol \cdot L^{-1}$),标准 HCl 溶液(0.100 0 $mol \cdot L^{-1}$)。

酚酞溶液(1 $g \cdot L^{-1}$,溶剂是质量分数为 60%的乙醇溶液),甲基红(2 $g \cdot L^{-1}$,溶剂是质量分数为 60%的乙醇溶液)。

五、实验步骤

1. 强碱滴定强酸的练习

用量筒量取 5 mL 未知浓度的 HCl 溶液于锥形瓶中,加水 20 mL 左右,加入 2 滴酚酞作指示剂。把标准 NaOH 溶液注入碱式滴定管内,设法赶尽下部橡皮管和玻璃尖管内的气泡后,调整滴定管内的液面位置至“0”刻度。然后进行滴定至溶液由无色变为粉红色(30 s 内不消失),即可认为已达终点。第一次滴定结束后,再加入 5 mL 未知浓度的 HCl 溶液于锥形瓶中,再用碱液滴至终点。如此反复练习多次。当较熟练地掌握碱式滴定管的滴定操作,并能正确判断滴定终点后才开始做下面的实验。

2. 盐酸浓度的测定

用移液管准确吸取 25 mL 未知浓度的 HCl 溶液于锥形瓶中,加入 2～3 滴酚酞指示剂。把标准 NaOH 溶液注入碱式滴定管中,调整滴定管内的液面位置至“0”刻度。然后按上述方

法进行滴定。达到滴定终点后，记下液面位置的准确读数，即为滴定所用去的碱溶液的体积。再吸取 25 mL HCl 溶液，用同样步骤重复操作，直到两次实验所用碱溶液的体积相差不超过 0.05 mL 为止。

3.强酸滴定强碱的练习

用量筒量取 5 mL 未知浓度的 NaOH 溶液于锥形瓶中，加入约 20 mL 水，加入 2～3 滴甲基红指示剂。

把标准 HCl 溶液注入酸式滴定管内，设法赶尽滴定管下端出口管内的气泡，调整液面位置至“0”刻度。然后滴定至溶液由呈黄色变为橙红色(30 s 内不消失)，即可认为已达终点。第一次滴定结束后，再加入 5 mL 未知浓度的 NaOH 溶液于锥形瓶中，用酸液再滴至终点。如此反复练习多次。当较熟练地掌握酸式滴定管的滴定操作，并能正确判断滴定终点后才开始做下面的实验。

4.氢氧化钠浓度的测定

用洗净的移液管吸取 25 mL 未知浓度的 NaOH 溶液于锥形瓶中，加入 2～3 滴甲基红指示剂。

在酸式滴定管中装入标准 HCl 溶液，调整滴定管内的液面位置至“0”刻度。然后按上述操作方法进行滴定。滴定达到终点后，记下液面位置的读数，即为滴定所用去酸液的体积。

再吸取 25 mL NaOH 溶液，用同样步骤重复操作，直到两次实验所用酸液的体积相差不超过 0.05 mL 为止。

六、记录和结果

1. HCl 溶液浓度的测定

HCl 溶液浓度测定的数据记录于表 2.1.3 中。

表 2.1.3

项目 \ 序号	1	2	3
标准 NaOH 浓度 $c(NaOH)/(mol\cdot L^{-1})$			
标准 NaOH 用量 $V(NaOH)/mL$			
HCl 用量 $V(HCl)/mL$			
HCl 浓度 $c(HCl)/(mol\cdot L^{-1})$			
HCl 平均物质的量浓度 $\bar{c}(HCl)/(mol\cdot L^{-1})$			
相对偏差/%			

2. NaOH 溶液浓度的测定

NaOH 溶液浓度测定的数据记录于表 2.1.4 中。

表 2.1.4

项目 \ 序号	1	2	3
标准 HCl 浓度 $c(\mathrm{HCl})/(\mathrm{mol\cdot L^{-1}})$			
标准 HCl 用量 $V(\mathrm{HCl})/\mathrm{mL}$			
NaOH 用量 $V(\mathrm{NaOH})/\mathrm{mL}$			
NaOH 物质的量浓度 $c(\mathrm{NaOH})/(\mathrm{mol\cdot L^{-1}})$			
NaOH 平均浓度 $\bar{c}(\mathrm{NaOH})/(\mathrm{mol\cdot L^{-1}})$			
相对偏差/%			

3.结果讨论

分析产生误差的主要原因。

第二章　基本化学原理

实验一　置换法测定摩尔气体常数 R

一、实验目的

(1)掌握理想气体状态方程式和气体分压定律的应用。

(2)练习测量气体体积的操作和气压计的使用。

二、预习与思考

(1)复习气体状态方程式和分压定律;预习有效数字和误差的概念,以及气压计的使用。

(2)思考下列问题:

① 如何检测本实验体系是否漏气? 其根据是什么?

② 读取量气管内气体体积时,为什么要使量气管和漏斗中的液面保持同一水平面?

③ 实验过程中不小心将漏斗内的水弄洒一些,对气体体积读数有无影响?

三、基本原理

活泼金属镁与稀硫酸反应,置换出氢气(H_2),即

$$Mg + H_2SO_4 = MgSO_4 + H_2 \uparrow$$

准确称取一定质量的金属镁,使其与过量的稀硫酸作用,在一定温度和压力下测定被置换出来的氢气的体积,由理想气体状态方程式即可算出摩尔气体常数 R,即

$$R = \frac{p(H_2) \cdot V(H_2)}{n(H_2) \cdot T}$$

式中,$p(H_2)$为氢气的分压;$n(H_2)$为一定质量的金属镁置换出的氢气的物质的量。

四、仪器和药品

分析天平,气压计,量气管(50 mL)或碱式滴定管(50 mL),铁架台,滴定管夹,长颈普通漏斗,橡皮管,试管(25 mL),铁环。

金属镁条,H_2SO_4(3 $mol \cdot L^{-1}$)。

五、实验步骤

(1)准确称取 3 份已擦去表面氧化膜的镁条,每份质量为 0.030 ~ 0.035 g(准确至 0.000 1 g)。

(2)按图 2.2.1 所示装配好仪器。打开试管 3 的胶塞,由漏斗 2 往量气管 1 内装水至略低于刻度“0”的位置。上下移动漏斗 2,以赶尽胶管和量气管内的气泡,然后将试管 3 的塞子塞紧。

(3)检查装置的气密性。把漏斗 2 下移一段距离,固定在铁环 4 上。如果量气管内液面只在初始时稍有下降,以后维持不变(观察 3 ~ 5 min),即表明装置不漏气。如液面不断下降,应重复检查各接口处是否严密,直至确保不漏气为止。

(4)把漏斗 2 上移回原来位置，取下试管 3，用一长颈漏斗往试管 3 注入 6 ~ 8 mL 3 mol·L^{-1}的硫酸(取出漏斗时注意切勿使酸沾污管壁)。将试管 3 按一定倾斜度固定好，把镁条用水稍微湿润后贴于管壁内，确保镁条不与酸接触。检查量气管内液面是否处于“0”刻度以下，再次检查装置气密性。

(5)将漏斗 2 靠近量气管右侧，使两管内液面保持同一水平，记下量气管液面位置。将试管 3 底部略为提高，让酸与镁条接触，这时，反应产生的氢气进入量气管中，管中的水被压入漏斗内。为避免量气管内压力过大，可适当下移漏斗 2，使两管液面大体保持同一水平。

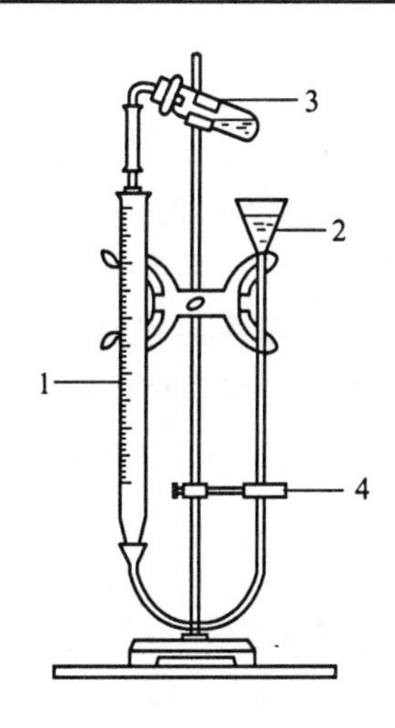

图 2.2.1　实验装置

1—量气管;2—漏斗;3—试管;4—铁环

(6)反应完毕后，待试管 3 冷至室温，然后使漏斗 2 与量气管 1 内液面处于同一水平，记录液面位置。1 ~ 2 min 后，再记录液面位置，直至 2 次读数一致，即表明管内气体温度已与室温相同。

(7)记录室温和大气压。

六、记录和结果

列出所有测量及运算数据，算出摩尔气体常数 R 和百分误差，并记录于表 2.2.1 中。

表 2.2.1

项　目 \ 实验序号	1	2	3
实验时温度 T/K			
实验时大气压力 p/Pa			
镁条质量 m/g			
反应前量气管液面读数 V_1/mL			
反应后量气管液面读数 V_2/mL			
氢气的体积($V(H_2) = V_2 - V_1$)/mL			
T(K)时水的饱和蒸气压 p/Pa			
氢气的物质的量 $n(H_2)$			
摩尔气体常数 R			
百分误差/%			

分析产生误差的主要原因。

附:微型实验

一、仪器和药品

15 mL 吸量管，100 mL 量筒，分析天平，温度计，气压计，小橡皮塞或胶滴帽，多用滴管。

镁条，砂纸，铜丝，6.0 mol·L^{-1} HCl。

二、实验步骤

准确称取 2 份已用砂纸擦去氧化膜的光亮镁条,每份质量在 0.011 0～0.013 0 g。将镁条卡在一端对折在一起的铜丝上,末端朝下,一起投入已插进盛水量筒中的吸量管中,使镁条沉入吸量管底部。移动吸量管使水面低于1 mL刻度,以多用滴管伸入吸量管内,靠近液面处滴加 1 mL 物质的量浓度为 6.0 $mol \cdot L^{-1}$ HCl(考虑此步操作应注意什么事项),迅速调整吸量管内外液面,使之与"0"刻度相平,用小胶塞(或胶帽)缓缓塞封吸量管上口。片刻后反应开始,待镁条反应完毕,冷却至室温,调整吸量管内外液面相平,记下体积 V。

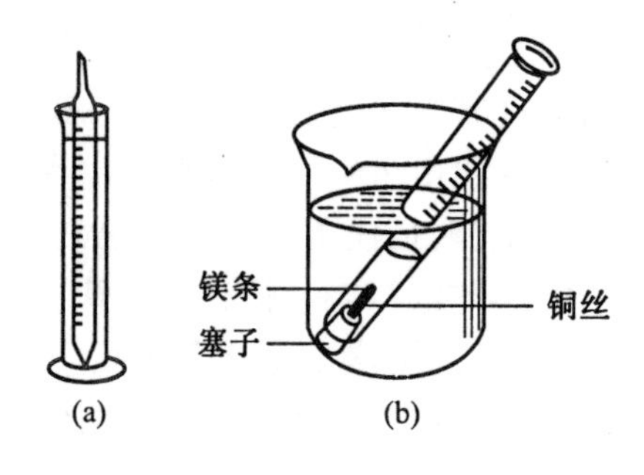

图 2.2.2　微型实验装置

实验二　化学反应速度、反应级数和活化能的测定

一、实验目的

(1)了解浓度、温度和催化剂对反应速度的影响。

(2)测定过二硫酸铵与碘化钾反应的平均反应速度、反应级数、速度常数和活化能。

二、预习与思考

(1)预习化学反应速度理论以及浓度、温度和催化剂对反应速度的影响等有关内容。

(2)思考下列问题:

① 在向 KI、淀粉和 $Na_2S_2O_3$ 混合溶液中加入$(NH_4)_2S_2O_8$ 时,为什么必须越快越好?

② 在加入$(NH_4)_2S_2O_8$ 时,先计时后搅拌或者先搅拌后计时,对实验结果有什么影响?

三、基本原理

在水溶液中,过二硫酸铵与碘化钾发生如下反应,即

$$(NH_4)_2S_2O_8 + 3KI \xlongequal{} (NH_4)_2SO_4 + K_2SO_4 + KI_3$$

反应的离子方程式为

$$S_2O_8^{2-} + 3I^- \xlongequal{} 2SO_4^{2-} + I_3^- \qquad (1)$$

该反应的平均反应速度与反应物物质的量浓度的关系可用下式表示

$$v = \frac{-\Delta c(S_2O_8^{2-})}{\Delta t} \approx k\, c(S_2O_8^{2-})^m \cdot c(I^-)^n$$

式中,$\Delta c(S_2O_8^{2-})$为 $S_2O_8^{2-}$ 在 Δt 时间内物质的量浓度的改变值;$c(S_2O_8^{2-})$、$c(I^-)$分别为两种离子初始物质的量浓度($mol \cdot L^{-1}$);k 为反应速度常数;m 和 n 为反应级数。

为了能够测定 $\Delta c(S_2O_8^{2-})$,在混合$(NH_4)_2S_2O_8$ 和 KI 溶液时,同时加入一定体积的已知浓度的 $Na_2S_2O_3$溶液和作为指示剂的淀粉溶液,这样在反应(1)进行的同时,也进行如下的反应

$$2S_2O_3^{2-} + I_3^- \xlongequal{} S_4O_6^{2-} + 3I^- \qquad (2)$$

反应(2)进行得非常快，几乎瞬间完成，而反应(1)却慢得多，所以由反应(1)生成的 I_3^- 立即与 $S_2O_3^{2-}$ 作用生成无色的 $S_4O_6^{2-}$ 和 I^-。因此，在反应开始阶段，看不到碘与淀粉作用而产生的特有的蓝色，但是一旦 $Na_2S_2O_3$ 耗尽，反应(1)继续生成的微量的 I_3^- 立即使淀粉溶液显示蓝色。所以蓝色的出现就标志着反应(2)的完成。

从反应方程式(1)、(2)的计量关系可以看出，$S_2O_8^{2-}$ 物质的量浓度减少的量等于 $S_2O_3^{2-}$ 物质的量浓度减少量的一半，即

$$\Delta c(S_2O_8^{2-}) = \frac{\Delta c(S_2O_3^{2-})}{2}$$

由于 $S_2O_3^{2-}$ 在溶液显示蓝色时已全部耗尽，所以 $\Delta c(S_2O_3^{2-})$ 实际上就是反应开始时 $Na_2S_2O_3$ 的初始物质的量浓度。因此只要记下从反应开始到溶液出现蓝色所需要的时间，就可以求算反应(1)的平均反应速度 $\frac{-\Delta c(S_2O_8^{2-})}{\Delta t}$。

在固定 $c(S_2O_3^{2-})$，改变 $c(S_2O_8^{2-})$ 和 $c(I^-)$ 的条件下进行一系列实验，测得不同条件下的反应速度，就能根据 $v = k\,c(S_2O_8^{2-})^m \cdot c(I^-)^n$ 的关系推出反应的反应级数。

再由下式可进一步求出反应速度常数 k 为

$$k = \frac{v}{c(S_2O_8^{2-})^m c(I^-)^n}$$

根据阿仑尼乌斯公式，反应速度常数 k 与反应温度 T 有如下关系

$$\lg k = \frac{-E_a}{2.303RT} + \lg A$$

式中，E_a 为反应的活化能；R 为气体常数；T 为绝对温度。因此，只要测得不同温度时的 k 值，以 $\lg k$ 对 $1/T$ 作图可得一直线，由直线的斜率可求得反应的活化能 E_a，即

$$斜率 = \frac{-E_a}{2.303R}$$

四、仪器和药品

冰箱，秒表，温度计(273～373K)。

KI(0.20 $mol \cdot L^{-1}$)，$(NH_4)_2S_2O_8$(0.20 $mol \cdot L^{-1}$)，$Na_2S_2O_3$(0.010 $mol \cdot L^{-1}$)，KNO_3(0.20 $mol \cdot L^{-1}$)，$(NH_4)_2SO_4$(0.20 $mol \cdot L^{-1}$)，$Cu(NO_3)_2$(0.020 $mol \cdot L^{-1}$)，淀粉(质量分数为0.2%)，冰。

五、实验步骤

1.浓度对反应速度的影响

室温下按表2.2.2中编号1的用量分别量取KI、淀粉、$Na_2S_2O_3$ 溶液于150 mL烧杯中，用玻璃棒搅拌均匀。再量取 $(NH_4)_2S_2O_8$ 溶液，迅速加到烧杯中，同时按动秒表，立即用玻璃棒将溶液搅拌均匀。观察溶液，刚一出现蓝色，立即停止计时。记录反应时间。

表 2.2.2

实验编号		1	2	3	4	5
试剂用量/mL	0.20 $mol\cdot L^{-1}$ KI	20	20	20	10	5
	质量分数为 0.2%淀粉溶液	4.0	4.0	4.0	4.0	4.0
	0.010 $mol\cdot L^{-1}$ $Na_2S_2O_3$	8.0	8.0	8.0	8.0	8.0
	0.20 $mol\cdot L^{-1}$ KNO_3	—	—	—	10	15
	0.20 $mol\cdot L^{-1}$ $(NH_4)_2SO_4$	—	10	15	—	—
	0.20 $mol\cdot L^{-1}$ $(NH_4)_2S_2O_8$	20	10	5.0	20	20

用同样方法对编号 2～5 进行实验。为了使溶液的离子强度和总体积保持不变，在实验编号 2～5 中所减少的 KI 或 $(NH_4)_2S_2O_8$ 的量分别用 KNO_3 和 $(NH_4)_2SO_4$ 溶液补充。

2.温度对反应速度的影响

按表中实验编号 4 的用量分别加 KI、淀粉、$Na_2S_2O_3$ 和 KNO_3 溶液于 150 mL 烧杯中，搅拌均匀。在一个大试管中加入 $(NH_4)_2S_2O_8$ 溶液，将烧杯和试管中的溶液温度控制在 283 K 左右，把试管中的 $(NH_4)_2S_2O_8$ 迅速倒入烧杯中，搅拌，记录反应时间和温度。

分别在 293 K、303 K、313 K 的条件下重复上述实验，记录反应时间和温度。

3.催化剂对反应速度的影响

按表中实验编号 4 的用量分别加 KI、淀粉、$Na_2S_2O_3$ 和 KNO_3 溶液于 150 mL 烧杯中，再加入 2 滴 $Cu(NO_3)_2$ 溶液，搅拌均匀，迅速加入 $(NH_4)_2S_2O_8$ 溶液，搅拌，记录反应时间。

六、数据记录

1. 浓度对反应速度的影响

将相关数据记录于表 2.2.3 中。

表 2.2.3

实验编号		1	2	3	4	5
起始浓度/($mol\cdot L^{-1}$)	$(NH_4)_2S_2O_8$					
	KI					
	$Na_2S_2O_3$					
反应时间 $\Delta t/s$						
速度常数 k						

2.温度对反应速度的影响

将相关数据记录于 2.2.4 中。

表 2.2.4

实验编号	反应温度 T/K	$1/T$	反应时间 t/s	速率常数 k	lg k
6(283 K)					
7(293 K)					
8(303 K)					
9(313 K)					

3.催化剂对反应速度的影响

将相关数据记录于表 2.2.5 中。

表 2.2.5

实验编号	加入 0.02 $mol \cdot L^{-1}$ $Cu(NO_3)_2$ 的滴数	反应时间 t/s
4		
10		

以 lg k 对 $1/T$ 作图可得一直线，由直线的斜率可以求出反应的活化能 E_a。

根据实验结果讨论浓度、温度、催化剂对反应速度及速度常数的影响。

实验三　过氧化氢分解速率和活化能的测定

一、实验目的

(1)学习用化学方法测定过氧化氢的分解速率。

(2)学会用图解法求出过氧化氢分解的反应速率常数和活化能。

二、预习

(1)化学反应速率。

(2)质量作用定律，一级反应速率表达式。

(3)反应速率和温度的关系，阿仑尼乌斯经验式。

三、思考题

(1)在过氧化氢溶液中加入硫酸高铁铵，在分析反应混合物时，加入硫酸和硫酸锰，各有何作用?

(2)为什么反应终止时间是以反应溶液注入酸液时开始计算?

(3)反应过程中，温度不恒定对实验结果有无影响?

(4)过氧化氢原始溶液的浓度、高锰酸钾溶液的浓度要不要标定，说明原因。

四、基本原理

过氧化氢的催化分解，在催化剂浓度不变的条件下，可视为一级反应。因此，H_2O_2 的物质的量浓度随时间变化的关系式为

$$\lg c(H_2O_2) = \lg c(H_2O_2)_0 - \frac{k}{2.303}t \tag{1}$$

式中,$c(H_2O_2)$为 H_2O_2 在时间 t 时的物质的量浓度;$c(H_2O_2)_0$为 H_2O_2 起始物质的量浓度;k 为反应速率常数。以 $\lg c(H_2O_2)$对 t 作图,可得一直线,则直线的斜率为 $-k$。

为了测定在不同时间里 H_2O_2 的物质的量浓度,本实验用化学方法测定时间 t 时,反应混合物中 H_2O_2 的剩余物质的量浓度,即每隔一定时间从反应混合物中吸取一定数量的样品,加入阻化剂 H_2SO_4,使分解反应迅速停止,用 $KMnO_4$ 溶液滴定此时 H_2O_2 的物质的量浓度。其反应方程式为

$$2MnO_4^- + 5H_2O_2 + 6H^+ = 2Mn^{2+} + 8H_2O + 5O_2$$

此外,根据阿仑尼乌斯公式,反应速率常数 k 与反应温度 T 的关系为

$$\lg k = -\frac{E_a}{2.303\ RT} + \lg A \quad (2)$$

式中,E_a 为反应活化能;R 为摩尔气体常数;$\lg A$ 为常数。

若在几个不同温度下进行实验,则可测得几个不同的 k 值,以 $\lg k$ 对 $1/T$ 作图,可得一直线,根据直线的斜率$(-E_a/R)$可求得反应活化能 E_a。

五、仪器和药品

恒温水浴锅,秒表。

H_2O_2(0.11 mol·L^{-1}),$KMnO_4$(0.004 mol·L^{-1}),$MnSO_4$(0.05 mol·L^{-1}), $NH_4Fe(SO_4)_2$ (0.1 mol·L^{-1}),H_2SO_4(3 mol·L^{-1})。

六、实验步骤

1.速率常数的测定

(1)反应液的制备。在 250 mL 锥形瓶中,加入 25 mL 0.11 mol·L^{-1}H_2O_2 水溶液(6 mL 试剂 H_2O_2 溶液冲稀到约 500 mL),用新鲜蒸馏水稀释到约 200 mL,塞上塞子,在室温水浴中恒温 30 min。

(2)反应。将 5 mL 0.1 mol·L^{-1}$NH_4Fe(SO_4)_2$ 溶液加到反应溶液中,H_2O_2 开始分解,按下秒表计时,记录恒温浴温度。

(3)溶液浓度的分析。在 8 个 100 mL 烧杯中各加 15 mL 3 mol·L^{-1}H_2SO_4、1 mL 0.05 mol·L^{-1} $MnSO_4$ 溶液。H_2O_2 分解反应进行 15 min 时,从反应液中取出 10.00 mL 加到上述酸溶液中(这里酸对 H_2O_2 的分解反应起抑制作用)。以后每隔 15 min 取出 10.00 mL 反应液加到酸溶液里,记录反应液加到酸溶液中的时间。

将烧杯中的溶液混合均匀,用 0.003 mol·L^{-1} $KMnO_4$ 溶液滴定,直到产生的粉红色在 10 s 内不褪去,即到达滴定终点。记录每次滴定用的 $KMnO_4$ 溶液的体积(mL)。

2.活化能测定

根据室温分别调节恒温水浴的温度为室温 +4 K、+8 K、+12 K,重复上述操作,分别测出在该温度下每次滴定用的 $KMnO_4$ 溶液的体积和反应时间。

七、数据处理

(1)被滴定的每一份溶液中,H_2O_2 的物质的量浓度为

$$[H_2O_2] = \frac{5}{2}c\left(\frac{V}{1\,000}\right) = 常数 \times V$$

式中,c 为 $KMnO_4$ 溶液的物质的量浓度(mol·L^{-1});V 为滴定用 $KMnO_4$ 溶液的体积(mL)。因

为 $c(H_2O_2)$ = 常数 × V，故式(1)可变换为以 lg V 对时间 t 作图所得的直线，用图解法可求出上述各个温度下的速率常数 k 值。

将原始数据及其处理结果汇列成表。

(2)将 T、$1/T$、k、lg k 列成表，以 lg k 对 $1/T$ 作图，根据公式(2)用图解法即可求活化能 E_a。

实验四　弱电解质电离常数的测定

一、实验目的

(1)测定醋酸的电离常数，加深对电离度和电离常数的理解。

(2)学会酸度计的正确使用方法。

(3)了解测定醋酸电离常数的原理和方法。

二、预习与思考

(1)预习酸度计的使用说明。

(2)思考下列问题：

① 在醋酸溶液的平衡体系中，未电离的醋酸、醋酸根离子和氢离子的浓度是如何获得的？

② 在测定同一种电解质溶液的不同 pH 值时，测定的顺序为什么要由稀到浓？

③ 用 pH 计测定溶液的 pH 值时，怎样正确使用电极？

三、基本原理

在水溶液中仅能部分电离的电解质称为弱电解质。弱电解质的电离平衡是可逆过程，当正逆两过程速度相等时，分子和离子之间就达到了动态平衡，这种平衡称为电离平衡，一般只要设法测定平衡时各物质的浓度(或分压)，便可求得平衡常数。通常测定平衡常数的方法有目测法、pH 值法、电导率法、电化学法和分光光度法等，本实验通过 pH 值法测定醋酸的电离常数。

醋酸(CH_3COOH)简写成 HAc，在溶液中存在如下电离平衡，即

$$HAc \rightleftharpoons H^+ + Ac^-$$

$$K_i = \frac{c(H^+)c(Ac^-)}{c(HAc)} \quad (1)$$

式中，$c(H^+)$、$c(Ac^-)$和 $c(HAc)$分别是 H^+、Ac^-和 HAc 的平衡浓度；K_i 为电离常数。HAc 溶液的总浓度 c 可以用标准 NaOH 溶液滴定测得。其电离出来的 H^+ 离子浓度，可以在一定温度下，用 pH 计测定 HAc 溶液的 pH 值，再根据 $pH = -\lg c(H^+)$ 关系式计算出来。另外，根据各物质之间的浓度关系，$c(H^+) = c(Ac^-)$和 $c(HAc) = c - c(H^+)$，求出 $c(Ac^-)$、$c(HAc)$ 后代入公式(1)，便可计算出该温度下的 K_i 值

$$K_i = \frac{c(H^+)^2}{c - c(H^+)}$$

当 $\alpha < 5\%$时

$$K_i = \frac{c(H^+)^2}{c}$$

醋酸的电离度

$$\alpha = \frac{c(H^+)}{c} \times 100\%$$

四、仪器和药品

容量瓶(50 mL),移液管(25 mL、10 mL),碱式滴定管(50 mL),锥形瓶(250 mL),酸度计。

NaOH(0.2000 $mol \cdot L^{-1}$),HAc(0.2 $mol \cdot L^{-1}$),酚酞指示剂。

五、实验步骤

1.HAc 溶液浓度的标定

用移液管准确移取 25.00 mL 0.2 $mol \cdot L^{-1}$ HAc 溶液,置于 250 mL 锥形瓶中,加 2 ~ 3 滴酚酞作指示剂,用标准 NaOH 溶液滴定至溶液呈粉红色,30 s 内不褪色,记下所消耗的标准 NaOH 溶液的体积。重复滴定三次取平均值。

2.计算各溶液的准确浓度

分别吸取 2.50 mL、5.00 mL 和 25.00 mL 上述的 HAc 溶液于三个 50 mL 容量瓶中,用蒸馏水稀释至刻度,摇匀,并分别计算出各溶液的准确浓度。

3.测定 pH 值

用 4 个干燥的 50 mL 烧杯,分别取约 30 mL 上述三种浓度的 HAc 溶液及未经稀释的 HAc 溶液,由稀到浓分别用 pH 计测定它们的 pH 值。

六、记录和结果

1.醋酸浓度的标定

将相关数据记录于表 2.2.6 中。

表 2.2.6

滴定序号		1	2	3
HAc 溶液的用量/mL				
标准 NaOH 溶液的浓度/($mol \cdot L^{-1}$)				
标准 NaOH 溶液的用量/mL				
HAc 溶液的浓度	测定值			
	平均值			

2.醋酸电离度和电离常数测定(温度____ K)

将相关数据记录于表 2.2.7 中。

表 2.2.7

HAc 溶液编号	c	pH	$[H^+]$	K_i	α
1					
2					
3					
4					

根据实验结果讨论 HAc 电离度与其浓度的关系，并对浓度及电离常数测定结果进行讨论。

实验五　电离平衡和沉淀反应

一、实验目的

(1)加深对电离平衡、同离子效应、盐类水解等理论的理解。

(2)学习缓冲溶液的配制并了解它的缓冲作用。

(3)了解沉淀的生成、溶解和转化的条件及离心机的使用方法。

二、预习与思考

(1)复习电离平衡、同离子效应、盐类水解、缓冲溶液以及沉淀的生成和溶解等内容。

(2)思考并回答下列问题

① 已知 H_3PO_4、NaH_2PO_4、Na_2HPO_4 和 Na_3PO_4 4 种溶液的摩尔浓度相同，试解释它们为何依次分别显酸性、弱酸性、弱碱性和碱性。

② 加热对水解有何影响？为什么？

③ 将 10 mL 0.20 $mol\cdot L^{-1}$ HAc 和 10 mL 0.10 $mol\cdot L^{-1}$ NaOH 混合，问所得溶液是否有缓冲作用？这个溶液的 pH 值在什么范围内？

④ 沉淀的溶解和转化的条件各有哪些？

三、基本原理

弱电解质(弱酸或弱碱)在水溶液中都发生部分电离，电离出来的离子在未电离的分子间处于平衡状态，例如，醋酸(HAc)

$$HAc \rightleftharpoons H^+ + Ac^-$$

$$R = \frac{c(H^+)c(Ac^-)}{c(HAc)}$$

如果向此溶液中加入具有相同离子的强电解质 Ac^- 或 H^+，就会使平衡向左移动，降低 HAc 的电离度，这种作用称为同离子效应。

在 H^+ 浓度小于 1 $mol\cdot L^{-1}$的溶液中，其酸度常用 pH 值表示，其定义为

$$pH = -\lg c(H^+)$$

在中性溶液或纯水中 $c(H^+) = c(OH^-) = 10^{-7}\ mol\cdot L^{-1}$，即 pH = pOH = 7，在碱性溶液中 pH = 14 − pOH > 7，在酸性溶液中 pH < 7。

如果溶液中同时存在着弱酸以及它的盐，例如 HAc 和 NaAc，这时加入少量的酸可与 Ac^-结合为电离度很小的 HAc 分子，加入少量的碱则被 HAc 中和，溶液的 pH 值始终改变不大，这种溶液称为缓冲溶液。同理弱碱及其盐也可组成缓冲溶液。缓冲溶液的 pH 值(以 HAc 和 NaAc 为例)为

$$pH = pK - \lg\frac{[酸]}{[盐]} = pK - \lg\frac{c(HAc)}{c(Ac^-)}$$

弱酸和强碱或弱碱和强酸以及弱酸和弱碱所生成的盐，在水溶液中都发生水解。例如

$$NaAc + H_2O \rightleftharpoons NaOH + HAc \quad 或 \quad Ac^- + H_2O \rightleftharpoons OH^- + HAc$$

$$NH_4Cl + H_2O \rightleftharpoons NH_3 \cdot H_2O + HCl \quad 或 \quad NH_4 + + H_2O \rightleftharpoons H^+ + NH_3 \cdot H_2O$$

根据同离子效应,往溶液中加入 H^+ 或 OH^-,就可以阻止它们(NH_4^+ 或 Ac^-)水解。另外,由于水解是吸热反应,所以加热即可促使盐的水解。

难溶强电解质在一定温度下与它的饱和溶液中的相应离子处于平衡状态。例如

$$AgCl(s) \rightleftharpoons Ag^+ + Cl^-$$

它的平衡常数就是饱和溶液中两种离子浓度的乘积,称为溶度积 $K_{sp(Agcl)}$。只要溶液中两种离子浓度乘积大于其溶度积,便有沉淀产生。反之如果能降低饱和溶液中某种离子的浓度,使两种离子浓度乘积小于其溶度积,则沉淀便会溶解。例如在上述饱和溶液中加入 $NH_3 \cdot H_2O$,使 Ag^+ 转变为 $Ag(NH_3)_2^+$,AgCl 沉淀便可溶解。根据类似的原理,往溶液中加入 I^-,它便与 Ag^+ 结合为溶解度更小的 AgI 沉淀。溶液中 Ag^+ 浓度减小了,对于 AgCl 来说已成为不饱和溶液,而对于 AgI 来说,只要加入足够量的 I^-,便是过饱和溶液。结果,一方面 AgCl 不断溶解,另一方面不断有 AgI 沉淀产生,最后 AgCl 沉淀可全部转化为 AgI 沉淀。

四、仪器和药品

pH 计、离心试管、试管、离心机、烧杯(100mL)等。

NaAc(s),NH_4Cl(s),$Fe(NO_3)_3 \cdot 9H_2O$(s)。

HCl(0.1 $mol \cdot L^{-1}$,2 $mol \cdot L^{-1}$,6 $mol \cdot L^{-1}$),HAc(0.1 $mol \cdot L^{-1}$,2 $mol \cdot L^{-1}$),HNO_3(6 $mol \cdot L^{-1}$),NaOH(0.1 $mol \cdot L^{-1}$,2 $mol \cdot L^{-1}$),$NH_3 \cdot H_2O$(0.1 $mol \cdot L^{-1}$),$FeCl_3$(0.1 $mol \cdot L^{-1}$),$Pb(NO_3)_2$(0.1 $mol \cdot L^{-1}$),Na_2SO_4(0.1 $mol \cdot L^{-1}$),K_2CrO_4(0.1 $mol \cdot L^{-1}$),$AgNO_3$(0.1 $mol \cdot L^{-1}$),NaAc(0.1 $mol \cdot L^{-1}$),NaCl(0.1 $mol \cdot L^{-1}$),NH_4Cl(0.1 $mol \cdot L^{-1}$,饱和),Na_2CO_3(0.1 $mol \cdot L^{-1}$),NH_4Ac(0.1 $mol \cdot L^{-1}$),$SbCl_3$(0.1 $mol \cdot L^{-1}$),$(NH_4)_2C_2O_4$(饱和),$CaCl_2$(0.1 $mol \cdot L^{-1}$),$NaHCO_3$(0.1 $mol \cdot L^{-1}$),$Al_2(SO_4)_3$(0.1 $mol \cdot L^{-1}$),甲基橙溶液,酚酞溶液。

材料:pH 试纸(广泛和精密)。

五、实验内容

1.溶液的 pH 值

用 pH 试纸测试浓度为 0.1 $mol \cdot L^{-1}$ HCl、HAc、NaOH 和 $NH_3 \cdot H_2O$ 的 pH 值,并与计算值作比较(HAc 和 $NH_3 \cdot H_2O$ 的电离常数均为 1.8×10^{-5})。

2.同离子效应和缓冲溶液

(1)在小试管中取约 2 mL 0.1 $mol \cdot L^{-1}$HAc 溶液,加 1 滴甲基橙,观察溶液的颜色,然后加入少量固体 NaAc,观察颜色有何变化,解释变化原因。

(2)在小试管中取约 2 mL 0.1 $mol \cdot L^{-1}$ $NH_3 \cdot H_2O$,加 1 滴酚酞,观察溶液颜色,再加入少量固体 NH_4Cl,观察颜色变化,并解释变化原因。

(3)在 1 支试管中加入 3 mL 0.1 $mol \cdot L^{-1}$HAc 和 3 mL 0.1 $mol \cdot L^{-1}$NaAc,摇匀后,用精密 pH 试纸测试溶液的 pH 值。然后将溶液分成 2 份,第一份加入 3 滴 0.1 $mol \cdot L^{-1}$ HCl ,第二份加入 3 滴 0.1 $mol \cdot L^{-1}$NaOH,摇匀,用 pH 试纸测试溶液的 pH 值。解释所观察到的现象。

(4)在两个小烧杯中各加入 5 mL 蒸馏水,用 pH 试纸测其 pH 值。然后分别加入 3 滴 0.1 $mol \cdot L^{-1}$HCl 溶液和 0.1 $mol \cdot L^{-1}$NaOH 溶液,测其 pH 值。与上一个实验作比较,得到什么结论?

3.盐类水解和影响水解平衡的因素

(1)用精密 pH 试纸分别测试浓度为 0.1 $mol\cdot L^{-1}$的 NaCl、NH_4Cl、Na_2CO_3、NH_4Ac 的 pH 值。解释所观察到的现象。

(2)取少量(两粒绿豆大小)固体 $Fe(NO_3)_3\cdot 9H_2O$,用 6 mL 水溶解后观察溶液的颜色,然后分成 3 份,第一份留作比较,第二份加几滴 6 $mol\cdot L^{-1}$$HNO_3$,第三份小火加热煮沸,观察现象。$Fe^{3+}$的水合离子为无色,由于水解生成了各种碱式盐而使溶液显棕黄色。加入 HNO_3 或加热对水解平衡各有何影响? 试加以说明。

(3)取 3 滴 $SbCl_3$ 溶液,加水稀释,观察有无沉淀生成? 逐滴加入 6 $mol\cdot L^{-1}$HCl,沉淀是否溶解? 再加水稀释,是否再有沉淀生成? 加以解释。$SbCl_3$ 的水解过程总反应方程式为

$$SbCl_3 + H_2O = SbOCl\downarrow + 2HCl$$

(4)分别取 1 mL 0.1 $mol\cdot L^{-1}$$Al_2(SO_4)_3$ 和 1 mL 0.1 $mol\cdot L^{-1}$ $NaHCO_3$ 溶液于 2 个试管中,并用 pH 试纸测试它们的 pH 值,写出它们的水解反应方程式。然后将 $NaHCO_3$ 倒入 $Al_2(SO_4)_3$中,观察有何现象? 试从水解平衡的移动解释所看到的现象。

4.沉淀的生成和溶解

(1)在 2 支小试管中分别加入约 0.5 mL 饱和$(NH_4)_2C_2O_4$ 溶液和 0.5 mL 0.1 $mol\cdot L^{-1}$ $CaCl_2$ 溶液,观察白色 CaC_2O_4 沉淀的生成。然后在 1 支试管内加入约 2 mL 2 $mol\cdot L^{-1}$HCl 溶液,搅拌,看沉淀是否溶解? 在另 1 支试管中加入约 2 mL 2 $mol\cdot L^{-1}$HAc 溶液,沉淀是否溶解? 用计算数据加以解释。

(2)在 2 支试管中分别加入 1 mL 0.1 $mol\cdot L^{-1}$ $MgCl_2$ 溶液,并逐滴加入 2 $mol\cdot L^{-1}$ $NH_3\cdot H_2O$至有白色 $Mg(OH)_2$ 沉淀生成,然后在第一支试管中加入 2 $mol\cdot L^{-1}$HCl 溶液,沉淀是否溶解? 在第二支试管中加入饱和 NH_4Cl 溶液,沉淀是否溶解? 加入 HCl 和 NH_4Cl 对平衡各有何影响为什么? 反应方程式为

$$Mg(OH)_2(s) \rightleftharpoons Mg^{2+} + 2OH^-$$

(3) $Ca(OH)_2$、$Mg(OH)_2$ 和 $Fe(OH)_3$ 溶解度比较:

① 分别取约 0.5 mL 0.1 $mol\cdot L^{-1}$$CaCl_2$、$MgCl_2$ 和 $FeCl_3$ 溶液于 3 支小试管中,各加入 2 $mol\cdot L^{-1}$ NaOH 溶液数滴,观察并记录 3 支试管中有无沉淀生成。

② 分别取约 0.5 mL 0.1 $mol\cdot L^{-1}$$CaCl_2$、$MgCl_2$ 和 $FeCl_3$ 溶液于 3 支小试管中,分别加入 $NH_3\cdot H_2O$ 数滴,观察并记录 3 支试管中有无沉淀产生。

③ 分别取约 0.5 mL 0.1 $mol\cdot L^{-1}$$CaCl_2$、$MgCl_2$ 和 $FeCl_3$ 溶液于 3 支小试管中,分别加入 0.5 mL 饱和 NH_4Cl 和 2 $mol\cdot L^{-1}$$NH_3\cdot H_2O$ 混合溶液(体积比为 1:1),观察并记录 3 支试管中有无沉淀产生。

通过上述三个实验比较 $Ca(OH)_2$、$Mg(OH)_2$ 和 $Fe(OH)_3$ 溶解度的相对大小,并根据计算数据加以解释。

5.沉淀转化

(1)在 1 支试管中加入约 0.5 mL 0.1 $mol\cdot L^{-1}$$Pb(NO_3)_2$ 溶液,再加入约 0.5 mL 0.1 $mol\cdot L^{-1}$$Na_2SO_4$,观察白色沉淀生成,然后再加入约 0.5 mL 0.1 $mol\cdot L^{-1}$$K_2CrO_4$ 溶液,搅拌,观察白色 $PbSO_4$ 沉淀转化为黄色 $PbCrO_4$ 沉淀。写出反应式并根据溶度积原理通过计算加以解释。

(2)取数滴 0.1 $mol\cdot L^{-1}$$AgNO_3$ 溶液加入数滴 K_2CrO_4 溶液,观察砖红色 Ag_2CrO_4 沉淀生

成。沉淀经离心、洗涤,然后加入 0.1 mol·L^{-1}NaCl 溶液,观察砖红色沉淀转化为白色 AgCl 沉淀。写出反应式并用计算数据加以解释。

实验六　氧化还原反应与电化学

一、实验目的

(1)掌握电极电势与氧化还原反应方向的关系,以及介质和反应物浓度对氧化还原反应的影响。

(2)定性观察并了解化学电池的电动势、氧化态或还原态浓度变化对电极电势的影响。

(3)了解电解反应。

二、预习要点

(1)复习有关氧化还原反应的基本概念,影响电极电势的因素,奈斯特方程式及其有关计算。弄清利用 pH 计测定电极电势的方法。

(2)思考并回答下列问题:

① 原电池的正极同电解池的阳极以及原电池的负极同电解池的阴极,其电极上的反应本质是否相同?

② 电解硫酸钠水溶液时,为什么在阴极上得不到金属钠? 用石墨作电极和以铜作电极,在阳极上的反应是否相同? 为什么?

三、基本原理

氧化还原过程也就是电子的转移过程。氧化剂在反应中得到了电子,还原剂失去了电子。这种得、失电子能力的大小或者说氧化、还原能力的强弱,可用它们的氧化态/还原态(例如 Fe^{3+}/Fe^{2+}、I_2/I^-、Cu^{2+}/Cu)所组成的电对的电极电势的相对高低来衡量。一个电对的电极电势(以还原电势为准)代数值越大,其氧化态的氧化能力越强,其还原态的还原能力越弱;反之亦然。所以根据其电极电势($\varphi^\ominus$)的大小,便可判断一个氧化还原反应的进行方向。例如,$\varphi^\ominus(I_2/I^-) = +0.535$ V, $\varphi^\ominus(Fe^{3+}/Fe^{2+}) = +0.771$ V, $\varphi^\ominus(Br_2/Br^-) = +1.08$ V,所以在下列两反应中

$$2Fe^{3+} + 2I^- \xlongequal{} I_2 + 2Fe^{2+} \tag{1}$$

$$2Fe^{3+} + 2Br^- \xlongequal{} Br_2 + 2Fe^{2+} \tag{2}$$

式(1)应向右进行,式(2)应向左进行,也就是说,Fe^{3+} 可以氧化 I^- 而不能氧化 Br^-。反过来说,Br_2 可以氧化 Fe^{2+},而 I_2 则不能。总之氧化态的氧化能力 $Br_2 > Fe^{3+} > I_2$,还原态的还原能力 $I^- > Fe^{2+} > Br^-$。

浓度与电极电势的关系(25℃)可用奈斯特方程式表示。例如,以 Fe^{3+}/Fe^{2+} 电对为例。

$$\varphi = \varphi^\ominus + \frac{0.059}{n}\lg\frac{c(\text{氧化态})}{c(\text{还原态})}$$

$$\varphi = \varphi^\ominus(Fe^{3+}/Fe^{2+}) + \frac{0.059}{1}\lg\frac{c(Fe^{3+})}{c(Fe^{2+})}$$

这样,Fe^{3+} 或 Fe^{2+} 浓度的变化都会改变其电极电势 φ 数值。特别是有沉淀剂(包括 OH^-)或配合剂的存在,能够大大减小溶液中某一离子的浓度,甚至可以改变反应的方向。

有些反应,特别是含氧酸根离子参加的氧化还原反应中,经常有 H^+ 参加,这样介质的酸度也对 φ 值产生影响。例如,对于半电池反应

$$MnO_4^- + 8H^+ + 5e^- \rightleftharpoons Mn^{2+} + 4H_2O$$

$$\varphi = \varphi^{\ominus}(MnO_4^-/Mn^{2+}) + \frac{0.059}{5}\lg\frac{c(MnO_4^-)c(H^+)^8}{c(Mn^{2+})}$$

$c(H^+)$增大,可使 MnO_4^- 的氧化性增强。

单独的电极电势是无法测量的,只能从实验中测量两个电对组成的原电池的电动势。因为在一定条件下一个原电池的电动势 E 为正、负电极的电极电势之差,即

$$E = \varphi_+ - \varphi_-$$

所以先规定在 101.325 kPa,25℃和 $\alpha(H^+) = 1$ 的条件下 $\varphi^{\ominus}(H^+/H_2) = 0$,然后测定一系列原电池(包括氢电极或其他参比电极)的电动势,从而直接或间接测出一系列电对的相对电极电势 $\varphi^{\ominus}$。准确的电动势是用对消法在电位差计上测量得到的。因为在本实验中只是为了进行比较,只需知道其相对数值,所以在 pH 计上进行测量。

电流通过电解质溶液,在电极上引起的化学变化叫电解。电解时电极电势的高低、离子浓度的大小、电极材料等因素都可以影响两极上的电解产物。在本实验中电解 Na_2SO_4 溶液时以铜作电极,其电极反应为

阴极　　$2H_2O + 2e = H_2\uparrow + 2OH^-$

阳极　　$Cu - 2e = Cu^{2+}$

四、仪器和药品

酸度计,烧杯(50 mL),小试管等。

锌片,铜片,铅粒,砂纸,品红试纸,淀粉－碘化钾试纸,盐桥,导线。

H_2SO_4(浓, 3 mol·L^{-1}), HAc(6 mol·L^{-1}),NaOH(2 mol·L^{-1}),$Pb(NO_3)_2$(0.5 mol·L^{-1}),$CuSO_4$(1 mol·L^{-1},0.5 mol·L^{-1},0.1 mol·L^{-1}),KI(0.1 mol·L^{-1}),KIO_3(0.1 mol·L^{-1}),Na_2SO_3(0.5 mol·L^{-1}),$FeCl_3$(0.1 mol·L^{-1}),KBr(0.1 mol·L^{-1}),$FeSO_4$(0.1 mol·L^{-1}), $KMnO_4$(0.01 mol·L^{-1}),$ZnSO_4$(1 mol·L^{-1},0.5 mol·L^{-1},0.1 mol·L^{-1}),Na_2SO_4(0.5 mol·L^{-1}),CCl_4,浓氨水,氯水,溴水,碘水,酚酞溶液。As_2O_3(s),MnO_2(s)。

五、实验内容

1.电极电势与氧化还原反应的关系

(1)比较锌、铅、铜在电位序中的位置。在 2 支小试管中分别加入 0.5 mol·L^{-1}$Pb(NO_3)_2$ 和 0.5 mol·L^{-1} $CuSO_4$,各放入一块表面擦净的锌片,放置片刻,观察锌片表面有何变化。

用表面擦净的铅粒代替锌片,分别与 0.5 mol·L^{-1}$ZnSO_4$ 和 0.5 mol·L^{-1}发生 $CuSO_4$ 溶液起反应,观察铅粒表面有何变化。

写出反应式,说明电子转移方向,并确定锌、铜、铅在电位序中的相对位置。

(2)在小试管中将 3～4 滴 0.1 mol·L^{-1} KI 溶液用蒸馏水稀释至 1 mL。加入 2 滴 0.1 mol·L^{-1} $FeCl_3$,摇匀后再加入 0.5 mL CCl_4,充分振荡,观察 CCl_4 液层的颜色有何变化(I_2 溶于 CCl_4 层显紫红色)。

(3)用 0.1 mol·L^{-1}KBr 溶液代替 0.1 mol·L^{-1}KI 溶液进行同样的实验,观察 CCl_4 层的颜

色(溴溶于 CCl_4 中显棕黄色)。

根据(2)、(3)实验的结果,定性地比较 Br^-/Br_2、I^-/I_2、Fe^{2+}/Fe^{3+} 三个电对的电极电势的相对高低(即代数值的相对大小),并指出哪个电对的氧化态是最强的氧化剂,哪个电对的还原态是最强的还原剂。

(4)仿照上面实验,分别用碘水和溴水与 0.1 mol·L^{-1} $FeSO_4$ 溶液作用,观察 CCl_4 层的颜色,判断反应是否进行,写出有关的化学反应式。

(5)氯水对溴、碘离子混合溶液的氧化顺序

在试管中加入 1 mL 0.1 mol·L^{-1}KBr 溶液和 1~2 滴 0.01 mol·L^{-1} KI 溶液,再加入 0.5 mL CCl_4,逐滴加入氯水,边加边振荡试管,并仔细观察 CCl_4 层先后出现不同颜色的变化。

开始时氯将碘离子氧化而游离出 I_2,而使 CCl_4 层呈现紫红色。继续滴加氯水,I_2 又进一步被氧化为无色的 HIO_3,因而紫红色消失,再滴加氯水时便出现溴的橙黄色。写出反应式。

根据(2)、(3)、(4)、(5)的实验结果和上面比较得出的各个电对的电极电势的相对大小,说明电极电势与氧化还原反应方向的关系。

2.介质对氧化还原反应的影响

(1)介质对氧化还原反应速度的影响。在两个各盛有 0.5 mL 0.1 mol·L^{-1}KBr 溶液的试管中,分别加入 0.5 mL 2 mol·L^{-1} H_2SO_4 溶液和 6 mol·L^{-1} HAc 溶液,然后往两个试管中各加入 2 滴 0.01 mol·L^{-1}$KMnO_4$。观察并比较两个试管中的紫色溶液褪色的快慢,写出反应式,并加以解释。

(2)介质对氧化还原反应方向的影响。

① 取少量 As_2O_3 于试管中,逐滴加入 2 mol·L^{-1}NaOH 至固体刚刚溶解(此时溶液呈强碱性,并生成 Na_3AsO_3),向溶液中滴加 3 滴碘水,观察现象,然后用浓 HCl 酸化又有何变化?写出反应方程式,并加以解释(注:废液倒入指定的回收瓶中)。

② 在试管中加入 10 滴 0.1 mol·L^{-1}KI 溶液和 2~3 滴 0.1 mol·L^{-1}KIO_3 溶液,振荡混合后,观察有无变化。再加入几滴 2 mol·L^{-1} H_2SO_4 溶液,观察现象。再逐滴加入 2 mol·L^{-1} NaOH 溶液,使混合液呈碱性,观察反应现象。试解释每一步反应的现象,并写出反应方程式。

(3)介质对氧化还原反应产物的影响。取 3 支试管,各加入 10 滴 0.5 mol·L^{-1} Na_2SO_3 溶液,向第一支试管中滴入 3 滴 2 mol·L^{-1} H_2SO_4 溶液,向第二支试管中滴入 3 滴蒸馏水,向第三支试管中滴入 3 滴 6 mol·L^{-1}NaOH 溶液,然后向 3 支试管中分别滴入 0.01 mol·L^{-1}$KMnO_4$ 溶液 3 滴,摇匀,观察并解释现象。

3.浓度对氧化还原反应的影响

(1)往两个分别盛有 2 mol·L^{-1} H_2SO_4 和浓 H_2SO_4 的试管加入一片擦去表面氧化膜的铜片,稍加热,观察所发生的现象。

在盛有浓 H_2SO_4 的试管,用湿润的品红试纸检验气体(若品红试纸显褐色,表示有 SO_2 产生),写出有关方程式,并加以解释。

(2)取 2 支干燥的试管各加入少量 MnO_2,在通风橱中分别加入 1 mL 2 mol·L^{-1}HCl 和浓 HCl,用湿润的淀粉碘化钾试纸检验有无气体产生,写出反应方程式,并加以解释。

4.浓度对电极电势的影响

(1)在 50 mL 烧杯中加入 10 mL 1 mol·L^{-1} $CuSO_4$,在另一个 50 mL 烧杯中加入 10 mL 1 mol·L^{-1} $ZnSO_4$溶液,然后在 $CuSO_4$ 溶液内放一铜电极,在 $ZnSO_4$ 溶液内放一锌电极,组成两个电极。用一个盐桥将它们连接起来,通过导线将铜电极接入酸度计的正极,把锌电极通过“接线头”插入酸度计的负极插孔,测定其电势差。

(2)取下盛 $CuSO_4$ 溶液的烧杯,在其中加浓氨水,搅拌至生成的沉淀完全溶解,形成了深蓝色的溶液,即

$$2Cu^{2+} + SO_4^{2-} + 2NH_3\cdot H_2O \rightleftharpoons Cu_2(OH)_2SO_4\downarrow + 2NH_4^+$$

$$Cu_2(OH)_2SO_4 + 8NH_3\cdot H_2O \rightleftharpoons 2[Cu(NH_3)_4]^{2+} + 2OH^- + SO_4^{2-} + 8H_2O$$

测量电势差,观察有何变化,这种变化是怎样引起的?

(3)再在 $ZnSO_4$ 溶液中加浓氨水至生成的沉淀完全溶解,即

$$Zn^{2+} + 2NH_3\cdot H_2O \rightleftharpoons Zn(OH)_2\downarrow + 2NH_4^+$$

$$Zn(OH)_2 + 4NH_3\cdot H_2O \rightleftharpoons [Zn(NH_3)_4]^{2+} + 2OH^- + 4H_2O$$

测量电势差,其值又有何变化,试解释上面的实验结果。

5.测定下列浓差电池的电动势

$$Zn|ZnSO_4(0.1\ mol\cdot L^{-1})||ZnSO_4(1\ mol\cdot L^{-1})|Zn$$

$$Cu|CuSO_4(0.1\ mol\cdot L^{-1})||CuSO_4(1\ mol\cdot L^{-1})|Cu$$

运用奈恩斯特方程式计算上面浓差电池的电动势,并与实验值比较。

6.电解(图 2.2.3)

往 1 只小烧杯中加入 30 mL 0.5 mol·L^{-1} $ZnSO_4$ 溶液,在其中插入锌片;往另 1 只小烧杯中加入 30 mL 0.5 mol·L^{-1} $CuSO_4$ 溶液,在其中插入铜片,按图把线路连接好。把 2 根一端分别连接锌片和铜片的铜线的另一端插入装有 30 mL 0.5 mol·L^{-1} Na_2SO_4 溶液和 3 滴酚酞的小烧杯中,观察连接锌片的那根铜丝周围的 Na_2SO_4 溶液有何变化?试加以解释。

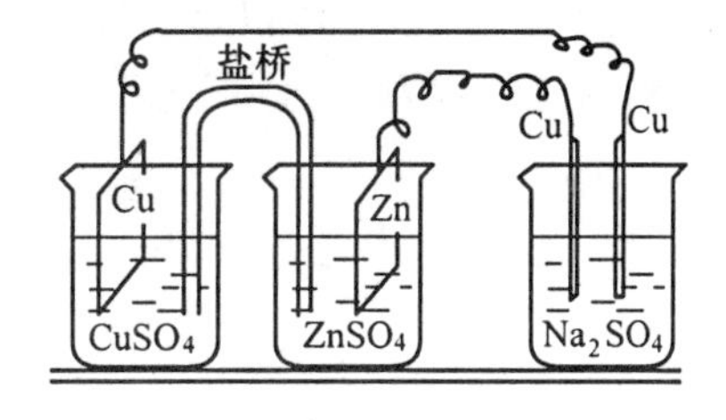

图 2.2.3　电解

实验七　银氨配离子配位数的测定

一、实验目的

应用配位平衡和溶度积原理测定银氨配离子$[Ag(NH_3)_n]^+$的配位数 n。

二、预习与思考

(1)复习配位平衡和溶度积等概念。

(2)思考下列问题:

在计算平衡浓度 $c(Br^-)$、$c(Ag(NH_3)_n^+)$和 $c(NH_3)$时,为什么可以忽略生成 AgBr 沉淀所消耗的 Br^-离子和 Ag^+离子的浓度,同时也可以忽略$[Ag(NH_3)_n]^+$电离出来的 Ag^+离子的浓度以及生成$[Ag(NH_3)_n]^+$时所消耗的 NH_3 的浓度?

三、基本原理

在硝酸银水溶液中加入过量的氨水，即生成稳定的银氨配离子$[Ag(NH_3)_n]^+$，再往溶液中加入溴化钾溶液，直到刚出现的溴化银沉淀不消失为止，这时混合溶液中同时存在着如下平衡，即

$$Ag^+ + nNH_3 \rightleftharpoons Ag(NH_3)_n^+$$

$$\frac{c(Ag(NH_3)_n^+)}{c(Ag^+)c(NH_3)^n} = K_{稳} \tag{1}$$

$$AgBr(s) \rightleftharpoons Ag^+ + Br^-$$

$$c(Ag^+)c(Br^-) = K_{sp} \tag{2}$$

式(1)×式(2)，得

$$\frac{c(Ag(NH_3)_n^+)c(Br^-)}{c(NH_3)^n} = K_{稳} \cdot K_{sp} = K \tag{3}$$

整理式(3)，得

$$c(Br^-) = \frac{K \cdot c(NH_3)^n}{c(Ag(NH_3)_n^+)} \tag{4}$$

其中，$c(Br^-)$、$c(NH_3)$和$c(Ag(NH_3)_n^+)$皆是平衡时的浓度$(mol \cdot L^{-1})$，它们可以近似计算得出，过程如下：

设最初取用的$AgNO_3$溶液的体积为$V(Ag^+)$，浓度为$c(Ag^+)_0$，加入的氨水(过量)和滴定时所需溴化钾溶液的体积分别为$V(NH_3)$和$V(Br^-)$，其浓度分别为$c(NH_3)_0$和$c(Br^-)_0$，混合溶液的总体积为$V_{总}$，则平衡时体系各组分的浓度近似为

$$c(Br^-) = c(Br^-)_0 \frac{V(Br^-)}{V_{总}} \tag{5}$$

$$c(Ag(NH_3)_n^+) = c(Ag^+)_0 \frac{V(Ag^+)}{V_{总}} \tag{6}$$

$$c(NH_3) = c(NH_3)_0 \frac{V(NH_3)}{V_{总}} \tag{7}$$

将式(5)、(6)、(7)代入式(4)，整理后得

$$V(Br^-) = (V(NH_3))^n \cdot K \cdot \left(\frac{c(NH_3)_0}{V_{总}}\right)^n / \frac{c(Br^-)_0}{V_{总}} \frac{c(Ag^+)_0 V(Ag^+)}{V_{总}} \tag{8}$$

本实验是采用改变氨水的体积，在各组分起始浓度和$V_{总}$、$V(Ag^+)$在实验过程均保持不变的情况下进行的。所以式(8)可写成

$$V(Br^-) = [V(NH_3)]^n K' \tag{9}$$

式(9)两边取对数，得方程式

$$\lg V(Br^-) = n \lg V(NH_3) + \lg K'$$

以$\lg V(Br^-)$为纵坐标、$\lg V(NH_3)$为横坐标作图，可得一条直线，直线的斜率便是$[Ag(NH_3)_n]^+$的配位数n。

四、仪器和药品

锥形瓶(250 mL)，酸式滴定管(50 mL)。

$AgNO_3$(0.01 mol·L^{-1})，KBr(0.01 mol·L^{-1})，$NH_3 \cdot H_2O$(2.0 mol·L^{-1})。

五、实验步骤

按照表2.2.8中各编号所列量依次加入$AgNO_3$溶液、$NH_3 \cdot H_2O$和蒸馏水于各编号锥形瓶中，边不断缓慢摇荡边从滴定管中逐滴加入KBr溶液，直到溶液开始出现的混浊不再消失为止(沉淀为何物?)，记下所用KBr溶液的总体积。从编号(2)开始，当滴定接近终点时，还要补加适量的蒸馏水，继续滴至终点，使溶液的总体积都与编号(1)的体积基本相同。

六、记录和结果

将相关数据记录于表2.2.8中。

表2.2.8

编号	$V(Ag^+)$/mL	$V(NH_3)$/mL	$V(H_2O)$/mL	$V(Br^-)$/mL	$V'(H_2O)$/mL	$V_{总}$/mL	lg $V(NH_3)$	lg $V(Br^-)$
1	20.0	40.0	40.0		0.0			
2	20.0	35.0	45.0					
3	20.0	30.0	50.0					
4	20.0	25.0	55.0					
5	20.0	20.0	60.0					
6	20.0	15.0	65.0					
7	20.0	10.0	70.0					

(1)根据有关数据作图，求出$[Ag(NH_3)_n]^+$配离子的配位数n。

(2)查出必要数据求出$K_{稳}$。

实验八　碘酸铜溶度积的测定

一、实验目的

(1)了解分光光度法测定碘酸铜溶度积的原理，学习分光光度计的使用。

(2)学习工作曲线的绘制，学习用工作曲线法测定溶液浓度的方法。

二、预习与思考

(1)预习沉淀和溶解平衡有关知识、比色法测定浓度的原理以及721型分光光度计的使用说明。

(2)思考下列问题：

①怎样制备$Cu(IO_3)_2$饱和溶液？如果$Cu(IO_3)_2$溶液未达到饱和，对测定结果有何影响？

②假如在过滤$Cu(IO_3)_2$饱和溶液时有$Cu(IO_3)_2$固体穿透滤纸，将对实验结果产生什么影响？

三、基本原理

碘酸铜是难溶电解质，在其饱和水溶液中存在着下列平衡

$$Cu(IO_3)_2 \rightleftharpoons Cu^{2+}(aq) + 2IO_3^-(aq) \quad (1)$$

在一定温度下，平衡溶液中 Cu^{2+} 浓度与 IO_3^- 浓度平方的乘积是一个常数，即

$$K_{sp} = c(Cu^{2+})c(IO_3^-)^2 \quad (2)$$

在 $Cu(IO_3)_2$ 的饱和溶液中，$c(IO_3^-) = 2c(Cu^{2+})$，代入式(2)，得

$$K_{sp} = 4c(Cu^{2+})^3 \quad (3)$$

K_{sp}称为溶度积常数，它和其他平衡常数一样，随温度的不同而改变。$c(Cu^{2+})$、$c(IO_3^-)$分别为平衡时 Cu^{2+} 和 IO_3^- 的浓度。因此，如果能测得在一定温度下的碘酸铜饱和溶液中的 Cu^{2+} 浓度，就可以由式(3)计算出该温度下 $Cu(IO_3)_2$ 的 K_{sp}。

本实验是由硫酸铜和碘酸钾作用制备碘酸铜饱和溶液，然后利用饱和溶液中的 Cu^{2+} 与过量 $NH_3 \cdot H_2O$ 作用生成深蓝色的配离子$[Cu(NH_3)_4]^{2+}$，这种配离子对波长为 610 nm 的光具有强吸收，而且在一定浓度下，它对光的吸收程度(用吸光度 A 表示)与溶液浓度成正比。因此，由分光光度计测得碘酸铜饱和溶液中 Cu^{2+} 与 $NH_3 \cdot H_2O$ 作用后生成的$[Cu(NH_3)_4]^{2+}$溶液的吸光度，利用工作曲线并通过计算就能确定饱和溶液中 $c(Cu^{2+})$。

利用平衡时 $c(Cu^{2+})$与 $c(IO_3^-)$的关系，就能求出碘酸铜的溶度积 K_{sp}。

附：工作曲线的绘制

配制一系列$[Cu(NH_3)_4]^{2+}$标准溶液，用分光光度计测定该标准系列中各溶液的吸光度，然后以吸光度 A 为纵坐标、相应的 Cu^{2+} 浓度为横坐标作图，得到的直线称为工作曲线。

四、仪器和药品

移液管(25 mL，2 mL)，容量瓶(50 mL)，托盘天平，定量滤纸，温度计(273 ~ 373 K)，721 型分光光度计。

$CuSO_4 \cdot 5H_2O(s)$，$KIO_3(s)$，$NH_3 \cdot H_2O$ (1:1)。

$CuSO_4$(s，0.100 $mol \cdot L^{-1}$)：用小烧杯准确称取 0.80 ~ 0.82 g 基准 $CuSO_4$，溶解后定容于 50 mL 容量瓶中。

五、实验步骤

1. $Cu(IO_3)_2$固体的制备

用 2 g $CuSO_4 \cdot 5H_2O$ 和 3.4 g KIO_3 与适量水反应制得 $Cu(IO_3)_2$ 沉淀，用蒸馏水洗涤沉淀至无 SO_4^{2-} 为止。

2. $Cu(IO_3)_2$ 饱和溶液的配制

将上述制得的 $Cu(IO_3)_2$固体配制成 80 mL 饱和溶液，用干的双层滤纸将饱和溶液过滤，滤液收集于一个干燥的烧杯中。

3. 工作曲线的绘制

分别吸取 0.40 mL、0.80 mL、1.20 mL、1.60 mL、和 2.00 mL 0.100 $mol \cdot L^{-1}$ $CuSO_4$ 溶液于 5 个 50 mL 容量瓶中，各加入(1:1)的 $NH_3 \cdot H_2O$ 4 mL，摇匀，用蒸馏水稀释至刻度，再摇匀。

以蒸馏水作参比液，选用 2 cm 比色皿，选择入射光波长为 610 nm，用分光光度计分别测定各号溶液的吸光度。以吸光度 A 为纵坐标，相应的 Cu^{2+} 浓度为横坐标，绘制工作曲线。

4. 饱和溶液中 Cu^{2+} 浓度的测定

吸取 25.00 mL 过滤后的 $Cu(IO_3)_2$ 饱和溶液于 50 mL 容量瓶中，加入 (1:1) $NH_3 \cdot H_2O$

4 mL,摇匀,用蒸馏水稀释至刻度,再摇匀。按上述测工作曲线相同条件测定溶液的吸光度,再根据工作曲线求出饱和溶液中的 $c(Cu^{2+})$。

六、记录和结果

1.工作曲线

将相关数据记录于表 2.2.9 中。

表 2.2.9

编　　号	1	2	3	4	5
$V(CuSO_4)$/mL					
$c(Cu^{2+})/(mol \cdot L^{-1})$					
吸光度(A)					

2.绘制工作曲线

根据 $Cu(IO_3)_2$ 饱和溶液吸光度,通过工作曲线求出编号溶液中的 Cu^{2+} 浓度,计算 K_{sp}。

3.目视比色法

除光电比色法外,还可用目视比色法测定 $c(Cu^{2+})$。这种方法是利用眼睛观察和比较溶液颜色的深浅,从而确定物质的含量。该法操作简便,但准确度不高。具体操作步骤如下:

标准$[Cu(NH_3)_4]^{2+}$系列溶液配制:分别吸取 0.20 mL、0.40 mL、0.60 mL、0.80 mL、1.00 mL、1.20 mL、1.40 mL、1.60 mL、0.100 $mol \cdot L^{-1}$ $CuSO_4$ 溶液于 50 mL 比色管中,各加入 4 mL 氨水(1:1),摇匀,用蒸馏水稀释至刻度,便可得到标准$[Cu(NH_3)_4]^{2+}$系列溶液。

准确吸取 25.00 mL 过滤后的 $Cu(IO_3)_2$ 饱和溶液于 50 mL 比色管中,加入 4 mL 氨水(1:1),摇匀,用蒸馏水稀释至刻度,盖好塞子再摇匀。将此溶液与标准$[Cu(NH_3)_4]^{2+}$系列溶液颜色比较,确定 $c(Cu^{2+})$浓度,并计算 K_{sp}。

第三章 基础元素化学

实验一 碱金属、碱土金属和过氧化氢

一、实验目的

(1)比较碱金属、碱土金属的活泼性。

(2)比较碱金属、碱土金属盐类的溶解度。

(3)了解焰色反应操作并熟悉使用钠、钾、汞的安全措施。

(4)掌握过氧化氢的性质。

二、预习与思考

(1)查出本实验中难溶盐的溶度积常数。

(2)思考下列问题:

① 制备钠汞齐时,若取汞时不慎将少量水带入坩埚中,对实验有何影响?不慎将汞滴到实验台上,应采取什么措施?

② 实验室中如何制备 H_2O_2 和 $Na_2O_2 \cdot 8H_2O$?反应条件如何?

三、仪器和药品

离心机,镊子,砂纸,点滴板。

金属钠,镁条,MnO_2(s)。

$KMnO_4$(0.01 $mol \cdot L^{-1}$),NH_4Cl(饱和),醋酸铀酰锌溶液,酚酞溶液,汞,$NaHC_4H_4O_6$(饱和),乙醇(质量分数为 95%),$(NH_4)_2C_2O_4$(饱和),HAc(2 $mol \cdot L^{-1}$),HCl(2 $mol \cdot L^{-1}$),$NH_3 \cdot H_2O$(1 $mol \cdot L^{-1}$),$(NH_4)_2CO_3$(0.5 $mol \cdot L^{-1}$),$(NH_4)_2SO_4$(饱和),HNO_3(浓),NaOH(质量分数为 40%),H_2O_2(质量分数为 3%),H_2S(饱和),KI(0.1 $mol \cdot L^{-1}$),$Pb(NO_3)_2$(0.1 $mol \cdot L^{-1}$),$AgNO_3$(0.1 $mol \cdot L^{-1}$),$CoCl_2$(0.1 $mol \cdot L^{-1}$),$MnSO_4$(0.1 $mol \cdot L^{-1}$)。

LiCl,NaF,Na_2CO_3,Na_2HPO_4,NaCl,KCl,$MgCl_2$,$CaCl_2$,$SrCl_2$,$BaCl_2$,K_2CrO_4,Na_2SO_4,$NaHCO_3$(上述溶液浓度均为 1 $mol \cdot L^{-1}$)。

四、实验内容

(一)钠、镁的性质

(1)向教师领取一块金属钠,用滤纸吸干表面的煤油,用刀将其切成两块观察断面的变化,将其放入坩埚中,加热。一旦金属钠开始燃烧时即停止加热,观察现象,写出反应式。产物冷却后,用玻璃棒轻轻捣碎移入试管中,加入少量水使其溶解,同时用余尽的火柴检查并观察有无气体产生,测量溶液的 pH 值。以 1 $mol \cdot L^{-1}$ H_2SO_4 酸化后加入 1 滴 0.01 $mol \cdot L^{-1}$ $KMnO_4$,观察现象,写出反应方程式。

(2)取一小块镁条,用砂纸除去表面氧化膜,点燃,观察现象,写出反应方程式。

(3)向教师领取一小块金属钠,吸干表面煤油后放入盛有少量水的小烧杯中,并立即盖

上合适的漏斗，观察并记录发生的所有现象，反应后加入 1 滴酚酞。写出反应方程式，说明所观察到的金属钠的物理性质和化学性质。

(4)取两小段镁条，除去表面氧化膜后分别投入盛有各含 1 滴酚酞的冷水和热水的试管中。对比反应现象的区别，写出反应方程式。

(5)钠汞齐与水的反应。用带有钩嘴的滴管取 2 滴汞（切勿带入水）置于小坩埚中，再取一小块金属钠，吸干表面煤油放入坩埚中，并用玻璃棒将其压入汞滴内，形成钠汞齐。由于反应放出大量热，可能有闪光发生，同时发出响声。钠汞齐可按钠汞比例不同而呈固态或液态。将制得的钠汞齐移入盛有少量水(含 1 滴酚酞)的烧杯中，观察反应现象，并与钠和水的反应情况比较。写出反应方程式。(反应后汞废液要完全回收，切勿散失)

(二)碱金属、碱土金属的难溶盐

1.碱金属的难溶盐

(1)锂盐。在 3 支试管中各加入 8 滴 LiCl($1\ mol\cdot L^{-1}$)溶液，微热后分别逐滴加入 $1\ mol\cdot L^{-1}$的 NaF、Na_2CO_3 和 Na_2HPO_4 溶液，观察反应现象，写出反应方程式。

(2)钠盐。在离心试管中加入 2 滴 NaCl ($1\ mol\cdot L^{-1}$)、4 滴 95%的乙醇、8 滴醋酸铀酰锌溶液，用搅棒摩擦管壁（也可在水浴中微热)，观察淡黄色晶状醋酸铀酰锌钠沉淀生成。反应方程式为

$$Na^+ + Zn^{2+} + 3UO_2^{2+} + 8Ac^- + 9H_2O \xlongequal{} NaAc\cdot Zn(Ac)_2\cdot 3UO_2\cdot (Ac)_2\cdot 9H_2O\downarrow$$

(3)钾盐。

① 于少量 $1\ mol\cdot L^{-1}KCl$ 溶液中加入饱和酒石酸氢钠($NaHC_4H_4O_6$)溶液，观察难溶盐($KHC_4H_4O_6$)生成。

② 取少量 $0.1\ mol\cdot L^{-1}CoCl_2$ 溶液加入少量 $2\ mol\cdot L^{-1}HAc$ 酸化，再加入少量(豆粒大)固体 KCl 和少量饱和 KNO_2 溶液，微热观察黄色沉淀 $K_3[Co(NO_2)_6]$生成。

(二)碱土金属难溶盐

(1)碳酸盐。分别用 $MgCl_2$、$CaCl_2$、$BaCl_2$ 溶液与 $1\ mol\cdot L^{-1}Na_2CO_3$ 溶液反应，制得的沉淀经离心后分别与 $2\ mol\cdot L^{-1}HAc$ 及 HCl 反应，观察沉淀是否溶解。

另分别取少量 $MgCl_2$、$CaCl_2$、$BaCl_2$ 溶液，加入 1 ~ 2 滴饱和 NH_4Cl 溶液、2 滴 $1\ mol\cdot L^{-1}$ $NH_3\cdot H_2O$、2 滴 $0.5\ mol\cdot L^{-1}(NH_4)_2CO_3$，观察沉淀是否生成，写出反应式，并解释实验现象。

(2) 草酸盐。分别向 $MgCl_2$、$CaCl_2$、$BaCl_2$ 溶液中滴加饱和$(NH_4)_2C_2O_4$ 溶液，制得的沉淀经离心分离后再分别与 $2\ mol\cdot L^{-1}$的 HAc 及 HCl 反应，观察现象，写出反应式。

(3)铬酸盐。分别向 $1\ mol\cdot L^{-1}CaCl_2$、$SrCl_2$、$BaCl_2$ 溶液中滴加 $1\ mol\cdot L^{-1}K_2CrO_4$ 溶液，观察沉淀是否生成？沉淀经离心分离后，再分别与 $2\ mol\cdot L^{-1}HAc$、HCl 反应，观察并解释现象，写出反应方程式。

(4)硫酸盐。分别向 $1\ mol\cdot L^{-1}$ $MgCl_2$、$CaCl_2$、$BaCl_2$ 溶液中滴加 $1\ mol\cdot L^{-1}Na_2SO_4$ 溶液，观察沉淀是否生成？沉淀经离心分离后，再检验其在饱和$(NH_4)_2SO_4$ 溶液及浓 HNO_3 中的溶解性，解释现象，写出反应式并比较硫酸盐溶解度的大小。

(5)磷酸铵镁的生成。于 0.5 mL $MgCl_2$ 溶液中加入几滴 $2\ mol\cdot L^{-1}$的 HCl、0.5 mL $1\ mol\cdot L^{-1}Na_2HPO_4$ 溶液，4 ~ 5 滴 $2\ mol\cdot L^{-1}NH_3\cdot H_2O$，振荡试管，观察现象，写出反应方程式。

(三)焰色反应

取一根镍丝,反复蘸取浓盐酸放在氧化焰中烧至近于无色。在点滴板上分别滴加 1~2 滴 1 $mol·L^{-1}$ $LiCl$、$NaCl$、KCl、$CaCl_2$、$SrCl_2$、$BaCl_2$ 溶液,用洁净的镍丝蘸取溶液后在氧化焰中灼烧,分别观察火焰颜色。对于钾离子的焰色,应通过钴玻璃片观察。记录各离子的焰色。

(四)未知物及离子鉴别(课后作业)

(1)现有 6 种溶液分别为 $NaOH$、$NaCl$、$MgSO_4$、K_2CO_3、Na_2CO_3 选用合适试剂加以鉴别。

(2)现有$(NH_4)_2SO_4$、HNO_3、Na_2CO_3、$BaCl_2$、$NaOH$、$NaCl$、H_2SO_4 无标签的试剂,利用它们之间的相互反应加以签别。

(3)混合溶液中含有 K^+、Mg^{2+}、Ca^{2+}、Ba^{2+} 离子,设计分离检出步骤。

(五)应用实验

1.石膏的硬化

把烧石膏加水调成糊状,然后把表面涂有一层很薄的凡士林的硬币压在石膏上,数小时后取出硬币,观察现象,写出反应方程式,并作解释。

2.肥皂的制作

于小烧杯中放大约 5 g 动(植)物油,再加入质量分数为 95%的乙醇 20 mL 和质量分数为 15%的 NaOH 15 mL,然后小心加热,微沸,不断搅拌至溶液粘稠为止,取几滴试液加入 5 mL蒸馏水加热,试液完全溶解而无油滴出现,则表示皂化反应已完全,将皂化完的反应液倒入盛有 150 mL 饱和食盐水的烧杯中,静置。当肥皂全部浮在液面上时,即可取出,用少量水冲洗后用布包好,压缩成块,经自然干燥,即制成肥皂。

(六)过氧化氢的性质

1.过氧化氢的酸性

往试管中加入 0.5 mL 质量分数为 40%的 NaOH 溶液和 1 mL 质量分数为 3%的 H_2O_2 溶液,再加入 1 mL 无水酒精,以降低生成物的溶解度。振荡试管,观察白色的 $Na_2O_2·8H_2O$ 的生成。写出反应方程式。

2.过氧化氢的氧化性

(1) 在 1 支试管中加入 2 滴 0.1 $mol·L^{-1}$ KI 溶液和 2 滴 1 $mol·L^{-1}$ H_2SO_4 溶液,摇均后再加入质量分数为 3%的 H_2O_2 溶液 1 mL,观察并解释有何现象? 反应方程式为

$$2I^- + H_2O_2 + 2H^+ \xlongequal{} I_2 + 2H_2O$$

(2) 在 1 支试管中加入 0.5 mL 0.1 $mol·L^{-1}$ $Pb(NO_3)_2$ 溶液,滴加 10 滴饱和 H_2S 水,观察棕黑色 PbS 沉淀生成,待沉淀沉降后,用吸管吸去上层清液,然后逐滴加入质量分数为 3%的 H_2O_2 溶液,观察并解释沉淀颜色的变化,反应方程式为

$$PbS + 4H_2O_2 \xlongequal{} PbSO_4\downarrow + 4H_2O$$

3.过氧化氢的还原性

(1)在 1 支试管中加入约 0.5 mL 质量分数为 3%的 H_2O_2 溶液,加 2 滴 1 $mol·L^{-1}$ H_2SO_4 溶液,再加入数滴 0.01 $mol·L^{-1}$ $KMnO_4$ 溶液,观察并解释有何现象? 反应方程式为

$$2MnO_4^- + 6H^+ + 5H_2O_2 \xlongequal{} 2Mn^{2+} + 5O_2\uparrow + 8H_2O$$

(2) 在 1 支试管中加入约 0.5 mL 0.1 $mol·L^{-1}$ $AgNO_3$ 溶液。再滴加 2 $mol·L^{-1}$ NaOH 至棕色沉淀生成。然后再加入少量质量分数为 3%的 H_2O_2 溶液,观察并解释沉淀颜色变化和

气体的产生，并用火柴余烬检验气体产物。反应方程式为

$$2Ag^{+} + 2OH^{-} = Ag_2O(棕) + H_2O$$

$$Ag_2O + H_2O_2 = 2Ag\downarrow + O_2\uparrow + H_2O$$

4. 介质对过氧化氢氧化还原性的影响

在1支试管中加入约0.5 mL质量分数为3%的 H_2O_2 溶液，加数滴2 mol·L^{-1} NaOH溶液至碱性，再加入数滴0.1 mol·L^{-1} $MnSO_4$ 溶液，观察有何现象？静置后倾出清液，往沉淀中加入1 mol·L^{-1} H_2SO_4 酸化，再加入数滴质量分数为3%的 H_2O_2 溶液，观察又有何变化？对以上现象作出解释，反应方程式为

$$H_2O_2 + Mn^{2+} + 2OH^{-} = 2H_2O + MnO_2$$

$$H_2O_2 + MnO_2 + 2H^{+} = Mn^{2+} + O_2 + 2H_2O$$

5.过氧化氢的分解反应

往盛有2 mL质量分数为3%的 H_2O_2 溶液的试管中加入少量二氧化锰，观察反应情况，并在管口用余烬的火柴检验气体产物。

H_2O_2 如果不与催化剂接触则比较稳定，但只要有微量催化剂 MnO_2 存在，则很快分解，反应方程式为

$$2H_2O_2 = 2H_2O + O_2$$

实验二　卤素及硫化合物

一、实验目的

(1)掌握卤素的氧化性和卤素离子的还原性。

(2)掌握氯气、次氯酸盐和氯酸盐的氧化性。

(3)掌握硫化氢、硫代硫酸盐的还原性以及二氧化硫的氧化还原性和过硫酸盐的强氧化性。

(4)了解重金属硫化物的难溶性。

二、预习与思考

(1)复习卤素单质及其有关化合物的性质。预习有关氯、溴和氯酸钾使用的安全知识，硫及其有关化合物的重要性质。

(2)思考并回答下列问题：

① 在进行卤素离子的还原性实验时，应注意哪些安全问题？怎样闻气体？

② 如何区别次氯酸钠溶液和氯酸钾溶液？本实验中哪些实验可以比较出次氯酸钠和氯酸钾氧化性的相对强弱？

③ 在进行碘酸钾的氧化性实验时，如果在试管中先加入 $NaHSO_3$ 溶液和其他溶液，然后再加入 KIO_3 溶液，实验现象有何不同？为什么？

④ 在有硫化氢产生的实验操作中，应注意哪些安全措施？

⑤ 如何区别 Na_2SO_3 和 Na_2SO_4、Na_2SO_3 和 $Na_2S_2O_3$、$K_2S_2O_8$ 和 K_2SO_4？

三、仪器和药品

离心机，离心试管，试管，玻璃片(涂蜡)。

NaCl，KBr，KI，$KClO_3$，MnO_2，$K_2S_2O_8$，CaF_2(以上皆为固体)。

浓硫酸,浓盐酸,浓磷酸,HCl(6 $mol·L^{-1}$)，HNO_3(6 $mol·L^{-1}$)，$NH_3·H_2O$(2 $mol·L^{-1}$)。

KBr,KI，$Na_2S_2O_3$，$NaHSO_3$，KIO_3，$KMnO_4$，$K_2Cr_2O_7$，$ZnSO_4$，$CdSO_4$，$CuSO_4$，$Hg(NO_3)_2$，$AgNO_3$，$BaCl_2$(上述溶液均为0.1 $mol·L^{-1}$)。

氯水，溴水，碘水，NaClO溶液，$MnSO_4$(0.002 $mol·L^{-1}$)，硫化氢水，SO_2水溶液，CCl_4，淀粉溶液，醋酸铅试纸，碘化钾试纸，pH试纸。

四、实验内容

(一)卤素的氧化性

1.卤素的置换次序

(1)在1支小试管中加入3滴0.1 $mol·L^{-1}$ KBr溶液和5滴CCl_4,再滴加氯水,边加边振荡。观察CCl_4层呈现黄或橙红色。

(2)在1支小试管中加3滴0.1 $mol·L^{-1}$ KI溶液和5滴CCl_4,再滴加氯水,边加边振荡,观察CCl_4层呈现紫红色。

(3)在1支小试管中加3滴0.1 $mol·L^{-1}$ KI溶液和5滴CCl_4,再滴加溴水,边加边振荡,观察CCl_4层的颜色。

根据以上实验结果,比较卤素氧化性的相对大小,写出有关的反应方程式。

2.碘的氧化性

取2支试管,各加碘水数滴,然后分别滴加0.1 $mol·L^{-1}$ $Na_2S_2O_3$和硫化氢水,观察现象。写出反应方程式。

(二)负一价卤素离子的还原性

(1)往盛有少量(黄豆大小,下同)KI固体的试管中加入0.5 mL(约10滴,下同)浓硫酸,观察反应产物的颜色和状态。把湿的醋酸铅试纸放在试管口以检验气体产物。反应方程式为

$$8KI + 9H_2SO_4 = 8KHSO_4 + H_2S\uparrow + 4I_2 + 4H_2O$$

$$H_2S + Pb(Ac)_2 = PbS\downarrow + 2HAc$$

(2)往盛有少量KBr固体的试管中加入0.5 mL浓硫酸,观察反应产物的颜色和状态。把湿的淀粉-碘化钾试纸放在管口以检验气体产物。反应方程式为

$$2KBr + 3H_2SO_4 = 2KHSO_4 + SO_2\uparrow + Br_2 + 2H_2O$$

$$Br_2 + 2KI = I_2 + 2KBr$$

(3)往盛有少量NaCl固体的试管(用试管夹夹住)中加入0.5 mL浓硫酸,观察反应产物的颜色和状态。把湿的淀粉-碘化钾试纸放在试管口,检验气体产物。写出反应方程式。

(4)往盛有少量NaCl和MnO_2固体混合物的试管中加入1 mL浓H_2SO_4,稍稍加热,观察现象。从气体的颜色和气味来判断反应产物。

比较上面4个实验的产物,说明碘、溴、氯离子的还原性的相对强弱。

(三)次氯酸盐和氯酸盐、碘酸盐的氧化性

1.次氯酸钠的氧化性

(1)与浓盐酸溶液反应。取NaClO溶液约0.5 mL加入浓盐酸溶液约0.5 mL,观察氯气的产生。写出反应方程式。

(2)与 $MnSO_4$ 溶液的反应。取 NaClO 溶液约 1 mL,加入 4 ~ 5 滴 0.1 $mol \cdot L^{-1}$ $MnSO_4$ 溶液,观察棕色 MnO_2 沉淀的生成。写出反应方程式。

(3)与 KI 溶液的反应。取约 0.5 mL 0.1 $mol \cdot L^{-1}$ KI 溶液,慢慢滴加 NaClO 溶液,观察 I_2 的生成。写出反应方程式。

(4)取约 1 mL 品红溶液,慢慢滴加 NaClO 溶液,观察品红溶液颜色变化。

2.氯酸钾的氧化性

(1)与浓盐酸溶液的反应。取少量 $KClO_3$ 晶体,加入约 1 mL 浓盐酸溶液,观察产生的气体的颜色。反应方程式为

$$8KClO_3 + 24HCl = 9Cl_2 + 8KCl + 6ClO_2(黄) + 12H_2O$$

(2)与 KI 溶液分别在酸性和中性介质中的反应。取少量 $KClO_3$ 晶体,加入约 1 mL 水使之溶解,再加入几滴 0.1 $mol \cdot L^{-1}$ KI 溶液和 0.5 mL CCl_4,摇动试管,观察水溶液层和 CCl_4 层颜色有何变化。再加入 1 mL 3$mol \cdot L^{-1}$ H_2SO_4,摇动试管,再观察有何变化(在中性介质中 $KClO_3$ 不能氧化 KI,强酸性介质中 $KClO_3$ 可将 KI 氧化而生成 I_2)。写出反应方程式。

3.碘酸钾的氧化性

在试管中加入 0.5 mL 0.1 $mol \cdot L^{-1}$ KIO_3 溶液,加几滴 3 $mol \cdot L^{-1}$ H_2SO_4 和几滴可溶性淀粉溶液,再滴加 0.1 $mol \cdot L^{-1}$ $NaHSO_3$ 溶液,边加边摇动,观察深蓝色出现。反应方程式为

$$2IO_3^- + 5HSO_3^- = I_2 + 5SO_4^{2-} + 3H^+ + H_2O$$

(四)卤化氢的制备与性质

(1)氟化氢的制备与性质。在 1 块涂有石蜡的玻璃片上,用小刀刻下字迹。在铅皿或塑料瓶盖上放入约 1g 固体 CaF_2,加入几滴水调成糊状后,滴入 1 ~ 2 mL 浓硫酸,立即用刻有字迹的玻璃片覆盖。2 ~ 3 h 后,用水冲洗玻璃片并刮去玻璃片上的石蜡后,可清晰地看到玻璃片上的字迹。解释现象,写出反应方程式。

(2)分别试验少量固体 NaCl、KBr、KI 与浓 H_3PO_4 的反应,适当微热,观察现象。并与实验(二)作比较,写出反应方程式。

(五)硫化氢和硫化物

1.硫化氢水溶液的酸性

用 pH 试纸检验硫化氢水的酸碱性。写出硫化氢在水溶液中的电离式。

2.硫化氢的还原性

在 2 支试管中,分别盛放 3 ~ 4 滴 0.1 $mol \cdot L^{-1}$ $KMnO_4$ 和 $K_2Cr_2O_7$ 溶液,用稀 H_2SO_4 酸化,分别滴加硫化氢水溶液,观察溶液颜色的变化和白色硫的析出。写出反应方程式。

3.难溶硫化物的生成和溶解

往 4 支分别盛有 0.5 mL $ZnSO_4$、$CdSO_4$、$CuSO_4$ 和 $Hg(NO_3)_2$ 溶液的离心试管中,各加入 1 mL硫化氢水溶液,观察产生沉淀的颜色。写出反应式。分别将沉淀离心分离,弃去溶液。

往 ZnS 沉淀中加入 1 mL 1 $mol \cdot L^{-1}$ HCl,沉淀是否溶解？再加 1 mL 2 $mol \cdot L^{-1}$ $NH_3 \cdot H_2O$,以中和 HCl,观察 ZnS 沉淀能否重新产生。写出反应方程式。

往 CdS 沉淀中加入 1 mL 1 $mol \cdot L^{-1}$ HCl,沉淀是否溶解？如不溶解,离心分离,弃去溶液。再往沉淀中加入 1 mL 6 $mol \cdot L^{-1}$ HCl,再观察沉淀能否溶解。写出反应式。

往此 CuS 沉淀中加入 6 $mol \cdot L^{-1}$ HCl,沉淀是否溶解？如不溶解,离心分离,弃去溶液。

再往沉淀中加入 6 mol·L^{-1} HNO_3，并在水浴中加热，再观察沉淀能否溶解。写出反应方程式。

用蒸馏水把 HgS 沉淀洗净，离心，吸去清液，加入 0.5 mL 浓 HNO_3，沉淀是否溶解？如不溶解，再加入 3 倍于浓 HNO_3 体积的浓盐酸，并搅拌，观察有何变化？其反应方程为

$$3HgS + 2NO_3^- + 12Cl^- + 8H^+ = 3HgCl_4^{2-} + 3S\downarrow + 2NO + 4H_2O$$

比较 4 种金属硫化物与酸反应的情况，并加以解释。

(六)二氧化硫的性质

1.二氧化硫的氧化性

往盛有 2 mL H_2S 水溶液的试管中通入 SO_2 气体(或加入 SO_2 水溶液)，溶液便出现混浊，有硫沉淀下来。写出反应方程式。

2.二氧化硫的还原性

在试管中加入 3～5 滴 0.1 mol·L^{-1} $KMnO_4$ 溶液和 1 mL 稀硫酸，通入 SO_2 气体(或加入 SO_2 水溶液)，观察紫红色的消失。反应方程式为

$$2MnO_4^- + 5SO_2 + 2H_2O = 2Mn^{2+} + 5SO_4^{2-} + 4H^+$$

二氧化硫的漂白作用：

向品红溶液中滴加 SO_2 水溶液，观察现象。

(七)硫代硫酸钠的性质

1.硫代硫酸钠的还原性

(1)在盛有 0.5 mL $Na_2S_2O_3$ 溶液的试管中滴加碘水。观察现象，写出反应方程式。

(2)往 0.5 mL $Na_2S_2O_3$ 溶液中加入数滴氯水。设检验反应中生成的 SO_4^{2-}(注意：不要放置太久才检查 SO_4^{2-}，否则有少量 $Na_2S_2O_3$ 被分解而析出硫，从而使溶液变混浊，妨碍检查 SO_4^{2-})。反应方程式为

$$S_2O_3^{2-} + 4Cl_2 + 5H_2O = 2SO_4^{2-} + 10H^+ + 8Cl^-$$

2.硫代硫酸的生成和分解

在 $Na_2S_2O_3$ 溶液中加入 1 mol·L^{-1} HCl 溶液，观察现象。反应方程式为

$$S_2O_3^{2-} + 2H^+ = S\downarrow + SO_2 + H_2O$$

3. 硫代硫酸钠的配位反应

取 5 滴 0.1 mol·L^{-1} $AgNO_3$ 溶液于试管中，逐滴加入 0.1 mol·L^{-1} $Na_2S_2O_3$ 溶液，边滴边振荡，直至生成的沉淀完全溶解。解释所见现象。

(八)过二硫酸钾的氧化性

(1)把 5 mL 1 mol·L^{-1} H_2SO_4、5 mL 蒸馏水和 2～3 滴 0.002 mol·L^{-1} $MnSO_4$ 溶液混合均匀后分成 2 份：

① 在第一份中加 1 滴 0.1 mol·L^{-1} $AgNO_3$ 溶液和少量 $K_2S_2O_8$ 固体，水浴加热。观察溶液的颜色有何变化。

② 在另一份中只加少量 $K_2S_2O_8$ 固体，水浴加热。观察溶液的颜色有何变化，比较实验①、②的反应情况有何不同。

过二硫酸钾是强氧化剂，在酸性介质中可使 Mn^{2+} 氧化成 MnO_4^-，但反应速度较慢。但加入催化剂 (如 Ag^+)，则反应速度大大加快。反应方程式为

$$2Mn^{2+} + 5S_2O_8^{2-} + 8H_2O = 2MnO_4^- + 10SO_4^{2-} + 16H^+$$

(2)往盛有 0.5 mL 0.1 mol·L^{-1} KI 溶液和 0.5 mL 1 mol·L^{-1} H_2SO_4 的试管中加入少量 $K_2S_2O_8$ 固体,观察溶液颜色的变化。写出反应方程式。

(九)鉴别实验(课后作业)

现有 Na_2S、$NaHSO_3$、Na_2SO_4、$Na_2S_2O_3$、$K_2S_2O_8$ 5 种溶液,试设法通过实验加以鉴别。

实验三　氮、磷、碳、硅、硼

一、实验目的

(1)掌握铵盐和磷酸盐的主要性质。

(2)了解硅酸形成凝胶的特性和难溶硅酸盐的特性。

(3)了解硼酸、硼砂的重要性质和硼的化合物燃烧的特征焰色。

二、预习与思考

(1)复习有关氮、磷、碳、硅、硼及其重要化合物的性质等内容。

(2)思考并回答下列问题:

① 实验室中为什么磨砂口玻璃器皿可以用来储存酸液,而不能用来储存碱液?

② 如何区别碳酸钠、硅酸钠和硼酸钠?

三、仪器和药品

表面皿,试管,温度计,玻璃棒,铁架,烧杯,蒸发皿。

NH_4NO_3, NH_4Cl, $CaCl_2·6H_2O$, $CuSO_4·5H_2O$, $CoCl_2·6H_2O$, $NiSO_4·7H_2O$, $ZnSO_4·7H_2O$, $FeSO_4·7H_2O$、$FeCl_3·6H_2O$、$MnSO_4$、H_3BO_3(以上为固体)。

Na_2CO_3, $NaHCO_3$, $CuSO_4$, CaCl2, $AgNO_3$, KI, $KMnO_4$, NH_4Cl, Na_3PO_4, Na_2HPO_4, NaH_2PO_4、$NaPO_3$, $Na_4P_2O_7$(以上溶液浓度均为 0.1 mol·L^{-1})。

NH_4Cl(饱和), $NaNO_2$(饱和), Na_2SiO_3(质量分数为 20%), 硼砂(饱和), 甘油, 奈斯勒试剂, 乙醇, pH 试纸, 酚酞试纸, 红石蕊试纸。

四、实验内容

(一)铵盐

1.铵离子的检验。

(1)取几滴铵盐溶液置于一表面皿中心,在另一块表面皿中心粘附一小条湿润的酚酞试纸(或红色石蕊试纸),然后在铵盐溶液中滴加 6 mol·L^{-1}NaOH 溶液至呈碱性,混匀后即将粘有试纸的表面皿盖在盛有试液的表面皿上作成“气室”。将此气室放在水浴上微热,观察酚酞试纸变红。

(2)取几滴铵盐(如 NH_4Cl)溶液于小试管中,加入 2 滴 2 mol·L^{-1} NaOH 溶液,然后再加 3 滴奈斯勒试剂($K_2[HgI_4]$ + KOH),观察红棕色沉淀的生成。反应方程式为

$$NH_4Cl + 2K_2[HgI_4] + 4KOH = \left[\begin{array}{c} \quad Hg \quad \\ O \diagup \diagdown NH_2 \\ \diagdown \diagup \\ Hg \end{array} \right] I \downarrow + KCl + 7KI + 3H_2O$$

2.铵盐性质

(1)在水中溶解的热效应。在试管中加入 2 mL 水,用温度计测量水的温度。然后加入 2 g 固体 NH_4NO_3,用小玻璃棒轻轻地搅动溶液,再插入温度计,注意观察溶液温度的变化,并加以解释。

(2)氯化铵热分解:在 1 支试管中部放入约 1 g 固体 NH_4Cl,并用干的玻棒将其压紧,在试管口贴一小条湿润的石蕊试纸,将试管固定在铁架上(图 2.3.1)。在放有 NH_4Cl 的部位微微加热,观察试纸逐渐变蓝色。继续加热,试纸又由蓝色逐渐变红色。试解释所观察到的现象。

(二)硝酸的氧化性

(1) 分别向 2 支盛有少量铜屑的试管中加入 1 mL 浓 HNO_3 和 1 mol·L^{-1} HNO_3,适当微热,观察现象。

(2) 往锌片中加入 1 mL 1 mol·L^{-1} HNO_3,放置片刻,取出少量溶液,检验有无 NH_4^+。

(3) NO_3^- 的鉴定。向盛有 5 滴 0.5 mol·L^{-1} $NaNO_3$ 溶液的试管中加入少量 $FeSO_4·7H_2O$ 晶体,振荡使其溶解混匀,然后斜持试管,沿管壁慢慢滴入 1~2 mL 浓 H_2SO_4,由于浓 H_2SO_4 密度大,沉到试管底部,形成两层。这时两层交界处有一棕色环,表示有 NO_3^- 存在。反应方程式为

$$NO_3^- + 3Fe^{2+} + 4H^+ = NO + 3Fe^{3+} + 2H_2O$$

$$Fe^{2+} + NO = Fe(NO)^{2+}$$

(三)亚硝酸的生成和性质

1.亚硝酸的生成和分解

把盛有约 1 mL 饱和 $NaNO_2$ 溶液的试管置于冰水中冷却,然后加入约 1 mL 3 mol·L^{-1} H_2SO_4 溶液,混合均匀,观察浅蓝色亚硝酸溶液的生成。将试管自冰水中取出并放置一段时间,观察亚硝酸在室温下的迅速分解,即

$$2HNO_2 \underset{冷}{\overset{热}{\rightleftharpoons}} H_2O + N_2O_3 \underset{冷}{\overset{热}{\rightleftharpoons}} H_2O + NO + NO_2$$

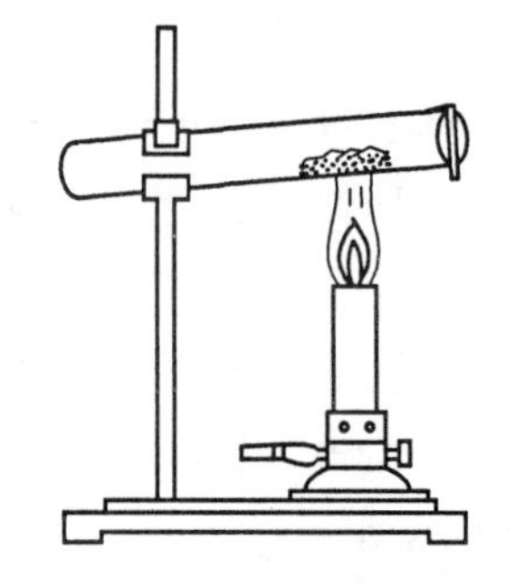

图 2.3.1 氯化铵的热分解

2.亚硝酸的氧化性

取 0.5 mL 0.1 mol·L^{-1} KI 溶液于小试管中,加入几滴 1 mol·L^{-1} H_2SO_4 使其酸化,然后逐滴加入 0.1 mol·L^{-1} $NaNO_2$ 溶液,观察 I_2 的生成。此时 NO_2^- 还原为 NO。写出反应方程式。

3.亚硝酸的还原性

取 0.5 mL 0.1 mol·L^{-1} $KMnO_4$ 溶液于小试管中,加入几滴 1 mol·L^{-1} H_2SO_4 使其酸化,然后逐滴加入 0.1 mol·L^{-1} $NaNO_2$,观察现象,写出反应方程式。

(四)磷酸盐的性质

(1)用 pH 试纸分别试验 0.1 mol·L^{-1} Na_3PO_4、Na_2HPO_4 和 NaH_2PO_4 溶液的酸碱性。然后分别取此三种溶液各 10 滴于 3 支试管中,各加入 10 滴 $AgNO_3$ 溶液,观察黄色磷酸银沉淀的生成。再分别用 pH 试纸检查它们的酸碱性,前后对比各有何变化,试加以解释。

(2)分别取 0.1 mol·L^{-1} Na_3PO_4、Na_2HPO_4 和 NaH_2PO_4 溶液于试管中,各加入 0.1 mol·L^{-1}

$CaCl_2$ 溶液，观察有无沉淀产生？加入氨水后，各有何变化？再分别加入 2 $mol \cdot L^{-1}$ HCl 后，又有何变化？除碱金属和铵盐外，其他金属离子只有 $H_2PO_4^-$ 与生成的盐是可溶的，其余都不溶。

(3) PO_3^-、PO_4^{3-}、$P_2O_7^{4-}$ 离子的区别和鉴定。

① 在 $NaPO_3$、Na_3PO_4 和 $Na_4P_2O_7$ 溶液中，加入等摩尔的 $AgNO_3$ 溶液，观察现象。

② 在 $NaPO_3$、Na_3PO_4 和 $Na_4P_2O_7$ 溶液中，各加入 2 $mol \cdot L^{-1}$ HAc 和鸡蛋蛋白的水溶液，观察现象。

根据实验结果，说明如何区别和鉴定 PO_3^-、PO_3^{3-}、$P_2O_7^{4-}$。

(4) PO_4^{3-} 的鉴定。取 PO_4^{3-} 试液 5 滴于 1 个试管中，加 8 滴浓 HNO_3 和 10 滴 $(NH_4)_2MoO_4$ 溶液，微热，用玻璃棒摩擦管壁，观察沉淀的生成及颜色（现象不明显时，可加少量 NH_4NO_3 固体，以增加反应的灵敏性）。反应方程式为

$$PO_4^{3-} + 3NH_4^+ + 12MoO_4^{2-} + 24H^+ \longrightarrow (NH_4)_3P(Mo_3O_{10})_4 + 12H_2O$$

(五)碳酸盐和硅酸盐的水解

(1)检验 0.1 $mol \cdot L^{-1}$ Na_2CO_3 溶液和 $NaHCO_3$ 溶液的 pH 值。

(2)在 $CuSO_4$ 溶液中加入 Na_2CO_3 溶液，观察沉淀的颜色和气体的产生。反应方程式为

$$2Cu^{2+} + 2CO_3^{2-} + H_2O \longrightarrow Cu_2(OH)_2CO_3\downarrow + CO_2\uparrow$$

(3)先用 pH 试纸检验质量分数为 20% 的水玻璃（硅酸钠）溶液的酸碱性，然后取 1 mL 溶液与 2 mL 饱和 NH_4Cl 溶液混合，有何气体产生？用湿的 pH 试纸放在试管口，检查气体的酸碱性。反应方程式为

$$SiO_3^{2-} + 2NH_4^+ \longrightarrow H_2SiO_3\downarrow + 2NH_3\uparrow$$

(六)硅酸凝胶的生成

1. 水玻璃溶液与 CO_2 的反应

往盛有 2 mL 质量分数为 20% 的水玻璃溶液中通入 CO_2 气体，静置片刻，观察硅酸凝胶的生成。写出反应式。

2. 水玻璃溶液与盐酸的反应

取 2 mL 质量分数为 20% 的水玻璃溶液，逐滴加入 6 $mol \cdot L^{-1}$ HCl，边加边振荡，观察现象。若不生成凝胶，可微微加热。写出反应式。

(七)难溶性硅酸盐的生成——水中花园

在 1 个 100 mL 烧杯中加入约 2/3 体积的质量分数为 20% 的水玻璃，然后把固体 $CaCl_2$、$FeCl_3$、$FeSO_4 \cdot 7H_2O$、$CoCl_2$、$NiSO_4$、$CuSO_4$、$ZnSO_4$ 和 $MnSO_4$ 各一小粒投入烧杯内（注意：不要把不同的固体混在一起），并记住它们的位置，放置 1～2 h 后，观察现象？

实验完毕，倒出水玻璃（回收），并随即洗净烧杯。

(八)硼酸的制备和性质

1. 硼酸的溶解性和酸性

在 1 支试管中，另取硼酸晶体约 0.5 g，加入 2 mL 水，搅拌，观察晶体的溶解情况。将试管放在水浴中加热，再观察晶体的溶解情况。然后取出试管，冷至室温，取其中的硼酸溶液，用 pH 试纸测其 pH 值并作记录。然后向硼酸溶液中加入几滴甘油，再测其 pH 值，酸性有何变化？

也可以用一张 pH 试纸，一端滴 1 滴甘油，另一端滴 1 滴硼酸溶液，观察两者扩散后的交界处颜色的变化。

硼酸是一种很弱的酸，它的酸性因加入甘油而增强，反应方程式为

$$\begin{matrix} CH_2OH \\ | \\ CHOH \\ | \\ CH_2OH \end{matrix} + \begin{matrix} HO \\ \quad \diagdown \\ \quad\quad B{-}OH \\ \quad \diagup \\ HO \end{matrix} = \left[\begin{matrix} CH_2{-}O \quad\quad OH \\ | \quad\quad \diagdown \quad \diagup \\ CHOH \quad\quad B \\ | \quad\quad \diagup \quad \diagdown \\ CH_2{-}O \quad\quad OH \end{matrix} \right]^- + H^+ + H_2O$$

2.硼酸三乙酯的燃烧

取少量硼酸晶体放在蒸发皿中，加少许乙醇和几滴浓 H_2SO_4，混匀后点燃，观察硼酸三乙酯蒸气燃烧时产生的特征绿色火焰。

硼酸和乙醇形成硼酸三乙酯的反应式为

$$3C_2H_5OH + H_3BO_3 = B(OC_2H_5)_3 + 3H_2O$$

它燃烧时产生绿色火焰，可用来鉴定硼的化合物。

3.硼砂溶液的酸碱性

用 pH 试纸试验饱和硼砂（$Na_2B_4O_7 \cdot 10H_2O$）溶液的酸碱性，并加以解释。

实验四 锡、铅、砷、锑、铋

一、目的要求

(1)掌握锡、铅、砷、锑、铋的氢氧化物酸碱性及其不同氧化态的氧化还原性。

(2)通过试验了解难溶铅盐的性质。

二、预习与思考

(1)复习有关酸碱介质对氧化还原反应方向的影响及 $pH-\varphi^{\ominus}$图中的有关内容。

(2)复习奈斯特方程的有关内容及计算。

(3)思考并回答下列问题：

① 实验室中如何配制 $SnCl_2$ 溶液、$SbCl_3$ 溶液、$Bi(NO_3)_3$ 溶液？

② 为什么在 PbO_2 与 KI 反应的试验中，不用 HNO_3，而用 H_2SO_4 酸化溶液？

③ 使用砷、锑、铋、铅化合物应注意什么安全问题？

三、仪器和药品

离心机，试管。

锡粒，As_2O_3，PbO_2，$NaBiO_3$，$SnCl_2$，$SbCl_3$，$Bi(NO_3)_3$，$Pb(NO_3)_2$（以上为固体）。

$Pb(NO_3)_2$，$SnCl_2$，$SbCl_3$，$Bi(NO_3)_3$，$FeCl_3$，KSCN，$HgCl_2$，$KMnO_4$，$MnSO_4$，$AgNO_3$，KI，$NaHCO_3$，K_2CrO_4，$BaCl_2$，Na_3AsO_4，$SnCl_4$（以上溶液浓度均为 0.1 $mol \cdot L^{-1}$）。

氯水，碘水，硫化氢水，CCl_4，NaAc(饱和)，Na_2S(1 $mol \cdot L^{-1}$)，$(NH_4)_2S_x$。

四、实验内容

(一)氢氧化物性质

(1)α－锡酸及 β－锡酸的生成与性质。通常用 Sn(Ⅳ)与碱反应制得的 $Sn(OH)_4$ 是

α－锡酸；由锡粒与浓 HNO_3 在加热下制得的 $Sn(OH)_4$ 是 β－锡酸。α－锡酸经加热或放置较长时间后都会转化为 β－锡酸。

① α－锡酸的制备与性质。向少量 0.1 $mol \cdot L^{-1}$ $SnCl_4$ 溶液滴加 2 $mol \cdot L^{-1}$ $NH_3 \cdot H_2O$，观察现象，把沉淀分成两份并试验其与 2 $mol \cdot L^{-1}$ NaOH 和 2 $mol \cdot L^{-1}$ HCl 溶液的作用，写出反应式。

② β－锡酸的制备与性质。试管中放入 1～2 粒锡粒，加入少量浓 HNO_3 在通风橱内微微加热，观察现象。把沉淀分成 2 份，分别试验其与质量分数为 40% 的 NaOH 和 6 $mol \cdot L^{-1}$ HCl 的反应，写出反应方程式。

总结 α－锡酸、β－锡酸性质上的异同及它们的关系。

(2)往少量 0.1 $mol \cdot L^{-1}$ $Pb(NO_3)_2$ 溶液中滴加 2 $mol \cdot L^{-1}$ NaOH 溶液，观察现象，分别试验生成的沉淀与 2 $mol \cdot L^{-1}$ HNO_3 及 NaOH 的反应，写出反应方程式。

(3)往少量 0.1 $mol \cdot L^{-1}$ $SnCl_2$ 溶液中滴加 2 $mol \cdot L^{-1}$ NaOH 溶液，观察现象，离心分离后分别试验沉淀与 2 $mol \cdot L^{-1}$ HCl 及 NaOH 的反应，写出反应方程式。

(4)取少许 As_2O_3(剧毒)溶于水(可适当在水浴中微热)，检验溶液的酸碱性。分别试验 As_2O_3 与 6 $mol \cdot L^{-1}$ HCl、浓盐酸及 2 $mol \cdot L^{-1}$ NaOH 溶液的作用，写出反应方程式。(反应后的溶液留作后面实验用)

(5)往 0.1 $mol \cdot L^{-1}$ $SbCl_3$ 溶液中滴加 2 $mol \cdot L^{-1}$ NaOH 溶液，观察现象，离心分离后分别试验沉淀与 2 $mol \cdot L^{-1}$ HCl 和 6 $mol \cdot L^{-1}$ NaOH 溶液的作用，写出反应方程式。

(6)往少量 0.1 $mol \cdot L^{-1}$ $Bi(NO_3)_3$ 的溶液中滴加 2 $mol \cdot L^{-1}$ NaOH 溶液，观察现象。离心分离后分别试验沉淀与 2 $mol \cdot L^{-1}$ HCl 溶液和质量分数为 40% 的 NaOH 溶液作用，写出反应方程式。

由以上实验总结 Sn、Pb、As、Sb、Bi 的氢氧化物的性质及其酸碱性。

(二)氧化还原性

1. Sn(Ⅱ)的还原性

(1)在 0.1 $mol \cdot L^{-1}$ $FeCl_3$ 溶液中滴加 $SnCl_2$ 溶液，观察现象，写出反应方程式。试用KCNS 溶液检验溶液中是否还存在 Fe^{3+}。

(2)在 0.1 $mol \cdot L^{-1}$ $HgCl_2$ 溶液中滴加 0.1 $mol \cdot L^{-1}$ $SnCl_2$ 溶液，观察现象，写出反应方程式。

(3)向自制的 Na_2SnO_2 溶液中滴加 0.1 $mol \cdot L^{-1}$ $Bi(NO_3)_3$ 2 滴，观察现象，写出反应方程式。

通过以上实验比较 Sn(Ⅱ)与 Fe(Ⅱ)、Sn(Ⅱ)与 Hg(Ⅰ)还原性的相对强弱。

2. Pb(Ⅳ)的氧化性

(1)在试管中放入少量的 $PbO_2(s)$，然后滴加浓盐酸溶液，观察现象，写出反应方程式。

(2)在有少量 $PbO_2(s)$ 的试管中加入 3 $mol \cdot L^{-1}$ H_2SO_4 酸化溶液，再加入 1 滴 0.1 $mol \cdot L^{-1}$ $MnSO_4$ 溶液，用水浴加热，观察现象，写出反应方程式。

由以上实验对比 Pb(Ⅳ)与 Cl_2、Pb(Ⅳ)与 MnO_4^- 氧化性的相对强弱。

3. As(Ⅲ)、Sb(Ⅲ)、Bi(Ⅲ)的还原性

(1)在 3 mL 质量分数为 40% 的 KOH 溶液中加入 2～3 滴 0.1 $mol \cdot L^{-1}$ $KMnO_4$ 溶液，制备

K_2MnO_4 溶液后把溶液分为 3 份，分别加入 $AsCl_3$ 溶液、$SbCl_3$ 溶液和 $BiCl_3$ 溶液，观察现象，写出反应方程式。

(2)在 3 支试管中制备$[Ag(NH_3)_2]^+$溶液后，分别加入少量的 Na_3AsO_3 溶液（自制）、Na_3SbO_3 溶液（自制）和 0.1 $mol·L^{-1}Bi(NO_3)_3$ 溶液，微热试管，观察现象，写出反应方程式。

(3)在 2 支试管中分别加入 0.1 $mol·L^{-1}AsCl_3$ 及 $SbCl_3$ 溶液，再加入饱和的 $NaHCO_3$ 溶液至溶液呈弱酸性，滴加碘水，观察现象，写出反应方程式。

(4)取少量 0.1 $mol·L^{-1}Bi(NO_3)_3$ 溶液，滴加 6 $mol·L^{-1}NaOH$ 溶液至白色沉淀生成后，加入氯水（或溴水），加热，观察沉淀颜色有何变化？离心，弃去清液，往沉淀中加入 6 $mol·L^{-1}$ HCl，有何现象？用淀粉－碘化钾试纸检验所生成的气体产物，写出反应方程式。

通过以上实验说明 As(Ⅲ)、Sb(Ⅲ)、Bi(Ⅲ)的还原性。

4. As(Ⅴ)、Sb(Ⅴ)、Bi(Ⅴ)的氧化性

(1)在 3 支试管中各加入少量的 $Na[As(OH)_6](s)$、$K[Sb(OH)_6](s)$、$NaBiO_3(s)$及少量的水，以稀酸酸化溶液（用什么酸酸化？）再加入少量 KI 溶液及四氯化碳，观察现象，写出反应方程式。

(2)在 3 支试管中分别加入 2 滴 0.1 $mol·L^{-1}MnSO_4$ 溶液，用 2 $mol·L^{-1}H_2SO_4$ 酸化后分别再加入少量 $Na[As(OH)_6](s)$、$K[Sb(OH)_6](s)$和 $NaBiO_3(s)$，观察现象，写出反应方程式。

通过以上实验说明 As(Ⅴ)、Sb(Ⅴ)、Bi(Ⅴ)的氧化性。

(三)盐类水解特征

1. $SnCl_2$ 水解

取少量 $SnCl_2(s)$用蒸馏水溶解，溶解时有什么现象？溶液的酸碱性如何？往溶液中滴加浓盐酸后又有什么变化？再稀释后又有什么变化？试解释说明。

2. $SbCl_3$、$Bi(NO_3)_3$、$Pb(NO_3)_2$ 的水解

用少量 $SbCl_3(s)$、$Bi(NO_3)_3(s)$、$Pb(NO_3)_2(s)$重复以上实验，观察其现象有何异同。

(四)难溶盐

1. 卤化物

(1)在少量水中加入数滴 0.1 $mol·L^{-1}Pb(NO_3)_2$ 溶液，再滴加几滴 2 $mol·L^{-1}HCl$ 溶液，有什么现象？加热后又有什么变化？再把溶液冷却又有什么现象？试给予解释。

(2)在少量 0.1 $mol·L^{-1}Pb(NO_3)_2$ 溶液中滴加浓盐酸，有何现象？取少量白色沉淀，继续滴加浓盐酸，又有何现象？用水稀释后又有什么变化？写出反应方程式。

(3)取数滴 0.1 $mol·L^{-1}Pb(NO_3)_2$ 溶液，用少量水稀释后再加入 1～2 滴 0.1 $mol·L^{-1}KI$ 溶液，观察现象，试验沉淀在热水中的溶解情况。

2. 铅的含氧酸盐

(1)铬酸盐。在少量 $Pb(NO_3)_2$ 溶液中滴加 K_2CrO_4 溶液，观察现象，试验生成的沉淀在 6 $mol·L^{-1}HNO_3$、6 $mol·L^{-1}NaOH$、6 $mol·L^{-1}$ HAc 及饱和 NaAc 溶液中的溶解情况，写出反应方程式。

再用 $BaCl_2$ 溶液代替 $Pb(NO_3)_2$ 溶液，重复以上实验，观察现象有何异同？写出反应方程式。

(2)硫酸盐。观察由 $Pb(NO_3)_2$ 溶液与 1 $mol·L^{-1}H_2SO_4$ 溶液反应生成沉淀的颜色和状

态，再分别试验沉淀在 2 $mol \cdot L^{-1}$NaOH 溶液中及饱和 NaAc 溶液中的反应，写出反应方程式。

再用 $BaCl_2$ 溶液代替 $Pb(NO_3)_2$ 溶液重复以上实验，观察现象，写出反应方程式。

通过以上实验总结 Ba^{2+}、Pb^{2+} 的分离方法。

3.硫化物

(1)SnS 的生成和性质。在 1 mL $SnCl_2$ 溶液中，加入几滴饱和硫化氢水，观察棕色 SnS 沉淀的生成。离心分离，用蒸馏水洗涤沉淀，分别试验沉淀与 1 $mol \cdot L^{-1}$$Na_2S$ 和多硫化铵(或多硫化钠)溶液的作用。如沉淀溶解，再用稀 HCl 酸化，观察有何变化。

(2)SnS_2 的生成和性质。在 $SnCl_4$ 溶液中加入几滴饱和硫化氢水溶液，观察黄色 SnS_2 沉淀生成。离心分离，洗涤沉淀，试验沉淀物与 1 $mol \cdot L^{-1}$$Na_2S$ 溶液作用。如沉淀溶解，再用稀盐酸酸化，观察有何变化。反应方程式为

$$SnS_2 + S^{2-} = SnS_3^{2-} \downarrow$$

$$SnS_3^{2-} + 2H^+ = SnS_2 \downarrow + H_2S$$

(3)PbS 的生成和性质。在 $Pb(NO_3)_2$ 溶液中加入几滴饱和硫化氢水溶液，观察黑色 PbS 生成。分别试验沉淀物与 1 $mol \cdot L^{-1}$ Na_2S 和多硫化铵溶液的作用。

根据实验结果，比较 SnS 与 SnS_2 以及 SnS 与 PbS 在性质上的差异。

(4)As_2S_3 的生成和性质。

① 在 Na_3AsO_3 和 6 $mol \cdot L^{-1}$ HCl 的混合溶液中加入数滴饱和硫化氢水溶液，观察现象。

② 离心分离，弃去溶液，洗涤沉淀 2～3 次，试验沉淀物与 1 $mol \cdot L^{-1}$ Na_2S 溶液作用，观察现象；再加入稀 HCl，又有何变化。反应方程式为

$$2AsO_3^{3-} + 6H^+ + 3H_2S = As_2S_3 \downarrow + 6H_2O$$

$$As_2S_3 + 3S^{2-} = 2AsS_3^{3-}$$

$$2AsS_3^{3-} + 6H^+ = As_2S_3 \downarrow + 3H_2S$$

(5)Sb_2S_3 的生成和性质。以 $SbCl_3$ 溶液代替 Na_3AsO_3 和盐酸的混合液，进行同上的实验，观察所发生的现象，写出反应方程式。

(6)Bi_2S_3 的生成和性质。

① 在 $Bi(NO_3)_3$ 溶液中加入饱和硫化氢水溶液，观察现象，写出反应式。

② 离心分离，弃去溶液，洗涤沉淀 2～3 次，试验沉淀物与 Na_2S 溶液的作用，观察沉淀是否溶解?

(7)As_2S_5 的生成和性质。

① 往 5 滴 Na_3AsO_4 和 5 滴浓 HCl 的混合溶液中滴加数滴饱和硫化氢水溶液，观察沉淀的颜色和状态。

② 离心分离，弃去溶液，洗涤沉淀 2～3 次，将沉淀物分成 3 份，分别加入几滴浓盐酸、2 $mol \cdot L^{-1}$NaOH和 1 $mol \cdot L^{-1}$ Na_2S 溶液，观察沉淀的溶解情况。写出反应方程式。

(五)小设计

(1)设计分析铅丹(Pb_3O_4)组成的实验方法。

(2)取 0.1 $mol \cdot L^{-1}$$SbCl_3$ 溶液与 $Bi(NO_3)_3$ 溶液混合，再加以分离鉴定。

五、安全知识

(1)As_2O_3 俗称砒霜，是剧毒物质，误服 0.1 g 即可致死。可溶性的砷化合物也有剧毒，

故实验时切勿让其进入口内或与伤口接触，实验完毕后要及时洗手，实验废液也要及时集中回收处理。

(2)锡、铅、锑、铋等化合物均有毒性，因此使用时必须格外注意，废液应集中回收处理。

实验五　ds 区元素化合物的性质

一、实验目的

(1)掌握铜、银、锌、镉、汞的氧化物或氢氧化物的酸碱性。

(2)了解铜、银、锌、镉、汞的金属离子形成配合物的特征以及铜和汞的氧化态变化。

二、预习与思考

(1)预习铜分族元素、锌分族元素化合物性质的有关内容。

(2)思考并回答下列问题

① 制作银镜是利用银离子的什么性质？反应前为什么要把 Ag^+ 变成银氨配离子？

② 为什么在 $CuSO_4$ 溶液中加入 KI 即产生 CuI 沉淀，而加 KCl 则不出现 CuCl 沉淀，怎样才能得到 CuCl 沉淀？

③ 硝酸汞、硝酸亚汞与 KI 的作用有何不同？

三、仪器和药品

离心机，试管。

$CuCl_2$(s)，KBr(s)。

$CuSO_4$，$AgNO_3$，$ZnSO_4$，$CdSO_4$，$Hg(NO_3)_2$，Hg，Na_2S，$HgCl_2$，NaCl，KBr，KI，NH_4Cl，$CuCl_2$，$Na_2S_2O_3$，$CoCl_2$，$K_4[Fe(CN)_6]$，$SnCl_2$(以上溶液浓度均为 0.1 $mol \cdot L^{-1}$)。

葡萄糖(质量分数为 10%)、KNCS(质量分数为 25%)、淀粉(质量分数为 1%)、Na_2SO_3(2 $mol \cdot L^{-1}$)，KI(2 $mol \cdot L^{-1}$)，二苯硫腙。

四、实验内容

(一)氢氧化物的生成与性质

分别往 $CuSO_4$、$AgNO_3$、$ZnSO_4$、$CdSO_4$、$Hg(NO_3)_2$ 溶液中滴加 2 $mol \cdot L^{-1}$ NaOH，观察产生沉淀的颜色状态，并试验其在酸碱溶液中的溶解性。

(二)配合物

1.氨合物

分别往 $CuSO_4$、$AgNO_3$、$ZnSO_4$、$CdSO_4$、$HgCl_2$ 溶液中滴加 2 $mol \cdot L^{-1}$ $NH_3 \cdot H_2O$，观察沉淀的生成与溶解。写出有关的反应方程式。

2.其他配体的配合物

(1) 银的配合物。

① 银的配合物与银的沉淀物间的配位与沉淀平衡。利用 $AgNO_3$、NaCl、$NH_3 \cdot H_2O$、KBr、$Na_2S_2O_3$、KI 和 Na_2S 等试剂，实验"Ag^+ 反应序"，比较 AgCl、AgBr 、AgI 和 Ag_2S 溶解度的大小以及 Ag^+ 与 $NH_3 \cdot H_2O$、$Na_2S_2O_3$ 生成的配合物稳定性的大小。记录有关现象，写出反应方程式。

② 银镜的制作。在试管中加入少量 $AgNO_3$ 溶液,然后滴加 2 mol·L^{-1}$NH_3 \cdot H_2O$ 至生成沉淀刚好溶解为止。再往溶液中加入少量质量分数为 10%的葡萄糖溶液,并在水浴上加热,观察现象,写出反应方程式,并加以解释。

(2) 汞的配合物的生成及应用。

① 在 $Hg(NO_3)_2$ 溶液中逐滴加入 KI 溶液,观察沉淀的生成与溶解。然后往溶解后的溶液中加入 2 mol·L^{-1}NaOH 溶液使其呈碱性,再加入几滴铵盐溶液,观察现象。写出反应式(此反应可用于检验 NH_4^+ 的存在)。

② 在 $Hg(NO_3)_2$ 溶液中逐滴加入质量分数为 25%的 KNCS 溶液,观察沉淀的生成与溶解,写出反应方程式。把溶液分成 2 份,分别加入锌盐和钴盐,并用玻璃棒摩擦试管内壁,观察白色 $Zn[Hg(NCS)_4]$ 和蓝色 $Co[Hg(NCS)_4]$ 沉淀的生成。(此反应可用于定性检验 Zn^{2+}、Co^{2+})

(3) 铜(Ⅱ)的配合物。取少量固体 $CuCl_2$,然后加入浓盐酸,温热使固体溶解,再加入少量蒸馏水,观察溶液的颜色,写出反应方程式。

取少量固体 KBr,慢慢加入上述溶液中,直到振荡后不再溶解为止。观察现象,并作解释。

(三)铜(Ⅰ)化合物及其性质

1.碘化亚铜(Ⅰ)的形成

在 $CuSO_4$ 溶液中加入 KI 溶液,观察现象,用实验验证反应产物,写出反应方程式。

2.氯化亚铜(I)的形成和性质

取少量固体 $CuCl_2$,加入 3～4 mL 2 mol·L^{-1}Na_2SO_3 溶液,振荡,观察现象,若有沉淀产生,取其少许分别试验沉淀与浓氨水和浓盐酸的反应,观察现象,写出反应方程式。

3.氧化亚铜(Ⅰ)的形成和性质

在 $CuSO_4$ 溶液中加入过量的 6 mol·L^{-1}NaOH 溶液,使最初生成的沉淀完全溶解。然后再加入数滴质量分数为 10%的葡萄糖溶液,摇匀,微热,观察现象。若生成沉淀,离心分离,并用蒸馏水洗涤沉淀。往沉淀中加入 1 mol·L^{-1} H_2SO_4 溶液,再观察现象,写出反应方程式。

(四)汞(Ⅰ)和汞(Ⅱ)相互转化

1.Hg^{2+} 离子转化为 Hg_2^{2+} 离子

(1)在 $Hg(NO_3)_2$ 溶液中加入数滴 NaCl 溶液,观察现象。

(2)在少量 $Hg(NO_3)_2$ 溶液中加入 1 滴汞,振荡试管,把清液转移至另一试管中(余下的汞要回收)。将溶液分成 2 份,在其中 1 份清液中加入 NaCl 溶液数滴,观察现象,并与上一试验对比,写出反应方程式。另一份供下一实验用。

2.汞(Ⅰ)的歧化分解

在上一个实验制得的 $Hg_2(NO_3)_2$ 溶液中滴加 2 mol·L^{-1}KI 溶液,观察现象。

(五)铜、银、锌、镉、汞的鉴定

1.Cu^{2+} 的鉴定

取 2 滴 $CuSO_4$ 溶液,加入 2 滴 2 mol·L^{-1}HAc 溶液和 2 滴 0.1 mol·L^{-1}$K_4[Fe(CN)_6]$溶液,出现红棕色沉淀,在沉淀中加入 6 mol·L^{-1}氨水,沉淀溶解生成蓝色溶液,表示有 Cu^{2+} 存在。

2.Ag^+ 的鉴定

在试管中加入 5 滴 0.1 mol·L^{-1}$AgNO_3$ 溶液,滴加 2 mol·L^{-1}HCl 至沉淀完全,离心分离,将沉淀用蒸馏水洗涤 2 次,然后在沉淀中加入过量的 6 mol·L^{-1}氨水,待沉淀溶解后,加入

2 滴 0.1 mol·L^{-1}KI 溶液，有淡黄色 AgI 沉淀生成，表示有 Ag^+ 存在。

3.Zn^{2+}的鉴定

在 2 滴 0.1 mol·L^{-1}$ZnSO_4$ 溶液中，加入 5 滴 6 mol·L^{-1}NaOH 溶液，再加入 6 滴二苯硫腙，振荡，若水溶液呈粉红色，则表示有 Zn^{2+} 存在。

4.Cd^{2+}的鉴定

在 5 滴 0.1 mol·L^{-1}$CdSO_4$ 溶液中加入 5 滴 0.1 mol·L^{-1}Na_2S 溶液，若有黄色 CdS 沉淀产生，表示有 Cd^{2+} 存在。

5.Hg^{2+}的鉴定

在 2 滴 0.1 mol·L^{-1}$HgCl_2$ 溶液中，滴加 0.1 mol·L^{-1}$SnCl_2$ 溶液，片刻后若有白色沉淀 Hg_2Cl_2 产生，继而转变为灰黑色的 Hg 沉淀，表示有 Hg^{2+} 存在。写出反应方程式。

(六)小设计

(1)某试液中含有 Ag^+、Pb^{2+}、Zn^{2+}、Cu^{2+}离子，设计分离方案并检出各离子。

(2)废定影液的主要成分为$[Ag(S_2O_3)_2]^{3-}$，试设计一实验方案从这些废液中回收银(以 $AgNO_3$ 形式回收)。

实验六　d 区元素化合物的性质(一)

一、实验目的

(1)掌握 d 区元素某些氢氧化物的酸碱性。

(2)掌握 d 区元素某些化合物可变价态的氧化还原性。

二、预习与思考

(1)预习 d 区某些元系的不同价态稳定性和互相转化的条件。

(2)思考并回答下列问题：

① 如何把 Fe^{2+}、Al^{3+}、Cr^{3+} 从混合溶液中分离？

② 怎样实现 Cr^{3+} – CrO_4^{2-}、MnO_2 – Mn^{2+}、MnO_2 – MnO_4^{2-}、MnO_2 – MnO_4^-、MnO_4^{2-} – MnO_4^- 等价态之间互相转化？

③ 钛和钒各有几种常见氧化态？指出它们在水溶液中的状态和颜色。

三、仪器和药品

试管，蒸发皿。

锌粒(或锌粉)，$NaBiO_3$，MnO_2，$(NH_4)_2Cr_2O_7$，$KMnO_4$，TiO_2(以上为固体)。

$TiOSO_4$，$Cr_2(SO_4)_3$，$MnSO_4$，$(NH_4)_2Fe(SO_4)_2$，$FeCl_3$，$CoCl_2$，$NiSO_4$，$KMnO_4$，Na_2CO_3，$CuCl_2$，$KCr(SO_4)_2$，$K_2Cr_2O_7$，$AgNO_3$，$BaCl_2$，$Pb(NO_3)_2$，Na_2S，Na_2SO_3(以上溶液浓度均为 0.1 mol·L^{-1})。

NH_4Cl(饱和)，NH_4VO_3(饱和)，H_2O_2(质量分数为 3%)，$NaNO_2$(0.5 mol·L^{-1})，乙醚，Na_2WO_4(饱和)，$(NH_4)_2MoO_4$(饱和)，H_2S 水，淀粉 – 碘化钾试纸，溴水。

四、实验内容

(一)氢氧化物的酸碱性

分别向 $TiOSO_4$、$Cr_2(SO_4)_3$、$MnSO_4$、$(NH_4)_2Fe(SO_4)_2$、$FeCl_3$、$CoCl_2$ 和 $NiSO_4$ 溶液中滴加 2 $mol\cdot L^{-1}$NaOH溶液,观察现象,并试验沉淀的酸碱性。写出反应方程式。

(二)钛的化合物

1.二氧化钛的性质

在两个蒸发皿中各放入少量 TiO_2 固体,分别加入 2 mL 浓硫酸和 2 mL 质量分数为 40% 的 NaOH 溶液,加热 10 min 以上(在通风橱中进行,注意控制温度,防止浓硫酸溅出和分解),观察 TiO_2 是否溶解。写出反应方程式。(保留有浓硫酸的溶液备用)

2.钛酸 $Ti(OH)_4$ 的生成和性质

往上一个实验中保留的加有浓硫酸的溶液中滴加 6 $mol\cdot L^{-1}$$NH_3\cdot H_2O$,直至有大量沉淀生成,观察沉淀的颜色。离心分离,将沉淀分成 3 份进行下列实验:

(1) 加 2 $mol\cdot L^{-1}$ H_2SO_4 溶液。

(2) 加 6 $mol\cdot L^{-1}$ NaOH 溶液。

(3) 加 3 mL 蒸馏水煮沸 5 min,离心分离,分别试验沉淀与 2 $mol\cdot L^{-1}$ H_2SO_4 和 6 $mol\cdot L^{-1}$ NaOH溶液的作用。

3.Ti(Ⅲ)的性质

往 3 mL 0.1 $mol\cdot L^{-1}$$TiOSO_4$ 溶液中加 2 粒锌粒,观察溶液的颜色变化。反应几分钟后,将溶液分装于 2 支试管中,分别加 0.1 $mol\cdot L^{-1}$ Na_2CO_3 和 0.1 $mol\cdot L^{-1}$ $CuCl_2$ 溶液,观察现象。反应方程式为

$$2Ti^{4+} + Zn \xlongequal{} 2Ti^{3+} + Zn^{2+}$$

$$Ti^{3+} + Cu^{2+} + Cl^- + H_2O \xlongequal{} TiO^{2+} + CuCl\downarrow + 2H^+$$

(三)钒的化合物

试验各种氧化态的钒化合物的颜色及氧化还原性。取 3 mL 饱和 NH_4VO_3 溶液,用 6 $mol\cdot L^{-1}$ 盐酸酸化,制得 VO_2Cl 溶液,然后加入少量锌粉,放置片刻,仔细观察溶液颜色的变化。分别试验溶液与不同量 $KMnO_4$ 溶液的反应,使 V^{2+} 分别被氧化成 V^{3+}、VO^{2+}、VO_2^+,观察它们在溶液中的颜色,写出反应方程式。

(四)铬的化合物

1.Cr(Ⅲ)的还原性和 Cr(Ⅵ)的氧化性

(1)在 0.1 $mol\cdot L^{-1}$ $KCr(SO_4)_2$ 溶液中,加入过量 NaOH 使生成 CrO_2^-。然后加入少量质量分数为 3% 的 H_2O_2 溶液,水浴加热,观察黄色的生成。写出反应式。

(2)取少量 0.1 $mol\cdot L^{-1}$ $K_2Cr_2O_7$ 溶液,用稀酸酸化,然后加入几滴质量分数为 3% 的 H_2O_2 溶液,观察现象。反应方程式为

$$Cr_2O_7^{2-} + 3H_2O_2 + 8H^+ \xlongequal{} 2Cr^{3+} + 3O_2\uparrow + 7H_2O$$

(查出有关电对的电极电势,说明以上两个实验的结果。)

(3)在 0.1 $mol\cdot L^{-1}$ $K_2Cr_2O_7$ 溶液中,滴加 0.5 $mol\cdot L^{-1}$$NaNO_2$ 溶液,观察有何变化。如无变化,再加入稀 H_2SO_4 酸化,再观察有何变化。写出反应方程式。

2.铬酸根和重铬酸根在水溶液中的平衡

在 $K_2Cr_2O_7$ 溶液中加入稀碱溶液使其呈碱性，观察颜色有何变化。再加入稀酸至呈酸性，观察又有何变化。写出反应方程式。

3.重铬酸铵的热分解

在1支大试管中加入少量$(NH_4)_2Cr_2O_7$ 固体，加热分解，观察反应情况与产物颜色。反应方程式为

$$(NH_4)_2Cr_2O_7 = N_2\uparrow + 4H_2O\uparrow + Cr_2O_3$$

4.难溶性铬酸盐

分别试验 K_2CrO_4 溶液与 $AgNO_3$、$BaCl_2$、$Pb(NO_3)_2$ 溶液的反应。观察结果，写出反应式。

以 $K_2Cr_2O_7$ 溶液代替 K_2CrO_4 溶液做同样的试验。并比较两个实验的结果。

5.过氧化铬的生成和分解

在少量0.1 mol·L^{-1} $K_2Cr_2O_7$ 溶液中，加稀 H_2SO_4 酸化，再加少量乙醚，然后滴入质量分数为3%的 H_2O_2 溶液，摇匀，观察溶液由于生成的过氧化铬 CrO_5 溶于乙醚而呈蓝色。但 CrO_5 不稳定，慢慢分解，乙醚层蓝色逐渐褪去。反应方程式为

$$Cr_2O_7^{2-} + 4H_2O_2 + 2H^+ = 2CrO_5 + 5H_2O$$

$$4CrO_5 + 12H^+ = 4Cr^{3+} + 7O_2\uparrow + 6H_2O$$

(五)钼、钨的化合物

1.钼酸和钨酸的生成和性质

取0.5 mL饱和$(NH_4)_2MoO_4$ 溶液，滴加6 mol·L^{-1}盐酸，观察沉淀的生成和颜色，继续滴加，由于生成可溶性的 MoO_2Cl_2 而使沉淀消失。

取饱和 Na_2WO_4 溶液，进行同样试验，观察沉淀是否溶于过量酸中。

2.钼(Ⅵ)和钨(Ⅵ)的氧化性

取少量饱和$(NH_4)_2MoO_4$ 溶液，用6 mol·L^{-1}盐酸酸化后，加一锌粒(或锌粉)，摇荡，观察溶液颜色有什么变化？放置一段时间后(在进一步的反应过程中可补加几滴盐酸)，观察又有何变化？写出反应方程式。

取饱和 Na_2WO_4 溶液，进行同样试验，观察现象，写出反应方程式。

(六)锰的化合物

1.锰(Ⅱ)化合物的性质

(1) 氢氧化锰(Ⅱ)的生成和性质。在4支试管中各加入0.1 mol·L^{-1} $MnSO_4$ 溶液和2 mol·L^{-1} NaOH溶液，制得 $Mn(OH)_2$(注意产物的颜色)。然后将1支试管振荡，使沉淀与空气接触，观察沉淀颜色的变化。其余3支分别试验 $Mn(OH)_2$ 与稀酸、稀碱溶液和饱和 NH_4Cl 溶液的反应，观察沉淀是否溶解。写出有关化学反应方程式。

(2)硫化锰的生成。往 $MnSO_4$ 溶液中加数滴 H_2S 水，观察有无沉淀产生。再逐滴加入2 mol·L^{-1}$NH_3\cdot H_2O$溶液，观察生成沉淀的颜色。若用 Na_2S 溶液代替 H_2S 水溶液，结果如何？

(3)锰(Ⅱ)的还原性。

① 在3 mL 2 mol·L^{-1}H_2SO_4 中加入2滴0.01 mol·L^{-1} $MnSO_4$ 溶液。再加入少量 $NaBiO_3$ 固体，用水浴微热，观察紫红色的生成。写出反应方程式。

② 在6 mol·L^{-1}NaOH 和溴水的混合溶液中，加入0.1 mol·L^{-1} $MnSO_4$ 溶液。观察棕黑

色 $MnO_2 \cdot nH_2O$ 的生成。写出反应方程式。

2.锰(Ⅳ)的化合物的生成和性质

(1)在少许 MnO_2 固体中加入 2 mL 浓盐酸,观察深棕红色液体的生成。把此溶液加热,溶液颜色有何变化,有何气体产生?反应方程式为

$$MnO_2 + 4HCl = MnCl_4 + 2H_2O$$

$$MnCl_4 = MnCl_2 + Cl_2 \uparrow$$

(2)往 0.1 $mol \cdot L^{-1}$ $KMnO_4$ 溶液中,加入 0.1 $mol \cdot L^{-1}$ $MnSO_4$ 溶液,观察棕黑色 MnO_2 水合物的生成。写出反应方程式。

3.锰(Ⅶ)的化合物

(1)$KMnO_4$ 的热分解。取少许 $KMnO_4$ 固体,加热,观察反应现象,并用火柴余烬检验气体产物。继续加热至无气体放出。冷却后加入少量水,观察溶液的颜色。反应方程式为

$$2KMnO_4 = MnO_2 + K_2MnO_4 + O_2 \uparrow$$

(2)$KMnO_4$ 在不同介质中的氧化作用。分别取少量 0.1 $mol \cdot L^{-1}$ $KMnO_4$ 溶液,分别加入 2 $mol \cdot L^{-1}$ H_2SO_4、6 $mol \cdot L^{-1}$ NaOH 和蒸馏水,然后各加少量 Na_2SO_3 溶液,观察反应现象,比较它们的产物有何不同。写出离子反应方程式。

(七)铁、钴、镍的化合物

1.Fe(Ⅱ)、Co(Ⅱ)和 Ni(Ⅱ)的还原性

(1)分别在 $(NH_4)_2Fe(SO_4)_2$、$CoCl_2$、$NiSO_4$ 溶液中加入几滴溴水,观察现象,写出反应方程式。

(2)分别在 $(NH_4)_2Fe(SO_4)_2$、$CoCl_2$、$NiSO_4$ 溶液中加入 6 $mol \cdot L^{-1}$ NaOH,观察现象,将沉淀放置一段时间后观察有何变化?再将 Co(Ⅱ)、Ni(Ⅱ)生成的沉淀各分成 2 份,分别加入质量分数为 3% 的 H_2O_2 和溴水,它们各有何变化?写出反应方程式。

根据实验结果比较 Fe(Ⅲ)、Co(Ⅲ)、Ni(Ⅲ)的氧化性。

2.Fe(Ⅲ)、Co(Ⅲ)和 Ni(Ⅲ)的氧化性

制取 $Fe(OH)_3$、CoO(OH)、NiO(OH)沉淀,并分别加入浓盐酸,观察现象,检查反应是否有氯气生成?写出反应方程式。

根据实验结果比较 Fe(Ⅲ)、Co(Ⅲ)、Ni(Ⅲ)的氧化性差异。

(九)小设计

试设计方案,将含有 Cr^{3+}、Al^{3+}、Mn^{2+} 的混合溶液分离检出。

实验七　d 区元素化合物的性质(二)

一、实验目的

(1)观察和了解 d 区某些元素水合离子的颜色。

(2)掌握 d 区元素某些金属离子的配合物及形成配合物后对其性质的影响。

(3)掌握 d 区元素某些配合物在鉴定金属离子中的应用。

(4)了解 d 区元素某些金属离子水解性。

二、预习与思考

(1)预习 d 区元素某些金属离子形成配合物的特征及其对性质的影响。

(2)思考并回答下列问题:

①为什么 d 区元素水合离子有颜色?

②利用 KI 定量测定 Cu^{2+} 时,杂质 Fe^{3+} 的存在会产生干扰,如何排除干扰?

③根据电对的电极电势,常温下 Fe^{2+} 难以将 Ag^{+} 还原为单质银,如何应用配合物性质,用 Fe^{2+} 回收银盐溶液中的银?

三、仪器和药品

试管,玻璃棒。

NaF,$Na_2C_2O_4$,EDTA,NaCl,NH_4NO_3(以上为固体)。

$TiCl_3$,$TiOSO_4$,$KCr(SO_4)_2$,$MnSO_4$,$(NH_4)_2Fe(SO_4)_2$,$CoCl_2$,$NiSO_4$,$K_2Cr_2O_7$,K_2CrO_4,$KMnO_4$,$Cr(NO_3)_3$,$Cr_2(SO_4)_3$,$FeCl_3$,KI,$FeSO_4$,$K_3[Fe(CN)_6]$,$K_4[Fe(CN)_6]$,$Fe(NO_3)_3$,$AgNO_3$,Na_2HPO_4(以上溶液浓度均为 0.1 $mol \cdot L^{-1}$)。

$(NH_4)_2MoO_4$(饱和),Na_2WO_4(饱和),NH_4VO_3(饱和),KNCS(饱和),H_2O_2(质量分数为3%),乙醚,四氯化碳,淀粉,碘水,NH_4F(质量分数为 10%),乙二胺(质量分数为 1%),邻菲罗啉,戊醇,丙酮,丁二酮肟(质量分数为 1%)。

四、实验内容

(一)观察和熟悉下列水合离子的颜色(以表格形式写出观察结果)

1.水合阳离子

$Ti(H_2O)_6^{3+}$,$Cr(H_2O)_6^{3+}$,$Mn(H_2O)_6^{2+}$,$Fe(H_2O)_6^{2+}$,$Co(H_2O)_6^{2+}$,$Ni(H_2O)_6^{2+}$。

2.水合阴离子

CrO_4^{2-},$Cr_2O_7^{2-}$,MnO_4^{2-},MnO_4^{-},MoO_4^{2-},WO_4^{2-},VO_3^{-}。

(二)某些金属元素离子的颜色变化

1.Cr^{3+}离子的水合异构现象

取少量 1 $mol \cdot L^{-1}$ $Cr(NO_3)_3$ 溶液进行加热,观察加热前后溶液颜色的变化。

$$[Cr(H_2O)_6](NO_3)_3 \underset{\text{冷}}{\overset{\text{热}}{\rightleftharpoons}} [Cr(H_2O)_5NO_3](NO_3)_2 + H_2O$$

2.观察不同配体的 Co(Ⅱ)配合物的颜色

向饱和 KNCS 溶液中滴加 $CoCl_2$ 溶液至呈蓝紫色,将此溶液分装 3 支试管,在其中 2 支试管溶液中分别加入蒸馏水和丙酮,对比 3 支试管溶液颜色差异,并做解释。

$$[Co(NCS)_4]^{2-} + 6H_2O \underset{\text{丙酮}}{\overset{\text{水}}{\rightleftharpoons}} [Co(H_2O)_6]^{2+} + 4NCS^{-}$$

(三)某些金属离子配合物

1.氨合物

分别向 0.1 $mol \cdot L^{-1}$ $Cr_2(SO_4)_3$、$MnSO_4$、$FeCl_3$、$(NH_4)_2Fe(SO_4)_2$、$CoCl_2$ 和 $NiSO_4$ 盐溶液中滴加 6 $mol \cdot L^{-1}$ $NH_3 \cdot H_2O$。观察现象,写出反应方程式,并总结上述金属离子形成氨合物的能力。

2.配合物的形成对氧化还原性的影响

(1)往 KI 和 CCl_4 混合溶液中加入 $FeCl_3$ 溶液,观察现象。若上述试液在加入 $FeCl_3$ 之前先加入少量固体 NaF,观察现象有什么不同?作出解释并写出反应方程式。

(2)在 0.5 mL 0.1 $mol \cdot L^{-1}$ $FeCl_3$ 溶液中,滴加 0.1 $mol \cdot L^{-1}$ KI 溶液,再加 2 滴淀粉,有何

现象？

用 0.1 mol·L^{-1}$K_3[Fe(CN)_6]$溶液代替 $FeCl_3$ 溶液重复上述实验。

(3)在室温下，分别对比 0.1 mol·L^{-1}$(NH_4)_2Fe(SO_4)_2$ 溶液在有EDTA存在下与没有EDTA存在下和 $AgNO_3$ 溶液的反应，并给予解释。

(4)向盛有 5 滴 0.1 mol·L^{-1}$K_4[Fe(CN)_6]$溶液的试管中，加入 3 滴碘水，摇动试管后，再加入 2 滴 0.1 mol·L^{-1}$(NH_4)_2Fe(SO_4)_2$ 溶液，有何现象发生？

在碘水中加 2 滴淀粉，再逐滴加入 0.1 mol·L^{-1}$(NH_4)_2Fe(SO_4)_2$ 溶液，有无变化？

试从配合物的生成对电极电势的影响来解释金属离子氧化还原能力的不同。

3.配合物稳定性与配位体的关系

(1)在 0.1 mol·L^{-1}$Cr_2(SO_4)_3$ 溶液中加入少量固体 $Na_2C_2O_4$，振荡，观察溶液颜色的变化，再逐滴加入 2 mol·L^{-1}NaOH，观察有无沉淀生成？作出解释，并写出反应方程式。

(2)在盛有 1 mL 0.5 mol·L^{-1}$Fe(NO_3)_3$ 溶液试管中，加入少量 NaCl 固体，振荡，使之完全溶解，观察溶液颜色的变化；随后加入 3 滴 0.1 mol·L^{-1}KSCN 溶液，溶液变为什么颜色？接着加入几滴质量分数为 10% NH_4F 溶液，观察溶液颜色是否褪去？最后往溶液中加入少量固体 $Na_2C_2O_4$，观察溶液颜色变化。查出配离子的稳定常数并作解释。

(3)在 0.1 mol·L^{-1}$NiSO_4$ 溶液中加入过量 2 mol·L^{-1}$NH_3·H_2O$，观察现象。然后逐滴加入质量分数为 1%的乙二胺溶液，再观察现象。

(四)金属离子的水解作用

1.Fe(Ⅲ)盐的水解

(1)在试管中加入 1 mL 0.1 mol·L^{-1}$FeCl_3$ 溶液，再加入 1 mL 蒸馏水，加热煮沸，观察现象，写出反应方程式。

(2)在 0.1 mol·L^{-1}$FeCl_3$ 溶液滴加 0.1 mol·L^{-1} Na_2S 溶液，有何现象？

2.Cr(Ⅲ)盐水解

(1) 向 0.1 mol·L^{-1}$Cr_2(SO_4)_3$ 溶液中滴加 0.1 mol·L^{-1}Na_2CO_3 溶液，观察现象，写出反应式，并解释实验结果。

(2) 向 1 mL 0.1 mol·L^{-1}$Cr_2(SO_4)_3$ 溶液中，滴加 0.1 mol·L^{-1} Na_2S 溶液(可微热)，有何现象？怎样证明有 H_2S 逸出？

3.Ti(Ⅳ)盐的水解

取 1~2 滴 $TiOSO_4$ 溶液，加入适量蒸馏水，加热煮沸观察现象，写出反应方程式。

(五)配合物应用——金属离子的鉴定

1.铁的鉴定

(1) Fe(Ⅱ)的鉴定。藤氏蓝的生成：向 0.5 mL 0.1 mol·L^{-1}$FeSO_4$ 溶液中加入 2 滴 0.1 mol·L^{-1}$K_3[Fe(CN)_6]$溶液，观察产物的颜色和状态。写出反应方程式。

向 0.5 mL 0.1 mol·L^{-1}$FeSO_4$ 溶液中加入几滴邻菲罗啉溶液，即生成橘红色的配合物。反应方程式为

(2) Fe(Ⅲ)的鉴定。普鲁士蓝的生成：往 0.5 mL 0.1 mol·L^{-1}$FeCl_3$ 溶液中加入 2 滴 0.1 mol·L^{-1}$K_4[Fe(CN)_6]$溶液，观察产物的颜色和状态。写出反应方程式。

向 0.5 mL 0.1 mol·L^{-1}$FeCl_3$ 溶液中，滴加 0.1 mol·L^{-1}KSCN 溶液，观察现象，写出反应方程式。

$$Fe^{2+} + 3\,\left(\text{N}\ \text{N}\right) = \left[\left[\begin{array}{c}\text{N}\rightarrow\\ \text{N}\rightarrow\end{array}\right]_3 Fe\right]^{2+}$$

2. Co(Ⅱ)的鉴定

在 $CoCl_2$ 溶液中加入戊醇(或丙酮)后,再滴加 1 $mol \cdot L^{-1}$ KSCN 溶液,观察水相和有机相的颜色变化,写出反应方程式。

3. Ni(Ⅱ)的鉴定

在 5 滴 0.1 $mol \cdot L^{-1}$ $NiSO_4$ 溶液中加入 5 滴 2 $mol \cdot L^{-1}$ $NH_3 \cdot H_2O$ 至呈弱碱性,再加入 1 滴质量分数为 1%的丁二酮肟溶液,观察现象。反应方程式为

$$Ni^{2+} + 2\begin{array}{l}CH_3-C=NOH\\ \qquad\ \ |\\ CH_3-C=NOH\end{array} \longrightarrow \left.\begin{array}{ccccc} & & O\cdots H\cdots O & & \\ & & | \qquad\quad | & & \\ CH_3-C=N & \searrow & & \swarrow & N=C-CH_3\\ \quad\ | & & Ni & & \quad |\\ CH_3-C=N & \nearrow & & \nwarrow & N=C-CH_3\\ & & | \qquad\quad | & & \\ & & O\cdots H\cdots O & & \end{array}\right\downarrow + 2H^+$$

4. Cr(Ⅲ)的鉴定

在 $Cr_2(SO_4)_3$ 溶液中加入过量 6 $mol \cdot L^{-1}$ NaOH,再加入质量分数为 3%的 H_2O_2 溶液,观察现象。以稀 H_2SO_4 酸化,再加入少量乙醚(或戊醇),继续滴加质量分数为 3%的 H_2O_2 溶液,观察现象,写出反应方程式。

5. Mo(Ⅵ)的鉴定

取少量饱和 $(NH_4)_2MoO_4$ 溶液,用稀硝酸酸化后,加入几滴 0.1 $mol \cdot L^{-1}$ Na_2HPO_4 溶液,再加入少许固体 NH_4NO_3,在水浴中加热,观察生成黄色结晶状沉淀(如无沉淀,可用玻棒摩擦试管壁)。反应方程式为

$$12MoO_4^{2-} + HPO_4^{2-} + 3NH_4^+ + 23H^+ = (NH_4)_3PO_4 \cdot 12MoO_3 \cdot 6H_2O \downarrow + 6H_2O$$

6. Ti(Ⅳ)的鉴定

向少量 $TiOSO_4$ 溶液中,滴加质量分数为 3%的 H_2O_2 溶液,观察现象。再加入少量 6 $mol \cdot L^{-1}$ $NH_3 \cdot H_2O$,又有什么现象?反应方程式为

$$TiO^{2+} + H_2O_2 = [TiO(H_2O_2)]^{2+}\text{(橙红色)}$$

$$[TiO(H_2O_2)]^{2+} + NH_3 \cdot H_2O = H_2Ti(O_2)O_2 \downarrow \text{(黄色)} + NH_4^+ + H^+$$

7. V(Ⅴ)的鉴定

取少量 NH_4VO_3 溶液用盐酸酸化,再加入几滴质量分数为 3%的 H_2O_2 溶液,观察现象。反应方程式为

$$NH_4VO_3 + H_2O_2 + 4HCl = [V(O_2)]Cl_3 + NH_4Cl + 3H_2O$$

五、小设计

已知溶液中含有 Fe^{2+}、Co^{2+}、Ni^{2+} 三种离子,设计一方案,分别检出它们。

第四章　化学分析法

A.酸碱滴定法

实验一　滴定分析基本操作练习

一、实验目的

(1)学习、掌握滴定分析常用仪器的洗涤和正确使用方法。

(2)通过练习滴定操作,初步掌握酸碱指示剂的选择和终点的确定。

(3)掌握氢氧化钠和盐酸溶液的配制。

二、实验原理

0.1 $mol \cdot L^{-1}$HCl 溶液(强酸)和 0.1 $mol \cdot L^{-1}$NaOH 溶液(强碱)相互滴定时,化学计量点时的 pH 为 7.0,滴定的突跃范围为 4.3～9.7,选用在突跃范围内变色的指示剂,可保证测定有足够的准确度。甲基橙(简写为 MO)的变色区域是 3.1(红)～4.4(黄),酚酞(简写为 pp)的 pH 变色区域是 8.0(无色)～9.6(红)。在指示剂不变的情况下,一定浓度的 HCl 溶液和 NaOH 溶液相互滴定时,所消耗的体积之比值 $V(HCl)/V(NaOH)$应是一定的,改变被滴定溶液的体积,此体积之比应基本不变。借此,可以检验滴定操作技术和判断终点的能力。

三、主要试剂和仪器

浓盐酸(12 $mol \cdot L^{-1}$),酚酞指示剂(2 $g \cdot L^{-1}$)乙醇溶液,甲基橙溶液(1 $g \cdot L^{-1}$),固体 NaOH。

四、实验步骤

(一)溶液的配制

(1)0.1 $mol \cdot L^{-1}$ HCl 溶液 用洁净量筒取约 5 mL 12 $mol \cdot L^{-1}$HCl 溶液,倒入 500 mL 试剂瓶中,加水稀释至 500 mL,盖上玻璃瓶塞,摇匀。

(2)0.1 $mol \cdot L^{-1}$ NaOH 溶液 称取固体 2 g NaOH,置于 250 mL 烧杯中,立即加入蒸馏水使之溶解,稍冷却后转入试剂瓶中,加水稀释至 500 mL,盖上瓶塞,充分摇匀。

(二)酸碱溶液的相互滴定

(1)在 250 mL 锥形瓶中加入约 20 mL NaOH 溶液,1 滴甲基橙指示剂,用酸管中的 HCl 溶液进行滴定操作练习。必须熟练掌握操作。练习过程中,可以不断补充 NaOH 溶液和 HCl 溶液,反复进行,直至操作熟练后,再进行(2)、(3)的实验步骤。

(2)由碱管中取出 NaOH 溶液 20～25 mL 于锥形瓶中,放出时以每分钟约 10 mL 的速度,即每秒滴入 3～4 滴溶液,加入 1 滴甲基橙指示剂,用 0.1 $mol \cdot L^{-1}$ HCl 溶液滴定至黄色变为橙色。记下读数。平行滴定 3 份。数据按下列表格记录。计算体积比 $V(HCl)/V(NaOH)$,要求相对偏差在正负 0.3%以内。

(3)用移液管吸取 25.00 mL 0.1 mol·L^{-1} HCl 溶液于 250 mL 锥形瓶中，加 2 ~ 3 滴酚酞指示剂，用 0.1 mol·L^{-1} NaOH 溶液滴定溶液呈微红色，并保持 30 s 不褪色即为终点。如此平行测定 3 份，要求三次之间所消耗 NaOH 溶液的体积的最大差值不超过正负 0.04 mL。

五、滴定记录表格

(1)HCl 溶液滴定 NaOH 溶液

记录项目	I	II	III
V(NaOH)/mL			
V(HCl)/mL			
V_{HCl}/V_{NaOH}			
平均值 V(HCl)/V(NaOH)			
相对偏差/%			
相对平均偏差/%			

(2)NaOH 溶液滴定 HCl 溶液

记录项目	I	II	III
V(HCl)/mL			
V(NaOH)/mL			
平均值 V(NaOH)/mL			
n 次间 V(NaOH)最大绝对差值/mL			

六、思考题

(1)配制 NaOH 溶液时，应选用何种天平称取试剂？为什么？

(2)HCl 溶液和 NaOH 溶液能直接配制准确浓度吗？为什么？

(3)在滴定分析实验中，滴定管和移液管为何要用滴定剂和要移取的溶液润洗几次？滴定中使用的锥形瓶是否也要润洗？为什么？

实验二　酸碱标准溶液浓度的标定

一、实验目的

(1)学习酸碱标准溶液浓度的标定方法。

(2)进一步熟练称量技术和滴定操作。

二、实验原理

间接法配制的酸碱标准溶液，它们的浓度是近似的，必须经过标定来确定其准确浓度。

标定酸碱溶液的基准物质很多，现介绍常用的几种。

1.标定盐酸的基准物——无水碳酸钠(Na_2CO_3)和硼砂($Na_2B_4O_7·10H_2O$)

由于 $Na_2B_4O_7·10H_2O$ 的摩尔质量大(381.4 g·mol^{-1})，吸湿性小，易于制得纯品，故更为常用。硼砂含有结晶水，为防止发生风化失水现象，应保存在装有饱和蔗糖和食盐水溶液的干燥器中(相对湿度 60%)。

标定反应为

$$Na_2B_4O_7 + 2HCl + 5H_2O \xlongequal{} 4H_3BO_3 + 2NaCl$$

H_3BO_3 是很弱的一元酸($K_a = 5.9\times10^{-10}$),故其共轭碱 $H_2BO_3^-$ 碱性较强($K_b = K_w/K_a = 1.7\times10^{-5}$),可被 HCl 滴定。

由于硼砂摩尔质量大,称量误差小,所以可直接称取单份作标定。用 0.05 mol·L^{-1}硼砂去标定 0.1 mol·L^{-1} HCl,滴定终点时 H_3BO_3 物质的量浓度为 0.1 mol·L^{-1},H^+ 的量浓度为

$$c(H^+) = \sqrt{K_a \cdot c_b} = \sqrt{5.9\times10^{-10}\times0.1} = 7.78\times10^{-6}\text{mol·L}^{-1}$$

pH = 5.11 时,可用甲基红作指示剂,标定结果的计算式为

$$c(HCl) = \frac{2m(\text{硼砂})}{M(\text{硼砂})V(HCl)}$$

用无水碳酸钠标定盐酸时,标定反应方程式为

$$Na_2CO_3 + 2HCl \xlongequal{} 2NaCl + H_2O + CO_2\uparrow$$

化学计量点时,溶液 pH 值为 3.9,可用甲基橙或甲基橙－靛蓝混合指示剂(终点时混合指示剂颜色由绿色变为灰色),标定结果的计算式为

$$c(HCl) = \frac{2m(Na_2CO_3)}{M(Na_2CO_3)V(HCl)}$$

2.标定碱的基准物——邻苯二甲酸氢钾或草酸

邻苯二甲酸氢钾易得到纯品,在空气中不吸水,易保存,且摩尔质量大(204.2 g·mol^{-1}),可直接称取单份作标定,是标定 NaOH 溶液较理想的基准物。标定反应方程式为

$$KHC_8H_4O_4 + NaOH \xlongequal{} KNaC_8H_4O_4 + H_2O$$

邻苯二甲酸氢钾是二元弱酸邻苯二甲酸的共扼碱,它的酸性较弱,$K_{a2} = 3.9\times10^{-6}$,但强于它的碱性,故可用 NaOH 滴定。化学计量点时,溶液显弱碱性,pH = 9.20,可用酚酞作指示剂。

草酸($H_2C_2O_4\cdot2H_2O$)是二元酸($K_{a1} = 5.9\times10^{-2}$, $K_{a2} = 6.4\times10^{-5}$),由于 $K_{a1}/K_{a2} < 10^4$,所以只能一步滴定到 $C_2O_4^{2-}$。反应方程式为

$$H_2C_2O_4 + 2NaOH \xlongequal{} Na_2C_2O_4 + 2H_2O$$

化学计量点时,溶液显弱碱性,也可用酚酞作指示剂。标定结果的计算式为

$$c(NaOH) = \frac{m(KHC_8H_4O_4)}{M(KHC_8H_4O_4)V(NaOH)}\text{(以邻苯二甲酸氢钾为基准物)}$$

$$c(NaOH) = \frac{2m(H_2C_2O_4\cdot2H_2O)}{M(H_2C_2O_4\cdot2H_2O)V(NaOH)}\text{(以草酸为基准物)}$$

因 Na_2CO_3 或 $H_2C_2O_4\cdot2H_2O$ 的摩尔质量小,为减少称量误差,可多称几倍量(如 10 倍量),配成一定体积(250 mL)溶液后,每次移取部分(25 mL)溶液使用。

三、主要试剂

HCl 标准溶液(0.100 0 mol·L^{-1}),NaOH 标准溶液(0.100 0 mol·L^{-1}),硼砂(s),邻苯二甲酸氢钾(s),酚酞(2 g·L^{-1}),甲基红(2 g·L^{-1})。

四、实验步骤

1.HCl 标准溶液浓度的标定

用差减法准确称取硼砂 3 份，每份重 0.4～0.5 g，分别放入 250 mL 锥形瓶中(注意编号)，各加 30 mL 蒸馏水，摇动使之溶解(必要时可稍稍加热)，滴入 2 滴甲基红指示剂，用欲标定的 HCl 滴定，边滴边摇，近终点时应逐滴或半滴加入，直至滴加半滴 HCl 溶液恰使溶液由黄色变为橙色即为终点。

用同样的方法滴定另外 2 份硼砂溶液。计算出 HCl 溶液的浓度，要求 3 次标定结果相对偏差不超过 0.3%，并由比较滴定的结果算出 c(NaOH)。

2.NaOH 标准溶液浓度的标定

用差减法准确称取邻苯二甲酸氢钾 3 份，每份 0.4～0.6 g，分别放入已编号的锥形瓶内，各加入 30 mL 蒸馏水溶解。稍加热，待冷却后，滴加 2 滴酚酞指示剂，用待标定的 NaOH 溶液滴定至溶液呈浅粉色并在 30 s 内不褪色为止，记录有关数据，计算出 NaOH 溶液的浓度，3 次平行标定结果的相对偏差不得大于 0.3%，并由比较滴定的结果算出 HCl 溶液的浓度 c(HCl)。

五、思考题

(1)如何计算称取硼砂或邻苯二甲酸氢钾的质量范围？称得太多或太少对标定有何影响？

(2)用无水碳酸钠作基准物标定 HCl 溶液时，能直接称取单份来标定吗？应采取怎样的操作步骤？

(3)Na_2CO_3 作基准物使用前为什么要在 270～300℃下进行干燥？温度过低或过高对标定 HCl 的结果有何影响？

(4)准确称取的硼砂置于锥形瓶中，锥形瓶是否需要预先烘干，为什么？溶解基准物时，加 30 mL 水是用量筒还是用移液管量取？为什么？

(5)用邻苯二甲酸氢钾标定 NaOH 溶液时，为什么用酚酞而不用甲基红作指示剂？

实验三　食用醋中总酸度的测定

一、实验目的

(1)学习食用醋中总酸度的测定方法。

(2)了解强碱滴定弱酸的过程中 pH 值的变化、化学计量点、指示剂的选择。

二、实验原理

食用醋的主要成分是醋酸(HAc)，此外还含有少量其他弱酸，如乳酸等。醋酸为有机弱酸($K_a = 1.8 \times 10^{-5}$)，凡是 $K_a > 10^{-7}$的弱酸，均可由 NaOH 滴定，其反应方程式为

$$HAc + NaOH = NaAc + H_2O$$

反应产物为弱酸强碱盐，滴定突跃在碱性范围内，滴定化学计量点的 pH 值约为 8.7，故可选用酚酞等碱性范围内变色的指示剂。

滴定时，不仅 HAc 与 NaOH 反应，食用醋中可能存在其他各种形式的酸也与 NaOH 反

应,所以滴定所得为总酸度,以 $\rho(HAc)(g\cdot L^{-1})$表示。

食用醋中醋酸的质量分数较大,大约在 3% ~ 5%,可适当稀释后再滴定。如果食醋颜色较深时,可用中性活性炭脱色后滴定。

食醋的质量浓度计算式为

$$\rho(HAc)=\frac{c(NaOH)V(NaOH)\cdot M(HAc)}{V(HAc)}\times 稀释倍数$$

三、主要试剂

NaOH 溶液($0.1\ mol\cdot L^{-1}$):根据所配制溶液的体积计算称取固体 NaOH 的克数,用烧杯在粗天平上称量,加入新鲜的或者煮沸除去 CO_2 的蒸馏水,溶解完全后,转入带橡皮塞的试剂瓶中,加水稀释至所需体积,充分摇匀。

酚酞指示剂($2\ g\cdot L^{-1}$,溶剂为乙醇溶液)。

邻苯二甲酸氢钾($KHC_8H_4O_4$)基准物质:在 100 ~ 125℃干燥 1 h 后,置于干燥器中备用。

食用醋。

四、实验步骤

1. $0.1\ mol\cdot L^{-1}$ NaOH 标准溶液浓度的标定(常量滴定法)

用差减法准确称量邻苯二甲酸氢钾($KHC_8H_4O_4$)0.4 ~ 0.6 g 3 份,分别置于 250 mL 锥形瓶中,加入 40 ~ 50 mL 蒸馏水,使之溶解。加入 2 ~ 3 滴酚酞指示剂,用待标定的 NaOH 溶液滴定至呈微红色并保持 30 s 内不褪色,即为终点,平行标定 3 份,计算 NaOH 溶液的浓度和各次标定结果的相对偏差。

2. 食用醋含量的测定(常量方法)

准确移取食用醋 10.00 mL 置于 100 mL 容量瓶中,用新煮沸并冷却的蒸馏水稀释至刻度,摇匀。用 25 mL 移液管分取 3 份上述溶液,分别置于 250 mL 锥形瓶中,加入 25 mL 蒸馏水,滴 2 ~ 3 滴酚酞指示剂,用 NaOH 标准液滴定至微红色在 30 s 内不褪色即为终点。根据所消耗 NaOH 标准溶液的体积,计算食用醋的总酸量(以醋酸计)。

3. $0.1\ mol\cdot L^{-1}$ NaOH 标准溶液浓度的标定(微型滴定法)

准确称取邻苯二甲酸氢钾($KHC_8H_4O_4$)约 1.0 g 于干燥小烧杯中,加水溶解,定量转入 50 mL容量瓶中,用水稀释至刻度,摇匀。用移液管准确移取 2.00 mL 上述 $KHC_8H_4O_4$ 标准溶液于 25 mL 锥形瓶中,加酚酞指示剂 1 滴,用 NaOH 标准溶液滴定至溶液呈微红色,保持 30 s 内不褪色,即为终点。平行标定 3 ~ 5 份,计算 NaOH 溶液的浓度和各次标定结果的相对偏差,若相对平均偏差大于 0.2%,应征得教师同意,重新标定。

4. 食用醋含量的测定(微型滴定法)

准确移取食用醋 5.00 mL,置于 50 mL 容量瓶中,用新煮沸并冷却的蒸馏水稀释至刻度、摇匀。用 2.00 mL 移液管取 3 份上述溶液,分别置于 25 mL 锥形瓶中,加入 5 mL 蒸馏水,1 滴酚酞指示剂。用 NaOH 标准溶液滴定至溶液呈微红色且 30 s 内不褪色,即为终点。平行测定 3 次,根据所消耗的 NaOH 溶液的用量,计算食用醋中总酸度 $\rho(HAc)(g\cdot L^{-1})$。

五、思考题

(1)标定 NaOH 标准溶液的基准物质常用的有哪几种? 本实验选用的基准物质是什么? 与其他基准物质比较有什么显著的优点?

(2)称取 NaOH 及 $KHC_8H_4O_4$ 各用什么天平？为什么？

(3) 测定食用白醋含量时，为什么选用酚酞为指示剂？能否选用甲基橙或甲基红为指示剂？

实验四　有机酸摩尔质量的测定

一、实验目的

(1)掌握以滴定分析法测定酸碱物质摩尔质量的基本方法。

(2)进一步巩固酸碱滴定操作。

二、实验原理

有机弱酸与 NaOH 的反应方程式为

$$n\text{NaOH} + \text{H}_n\text{A} = \text{Na}_n\text{A} + n\text{H}_2\text{O}$$

当多元有机酸的逐级解离常数 $K_a \geqslant 10^{-7}$，且多元有机酸中的 n 个氢均符合准确滴定的要求时，可以用酸碱滴定法测定，根据下面的公式计算其摩尔质量，即

$$M_A = \frac{m_A}{\frac{a}{b} c_B V_B}$$

式中，$\frac{a}{b}$ 为滴定反应的化学计量数比，本实验中应为 $\frac{1}{n}$；c_B 及 V_B 分别为 NaOH 的物质的量浓度及滴定所消耗的体积；m_A 为称取的有机酸的质量。测定时，n 值须为已知。滴定突跃在碱性范围内，可选择在碱性范围内变色的指示剂。

三、主要试剂

NaOH 溶液($0.1\ \text{mol·L}^{-1}$)：根据所配制溶液的体积计算称取固体 NaOH 的克数，用烧杯在粗天平上称量，加入新鲜的或者煮沸除去 CO_2 的蒸馏水，溶解完全后，转入带橡皮塞的试剂瓶中，加水稀释至所需体积，充分摇匀。

酚酞指示剂($2\ \text{g·L}^{-1}$，溶剂为乙醇溶液)。

邻苯二甲酸氢钾($KHC_8H_4O_4$)基准物质：在 105 ~ 110℃干燥 1 h 后，置于干燥器中备用。

有机酸试样：如草酸、酒石酸、柠檬酸、乙酰水杨酸、苯甲酸等。

四、实验步骤

1.0.1 mol·L^{-1}NaOH 溶液的标定

用差减法准确称量 3 份邻苯二甲酸氢钾($KHC_8H_4O_4$)0.4 ~ 0.6 g，分别置于 250 mL 锥形瓶中，加入 40 ~ 50 mL 蒸馏水，使之溶解。加入 2 ~ 3 滴酚酞指示剂，用待标定的 NaOH 溶液滴定至呈微红色并保持 30 s 内不褪色，即为终点，平行标定 3 份，计算 NaOH 溶液的浓度和各次标定结果的相对偏差。

2.有机酸摩尔质量的测定

用指定质量称量法准确称取有机酸试样 1 份(称样量应按试样不同预先估算)于 50 mL 烧杯中，加入水溶解，定量转入 100 mL 容量瓶中，用水稀释至刻度，摇匀。用 25.00 mL 移液管平行移取 3 份，分别放入 250 mL 锥形瓶中，加酚酞指示剂 2 滴，用 NaOH 标准溶液滴定至

由无色变为微粉色，30 s 内不褪色即为终点。根据公式计算有机酸摩尔质量 M_A。

3.0.1 mol·L^{-1}NaOH 溶液的标定（微型滴定法）

准确称取邻苯二甲酸氢钾（$KHC_8H_4O_4$）约 1.0 g 于干燥小烧杯中，加入水溶解，定量转入 50 mL 容量瓶中，用水稀释至刻度，摇匀。用移液管准确移取 2.00 mL 上述 $KHC_8H_4O_4$ 标准溶液于 25 mL 锥形瓶中，加酚酞指示剂 1 滴，用 NaOH 标准溶液滴定至溶液呈微红色，保持 30 s 内不褪色，即为终点。平行标定 3～5 份，计算 NaOH 溶液的浓度和各次标定结果的相对偏差，若相对平均偏差大于 0.2%，应征得教师同意，重新标定。

4.有机酸摩尔质量的测定（微型滴定法）

准确称取有机酸试样约 0.3 g 于小烧杯中，加入水溶解后，定量转入 50 mL 容量瓶中，用水稀释至刻度，摇匀。用 2.00 mL 移液管平行移取 3 份，分别放入 25 mL 锥形瓶中，加酚酞指示剂 1 滴，用 NaOH 标准溶液滴定至溶液由无色变为微粉色且 30 s 内不褪色，即为终点。根据公式计算有机酸摩尔质量。

五、思考题

(1)在用 NaOH 滴定有机酸时，能否使用甲基橙作为指示剂？为什么？

(2)草酸、柠檬酸、酒石酸等多元有机酸能否用 NaOH 溶液分步滴定？

(3)$Na_2C_2O_4$ 能否作为酸碱滴定的基准物质？为什么？

(4)$KHC_8H_4O_4$ 的称样量为什么在 0.4～0.6 g 范围内？

(5)称取 0.4 g $KHC_8H_4O_4$ 溶于 50 mL 水中，问此时溶液 pH 值为多少？

实验五　硼酸含量的测定

一、实验目的

(1)了解弱酸强化的基本原理。

(2)掌握硼酸含量测定的原理和方法。

二、实验原理

硼酸是一种极弱酸（$K_a = 5.8 \times 10^{-10}$），不能直接用 NaOH 标准溶液直接滴定。但是，硼酸能与一些多元醇，如甘露醇、甘油（丙三醇）和转化糖等发生配合反应生成较强的配合酸，其反应方程式为

$$2\begin{array}{c}\mathrm{H}\\|\\\mathrm{R-C-OH}\\|\\\mathrm{R-C-OH}\\|\\\mathrm{H}\end{array}+\begin{array}{c}\mathrm{HO}\diagdown\\\quad\mathrm{B-OH}\\\mathrm{HO}\diagup\end{array}=\!=\mathrm{H}\left(\begin{array}{c}\mathrm{H}\qquad\qquad\qquad\mathrm{H}\\|\qquad\qquad\qquad|\\\mathrm{R-C-O}\searrow\quad\swarrow\mathrm{O-C-R}\\|\qquad\quad\mathrm{B}\quad\qquad|\\\mathrm{R-C-O}\nearrow\quad\nwarrow\mathrm{O-C-R}\\|\qquad\qquad\qquad|\\\mathrm{H}\qquad\qquad\qquad\mathrm{H}\end{array}\right)+3\mathrm{H_2O}$$

此配合酸的电离常数约为 10^{-6}，酸的强度是硼酸的 10^4 倍，这样，就可以用 NaOH 标准溶液直接滴定。

反应的化学计量比为 1:1，计量点的 pH 值为 9.2，可选用酚酞或百里酚酞作指示剂。配合酸在温度较高时不稳定，所以，滴定应在稍低温度下进行。

含硼肥料、镀镍溶液中的硼酸以及硼镁矿中的硼都可以用这种硼酸强化酸碱滴定法测

定。

三、主要试剂

NaOH 溶液(0.1 $mol \cdot L^{-1}$),甘露醇(A.R.),酚酞指示剂(2 $g \cdot L^{-1}$,溶剂为乙醇溶液),甲基红指示剂(2 $g \cdot L^{-1}$),草酸钾溶液(200 $g \cdot L^{-1}$),硼酸试样,镀镍电镀液。

四、实验步骤

1.用强化法测定硼酸

准确称取 1.6 g 硼酸试样,用少量水溶解,冷却后转移到 250 mL 容量瓶中,稀释至标线。移取 3 份 25.00 mL 试样溶液,分别放入 250 mL 锥形瓶中,加入与试液等体积的蒸馏水,再分批加入 2.5～3 g 的甘露醇,充分搅拌使其溶解,加 2 滴酚酞指示剂,用 0.1 $mol \cdot L^{-1}$ NaOH 标准溶液滴定至溶液呈微红色,记下消耗 NaOH 标准溶液的体积。

空白实验:取与上述相同质量的甘露醇,溶解在 50 mL 蒸馏水中,加入 2 滴酚酞指示剂,记录滴定到溶液呈现微红色时消耗的 NaOH 标准溶液的体积,平行滴定 2 份。从滴定试样所消耗的 NaOH 体积与空白平均值,计算试样中 H_3BO_3 的含量 $w(H_3BO_3)$。

2.镀镍溶液中 H_3BO_3 的测定

准确移取电镀液 25.00 mL 于 250 mL 锥形瓶中,加水稀释至刻度,摇匀。

吸取试液 20.00 mL(相当于原液 2 mL),置于 250 mL 锥形瓶中,加水 20 mL,加 2 滴甲基红指示剂,用 NaOH 标准溶液滴定至红色变为绿色。再加入草酸钾溶液 25 mL,加入 3 g 甘露醇,摇荡使其溶解,加入 2～3 滴酚酞指示剂,用 NaOH 标准溶液滴定至红色,再加入少量甘露醇,如红色消失,继续用 NaOH 滴定至红色,直至加入甘露醇后溶液红色不消失即为终点。根据所消耗的 NaOH 标准溶液的体积计算硼酸的含量。

五、注意事项

(1) 硼酸易溶于热水,所以硼酸试样需要加沸水溶解。

(2) 为了防止硼酸－甘露醇生成的配位酸水解,溶液的体积不宜过大。

(3) 配位酸形成的反应是可逆反应,因此加入的甘露醇必须过量许多,以使所有的硼酸定量地转化为配位酸。

六、思考题

(1) 为什么硼酸不能用标准碱直接滴定?

(2) 什么叫空白实验? 通过你的实验结果说明本实验进行空白实验的必要性。

(3) 为什么要多次加入甘露醇直至加入甘露醇后,溶液的红色不再消失为止?

(4) 用 NaOH 滴定 HAc 和滴定 HAc 与 H_3BO_3 的混合溶液中的 HAc,所消耗的体积是否相同? 为什么?

实验六　工业纯碱总碱度的测定

一、实验目的

(1)掌握纯碱中总碱度的测定方法。

(2)掌握强酸滴定二元弱碱的滴定过程、突跃范围及指示剂的选择。

二、实验原理

工业纯碱的主要成分为 Na_2CO_3，商品名为苏打，其中可能还含有少量 NaCl、Na_2SO_4、NaOH 及 $NaHCO_3$ 等成分。常以 HCl 标准溶液为滴定剂测定总碱度的方法来衡量产品的质量。滴定反应方程式为

$$Na_2CO_3 + 2HCl \longrightarrow 2NaCl + H_2CO_3$$

$$H_2CO_3 \longrightarrow CO_2\uparrow + H_2O$$

反应物 H_2CO_3 易形成过饱和溶液并分解为 CO_2 逸出。化学计量点时溶液 pH 值为 3.8～3.9，可选用甲基橙为指示剂，用 HCl 标准溶液滴定，溶液由黄色转变为橙色即为滴定终点。试样中的 NaOH 和 $NaHCO_3$ 同时被中和。

由于试样易吸收水分和 CO_2，应在 270～300℃将试样烘干 2 h，以除去吸附水并使 $NaHCO_3$全部转化为 Na_2CO_3，工业纯碱的总碱度通常以 $w(Na_2CO_3)$或 $w(Na_2O)$表示。由于试样均匀性较差，应称取多份试样，使其更具代表性。测定的允许误差可适当放宽一点。

三、主要试剂

HCl(0.1 $mol \cdot L^{-1}$)溶液：配制时应在通风橱中操作。用量杯量取原装浓盐酸约9 mL，倒入试剂瓶中，加水稀释至 1 L，充分摇匀。

无水 Na_2CO_3：于 180℃干燥 2～3 h；也可将 $NaHCO_3$ 置于瓷坩埚内，在 270～300℃的烘箱内干燥 1 h，使之转变为 Na_2CO_3，然后放入干燥器内冷却后备用。

甲基橙指示剂(2 $g \cdot L^{-1}$)。

工业纯碱试样。将工业纯碱试样在 270～300℃的烘箱中烘干 2 h，稍冷后放入干燥器内保存备用。

四、实验步骤

1.0.1 $mol \cdot L^{-1}$ HCl 溶液的标定

用差减法准确称取 3 份 0.15～0.20 g 无水 Na_2CO_3，分别倒入 250 mL 锥形瓶中。称量瓶称样时一定要带盖，以免吸湿。然后加入 20～30 mL 水使之溶解，再加入 1 滴甲基橙指示剂，用待标定的 HCl 溶液滴定至溶液由黄色变为橙色即为终点。计算 HCl 溶液浓度和各次标定结果的相对偏差。

2.总碱度的测定

准确称取工业纯碱试样 1.8～2.0 g 倒入烧杯中，加少量水使其溶解，必要时可稍加热以促进溶解。冷却后，将溶液定量转入 250 mL 容量瓶中，加水稀释至刻度，充分摇匀。平行移取 3 份 25.00 mL 试液，分别放入 250 mL 锥形瓶中，加水 20 mL，加入 1 滴甲基橙指示剂，用 HCl 标准溶液滴定溶液由黄色变为橙色即为终点。计算试样中 Na_2O 或 Na_2CO_3 的质量分数，所得值即为总碱度。测定的各次相对偏差应在 ±0.5%以内。

五、思考题

(1)为什么配制 0.1 $mol \cdot L^{-1}$HCl 溶液 1 L 需要量取浓 HCl 溶液 9 mL？写出计算式。

(2)无水 Na_2CO_3 保存不当，吸收了少量水分，用此基准物质标定盐酸溶液浓度时，对结果有何影响？

(3)接近终点时，滴定速度过快，摇动锥形瓶不均匀，结果会怎样？如何正确操作？

(4)设某工业纯碱的总质量分数以 Na_2CO_3 表示为95%,以 Na_2O 表示为多少?

实验七　混合碱中各组分含量的测定

一、实验目的

(1)了解强碱弱酸盐滴定过程中 pH 值的变化。

(2)掌握用双指示剂法测定混合碱中 Na_2CO_3、$NaHCO_3$ 以及总碱量的方法。

(3)了解酸碱滴定法在碱度测定中的应用。

二、基本原理

混合碱是 Na_2CO_3 与 NaOH 或 $NaHCO_3$ 与 Na_2CO_3 的混合物。欲测定同一分试样中各组分的含量,可用 HCl 标准溶液滴定,根据滴定过程中 pH 值变化的情况,选用两种不同的指示剂分别指示第一、第二化学计量点的到达,即“双指示剂法”。此法简便,快速,在生产实际中应用广泛。

在混合碱试液中加入酚酞指示剂,此时呈现红色。用盐酸标准溶液滴定时,滴定溶液由红色恰变为无色,到达第一化学计量点(酚酞变色 pH 值范围为 8.0～10.0),则试液中所含 NaOH 完全被中和,所含 Na_2CO_3 则被中和一半。反应方程式为

$$NaOH + HCl = NaCl + H_2O$$

$$Na_2CO_3 + HCl = NaCl + NaHCO_3$$

设此时所消耗盐酸标准溶液的体积为 V_1(mL)。再加入甲基橙指示剂,继续用盐酸标准溶液滴定,使溶液由黄色转变为橙色,到达第二化学计量点(甲基橙变色 pH 值范围为 3.1～4.4)。设此时所消耗盐酸标准溶液的体积为 V_2(mL),反应方程式为

$$NaHCO_3 + HCl = NaCl + CO_2\uparrow + H_2O$$

根据 V_1、V_2 可分别计算混合碱中 NaOH 与 Na_2CO_3 或 $NaHCO_3$ 的含量。

当 $V_1 > V_2$ 时,说明试样为 Na_2CO_3 与 NaOH 的混合物。中和 Na_2CO_3 所需 HCl 是由两次滴定加入的,两次用量应该相等,Na_2CO_3 所消耗 HCl 的体积应为 $2V_2$。而中和 NaOH 时所消耗的 HCl 体积应为 $V_1 - V_2$,故 NaOH 和 Na_2CO_3 组分的质量分数为

$$w(NaOH) = \frac{(V_1 - V_2) \times c(HCl) \times M(NaOH)}{m_s}$$

$$w(Na_2CO_3) = \frac{V_2 \times c(HCl) \times M(Na_2CO_3)}{m_s}$$

当 $V_1 < V_2$ 时,试样为 Na_2CO_3 与 $NaHCO_3$ 的混合物,此时 V_1 为中和 Na_2CO_3 至 $NaHCO_3$ 时所消耗的 HCl 溶液体积,故中和 Na_2CO_3 所消耗 HCl 溶液的体积为 $2V_1$,中和 $NaHCO_3$ 所用 HCl 的体积应为 $V_2 - V_1$,可求得混合碱中 $NaHCO_3$ 和 Na_2CO_3 的质量分数为

$$w(NaHCO_3) = \frac{(V_2 - V_1) \times c(HCl) \times M(NaHCO_3)}{m_s}$$

$$w(Na_2CO_3) = \frac{\frac{1}{2} \times 2V_1 \times c(HCl) \times M(Na_2CO_3)}{m_s}$$

若以 Na_2O 表示总碱量,则试样中总碱量的质量分数为

$$w(Na_2O)=\frac{\frac{1}{2}V\times c(HCl)\times M(Na_2O)}{m_s}$$

V 为滴定混合碱试样用去 HCl 溶液的总体积，m_s 为混合碱试样的质量。

双指示剂法中，传统的方法是先用酚酞，后用甲基橙作指示剂，用 HCl 标液滴定。由于酚酞变色不很敏锐，人眼观察这种颜色变化的灵敏性稍差些，因此也常选用甲酚红－百里酚蓝混合指示剂。滴入这种指示剂，酸呈现黄色，碱呈现紫色，变色点 pH 值为 8.3。pH = 8.2 时溶液显现玫瑰色，pH = 8.4 时为清晰的紫色，此混合指示剂变色敏锐。用盐酸滴定剂滴定溶液时，溶液由紫色变为粉红色，即为终点。

三、主要试剂

HCl 溶液（0.1 $mol\cdot L^{-1}$）：根据所配制溶液的计算量取浓盐酸的体积，量取一定量的浓 HCl 于试剂瓶中，加水稀释至所需体积，充分摇匀。操作应在通风橱中进行，浓 HCl 液挥发性很强，以免造成空气污染。

无水 Na_2CO_3 基准物质，酚酞指示剂（2 $g\cdot L^{-1}$，溶剂为乙醇溶液），甲基橙指示剂（2 $g\cdot L^{-1}$，溶剂为乙醇溶液）

混合指示剂：0.1 g 甲酚红溶于 100 mL 质量分数为 50% 的乙醇中，0.1 g 百里酚蓝指示剂溶于 100 mL 质量分数为 20% 的乙醇中；质量分数为 0.1% 的甲酚红与质量分数为 0.1% 的百里酚蓝的体积比为 1:6。

混合碱试样。

四、实验步骤

1.0.1 $mol\cdot L^{-1}$ HCl 溶液的标定

准确称取 3 份基准碳酸钠 0.15～0.2 g 于 250 mL 锥形瓶中，分别加入 20～30 mL 水使之溶解后，加 1 滴甲基橙指示剂，用待标定的盐酸溶液滴定至溶液由黄色恰好变为橙色即为终点。计算盐酸溶液的浓度。

2.混合碱的测定

准确称取试样 2.0～2.5 g 于 100 mL 烧杯中，加水使之溶解后，定量转入 100 mL 容量瓶中，用水稀释至刻度，充分摇匀。平行移取 3 份试液 25.00 mL 于 250 mL 锥瓶中，加酚酞或混合指示瓶 2～3 滴，用盐酸溶液滴定溶液由红色恰好褪至无色，记下所消耗 HCl 标液的体积 V_1，再加入甲基橙指示 1～2 滴，继续用盐酸溶液滴定溶液由黄色恰变为橙色，消耗 HCl 的体积为 V_2。然后按原理部分所述公式计算混合碱中各组分的含量。

3.0.1 $mol\cdot L^{-1}$ HCl 溶液的标定（微型滴定法）

准确称取基准 Na_2CO_3 约 0.25～0.3 g 于干燥小烧杯中，用少量水溶解后，定量转移至 50 mL容量瓶中，用水稀释至刻度，摇匀。用移液管准确移取上述 2.00 mL Na_2CO_3 标准溶液于 25 mL 锥形瓶中，加甲基橙指示剂 1 滴，用 HCl 标准溶液滴定至溶液由黄色变为橙色，即为终点。平行标定 3～5 次，计算 HCl 溶液的浓度和各次标定结果的相对偏差，相对平均偏差应在 ±0.2% 以内。

4.混合碱的测定（微型滴定法）

准确称取基准 Na_2CO_3 约 0.5 g 于干燥小烧杯中，使之溶解后，定量转移至 50 mL 容量瓶中,用水稀释至刻度,摇匀。准确移取 2.00 mL 上述试液于 25mL 锥形瓶中,加酚酞 1 滴,用盐酸标准溶液滴定至溶液由红色恰好褪为无色,记下所消耗 HCl 标准溶液的体积 V_1,再加入甲基橙指示剂 1 滴,继续用盐酸标准溶液滴定至溶液由黄色恰好变为橙色,所消耗盐酸溶液的体积 V_2。平行标定 3 次,计算混合碱中各组分的含量。

五、思考题

(1)欲测定混合碱中总碱度,应选用何种指示剂?

(2)采用双指示剂法测定混合碱时,在同一份溶液中测定,试判断下列 5 种情况下,混合碱中存在的成分是什么?

① $V_1 = 0$; ② $V_2 = 0$; ③ $V_1 > V_2$; ④ $V_1 < V_2$; ⑤ $V_1 = V_2$。

(3)无水 Na_2CO_3 保存不当,吸收了少量水分,用此基准物质标定盐酸溶液浓度时,对结果有何影响?

(4)测定混合碱时,到达第一化学计量点前,由于滴定速度太快,摇动锥形瓶不均匀,致使滴入的 HCl 局部过浓,从而使 $NaHCO_3$ 迅速转变为 H_2CO_3 并分解为 CO_2 而损失,此时采用酚酞为指示剂,记录 V_1,问对测定有何影响?

(5)混合指示剂的变色原理是什么? 有何优点?

实验八　蛋壳中碳酸钙含量的测定

一、实验目的

(1)了解实际试样的处理方法。

(2)掌握返滴定法的原理。

二、实验原理

蛋壳的主要成分是 $CaCO_3$,将其研碎并加入已知浓度的过量的 HCl 标准溶液,即发生如下反应

$$CaCO_3 + 2HCl \xlongequal{} Ca^{2+} + CO_2\uparrow + H_2O$$

过量的 HCl 溶液用 NaOH 标准溶液返滴定,由加入 HCl 的物质的量与返滴定所消耗的 NaOH 的物质的量之差,即可求得试样中 $CaCO_3$ 的含量。

三、主要试剂

HCl 标准溶液($0.1\ mol\cdot L^{-1}$),NaOH 标准溶液($0.1\ mol\cdot L^{-1}$),甲基橙指示剂($2\ g\cdot L^{-1}$)。蛋壳。

四、实验步骤

将蛋壳去内膜并洗净,烘干后研碎,使其通过 80 ~ 100 目的标准筛。准确称取 3 份 0.1 g 试样,分别置于 250 mL 锥形瓶中,用滴定管逐滴加入 HCl 标准溶液 40.00 mL,并放置30 min,加入甲基橙指示剂,以 NaOH 标准溶液返滴定其中过量的 HCl 至溶液由红色恰变为黄色即为终点。计算蛋壳试样中 $CaCO_3$ 的质量分数。

五、思考题

(1)研碎后的蛋壳试样为什么要通过标准筛? 通过 80 ~ 100 目标准筛后的试样粒度是

多少?

(2)为什么向试样中加入 HCl 溶液时要逐滴加入?加入 HCl 溶液后,为什么放置 30 min 后再以 NaOH 标准溶液返滴定?

(3)本实验能否使用酚酞作指示剂?

实验九　尿素中氮含量的测定

一、实验目的

(1)学习尿素试样测定前的消化方法。

(2)掌握以甲醛强化间接法测定铵态氮的原理和方法。

二、实验原理

氮在无机和有机化合物中的存在形式比较复杂。测定物质中氮含量时,常以总氮、铵态氮、硝酸态氮、酰胺态氮等含量表示。氮含量的测定方法主要有两种:

1.蒸馏法

蒸馏法又称为凯氏定氮法,适用于无机、有机物质中氮含量的测定。它是将铵盐置于蒸馏瓶中,加入过量 NaOH,加热煮沸蒸馏出 NH_3,将它吸收在过量的酸标准溶液中,然后用碱标准溶液返滴多余的酸,以求出氨的含量。也可以用硼酸吸收蒸出 NH_3,然后用酸标准溶液直接滴定。此法测定准确度高,但比较麻烦,而且费时。

2.甲醛法

将铵盐与甲醛作用,生成质子化的六次甲基四胺和游离 H^+,然后用 NaOH 标准溶液滴定。甲醛法适于铵盐中铵态氮的测定,虽然测定的准确度较差,但方法简便、迅速,生产中实际应用较普遍。

尿素 $CO(NH_2)_2$ 是常用的有机氮肥之一。在测定氮含量前,需先将尿素经浓硫酸消化后转化为 $(NH_4)_2SO_4$,过量的 H_2SO_4 以甲基红作指示剂,用 NaOH 标准溶液中和至溶液由红色变为黄色。$(NH_4)_2SO_4$ 为强酸弱碱盐,可用酸碱滴定法测定其含氮量,但由于 NH_4^+ 的酸性太弱($K_a = 5.6 \times 10^{-10}$),不能用 NaOH 标准溶液直接滴定,所以,应将铵盐与甲醛作用,生成质子化的六次甲基四胺和游离 H^+。反应方程式为

$$4NH_4^+ + 6HCHO \xlongequal{} (CH_2)_6N_4H^+ + 3H^+ + 6H_2O$$

生成的 $(CH_2)_6N_4H^+$ 的 $K_a = 7.1 \times 10^{-6}$,可用 NaOH 准确滴定,因而该反应称为弱酸的强化。反应方程为

$$(CH_2)_6N_4H^+ + 3H^+ + 4OH^- \xlongequal{} (CH_2)_6N_4 + 4H_2O$$

滴定终点时生成的 $(CH_2)_6N_4$ 是弱碱,化学计量点时,溶液的 pH 值约为 8.7,应选用酚酞为指示剂,滴定至溶液呈微红色即为终点。

由反应可知,1 mol NH_4^+ 相当于 1 mol H^+,故氮与 NaOH 的化学计量比为 1:1,计算结果可按下式

$$w(N) = \frac{c(NaOH)V(NaOH)M(N)}{m_s} \times 100\%$$

三、主要试剂

NaOH 标准溶液(0.1 mol·L^{-1}),邻苯二甲酸氢钾($KHC_8H_4O_4$)基准试剂,酚酞指示剂(2 g·L^{-1},溶剂为乙醇溶液),甲基红指示剂(2 g·L^{-1}),甲醛溶液(质量分数为 20%),尿素试样。

四、实验步骤

1.甲醛溶液的处理

甲醛中常含有微量的酸(甲醛受空气氧化所致),应将其除去,否则会产生误差。处理方法如下:取原装甲醛上层清液于烧杯中,加水稀释 1 倍,加 1 ~ 2 滴酚酞指示剂,用 0.1 mol·L^{-1}NaOH 标准溶液滴定至甲醛溶液呈微红色。

2.试样含氮量的测定

准确称取 $CO(NH_2)_2$ 试样 0.6 ~ 0.7 g 于 100 mL 干净的烧杯中,加入 6 mL 浓 H_2SO_4(小烧杯和量筒在用前尽可能把水沥干),盖上表面皿。在通风橱内,缓缓加热到无 CO_2 气泡逸出后,再继续用大火加热 2 min 左右,停止加热,放在通风橱中自然冷却至室温。用洗瓶吹洗表面皿和烧杯壁,用 30 mL 水稀释溶液,并将其转移至 250 mL 容量瓶中,稀释至标线,摇匀。

准确吸取 25.00 mL 上述试液 3 份于 250 mL 锥形瓶中,加入 2 ~ 3 滴甲基红指示剂,用 NaOH 溶液中和游离酸。先滴加 2 mol·L^{-1}NaOH 溶液,将试液中和至溶液的颜色稍微变淡,再继续用 0.1 mol·L^{-1}NaOH 标准溶液中和至红色变为黄色 。然后加入 10 mL 质量分数为 20%的中性 HCHO 溶液,充分摇匀,放置 5 min 后,加 5 滴酚酞指示剂,用 0.1 mol·L^{-1} NaOH 标准溶液滴定,当溶液由黄色变为微红色,并保持 30 s 内不褪色时即为终点。根据所消耗 NaOH 标准溶液的体积,计算尿素中含氮的质量分数。

五、思考题

(1)尿素是一种有机碱,为什么不能用标准酸直接滴定? 尿素消化后转化成 NH_4^+,为什么不能用标准碱直接滴定? 实验中 NH_4^+ 如何强化?

(2)能否用甲醛法来测定 NH_4NO_3、NH_4Cl 和 NH_4HCO_3 中的含氮量?

(3)中和过量硫酸时,加入的氢氧化钠溶液的量是否需要准确控制? 中和所用的碱量是否需要记录?

(4)为什么加入的甲醛必须事先用碱中和,中和所用的碱量是否需要准确控制和记录?

(5)中和甲醛和试样中的游离酸时,为什么要使用不同的指示剂?

(6)用甲醛法测定 NH_4NO_3 试样,其中 N 的质量分数应如何计算? 此含氮量中是否包含 NO_3^- 离子中的氮?

B.配位滴定法

实验一　EDTA 的标定

一、实验目的

(1)掌握 EDTA 标准溶液配位滴定的原理,了解配位滴定的特点。

(2)掌握常用的标定 EDTA 的方法。

(3)了解金属指示剂的工作原理,学会判断配位滴定的终点。

二、实验原理

配位滴定中通常使用的配位剂 EDTA 是乙二胺四乙酸二钠盐($Na_2H_2Y \cdot 2H_2O$),它是一种有机氨羧配位剂,能与大多数金属离子形成配位比为 1∶1 的螯合物,计量关系简单,所以常用 EDTA 作配位滴定的标准溶液。

EDTA 常因吸附约 0.3%的水分和其中含有少量杂质而不能直接用作标准溶液,通常先把 EDTA 配成所需要的大致浓度,然后用基准物质标定。

标定 EDTA 常用的基准物质有,质量分数为不低于 99.95%的某些金属,如 Cu、Zn、Ni、Pb 等,以及它们的金属氧化物或某些盐类,如 $ZnSO_4 \cdot 7H_2O$、$MgSO_4 \cdot 7H_2O$、$CaCO_3$ 等。一般选用与被测物具有相同组分的物质作为基准物,这样标定和测定的条件较一致,可减小系统误差。

在选用纯金属作为标准物质时,应注意金属表面氧化膜的存在会给标定带来误差,届时应将氧化膜用细砂纸擦去,或用稀酸把氧化膜溶掉,然后先用蒸馏水,再用乙醚或丙酮冲洗,并于 105℃的烘箱中烘干,冷却后再称重。

配位滴定终点需借助金属指示剂来判断。金属指示剂是一些有机染料,它能与金属离子形成与游离指示剂颜色不同的有色配合物。如用 Zn 作基准物质,以铬黑 T(EBT)作指示剂,在 $NH_3 \cdot H_2O - NH_4Cl$ 缓冲溶液(pH = 10)中进行标定,其反应方程为

滴定前

$$Zn^{2+} + \underset{\text{纯蓝色}}{In} = \!=\!= \underset{\text{酒红色}}{ZnIn}$$

式中,In 为金属指示剂。

滴定开始至终点前

$$Zn^{2+} + Y^{4-} = \!=\!= ZnY^{2-}$$

终点时

$$ZnIn + Y^{4-} = \!=\!= ZnY^{2-} + In$$

所以,化学计量点时,加入的 EDTA 夺取了 ZnIn 中的 Zn^{2+},而游离出指示剂,使溶液由酒红色变为纯蓝色,显示滴定终点的到达。

本实验以 ZnO 和 $CaCO_3$ 为基准物质,采用二甲酚橙和铬黑 T 两种指示剂,分别标定 EDTA的浓度。

1.二甲酚橙指示剂

用六亚甲基四胺控制溶液的 pH≈5~6。在此酸度条件下二甲酚橙本身显黄色,与 Zn^{2+} 的配合物呈紫红色。滴定终点时,溶液的颜色由紫红色变为亮黄色。

2.铬黑 T 指示剂

用 pH = 10 的 $NH_3 - NH_4Cl$ 缓冲溶液控制溶液酸度,终点时溶液由酒红色变为纯蓝色。

三、主要试剂

乙二胺四乙酸二钠盐($Na_2H_2Y \cdot 2H_2O$,相对分子质量 372.2)。

$NH_3 - NH_4Cl$ 缓冲溶液:称取 20 g NH_4Cl,溶于水后,加 100 mL 原装氨水,用蒸馏水稀释

至 1 L，pH 值约为 10。

铬黑 T(5 $g \cdot L^{-1}$)：溶于三乙醇胺－无水乙醇，称 0.50 g 铬黑 T，溶于含有 25 mL 三乙醇胺，75 mL 无水乙醇溶液中，低温保存，有效期约 100 d。

ZnO 基准物质：于 800℃高温炉灼烧 30 min，稍冷后置于干燥器中冷却至室温，备用。

$CaCO_3$ 基准物质：于 110℃烘箱中干燥 2 h，稍冷后置于干燥器中冷却至室温，备用。

六亚甲基四胺(200 $g \cdot L^{-1}$)。

二甲酚橙水溶液(5 $g \cdot L^{-1}$) 低温保存，有效期半年。

HCl(1:1)溶液：市售 HCl 与水等体积混合。

氨水 (1:2)：1 体积市售氨水与 2 体积水混合。

甲基红(2 $g \cdot L^{-1}$)：溶剂为质量分数为 60%乙醇溶液。

除基准物质外，以上化学试剂均为分析纯，实验用水为蒸馏水。

四、操作步骤

(一)标准溶液和 EDTA 溶液的配制

1. 0.01 $mol \cdot L^{-1} Ca^{2+}$ 标准溶液的配制

准确称取 0.25～0.28 g 基准 $CaCO_3$ 于 150 mL 烧杯中，先以少量水润湿，盖上表面皿，从烧杯嘴处往烧杯中滴加约 5 mL HCl (1:1)溶液，使 $CaCO_3$ 全部溶解。加水 50 mL，并用水冲洗烧杯内壁和表面皿，溶液定量转移至 250 mL 容量瓶中，用水稀释至刻度，摇匀，计算 Ca^{2+} 标准溶液的浓度。

2. 0.01 $mol \cdot L^{-1} Zn^{2+}$ 标准溶液的配制

准确称取基准氧化锌 0.20～0.22 g 于 100 mL 烧杯中，先以少量水润湿，然后加入 5 mL HCl(1:1)溶液，立即盖上表面皿。待氧化锌完全溶解，以少量水冲洗表面皿和烧杯内壁，将溶液定量转移至 250 mL 容量瓶中，用水稀释至刻度，摇匀，计算锌标准溶液的浓度。

3. 0.01 $mol \cdot L^{-1}$ EDTA 溶液的配制

称取 1.0 g EDTA 于 100 mL 烧杯中，加水 80 mL，温热并搅拌使其完全溶解，冷却后转入试剂瓶中，稀释至 250 mL。

(二)EDTA 溶液的标定

1. 以铬黑 T 为指示剂标定 EDTA

(1)以 ZnO 为基准物质。用移液管吸取 25.00 mL 0.01 $mol \cdot L^{-1}$ Zn^{2+} 标准溶液于 250 mL 锥形瓶中，加 1 滴甲基红，用氨水(1:1)中和 Zn^{2+} 标准溶液中的 HCl，溶液由红变黄时即可。加 20 mL 水和 10 mL $NH_3 - NH_4Cl$ 缓冲溶液，再加 3 滴铬黑 T 指示剂，用 0.01 $mol \cdot L^{-1}$ EDTA 滴定，当溶液由红色变为纯蓝色即为终点。平行滴定 3 次，计算 EDTA 的准确浓度。

(2)以 $CaCO_3$ 为基准物质标定 EDTA。用移液管吸取 25.00 mL Ca^{2+} 标准溶液于锥形瓶中，加 1 滴甲基红，用氨水中和 Ca^{2+} 标准溶液中的 HCl，当溶液由红变黄即可。加 20 mL 水和 10 mL $NH_3 - NH_4Cl$ 缓冲溶液，再加 3 滴铬黑 T 指示剂，立即用 EDTA 滴定，当溶液由酒红色转变为纯蓝色时即为终点。平行滴定 3 次，计算 EDTA 的准确浓度。

2. 以二甲酚橙为指示剂标定 EDTA

用移液管吸取 25.00 mL Zn^{2+} 标准溶液于锥形瓶中，加 2 滴二甲酚橙指示剂，滴加质量分数为 20%的六亚甲基四胺至溶液呈现稳定的紫红色，再加 5 mL 六亚甲基四胺。用 EDTA

滴定，当溶液由紫红色恰好转变为黄色时即为终点。平行滴定 3 次，计算 EDTA 的准确浓度。

五、思考题

(1)为什么要使用两种指示剂分别标定 EDTA?

(2)在中和标准物质中的 HCl 时能否用酚酞取代甲基红? 为什么?

(3)为什么实验中选用 EDTA 二钠盐作为滴定剂，而不用 EDTA 酸?

(4)滴定为什么要在缓冲溶液中进行? 如果没有缓冲溶液存在，将会导致什么现象发生?

实验二　自来水总硬度的测定

一、实验目的

(1)学习配位滴定法的基本原理及其应用。

(2)掌握配位滴定法中的直接滴定法。

二、实验原理

水的硬度是指水中钙盐和镁盐的含量。水硬度的测定分为水的总硬度以及钙－镁硬度两种，前者是测定 Ca、Mg 总量，后者则是分别测定 Ca 和 Mg 的含量。

世界各国表示水硬度的方法不尽相同，我国用 $mmol\cdot L^{-1}$或 $mg\cdot L^{-1}(CaCO_3)$为单位表示水的硬度。我国对工业生产用水和生活饮用水的硬度都有规定，总硬度以 $CaCO_3$ 计，不得超过 450 $mg\cdot L^{-1}$。

本实验按照国际标准方法——EDTA 配位滴定法测定水的硬度。测定水的总硬度是在 pH = 10 的 $NH_3 - NH_4Cl$ 缓冲溶液中，以铬黑 T(EBT)为指示剂，用 EDTA 滴定。因稳定性 $CaY^{2-} > MgY^{2-} > MgIn > CaIn$，铬黑 T 先与部分 Mg^{2+}配位形成 MgIn(酒红色)。而当 EDTA 滴入时，EDTA 首先与 Ca^{2+}和 Mg^{2+}配位，而滴定至化学计量点时，EDTA 夺取 MgIn 中的 Mg^{2+}，使铬黑 T 游离出来，溶液由酒红色变为纯蓝色即为终点。根据 EDTA 的用量 V_1 计算水的总硬度(单位为 $mg\cdot L^{-1}CaCO_3$)，即

$$c_{总} = \frac{c(EDTA)\cdot V_1(EDTA)\cdot M(CaCO_3)}{V(H_2O)}$$

在测定 Ca^{2+}含量时，先将被测溶液用 NaOH 调至 pH = 12，使 Mg^{2+}沉淀为 $Mg(OH)_2$，然后加入钙指示剂与 Ca^{2+}配位呈酒红色。滴定时，EDTA 先与 Ca^{2+}配位，再夺取和指示剂配位的 Ca^{2+}，游离出指示剂，溶液由酒红色变为纯蓝色即为终点。根据 EDTA 的用量 V_2 计算水中 Ca^{2+}、Mg^{2+}的硬度，即

$$c(Ca^{2+}) = \frac{c(EDTA)\cdot V_2(EDTA)\cdot M(CaCO_3)}{V(H_2O)\cdot MCaCO_3}$$

$$c(Mg^{2+}) = \frac{c(EDTA)\cdot (V_1(EDTA) - V_2(EDTA))}{V(H_2O)}$$

滴定时，Fe^{3+}、Al^{+3}等干扰离子用三乙醇胺掩蔽；Cu^{2+}、Pb^{2+}、Zn^{2+}等重金属离子则可用 KCN、Na_2S 或巯基乙酸掩蔽。如果 Mg^{2+} 的浓度小于 Ca^{2+} 浓度的 1/20，则需加入 5 mL

Mg^{2+} – EDTA溶液。

三、主要试剂

EDTA溶液(0.01 mol·L^{-1})：乙二胺四乙酸二钠盐($Na_2H_2Y \cdot 2H_2O$，相对分子质量为372.2)。称取一定量EDTA于100 mL烧杯中，加水80 mL，温热并搅拌使其完全溶解，冷却后转入试剂瓶中，稀释至所需体积。

ZnO基准物质：于800℃高温炉中灼烧30 min，稍冷后置于干燥器中冷却至室温，备用。

HCl溶液(1∶1)：市售HCl与水等体积混合。

NH_3 – NH_4Cl缓冲溶液：称取20 g NH_4Cl，溶于水后，加100 mL原装氨水，用蒸馏水稀释至1 L，pH值约等于10。

氨水 (1∶2)：1体积市售氨水与2体积水混合。

铬黑T指示剂(5 g·L^{-1})：溶于三乙醇胺–无水乙醇。称0.50 g铬黑T，溶于含有25 mL三乙醇胺的75 mL无水乙醇溶液中，低温保存，有效期约100 d。

甲基红(2 g·L^{-1}，溶剂为60%的乙醇溶液)。

钙指示剂(10 g·L^{-1})：铬蓝黑R乙醇溶液。

NaOH溶液(100 g·L^{-1})，三乙醇胺(200 g·L^{-1})，Na_2S溶液(20 g·L^{-1})。

Mg^{2+} – EDTA溶液：称取0.13 g $MgCl_2 \cdot 6H_2O$于50 mL烧杯中，加少量水溶解后移入50 mL容量瓶中，用水稀释至刻度线。用干燥的移液管吸取25.00 mL此溶液于锥形瓶中，加5 mL pH = 10的NH_3 – NH_4Cl缓冲溶液，再加3滴铬黑T指示剂，立即用0.1 mol·L^{-1}EDTA滴定，当溶液由酒红色转变为纯蓝色时即为终点。取同量的EDTA溶液加入容量瓶剩余的镁溶液中，即成Mg^{2+} – EDTA溶液。此溶液适用于镁盐含量低的水样。

四、操作步骤

(一)EDTA标准溶液的标定

1.0.01 mol·$L^{-1}$$Zn^{2+}$标准溶液的配制

准确称取0.20～0.22 g基准ZnO于100 mL烧杯中，加入5 mL 6 mol·L^{-1}HCl溶液，立即盖上表面皿，待ZnO完全溶解，加水50 mL，并用水冲洗烧杯内壁和表面皿，将溶液定量转移至250 mL容量瓶中，用水稀释至刻度，摇匀，备用。

2.以铬黑T为指示剂标定EDTA

用移液管吸取25.00 mL Zn^{2+}标准溶液于锥形瓶中，加1滴甲基红，用氨水中和Zn^{2+}标准溶液中的HCl，当溶液由红变黄即可。加20 mL水和10 mL NH_3 – NH_4Cl缓冲溶液，再加3滴铬黑T指示剂，立即用EDTA滴定，当溶液由酒红色转变为纯蓝色即为终点。平行滴定3次，计算EDTA的准确浓度。

(二)水样硬度的测定

1.总硬度的测定

用移液管移取100.00 mL自来水于250 mL锥形瓶中，加入3 mL三乙醇胺溶液，5 mL NH_3 – NH_4Cl缓冲溶液，再加入3滴铬黑T指示剂，立即用EDTA标准溶液滴定，当溶液由酒红色变为纯蓝色即为终点。平行测定3份，根据消耗EDTA的体积V_1计算水样的总硬度，以mg·L^{-1} $CaCO_3$表示结果。根据实验结果说明该水样是否符合生活饮用水的硬度要求。

2. Ca^{2+}、Mg^{2+} 含量的测定

用移液管移取 100.00 mL 自来水于 250 mL 锥形瓶中，加入 5 mL 100 g·L^{-1}NaOH 溶液，再加入 3 滴钙指示剂，立即用 EDTA 标准溶液滴定，并不断摇动锥形瓶，当溶液由酒红色变为纯蓝色即为终点。平行测定 3 份，根据消耗 EDTA 的体积 V_2 计算水中 Ca^{2+}、Mg^{2+} 的硬度，以 mg·L^{-1}表示结果。

（三）EDTA 标准溶液的标定（微型滴定法）

1. 0.01 mol·$L^{-1}$$Zn^{2+}$ 标准溶液的配制

准确称取 0.1 g 基准 ZnO 于 25 mL 烧杯中，加入 2 mL 6 mol·L^{-1}HCl 溶液，立即盖上表面皿，待 ZnO 完全溶解，用水吹洗烧杯内壁和表面皿，将溶液定量转移至 100 mL 容量瓶中，用水稀释至刻度，摇匀。

2. 以铬黑 T 为指示剂标定 EDTA

用移液管吸取 1.00 mL Zn^{2+} 标准溶液于 25 mL 锥形瓶中，加入 1 滴甲基红，滴加氨水使溶液呈现微黄色，再加蒸馏水 3 mL NH_3-NH_4Cl 缓冲溶液 1 mL，摇匀，加入铬黑 T 指示剂 1 滴，立即用 EDTA 溶液滴定至溶液由酒红色转变为纯蓝色即为终点。平行滴定 3 次，计算 EDTA 的准确浓度。

（四）总硬度的测定（微型滴定法）

用移液管移取 10.00 mL 自来水于 25 mL 锥形瓶中，加入 0.3 mL 三乙醇胺溶液，1 mL NH_3-NH_4Cl 缓冲溶液，再加入 1 滴铬黑 T 指示剂，立即用 EDTA 标准溶液滴定，当溶液由酒红色变为纯蓝色即为终点。平行测定 3 份，根据消耗 EDTA 的体积 V_1 计算水样的总硬度，以mg·L^{-1} $CaCO_3$表示结果。根据实验结果说明该水样是否符合生活饮用水的硬度要求。

五、注意事项

(1) 测 Ca^{2+}、Mg^{2+} 含量时，若水样中 Mg^{2+} 含量较高，加入 NaOH 后，产生 $Mg(OH)_2$ 沉淀，因其吸附指示剂而使结果偏低或终点不明显，可将溶液稀释后测定。

(2) 滴定至接近终点时，要慢滴多摇，以免超过终点或返红。

(3) 如果水样中 HCO_3^-、H_2CO_3 的含量较高时，会影响终点变色观察，可加 1 ~ 2 滴 6 mol·L^{-1} HCl，使水样酸化，加热煮沸除去 CO_2。

六、思考题

(1)配位滴定中加入缓冲溶液的作用是什么？

(2)什么情况下应加 Mg^{2+} - EDTA 溶液？它的作用是什么？对测定结果是否有影响？

(3)若在 pH > 13 的溶液中测定 Ca^{2+} 含量会怎样？

(4)写出以 $CaCO_3$(单位为 mg·L^{-1})表示水的总硬度的计算公式，并计算本实验中水样的总硬度。

实验三　铅、铋含量的连续测定

一、实验目的

(1)学习用控制酸度法提高 EDTA 选择性的原理。

(2)掌握用 EDTA 连续滴定金属离子的原理和方法。

二、实验原理

混合离子的滴定常用控制酸度法、掩蔽法、氧化还原法进行，可根据有关副反应系数论证对它们分别滴定的可能性。

Bi^{3+}、Pb^{2+}均能与 EDTA 形成稳定的 1:1 配合物，lg K 分别为 27.94 和 18.04。由于两者的 lg K 相差很大，故可利用酸效应，控制不同的酸度，进行分别滴定。在 pH = 1 时滴定 Bi^{3+}，在 pH = 5 ~ 6 时滴定 Pb^{2+}。

在 $Bi^{3+}-Pb^{2+}$混合溶液中，首先调节溶液的 pH = 1，以二甲酚橙为指示剂，Bi^{3+}与指示剂形成紫红色配合物（Pb^{2+}在此条件下不会与二甲酚橙形成有色配合物），用 EDTA 标液滴定 Bi^{3+}，当溶液由紫红色恰好变为亮黄色，即为滴定 Bi^{3+}的终点。

在滴定 Bi^{3+}后的溶液中，加入六亚甲基四胺溶液，调节溶液 pH = 5 ~ 6，此时 Pb^{2+}与二甲酚橙形成紫红色配合物，溶液再次呈现紫红色，然后用 EDTA 标液继续滴定，当溶液由紫红色恰好变为亮黄色时，即为滴定 Pb^{2+}的终点。

三、主要试剂

EDTA 溶液（0.01 $mol\cdot L^{-1}$）：乙二胺四乙酸二钠盐（$Na_2H_2Y\cdot 2H_2O$，相对分子质量372.2），称取 1.0 g EDTA 于 100 mL 烧杯中，加水 80 mL，温热并搅拌使其完全溶解，冷却后转入试剂瓶中，稀释至 250 mL。

ZnO 基准物质：于 800℃高温炉灼烧 30 min，稍冷后置于干燥器中冷却至室温，备用。

HCl 溶液（1:1）：市售 HCl 与水等体积混合。

二甲酚橙（5 $g\cdot L^{-1}$）。

六亚甲基四胺溶液（200 $g\cdot L^{-1}$）：低温保存，有效期半年。

$Bi^{3+}-Pb^{2+}$混合液：Bi^{3+}、Pb^{2+}的质量浓度各约为 0.01 $mol\cdot L^{-1}$。称取 48 g $Bi(NO_3)_3$、33 g $Pb(NO_3)_2$，移入含 312 mL HNO_3 的烧杯中，在电炉上微热溶解后，稀释至 10 L。

四、操作步骤

（一）EDTA 溶液的配制与标定

1. 0.01 $mol\cdot L^{-1}$ Zn^{2+}标准溶液的配制

准确称取基准氧化锌 0.20 ~ 0.22 g 于 100 mL 烧杯中，先以少量水润湿，然后加入 5 mL（1:1）HCl 溶液，立即盖上表面皿。待氧化锌完全溶解，以少量水冲洗表皿和烧杯内壁，将溶液定量转移至 250 mL 容量瓶中，用水稀释至刻度，摇匀，计算锌标准溶液的浓度。

2. 以二甲酚橙为指示剂标定 EDTA

用移液管吸取 25.00 mL Zn^{2+}标准溶液于锥形瓶中，加 2 滴二甲酚橙指示剂，滴加质量分数为 20% 的六亚甲基四胺至溶液呈现稳定的紫红色，再加 5 mL 六亚甲基四胺。用 EDTA 滴定，当溶液由紫红色恰好转变为黄色时即为终点。平行滴定 3 次，计算 EDTA 的准确浓度。

（二）$Bi^{3+}-Pb^{2+}$混合液的测定

用移液管移取 25.00 mL $Bi^{3+}-Pb^{2+}$溶液 3 份于 250 mL 锥形瓶中，加 1 ~ 2 滴二甲酚橙指示剂，用 EDTA 标液滴定，当溶液由紫红色恰好变为黄色时，即为 Bi^{3+}的终点。根据消耗的 EDTA 体积，计算混合液中 Bi^{3+}的质量浓度 $\rho(Bi^{3+})$（$g\cdot L^{-1}$）。

在滴定 Bi^{3+}后的溶液中，滴加六亚甲基四胺溶液，至呈现稳定的紫红色后，再过量加入

5 mL,此时溶液的 pH 值约为 5～6,然后补加 1 滴二甲酚橙指示剂。用 EDTA 标准溶液滴定,当溶液由紫红色恰好转变为黄色时,即为终点。根据滴定结果,计算混合液中 Pb^{2+} 的质量浓度 $\rho(Pb^{2+})$ ($g \cdot L^{-1}$)。

该实验应注意以下两点:

(1)由于滴定 Bi^{3+} 后,溶液的体积增大了,故需补加指示剂,否则颜色变淡,影响终点时颜色突变现象的观察。

(2)若试样为铅铋合金,则应将合金溶解。方法为:称 0.5～0.6 g 合金于小烧杯中,加入(1:2)HNO_3 7 mL,盖上表面皿,微沸溶解。然后用洗瓶吹洗表面皿和杯壁,将溶液全部转入 100 mL 容量瓶中,用 0.1 $mol \cdot L^{-1}$ HNO_3 稀释至刻度,摇匀,备用。

五、思考题

(1)本实验中,能否颠倒滴定顺序,即先滴定 Pb^{2+},而后再滴定 Bi^{3+},为什么?

(2)为什么不用 NaOH、NaAc 或 $NH_3 \cdot H_2O$,而用六亚甲基四胺调节 pH = 5～6?

实验四　Bi^{3+}、Fe^{3+} 混合液的连续测定

一、实验目的

(1)掌握氧化还原掩蔽法的适用条件。

(2)掌握 $\lg K_{稳}$ 相近条件下,各金属离子连续配合测定的方法。

二、实验原理

Bi^{3+}、Fe^{3+} 均能与 EDTA 形成稳定的 1:1 配合物。$\lg K_{稳}$ 值分别为 27.94 和 25.1。根据混合离子分步滴定的条件,当 $c_{M_1} = c_{M_2}$ 时,需 $\Delta \lg K_{稳} \geqslant 6$ 才可分别滴定,故本体系不能分别滴定。

在强酸性(pH = 1)条件下加入还原剂盐酸羟胺或抗坏血酸,将 Fe^{3+} 还原为 Fe^{2+},而 Fe^{2+} 与 EDTA 配合物的 $\lg K = 14.33$,与 Bi^{3+} – EDTA 的 $\lg K$ 相差很大,消除了 Fe^{3+} 的干扰,在 pH = 1 时滴定 Bi^{3+}。

在 pH = 1 时,以二甲酚橙(XO)为指示剂,Bi^{3+} 与 XO 形成紫色配合物,Fe^{2+} 不与指示剂显色。在滴定 Bi^{3+} 后,加过量 EDTA,调节 pH = 3～4,使 EDTA 与 Fe^{2+} 配合完全,多余的 EDTA 用 Zn^{2+} 标准溶液返滴定。

三、主要试剂

EDTA 溶液(0.01 $mol \cdot L^{-1}$): Zn^{2+} 标准溶液(0.01 $mol \cdot L^{-1}$),二甲酚橙(XO,2 $g \cdot L^{-1}$),抗坏血酸(Vc),氨水(1:1),盐酸(1:1)。

六亚甲基四胺(200 $g \cdot L^{-1}$):用(1:1)HCl 调至 pH = 5.5。

Bi^{3+} – Fe^{3+} 混合溶液(0.01 $mol \cdot L^{-1}$):称取 $Bi(NO_3)_3 \cdot 5H_2O$ 4.85 g、$Fe(NO_3)_3 \cdot 9H_2O$ 4.04 g 于烧杯中,加入 32 mL HNO_3,加热溶解,冷却,用水稀释至 1 L。

四、实验步骤

(一)EDTA 溶液的配制与标定

1.0.01 $mol \cdot L^{-1}$ Zn^{2+} 标准溶液的配制

准确称取基准氧化锌 0.20～0.22 g 于 100 mL 烧杯中,先以少量水润湿,然后加入 5 mL

(1:1)HCl 溶液，立即盖上表面皿。待氧化锌完全溶解后，以少量水冲洗表面皿和烧杯内壁，将溶液定量转移至 250 mL 容量瓶中，用水稀释至刻度，摇匀，计算锌标准溶液的浓度。

2.以二甲酚橙为指示剂标定 EDTA

用移液管吸取 25.00 mL Zn^{2+} 标准溶液于锥形瓶中，加 2 滴二甲酚橙指示剂，滴加质量分数为 20% 的六亚甲基四胺至溶液呈现稳定的紫红色，再加 5 mL 六亚甲基四胺。用 EDTA 滴定，当溶液由紫红色恰好转变为黄色时即为终点。平行滴定 3 次，计算 EDTA 的准确浓度。

(二)$Bi^{3+}-Fe^{3+}$ 混合液的测定

取 $Bi^{3+}-Fe^{3+}$ 混合液 25.00 mL 于锥形瓶中，加抗坏血酸 1 g，再加 25 mL 水使之溶解，加二甲酚橙指示剂 2~3 滴，用 0.01 $mol \cdot L^{-1}$ EDTA 标准溶液滴定至溶液由紫红色恰好变为黄色时即为终点。根据消耗 EDTA 的体积计算 Bi^{3+} 的质量浓度($g \cdot L^{-1}$)。

在滴定 Bi^{3+} 后，准确加入 30 mL EDTA 标准溶液，用(1:1)氨水调至溶液呈微红色，加(1:1)HCl 调溶液为黄色，加六亚甲基四胺溶液 20 mL，加热至微沸，冷却后用 0.01 $mol \cdot L^{-1}$ Zn^{2+} 标准溶液滴定至溶液由黄色变为紫红色即为终点。根据加入 EDTA 标准溶液的量和返滴定消耗 Zn^{2+} 标准溶液的量，求出 Fe^{3+} 的质量浓度($g \cdot L^{-1}$)。

五、思考题

(1)在用 EDTA 标定 Ca^{2+}、Mg^{2+} 时，用三乙醇胺、KCN 可掩蔽 Fe^{3+}，抗坏血酸则不能掩蔽。而在滴定 Bi^{3+} 时则相反，即抗坏血酸可掩蔽 Fe^{3+}，而三乙醇胺、KCN 不能掩蔽，为什么？

(2)Bi^{3+}、Fe^{3+} 混合液的连续测定中怎样控制溶液的酸度？

实验五　“胃舒平”药片中铝和镁含量的测定

一、实验目的

(1)掌握返滴定法的原理和方法。

(2)学会采样及试样前处理方法。

二、实验原理

“胃舒平”药片是一种中和胃酸的胃药，主要用于胃酸过多及十二指肠溃疡，它的主要成分是氢氧化铝、三硅酸镁($Mg_2Si_3O_8 \cdot 5H_2O$)及少量颠茄流浸膏，此外药片成形时还加入了糊精等辅料。

由于 Al^{3+} 易形成一系列多核羟基配合物，这些多核羟基配合物与 EDTA 配合缓慢，故通常采用返滴定法测定铝。先将药片用酸溶解，分离除去不溶物质，加入定量且过量的 EDTA 标准溶液，调节 pH=4，煮沸几分钟，使 Al^{3+} 与 EDTA 配合完全，在 pH 值为 5~6 时，以二甲酚橙为指示剂，用 Zn^{2+} 盐溶液返滴定过量的 EDTA 而得铝的含量。

Mg 含量的测定采用直接滴定法，在 pH=10 的缓冲溶液中，用三乙醇胺掩蔽 Al^{3+}，以铬黑 T 为指示剂，用 EDTA 标准溶液滴定。

三、主要试剂

EDTA 溶液 (0.05 $mol \cdot L^{-1}$)，ZnO 基准物质，NH_3-NH_4Cl 缓冲溶液 (pH=10)，HCl 溶液

(1:1)，氨水(1:1)，六亚甲基四胺(200 $g \cdot L^{-1}$)，二甲酚橙水溶液(2 $g \cdot L^{-1}$)，甲基红(2 $g \cdot L^{-1}$，溶剂是质量分数为 60% 的乙醇溶液)，铬黑 T(5 $g \cdot L^{-1}$)，三乙醇胺(200 $g \cdot L^{-1}$)。

四、操作步骤

(一) 0.05 $mol \cdot L^{-1}$ EDTA 溶液的标定

1. 0.05 $mol \cdot L^{-1}$ Zn^{2+} 标准溶液的配制

准确称取 0.8～1.0 g 基准 ZnO 于 100 mL 烧杯中，加 25 mL HCl(1:1)溶液，立即盖上表面皿，待 ZnO 完全溶解，以少量水冲洗表面皿和烧杯内壁，定量转移 Zn^{2+} 溶液于 250 mL 容量瓶中，用水稀释至刻度，摇匀，计算锌标准溶液的浓度。

2. EDTA 溶液的标定

用移液管吸取 25.00 mL 0.05 $mol \cdot L^{-1}$ Zn^{2+} 标准溶液于锥形瓶中，加 1 滴甲基红，用氨水(1:1)中和 Zn^{2+} 标准溶液中的 HCl，溶液由红变黄时即可。加 20 mL 水和 10 mL NH_3-NH_4Cl 缓冲溶液，再加 3 滴铬黑 T 指示剂，用 0.05 $mol \cdot L^{-1}$ 的 EDTA 滴定，当溶液由紫红色变为纯蓝色时即为终点。平行滴定 3 次，取平均值计算 EDTA 的准确浓度。

(二) 药片中铝镁含量测定

1. MgO 含量的测定

准确称取研碎的试样 0.4～0.42 g，加盐酸(1:1)5 mL 与水 50 mL，加热煮沸，加甲基红指示剂 1 滴，滴加氨水(1:1)，使溶液由红色变为黄色，再继续煮沸 5 min，趁热过滤，滤渣用热水洗涤。滤液冷却后，加入 10 mL NH_3-NH_4Cl 缓冲溶液，8 mL 三乙醇胺，再加入 3 滴铬黑 T 指示剂，用 EDTA 标准溶液滴定，当溶液由紫红色变为纯蓝色即为滴定终点。平行测定 3 次。计算每片药片中 MgO 含量(g/片)。

2. Al_2O_3 含量测定

准确称取试样 0.1～0.12 g，加 HCl(1:1)溶液 2 mL 与水 50 mL，煮沸，放冷，过滤，残渣用水洗涤。滴加氨水(1:1)至恰好析出沉淀，再滴加盐酸(1:1)，使沉淀恰好溶解，再定量加入 0.05 $mol \cdot L^{-1}$ EDTA 标准溶液 25.00 mL，煮沸 3 min，放冷，加入 20 mL 质量分数为 20% 的六次甲基四胺溶液，加二甲酚橙指示剂 3 滴，用锌标准溶液滴定至溶液由黄色恰好变为橙色，平行测定 3 次。计算每片药片中 Al_2O_3 含量(g/片)。

注：每片“胃舒平”药片中各成分含量可能不十分均匀，为使测定结果具有代表性，应多取药片，研细混匀后再取部分进行分析。

五、思考题

(1)测定铝含量时为什么不采用直接滴定法？

(2)测定镁含量时为什么加入三乙醇胺溶液？

(3)采用掩蔽铝的方法测镁，可选择哪些物质作掩蔽剂？条件如何控制？

实验六　钙制剂中钙含量的测定

一、实验目的

(1)了解钙制剂中钙含量的测定方法。

(2)掌握铬蓝黑 R(钙指示剂)的变色原理及使用条件。

二、实验原理

钙是构成人体骨骼、参与新陈代谢最活跃的元素之一。缺钙可导致儿童佝偻病、青少年发育迟缓、孕妇高血压、老年骨质疏松症等疾病。此外，缺钙还可引起神经病、糖尿病、外伤流血不止等多种过敏性疾病。因此，补钙越来越被人们所重视，许多补钙制剂也相应而生。

市场上有许多钙制剂，如药品（葡萄糖酸钙、钙立得、盖天力、巨能盖等）、乳制品（钙奶、牛奶、奶粉、豆奶粉）等等。这些钙制剂中的钙能与 EDTA 形成稳定的配合物，在 pH = 12 的碱性溶液中以铬蓝黑 R 为指示剂，用 EDTA 标准溶液直接测定钙制剂中的钙含量。化学计量点前，EDTA 与铬蓝黑 R 形成紫红色配合物，到达化学计量点时，EDTA 置换 Ca^{2+} – 铬蓝黑 R 中的 Ca^{2+}，释放出游离的铬蓝黑 R，而使溶液变为纯蓝色。滴定时，Al^{3+}、Fe^{3+} 等干扰离子可用三乙醇胺等掩蔽剂掩蔽。

三、主要试剂

EDTA 溶液（0.01 $mol \cdot L^{-1}$）：称取 1.0 g EDTA 于 100 mL 烧杯中，加水 80 mL，温热并搅拌使其完全溶解，冷却后转入试剂瓶中，稀释至 250 mL。

$CaCO_3$ 基准物质：于 110℃烘箱中干燥 2 h，稍冷后置于干燥器中冷却至室温，备用。

NaOH（5 $mol \cdot L^{-1}$），HCl（6 $mol \cdot L^{-1}$），三乙醇胺（200 $g \cdot L^{-1}$），铬蓝黑 R（5 $g \cdot L^{-1}$，溶剂为乙醇溶液）。

四、实验步骤

（一）EDTA 溶液浓度的标定

1. 0.01 $mol \cdot L^{-1}$ Ca^{2+} 标准溶液的配制

准确称取 0.25 ~ 0.28 g 基准 $CaCO_3$ 于 150 mL 烧杯中，先以少量水润湿，盖上表面皿，从烧杯嘴处往烧杯中滴加约 5 mL 6 $mol \cdot L^{-1}$ HCl 溶液，使 $CaCO_3$ 全部溶解。加水 50 mL，并用水冲洗烧杯内壁和表面皿，溶液定量转移至 250 mL 容量瓶中，用水稀释至刻度，摇匀，备用。

2. 以铬黑 T 为指示剂标定 EDTA

准确吸取 25.00 mL Ca^{2+} 标准溶液于锥形瓶中，加 2 mL NaOH，再加 3 滴铬蓝黑 R 指示剂，立即用 EDTA 滴定至溶液由酒红色恰好转变为纯蓝色即为终点。平行滴定 3 次，计算 EDTA 的准确浓度。

（二）钙制剂中钙含量的测定

准确称取钙制剂（视制剂含量多少而定，钙立得 0.4 g 或葡萄糖 2 g），加少量水润湿，加 6 mL 6 $mol \cdot L^{-1}$ HCl，加热溶解后，转入 250 mL 容量瓶中，用水稀释至刻度，摇匀。

准确移取上述试液 25.00 mL 于锥形瓶中，加入三乙醇胺溶液 5 mL，加 5 mL NaOH，加水 25 mL，再加 3 ~ 4 滴铬蓝黑 R，然后用 EDTA 标准溶液滴定至溶液由紫红色恰好变为纯蓝色即为终点。根据消耗 EDTA 的体积计算 Ca^{2+} 的含量（mg/g 或 g/片）。

做此实验时应注意：

钙制剂视钙含量多少而确定称量范围。有色有机钙因颜色干扰无法辨别终点，应先进行消化处理，牛奶、钙奶均为乳白色，终点颜色变化不太明显，接近终点时需再补加 2 ~ 3 滴指示剂。

五、思考题

（1）简述铬蓝黑 R 指示剂的变色原理。

（2）能否用铬黑 T 指示剂测定钙制剂中的钙含量？如果能，使用条件是什么？

实验七　铝盐中铝含量的测定

一、实验目的

(1)了解配合滴定中的返滴定。

(2)掌握配合滴定中的置换滴定。

二、实验原理

由于 Al^{3+} 离子易水解，易形成一系列多核羟基配合物，在较低酸度时，还可以形成羟基配合物，同时 Al^{3+} 与 EDTA 配合速度较缓慢，在较高酸度下煮沸，则易配合完全，故通常采用返滴定法或置换滴定法测定铝。对于复杂样品中的铝，一般都采用置换滴定法。当采用置换滴定法时，先调节 pH 值为 3～4，加入过量的 EDTA 溶液，煮沸，使 Al^{3+} 与 EDTA 络合，冷却后，再调节溶液的 pH 值为 5～6，以二甲酚橙为指示剂，用 Zn^{2+} 盐溶液滴定过量的 EDTA(不计体积)。然后，加入过量的 NH_4F，加热至沸，使 AlY^- 与 F^- 之间发生置换反应，并释放出与等摩尔的 EDTA；释放出来的 EDTA，再用锌盐标准溶液滴定至紫红色，即为终点。

$$Al^{3+} + H_2Y^{2-} = AlY^- + 2H^+$$

$$AlY^- + 6F^- + 2H^+ = AlF_6^{3-} + H_2Y^{2-}$$

三、主要试剂和仪器

0.01 $mol \cdot L^{-1}$EDTA 溶液：计算配制一定体积 0.01 $mol \cdot L^{-1}$ EDTA 二钠盐溶液所需 EDTA 的质量，温热，搅拌使其完全溶解。

二甲酚橙水溶液(2 $g \cdot L^{-1}$)，ZnO 基准物质，HCl 溶液(1:1，即 6 $mol \cdot L^{-1}$、1:3，即 3 $mol \cdot L^{-1}$)，氨水(1:1)，六亚甲基四胺(200 $g \cdot L^{-1}$)，NH_4F 溶液(200 $g \cdot L^{-1}$)，铝盐($Al(NO_3)_3 \cdot 9H_2O$)。

四、实验步骤

(一)Zn^{2+}标准溶液的配制和标定

准确称取 0.21～0.22 g 基准 ZnO 于 100 mL 烧杯中，加 5 mL 6 $mol \cdot L^{-1}$HCl 溶液，立即盖上表面皿，待 ZnO 完全溶解，以少量水冲洗表面皿和烧杯内壁，定量转移 Zn^{2+} 溶液于 250 mL 容量瓶中，用水稀释至刻度，摇匀，计算锌标准溶液的浓度。

(二)铝含量的测定

准确称取试样 0.25～0.26 g 铝盐，加 6 $mol \cdot L^{-1}$盐酸 5 mL，将上述溶液定量转移至 100 mL容量瓶中，稀释至刻度，摇匀。移取 25.00 mL 铝盐溶液于 250 mL 锥形瓶中，定量加入 0.01 mol·L EDTA 标准溶液 40 mL，加 2 滴二甲酚橙，此时溶液呈黄色，滴加 1:1 氨水调至溶液恰好出现红色，再滴加 3 mol·L HCl 溶液，使溶液呈现黄色。加热煮沸 3 min，放冷后加入六亚甲基四胺 20 mL，此时溶液应呈黄色(pH 值为 5～6)，如不呈黄色，用 3 $mol \cdot L^{-1}$HCl 来调节，使其变黄。用 0.01 $mol \cdot L^{-1}$锌标准溶液滴定至溶液由黄色变为紫红色，于上述溶液中加入 10 mL 200 $g \cdot L^{-1}$ NH_4F 溶液，加热至微沸，流水冷却，再补加二甲酚橙指示剂 2 滴，此时溶液应呈现黄色(pH 值为 5～6)。若溶液呈现红色，应滴加 3 $mol \cdot L^{-1}$HCl 溶液使其变为黄色。再用 0.01 $mol \cdot L^{-1}$锌标准溶液滴定至溶液由黄色变为橙色，即为终点。根据消耗的锌盐溶液的体积，计算 Al 的质量分数。

(三) 0.01 $mol \cdot L^{-1} Zn^{2+}$ 标准溶液的配制(微型滴定法)

准确称取 0.1 g 基准 ZnO 于 25 mL 烧杯中，加入 2 mL 6 $mol \cdot L^{-1}$ HCl 溶液，立即盖上表面皿，待 ZnO 完全溶解，用水吹洗烧杯内壁和表面皿，将溶液定量转移至 100 mL 容量瓶中，用水稀释至刻度，摇匀。

(四)铝含量的测定(微型滴定法)

准确称取试样 0.20 g 铝盐，加 6 $mol \cdot L^{-1}$ 盐酸 5 mL，将上述溶液定量转移至 50 mL 容量瓶中，稀释至刻度，摇匀。移取 2.00 mL 铝盐溶液于 25 mL 锥形瓶中，定量加入 0.01 $mol \cdot L^{-1}$ EDTA 标准溶液 5 mL，加 1 滴二甲酚橙，此时溶液呈黄色，滴加 1:1 氨水调至溶液恰好出现红色，再滴加 3 $mol \cdot L^{-1}$ HCl 溶液，使溶液呈现黄色。加热煮沸 3 min，放冷后加入六亚甲基四胺 2 mL，此时溶液应呈黄色(pH 值为 5 ~ 6)，如不呈黄色，用 3 $mol \cdot L^{-1}$ HCl 来调节，使其变黄。用0.01 $mol \cdot L^{-1}$ 锌标准溶液滴定至溶液由黄色变为紫红色，于上述溶液中加入 1 mL 200 $g \cdot L^{-1}$ NH_4F溶液，加热至微沸，流水冷却，再补加二甲酚橙指示剂 1 滴，此时溶液应呈现黄色(pH 值为 5 ~ 6)。若溶液呈现红色，应滴加 3 $mol \cdot L^{-1}$ HCl 溶液使其变为黄色。再用 0.01 $mol \cdot L^{-1}$锌标准溶液滴定至溶液由黄色变为橙色，即为终点。根据消耗的锌盐溶液的体积，计算 Al 的质量分数。

五、预习思考题

(1)为什么测定铝不能采用 EDTA 直接滴定？

(2)对于复杂含铝试样，不用置换滴定，而用返滴定，所得结果是偏高还是偏低？

(3)铬黑 T 和二甲酚橙各适用于什么酸度体系？

C.氧化还原滴定法

实验一 高锰酸钾标准溶液的配制和标定

一、实验目的

(1)掌握高锰酸钾标准溶液的配制和标定方法。

(2)了解氧化还原反应滴定中控制反应条件的重要性。

二、实验原理

高锰酸钾是氧化还原滴定中最常用的氧化剂之一。但市售试剂中常含有 MnO_2 和其他杂质，而高锰酸钾本身又有强氧化性，易和水中的有机物及空气中的尘埃等还原性物质作用，还能自行分解，见光分解得更快，因此，$KMnO_4$ 溶液的浓度容易改变，不能用直接法配制其标准溶液。

为配制较稳定的 $KMnO_4$ 标准溶液，可称取比理论量稍多的 $KMnO_4$ 溶于一定体积的水中，加热煮沸，冷却后储存在棕色瓶中，在暗处放置 7 天左右，待 $KMnO_4$ 将溶液中的还原性物质充分氧化后，过滤除去析出的 MnO_2 沉淀，再进行标定。若长期放置，使用前须重新标定其浓度。

$Na_2C_2O_4$ 和 $H_2C_2O_4 \cdot 2H_2O$ 是常用来标定 $KMnO_4$ 溶液的基准物。而 $Na_2C_2O_4$ 由于不含结晶水，容易精制，故较为常用。标定反应为

$$2MnO_4^- + 5C_2O_4^{2-} + 16H^+ = 2Mn^{2+} + 10CO_2\uparrow + 8H_2O$$

为使反应定量进行，需注意以下列滴定条件：

(1)控制一定的酸度范围。因为在酸性条件下，$KMnO_4$ 的氧化能力较强。酸度过低，会部分被还原成 MnO_2，酸度过高，$H_2C_2O_4 \cdot 2H_2O$ 分解，一般滴定开始的适宜酸度为 1 $mol \cdot L^{-1}$。为防止诱导氧化 Cl^- 的反应发生，应在 H_2SO_4 介质中进行。

(2)控制一定的温度范围。适宜的温度为 75～85℃，不应低于 60℃，否则反应速度太慢，但温度高于 90℃，草酸又将分解。

(3)有 Mn^{2+} 作催化剂。滴定开始，反应很慢，$KMnO_4$ 溶液必须逐滴加入，如滴加过快，部分 $KMnO_4$ 在热溶液中分解而造成误差，反应方程式为

$$4KMnO_4 + 2H_2SO_4 = 4MnO_2 + 2K_2SO_4 + 2H_2O + 3O_2\uparrow$$

反应中生成 Mn^{2+}，使反应速度逐渐加快，这就是自催化作用。

由于 $KMnO_4$ 溶液本身具有特殊的紫红色，滴定时，$KMnO_4$ 溶液稍过量即可被察觉，所以不需另加指示剂。

三、实验仪器及试剂

酸式滴定管(50 mL)，棕色试剂瓶，台秤，分析天平，烧杯(500 mL)，电炉，水浴锅，玻璃砂芯漏斗。

H_2SO_4(3 $mol \cdot L^{-1}$)，$KMnO_4$(s)，$Na_2C_2O_4$(s，A.R.)。

四、实验步骤

1. 0.02 $mol \cdot L^{-1}$ $KMnO_4$ 标准溶液的配制

称取 1.5～2.0 g $KMnO_4$ 固体，置于 500 mL 烧杯中，加入 400 mL 蒸馏水，盖上表面皿，加热煮沸 20～30 min，并随时补充因蒸发而失去的水。冷却后倒入洁净的棕色试剂瓶中，用水稀释至约 500 mL，摇匀，塞好塞子，静置 7～10 d 后，其上层的溶液用玻璃砂芯漏斗过滤，残余溶液和沉淀倒掉。洗净试剂瓶，将滤液倒回瓶内，摇匀，待标定。

如果将溶液加热煮沸并保持微沸 1 h，冷却后过滤，则不必长期放置，就可以标定其浓度。

2. $KMnO_4$ 标准溶液的标定

准确称取 3 份 0.15～0.20 g 基准 $Na_2C_2O_4$ 于 250 mL 锥形瓶中，加入 50 mL 蒸馏水和 15 mL 3 $mol \cdot L^{-1}$ H_2SO_4 使其溶解，在水浴中慢慢加热直到有蒸汽冒出(约 75～85℃)。趁热用待标定的 $KMnO_4$ 溶液进行滴定，开始滴定时，速度宜慢，在第一滴 $KMnO_4$ 溶液滴入后，不断摇动溶液，当紫红色褪去后再滴入第二滴。待溶液中有 Mn^{2+} 产生后，反应速度加快，滴定速度就可适当加快，但也决不可使 $KMnO_4$ 溶液连续流下。接近终点时，紫红色褪去很慢，应减慢滴定速度，同时充分摇匀，以防超过终点。最后滴加半滴 $KMnO_4$ 溶液，在摇匀后 30 s 内仍保持微红色不褪色，表明已达到终点。记下此时 $KMnO_4$ 的体积，平行滴定 3 次，根据下式计算 $KMnO_4$ 溶液的物质的量浓度，即

$$c(KMnO_4) = \frac{2m(Na_2C_2O_4)}{5M(Na_2C_2O_4) \cdot V(KMnO_4)}$$

要求 3 次平行滴定结果的相对偏差不大于 0.3%。

五、思考题

(1)标定时,若高锰酸钾标准溶液滴入过快,将会出现什么现象?对结果有何影响?

(2)高锰酸钾在中性、强酸性或强碱性溶液中进行反应时,它被还原后的产物有何不同?

(3)标定高锰酸钾溶液时,为什么第一滴高锰酸钾的颜色褪得很慢,以后反而逐渐加快?

(4)用高锰酸钾滴定草酸钠过程中,加酸、加热和控制滴定速度等的目的是什么?

(5)在标定 $KMnO_4$ 溶液时,H_2SO_4 加入量的多少对标定有何影响?能否用 HCl 或 HNO_3 来代替 H_2SO_4?

实验二　过氧化氢含量的测定

一、实验目的

(1)学习 $KMnO_4$ 溶液的配制及标定方法,了解自催化反应。

(2)掌握 $KMnO_4$ 法测定 H_2O_2 含量的原理及方法。

(3)体会 $KMnO_4$ 自身指示剂的特点。

二、实验原理

过氧化氢在工业、生物、医药等方面应用很广泛。利用 H_2O_2 的氧化性漂白毛、丝织物;医药上常用它消毒和杀菌;纯 H_2O_2 用作火箭燃料的氧化剂;工业上利用 H_2O_2 的还原性除去氯气,反应方程式为

$$H_2O_2 + Cl_2 = 2Cl^- + O_2\uparrow + 2H^+$$

植物体内的过氧化氢酶也能催化 H_2O_2 的分解反应,故在生物上利用此性质测量 H_2O_2 分解所放出的氧来测量过氧化氢酶的活性。由于过氧化氢有着广泛的应用,常需要测定它的含量。

H_2O_2 分子中有一个过氧键—O—O—,在酸性溶液中它是一种强氧化剂。但遇到 $KMnO_4$ 时表现为还原剂。测定过氧化氢的含量时,在稀硫酸溶液中用高锰酸钾标准溶液滴定,其反应方程式为

$$2MnO_4^- + 5H_2O_2 + 6H^+ = 2Mn^{2+} + 5O_2\uparrow + 8H_2O$$

开始时反应速率缓慢,待 Mn^{2+} 生成后,由于 Mn^{2+} 的催化作用,加快了反应速率,故能顺利地滴定到呈现稳定的微红色为终点,因而称为自催化反应。稍过量的滴定剂($2\times10^{-6}\ mol\cdot L^{-1}$)本身的紫红色即显示终点。根据 $KMnO_4$ 的浓度和滴定中消耗的体积,按下式计算出 H_2O_2 的质量分数,即

$$\rho(H_2O_2) = \frac{5c(KMnO_4)\cdot V(KMnO_4)\cdot M(H_2O_2)}{2V(H_2O_2)}$$

市售的 H_2O_2 浓度太大,需稀释后才能滴定。若 H_2O_2 试样系工业产品,因产品中常加入少量乙酰苯胺等有机物质作稳定剂,此类有机物也消耗 $KMnO_4$,所以用上述方法测定误差较大。遇此情况应采用碘量法测定即利用 H_2O_2 和 KI 作用,析出 I_2,然后用 $S_2O_3^{2-}$ 标准溶液滴定,反应方程式为

$$H_2O_2 + 2H^+ + 2I^- = 2H_2O + I_2 \quad \varphi^{\ominus}(H_2O_2/H_2O) = 1.77\ V$$

$$I_2 + 2S_2O_3^{2-} = S_4O_6^{2-} + 2I^-$$

三、主要试剂

$Na_2C_2O_4$ 基准物质：于 105℃干燥 2 h 后储存于干燥器中备用。

$KMnO_4$溶液（0.02 mol·L^{-1}，即 $c(\frac{1}{5}KMnO_4) = 0.1$ mol·L^{-1}）。

H_2O_2 溶液（质量分数为 30%、3%）：市售质量分数为 30%的 H_2O_2 稀释 10 倍，即配成 3%的 H_2O_2 溶液，储存在棕色试剂瓶中。

H_2SO_4(1∶5)，$MnSO_4$(1 mol·L^{-1})。

四、实验步骤

1.$KMnO_4$ 溶液的配制

称取 1.6 g $KMnO_4$ 固体溶于 500 mL 水中，盖上表面皿，加热至沸并保持微沸状态 1 h，冷却后，用微孔玻璃漏斗（3 号或 4 号）过滤。滤液储存于棕色试剂瓶中，在室温条件下静置 2 ~ 3 天后过滤备用。

2.用 $Na_2C_2O_4$ 标定 $KMnO_4$ 溶液浓度

准确称取 3 份 0.15 ~ 0.20 g $Na_2C_2O_4$ 基准物质，分别置于 250 mL 锥形瓶中，加入 60 mL 水使之溶解，加入 15 mL H_2SO_4，在水浴上加热到 75 ~ 85℃。趁热用高锰酸钾溶液滴定，开始滴定时反应速率慢，待溶液中产生了 Mn^{2+} 后，滴定速度可加快，直到溶液呈现微红色并持续 30 s 不褪色即为终点。根据消耗 $KMnO_4$ 溶液的体积计算其准确浓度。

3.H_2O_2 含量的测定

用吸量管吸取 1.00 mL 原装 H_2O_2 置于 250 mL 容量瓶中，加水稀释至刻度，充分摇匀。用移液管移取 25.00 mL 溶液置于 250 mL 锥形瓶中，加 60 mL 水和 10 mL H_2SO_4，用 $KMnO_4$ 标准溶液滴定至微红色并在 30 s 内不消失即为终点。平行测定 3 次，根据 $KMnO_4$ 的浓度和滴定消耗的体积，计算出 H_2O_2 的质量浓度 $\rho(H_2O_2)$(g·L^{-1})。

4.$KMnO_4$ 溶液标定（微型滴定法）

准确称取 0.6 ~ 0.8 g $Na_2C_2O_4$ 基准物质于小烧杯中，用少量水溶解后，定量转移至 100 mL容量瓶中，用水稀释至刻度，摇匀。准确移取 2.00 mL 该溶液于 25 mL 锥形瓶中，加入 1 mL，3 mol·L^{-1}H_2SO_4，在水浴上加热到 75 ~ 85℃。趁热用高锰酸钾溶液滴定。开始滴定时反应速率慢，待溶液中产生了 Mn^{2+} 后，滴定速度可加快，直到溶液呈现微红色，并持续 30 s不褪色即为终点。

5.H_2O_2 含量的测定（微型滴定法）

用吸量管吸取 0.5 mL 原装 H_2O_2 置于 50 mL 容量瓶中，加水稀释至刻度，充分摇匀。用移液管移取 1.00 mL 溶液置于 25 mL 锥形瓶中，加 1 mL 3 mol·L^{-1} H_2SO_4、1 mL 水，用 $KMnO_4$ 标准溶液滴定至微红色在 30 s 内不消失即为终点。

做此实验时应注意：

(1)$KMnO_4$ 作为氧化剂通常在酸性溶液（H_2SO_4）中进行，不能用 HNO_3 和 HCl 来控制酸度。滴定过程中如果发现棕色混浊，这是酸度不够引起的，应立即加入稀 H_2SO_4，如已达终点，应重做实验。

(2)标定 $KMnO_4$ 溶液浓度时，加热可加快反应速度，适宜温度为 75 ~ 85℃，不应低于

60℃,否则反应速度太慢,但温度高于90℃,草酸又将分解。也可加入2~3滴 $MnSO_4$ 溶液作为催化剂,以加快反应速度。

(3)开始滴定时反应速度较慢,所以要缓慢滴加,待溶液产生 Mn^{2+} 后,由于 Mn^{2+} 对反应的催化作用,使反应速度加快,这时滴定速度可适当加快,但也决不可使 $KMnO_4$ 溶液连续流下。接近终点时,更须小心缓慢滴入。

五、思考题

(1)$KMnO_4$ 溶液的配制过程中要用微孔玻璃漏斗过滤,试问能否用定量滤纸过滤?为什么?

(2)配制 $KMnO_4$ 溶液应该注意些什么?用 $Na_2C_2O_4$ 标定 $KMnO_4$ 溶液时,为什么开始滴入的 $KMnO_4$ 紫色消失缓慢,后来消失得越来越快,直至滴定终点出现稳定的紫红色?

(3)用 $KMnO_4$ 法测定 H_2O_2 时,能否用 HNO_3、HCl 和 HAc 控制酸度?为什么?

(4)配制 $KMnO_4$ 溶液时,过滤后的滤器上沾附的物质是什么?应选用什么物质清洗干净?

(5)H_2O_2 有哪些重要性质,使用时应注意些什么?

实验三　补钙制剂中钙含量的测定

一、实验目的

(1)了解沉淀分离的基本要求及操作。

(2)掌握氧化还原法间接测定钙含量的原理及方法。

二、实验原理

钙是组成人体骨骼和参与人体新陈代谢的最重要元素之一。缺钙可引起多种疾病,因此,补钙越来越被人们所重视,许多补钙制剂也相应而生。

市场上有许多钙制剂,如药片(葡萄糖酸钙、钙立得、盖天力、巨能盖等)、乳制品(钙奶、牛奶、奶粉、豆奶粉)等。这些制剂中的钙可用高锰酸钾法测定,首先将钙制剂溶解并使其中的钙以 CaC_2O_4 的形式沉淀下来,沉淀经过滤洗净后,再用稀硫酸溶液将其溶解,然后用 $KMnO_4$ 标准溶液滴定释放出来的 $H_2C_2O_4$。根据消耗 $KMnO_4$ 溶液的量计算钙的含量,反应方程式为

$$Ca^{2+} + C_2O_4^{2-} \rightleftharpoons CaC_2O_4 \downarrow$$

$$CaC_2O_4 + H_2SO_4 \rightleftharpoons CaSO_4 + H_2C_2O_4$$

$$5H_2C_2O_4 + 2MnO_4^- + 6H^+ \rightleftharpoons 2Mn^{2+} + 10CO_2 \uparrow + 8H_2O$$

三、主要试剂

(1)$KMnO_4$ 溶液(0.02 $mol \cdot L^{-1}$),$(NH_4)_2C_2O_4$(5 $g \cdot L^{-1}$)、氨水(质量分数为10%)、HCl(1:1,浓)、H_2SO_4(1 $mol \cdot L^{-1}$),甲基橙(2 $g \cdot L^{-1}$),硝酸银(0.1 $mol \cdot L^{-1}$)。

(2)$Na_2C_2O_4$ 基准物质:于105℃干燥2 h后储存于干燥器中备用。

四、实验步骤

(一)$KMnO_4$ 溶液的配制与标定

1. $KMnO_4$ 溶液的配制

称取 1.6 g $KMnO_4$ 固体溶于 500 mL 水中，盖上表面皿，加热至沸并保持微沸状态 1 h，冷却后，用微孔玻璃漏斗(3 号或 4 号)过滤。滤液储存于棕色试剂瓶中，在室温条件下静置 2～3 d 后过滤备用。

2. 用 $Na_2C_2O_4$ 标定 $KMnO_4$ 溶液浓度

准确称取 3 份 0.15～0.20 g $Na_2C_2O_4$ 基准物质，分别置于 250 mL 锥形瓶中，加入 60 mL 水使之溶解，加入 15 mL H_2SO_4，在水浴上加热到 75～85℃。趁热用高锰酸钾溶液滴定，开始滴定时反应速率慢，待溶液中产生了 Mn^{2+} 后，滴定速度可加快，直到溶液呈现微红色并持续 30 s 不褪色即为终点。根据消耗 $KMnO_4$ 溶液的体积计算其准确浓度。

(二)补钙制剂中钙含量的测定

准确称取补钙制剂 3 份(每份含钙约 0.05 g)分别置于 250 mL 烧杯中，加入适量蒸馏水及 HCl 溶液，加热促使其溶解。于溶液中加入 2～3 滴甲基橙，以氨水中和溶液，使其由红色转变为黄色，趁热逐滴加约 50 mL$(NH_4)_2C_2O_4$，在低温电热板(或水浴)上陈化 30 min。冷却后过滤，洗涤沉淀至无 Cl^-(承接洗液在 HNO_3 介质中以 $AgNO_3$ 检查)，将带有沉淀的滤纸铺在原烧杯的内壁上，用 50 mL 1 $mol\cdot L^{-1}$ H_2SO_4 把沉淀从滤纸上洗入烧杯中，再用洗瓶冲洗 2 次，加入蒸馏水使总体积约为 100 mL，加热至 70～80℃，用 $KMnO_4$ 标准溶液滴定至溶液呈淡红色，再将滤纸搅入溶液中，若溶液褪色，则继续滴定，直至出现的淡红色 30 s 内不消失即为终点。计算钙制剂中钙的含量(mg/g 或 g/片)。

五、思考题

(1)以$(NH_4)_2C_2O_4$ 沉淀钙时，pH 值控制为多少，为什么选择这个 pH 值?

(2)加入$(NH_4)_2C_2O_4$ 时，为什么要在热溶液中逐滴加入?

(3)洗涤 CaC_2O_4 沉淀时，为什么要洗至无 Cl^-?

(4)试比较 $KMnO_4$ 法则定 Ca^{2+} 和配合滴定法测 Ca^{2+} 的优缺点。

实验四　水中化学耗氧量的测定

一、实验目的

(1)了解测定水样化学耗氧量的意义。

(2)掌握酸性高锰酸钾法和重铬酸钾法测定化学耗氧量的原理和方法。

二、实验原理

水样的耗氧量是水质污染程度的主要指标之一，它分为生物耗氧量(BOD)和化学耗氧量(COD)两种。BOD 是指水中有机物质发生生物过程时所需要氧的量；COD 是指在特定条件下，用强氧化剂处理水样时，水样所消耗的氧化剂的量，常用每升水消耗 O_2 的量来表示。水样中的化学耗氧量与测试条件有关，因此应严格控制反应条件，按规定的操作步骤进行测定。

测定化学耗氧量的方法有重铬酸钾法、酸性高锰酸钾法和碱性高锰酸钾法。重铬酸钾法是指在强酸性条件下，向水样中加入过量的 $K_2Cr_2O_7$，让其与水样中的还原性物质充分反应，剩余的 $K_2Cr_2O_7$ 以邻菲罗啉为指示剂，用硫酸亚铁铵标准溶液返滴定。根据消耗的 $K_2Cr_2O_7$ 溶液的体积和浓度，计算水样的耗氧量。如有氯离子干扰，可在回流前加硫酸银除去。该法适用于工业污水及生活污水等含有较多复杂污染物的水样的测定。其滴定反应方程式为

$$Cr_2O_7^{2-} + C + H^+ \longrightarrow Cr^{3+} + CO_2\uparrow + H_2O$$

$$Cr_2O_7^{2-} + 6Fe^{2+} + 14H^+ = 2Cr^{3+} + 6Fe^{3+} + 7H_2O$$

$$COD_{(Cr)} = \frac{c(Fe^{2+})(V_0 - V_1) \times \frac{1}{4} \times M(O_2) \times 1\,000}{V}$$

式中，V_0、V_1 分别为空白和水样消耗硫酸亚铁铵标准溶液的体积。

酸性高锰酸钾法测定水样的化学耗氧量是指在酸性条件下，向水中加入过量的 $KMnO_4$ 溶液，并加热溶液使其充分反应，然后再向溶液中加入过量的 $Na_2C_2O_4$ 标准溶液还原多余的 $KMnO_4$，剩余的 $Na_2C_2O_4$ 再用 $KMnO_4$ 溶液返滴定。根据 $KMnO_4$ 的浓度和水样消耗 $KMnO_4$ 溶液的体积，计算水样的耗氧量。此法适用于污染不十分严重的地面水和河水等的化学耗氧量的测定。若水样中 Cl^- 含量较高，可加入 Ag_2SO_4 消除干扰，也可以改用碱性高锰酸钾法进行测定。有关反应方程式为

$$4MnO_4^- + 5C + 12H^+ = 4Mn^{2+} + 5CO_2\uparrow + 6H_2O$$

$$2MnO_4^- + 5C_2O_4^{2-} + 16H^+ = 2Mn^{2+} + 10CO_2\uparrow + 8H_2O$$

这里，C 泛指水中的还原性物质或耗氧物质，主要为有机物。

水样耗氧量的计算式为

$$COD_{(Mn)} = \frac{\left\{c(MnO_4^-)[V_1(MnO_4^-) + V_2(MnO_4^-)] - \frac{2}{5}[(c(C_2O_4^{2-})\cdot V(C_2O_4^{2-})]\right\} \times \frac{5}{4} \times M(O_2) \times 1\,000}{V}$$

式中，V_1、V_2 分别为第一次和第二次加入 $KMnO_4$ 的体积。

三、仪器和试剂

回流装置。

$KMnO_4$ 溶液（0.002 mol·L^{-1}）：移取 25.00 mL 0.02 mol·L^{-1} $KMnO_4$ 标准溶液于 250 mL 容量瓶中，加水稀释至刻度，摇匀即可。

$Na_2C_2O_4$ 标准溶液（0.005 mol·L^{-1}）：准确称取 0.16～0.18 g 在 105℃下烘干 2 h 并冷却的 $Na_2C_2O_4$ 基准物质，置于小烧杯中，用适量水溶解后，定量转移至 250 mL 容量瓶中，加水稀释至刻度，摇匀。

$K_2Cr_2O_7$ 溶液（0.040 mol·L^{-1}）：准确称取 2.9 g 在 150～180℃下烘干过的 $K_2Cr_2O_7$ 基准试剂于小烧杯中，加少量水溶解后，定量转入 250 mL 容量瓶中，加水稀释至刻度，摇匀。

邻菲罗啉指示剂：称取 1.485 g 邻菲罗啉和 0.695 g $FeSO_4\cdot 7H_2O$，溶于 100 mL 水中，摇匀，储存于棕色瓶中。

硫酸亚铁铵（0.1 mol·L^{-1}）：用小烧杯称取 9.8 g 六水硫酸亚铁铵，加 10 mL 6 mol·L^{-1} H_2SO_4 溶液和少量水，溶解后加水稀释至 250 mL，储存于试剂瓶中，待标定。

Ag_2SO_4(s)，H_2SO_4 溶液(6 mol·L^{-1})。

四、实验步骤

1.水样中 COD 的测定(酸性 $KMnO_4$ 法)

于 250 mL 锥形瓶中加入 100.00 mL 水样和 5 mL 6 mol·$L^{-1}$$H_2SO_4$ 溶液，再用滴定管或移液管准确加入 10.00 mL 0.002 mol·L^{-1} $KMnO_4$ 标准溶液，然后尽快加热溶液至沸，并准确煮沸 10 min(紫红色不应褪去，否则应增加 $KMnO_4$ 溶液的体积)。取下锥形瓶，冷却 1 min 后，准确加入 10.00 mL 0.005 mol·L^{-1} $Na_2C_2O_4$ 标准溶液，充分摇匀(此时溶液应为无色，否则应增加 $Na_2C_2O_4$ 溶液的用量)。趁热用 $KMnO_4$ 溶液滴定至溶液呈微红色即为终点。平行滴定 3 份。另取 100.00 mL 蒸馏水代替水样进行实验，求空白值，计算水样的化学耗氧量(mg·L^{-1})。

2.水样中 COD 的测定($K_2Cr_2O_7$ 法)

(1)硫酸亚铁铵溶液的标定。准确移取 10.00 mL 0.040 mol·L^{-1} $K_2Cr_2O_7$ 溶液 3 份，分别置于 250 mL 锥形瓶中，加入 50 mL 水、20 mL 浓 H_2SO_4(应注意慢慢加入，并随时摇匀)，再滴加 3 滴邻菲罗啉指示剂，然后用硫酸亚铁铵溶液滴定，溶液由黄色变为红褐色时即为终点。平行滴定 3 份，计算硫酸亚铁铵的浓度。

(2)COD 的测定。取 50.00 mL 水样于 250 mL 回流锥形瓶中，准确加入 15.00 mL 0.040 mol·L^{-1} $K_2Cr_2O_7$ 标准溶液、20 mL 浓 H_2SO_4、1 g Ag_2SO_4 固体和数粒玻璃珠，轻轻摇匀后，加热回流 2 h。若水样中氯含量较高，则先往水样中加 1 g $HgSO_4$ 和 5 mL 浓 H_2SO_4，待 $HgSO_4$ 溶解后，再加入 25.00 mL $K_2Cr_2O_7$ 溶液、20 mL 浓 H_2SO_4 和 1 g Ag_2SO_4，加热回流。冷却后用适量蒸馏水冲洗冷凝管，取下锥形瓶，用水稀释至约 150 mL，加 3 滴邻菲罗啉指示剂，然后用硫酸亚铁铵溶液滴定，溶液由黄色变为红褐色即为终点。平行滴定 3 份，以 50.00 mL 蒸馏水代替水样进行上述实验，测定空白值，计算水中 COD(m g·L^{-1})。

五、思考题

(1)水样中加入 $KMnO_4$ 溶液煮沸后，若紫红色褪去，说明什么？应怎样处理？

(2)用重铬酸钾法测定时，若在加热回流后变绿，是什么原因？应如何处理？

(3)水样中氯离子的含量较高时，为什么对测定有干扰？如何消除？

(4)水样 COD 的测定有何意义？

实验五　铁盐中全铁含量的测定(无汞定铁法)

一、实验目的

(1)学习铁盐试样的酸溶法。

(2)掌握 $K_2Cr_2O_7$ 法测定铁的原理及方法。

(3)了解无汞定铁法，增强环保意识。

(4)了解二苯胺磺酸钠指示剂的作用原理。

二、实验原理

铁盐试样经 HCl 溶液溶解后，其中的铁转化为 Fe^{3+}，在酸性条件下，以甲基橙为指示

剂,滴入 $SnCl_2$ 使 Fe^{3+} 还原至 Fe^{2+},并过量 1~2 滴。经典方法是用 $HgCl_2$ 氧化过量的 $SnCl_2$,除去 Sn^{2+} 的干扰,但 $HgCl_2$ 造成环境污染,本实验采用无汞定铁法。还原反应为

$$2FeCl_4^- + SnCl_4^{2-} + 2Cl^- = 2FeCl_4^{2-} + SnCl_6^{2-}$$

使用甲基橙指示 $SnCl_2$ 还原 Fe^{3+} 的原理是：Sn^{2+} 将 Fe^{3+} 还原完后,过量的 Sn^{2+} 可将甲基橙还原为氢化甲基橙而褪色,不仅指示了还原的终点,Sn^{2+} 还能继续使氢化甲基橙还原成 *N*, *N* –二甲基对苯二胺和对氨基苯磺酸,过量的 Sn^{2+} 则可以消除。反应方程式为

$$(CH_3)_2NC_6H_4N=NC_6H_4SO_3Na \xrightarrow{2H^+} (CH_3)_2NC_6H_4NH-HNC_6H_4SO_3Na \xrightarrow{2H^+}$$
$$(CH_3)_2NC_6H_4NH_2 + H_2NC_6H_4SO_3Na$$

以上反应为不可逆的,因而甲基橙的还原产物不消耗 $K_2Cr_2O_7$。

反应在 HCl 介质中进行,还原 Fe^{3+} 时 HCl 溶液浓度应控制在 4 $mol \cdot L^{-1}$,若大于 6 $mol \cdot L^{-1}$,Sn^{2+} 会先将甲基橙还原为无色,无法指示 Fe^{3+} 的还原反应。HCl 溶液浓度低于 2 $mol \cdot L^{-1}$,则甲基橙褪色缓慢。滴定反应为

$$6Fe^{2+} + Cr_2O_7^{2-} + 14H^+ = 6Fe^{3+} + 2Cr^{3+} + 7H_2O$$

滴定突跃范围为 0.93~1.34 V,使用二苯胺磺酸钠为指示剂时,由于它的条件电势为 0.85 V,因而需加入 H_3PO_4,使滴定产生的 Fe^{3+} 生成 $Fe(HPO_4)$ 而降低 Fe^{3+}/Fe^{2+} 电对的电势,使突跃范围变成 0.71~1.34 V,指示剂可以在此范围内变色,同时也消除了黄色对终点观察的干扰,Sb(V)、Sb(III)干扰铁的测定,不应存在。

三、主要试剂

$SnCl_2$(质量分数为 10%):10 g $SnCl_2 \cdot 2H_2O$ 溶于 40 mL 热浓的 HCl 溶液中,加水稀释至 100 mL。

$SnCl_2$(5%):将质量分数 10%的 $SnCl_2$ 溶液稀释 1 倍。

$H_2SO_4 - H_3PO_4$ 混酸:将 15 mL 浓 H_2SO_4 缓慢加至 70 mL 水中,冷却后加入 15 mL 浓 H_3PO_4 混匀。

$K_2Cr_2O_7$ 标准溶液($c(\frac{1}{6}K_2Cr_2O_7) = 0.1000\ mol \cdot L^{-1}$):将 $K_2Cr_2O_7$ 在 150~180℃干燥 2 h,置于干燥器中冷却至室温。用指定质量称量法准确称取 1.225 8 g $K_2Cr_2O_7$ 于小烧杯中,加水溶解,定量转移至 250 mL 容量瓶中,加水稀释至刻度,摇匀。

甲基橙(2 $g \cdot L^{-1}$),二苯胺磺酸钠(2 $g \cdot L^{-1}$),HCl(浓)。

四、实验步骤

准确称取 3 份铁盐,每份 0.15~0.20 g 于 250 mL 锥形瓶中,用少量水润湿,加入 8 mL 浓 HCl 溶液,盖上表面皿,在通风柜中低温加热分解试样。试样分解完全时,用 15 mL 水吹洗表面皿及瓶壁,加热近沸,加入 6 滴甲基橙,趁热边摇动锥形瓶边逐滴加入质量分数为 10%的 $SnCl_2$ 还原 Fe^{3+}。溶液由橙变红,再慢慢滴加质量分数为 5%的 $SnCl_2$ 至溶液变为淡粉色,再摇几下直至粉色褪去。立即用流水冷却,加 50 mL 蒸馏水、20 mL 硫磷混酸、4 滴二苯胺磺酸钠,立即用 $K_2Cr_2O_7$ 标准溶液滴定到稳定的紫红色为终点。平行滴定 3 次,计算铁盐中铁的质量分数。

五、思考题

(1)$K_2Cr_2O_7$ 为什么可以直接称量配制准确浓度的溶液?

(2)分解铁盐时,为什么要在低温下进行？如果加热至沸会对结果产生什么影响？
(3)$SnCl_2$ 还原 Fe^{3+} 的条件是什么？怎样控制 $SnCl_2$ 不过量？
(4)$K_2Cr_2O_7$ 以溶液滴定 Fe^{2+} 时,加入 H_3PO_4 的作用是什么？
(5)本实验中甲基橙起什么作用？

实验六　硫代硫酸钠和碘溶液的配制和标定

一、实验目的

(1)掌握 $Na_2S_2O_3$ 及 I_2 标准溶液的配制和标定方法。
(2)掌握碘量法的测定原理。
(3)学习用淀粉指示剂正确判断滴定终点。

二、实验原理

碘量法是基于 I_2 的氧化性和 I^- 的还原性进行测定的方法,其基本反应方程为

$$2S_2O_3^{2-} + I_2 = S_4O_6^{2-} + 2I^-$$

固体碘在水中溶解度很小且易于挥发,通常将 I_2 溶解于 KI 以配成碘液,此时 I_2 以 I_3^- 形式存在,其半反应方程式为

$$I_3^- + 2e^- = 3I^- \qquad \varphi^\ominus = 0.54\ V$$

为简化并强调化学计量关系,一般仍写成 I_2。

由 I_3^-/I^- 电对的标准电极电势值可见,I_3^- 是较弱的氧化剂,I^- 则是中等强度的还原剂。用碘标准溶液直接滴定 SO_3^{2-}、As(Ⅲ)、$S_2O_3^{2-}$、维生素 C 等强还原剂的方法称为直接碘量法或碘滴定法;而利用 I^- 的还原性,使它与许多氧化性物质,如 $Cr_2O_7^{2-}$、MnO_4^-、BrO_3^-、H_2O_2 等反应,定量地析出 I_2,然后用 $Na_2S_2O_3$ 标准溶液滴定 I_2,以间接地测定这些氧化性物质的方法称为间接碘量法或滴定碘法。

碘量法采用淀粉作指示剂,灵敏度高,当滴定到溶液呈现蓝色(直接碘量法)或蓝色消失(间接碘量法)即为终点。

碘量法中使用的标准溶液是硫代硫酸钠溶液和碘液。由于 $Na_2S_2O_3 \cdot 5H_2O$ 纯度不够高,易风化和潮解,因此 $Na_2S_2O_3$ 标准溶液不能用直接法配制,配好的 $Na_2S_2O_3$ 溶液也不稳定,易分解。

配制 $Na_2S_2O_3$ 溶液的方法是:称取比计算量稍多的 $Na_2S_2O_3 \cdot 5H_2O$ 试剂,溶于新煮沸(除去水中 CO_2 并灭菌)并冷却的蒸馏水中,加入少量 Na_2CO_3 使溶液呈弱碱性,以抑制微生物的生长,溶液储存于棕色试剂瓶中放置数天后进行标定。

标定 $Na_2S_2O_3$ 溶液的基准物质有 $K_2Cr_2O_7$、$KBrO_3$、KIO_3、纯铜等。它们均与过量的 KI 反应析出定量的 I_2,即

$$Cr_2O_7^{2-} + 6I^- + 14H^+ = 2Cr^{3+} + 3I_2 + 7H_2O$$

$$BrO_3^- + 6I^- + 6H^+ = Br^- + 3I_2 + 3H_2O$$

$$IO_3^- + 5I^- + 6H^+ = 3I_2 + 3H_2O$$

$$2Cu^{2+} + 4I^- = 2CuI\downarrow + I_2$$

生成的游离 I_2 立即用 $Na_2S_2O_3$ 标准溶液滴定，反应方程式为

$$I_2 + 2S_2O_3^{2-} \longrightarrow 2I^- + S_4O_6^{2-}$$

根据滴定所用的 $Na_2S_2O_3$ 溶液的体积和所取基准物质的量，即可计算出 $Na_2S_2O_3$ 溶液的准确浓度。

Cu^{2+} 与 I^- 的反应是可逆的，加入过量的 KI 可使 Cu^{2+} 的还原趋于完全，但是 CuI 沉淀的生成强烈吸附 I_3^-，使结果偏低。通常的办法是临近终点时加入硫氰酸盐，将 CuI($K_{sp} = 1.1 \times 10^{-12}$)转化为溶解度更小的 CuSCN($K_{sp} = 4.8 \times 10^{-15}$)，把吸附的碘释放出来，使反应更为完全。反应方程式为

$$CuI + SCN^- \longrightarrow CuSCN + I^-$$

碘标准溶液虽然可以用纯碘直接配制，但由于 I_2 的挥发性强，很难准确称量。一般先称取一定量的碘溶于少量 KI 溶液中，待溶解后稀释为一定体积。碘液易腐蚀金属和橡皮，滴定时应装在酸式滴定管中。溶液保存于棕色试剂瓶中，置于阴暗处，以防 I^- 被氧化。碘液可用基准物 As_2O_3 标定，也可用已标定的 $Na_2S_2O_3$ 标准溶液标定。

标定 I_2 的基准物质 As_2O_3(俗称砒霜，剧毒)难溶于水，易溶于碱溶液生成亚砷酸盐。标定时溶液中加入过量的 $NaHCO_3$，使溶液的 pH 值保持在 8 左右。反应方程式为

$$As_2O_3 + 6OH^- \longrightarrow 2AsO_3^{3-} + 3H_2O$$

$$H_3AsO_3 + I_2 + H_2O \underset{H^+}{\overset{OH^-}{\rightleftharpoons}} H_3AsO_4 + 2I^- + 2H^+$$

三、主要试剂

$K_2Cr_2O_7$ 基准物质：将 $K_2Cr_2O_7$ 在 150～180℃干燥 2 h，置于干燥器中冷却至室温。

$Na_2S_2O_3$溶液($0.1\ mol \cdot L^{-1}$)：称取 25 g $Na_2S_2O_3 \cdot 5H_2O$ 于烧杯中，加入 300～500 mL 新煮沸并冷却的蒸馏水，溶解后，加入约 0.1 g Na_2CO_3，用新煮沸且冷却的蒸馏水稀释至 1 L，储存于棕色试剂瓶中，在暗处放置 3～5 d 后标定。

I_2 溶液($c(\frac{1}{2}I_2) = 0.10\ mol \cdot L^{-1}$)：称取 3.3 g I_2 和 5 g KI，置于研钵中，加入少量水研磨(通风橱中操作)，待 I_2 全部溶解后，将溶液转入棕色试剂瓶中，加水稀释至 250 mL，充分摇匀，放暗处保存。

As_2O_3 基准物质：于 105℃干燥 2 h。

淀粉溶液($5\ g \cdot L^{-1}$)：称取 0.5 g 可溶性淀粉，用少量水搅匀，加入 100 mL 沸水，煮沸 1～2 min，搅匀。若需放置，可加少量 HgI_2 或 H_3BO_3 作防腐剂。

H_2O_2(质量分数为 30%，原装)，KIO_3 基准物质，纯铜($w(Cu) > 99.9\%$)，Na_2CO_3(s)，H_2SO_4($1\ mol \cdot L^{-1}$)，HCl(1:1)，氨水(1:1)，NH_4HF_2($200\ g \cdot L^{-1}$)，HAc(1:1)，NaOH 溶液($6\ mol \cdot L^{-1}$)，酚酞($2\ g \cdot L^{-1}$)，$NaHCO_3$(s)，NH_4SCN 溶液($100\ g \cdot L^{-1}$)，KI($200\ g \cdot L^{-1}$)。

四、实验步骤

(一)$Na_2S_2O_3$ 溶液的标定

1. 用 $K_2Cr_2O_7$ 标准溶液标定

$c(\frac{1}{6}K_2Cr_2O_7) = 0.100\ 0\ mol \cdot L^{-1}$溶液的配制：用指定质量称量法准确称取 1.225 8 g

$K_2Cr_2O_7$ 于小烧杯中，加水溶解，定量转移至 250 mL 容量瓶中，加水稀释至刻度，摇匀。

准确移取 25.00 mL $K_2Cr_2O_7$ 标准溶液于锥形瓶中，加入 5 mL 6 mol·L^{-1}HCl 溶液，5 mL 200 g·L^{-1}KI 溶液，摇匀放在暗处 5 min，待反应完全后，加入 100 mL 蒸馏水，用待标定的 $Na_2S_2O_3$ 溶液滴定至淡黄色，然后加入 2 mL 5 g·L^{-1}淀粉指示剂，继续滴定至溶液呈现亮绿色时为终点。计算 $Na_2S_2O_3$ 溶液的浓度。

2.用纯铜标定

准确称取 0.2 g 左右纯铜，置于 250 mL 烧杯中，加入约 10 mL 盐酸(1:1)，边摇动边逐滴加入 2～3 mL 质量分数为 30%的 H_2O_2，至金属铜分解完全(H_2O_2 不应过量太多)。加热，将多余的 H_2O_2 分解赶尽，然后定量转入 250 mL 容量瓶中，加水稀释至刻度，摇匀。

准确移取 25.00 mL 纯铜溶液于 250 mL 锥瓶中，滴加氨水(1:1)至沉淀刚刚生成，然后加入 8 mL HAc(1:1)、10 mL NH_4HF_2 溶液、10 mL KI 溶液，用 $Na_2S_2O_3$ 溶液滴定至呈淡黄色，再加入 3 mL 5 g·L^{-1}淀粉溶液，继续滴定至浅蓝色。再加入 10 mL NH_4SCN 溶液，继续滴定至溶液的蓝色消失时即为终点，记下所消耗的 $Na_2S_2O_3$ 溶液的体积，计算 $Na_2S_2O_3$溶液的浓度。

3.用 KIO_3 基准物质标定

$c(\frac{1}{6}KIO_3) = 0.100\,0$ mol·L^{-1}溶液的配制：准确称取 0.891 7 g KIO_3 于烧杯中，加水溶解后，定量转入 250 mL 容量瓶中，加水稀释至刻度，充分摇匀。

吸取 25.00 mL KIO_3 标准溶液 3 份，分别置于 250 mL 锥形瓶中，加入 20 mL 100 g·L^{-1}KI 溶液和 5 mL 1 mol·L^{-1}H_2SO_4，加水稀释至约 200 mL，立即用待标定的 $Na_2S_2O_3$ 滴定至浅黄色，加入 5 mL 淀粉溶液，继续滴定至由蓝色变为无色时即为终点。

(二)I_2 溶液的标定

1. 用 $Na_2S_2O_3$ 标准溶液标定

吸取 25 mL $Na_2S_2O_3$ 标准溶液 3 份，分别置于 250 mL 锥形瓶中，加 50 mL 水和 2 mL 淀粉溶液，用 I_2 溶液滴定至稳定的蓝色，30 s 内不褪色即为终点。计算 I_2 溶液的浓度。

2.用 As_2O_3 标定

准确称取 1.1～1.4 g As_2O_3，置于 100 mL 烧杯中，加 10 mL 6 mol·L^{-1} NaOH 溶液，温热溶解，然后加 2 滴酚酞指示剂，用 6 mol·L^{-1}HCl 溶液中和至刚好无色，然后加入 2～3 g $NaHCO_3$，搅拌使之溶解。定量转移至 250 mL 容量瓶中，加水稀释至刻度，摇匀。

移取 3 份 25.00 mL 溶液，分别置于 250 mL 锥形瓶中，加 50 mL 水、5 g $NaHCO_3$、2 mL 淀粉指示剂，用 I_2 溶液滴定至稳定的蓝色且 30 s 不消失即为终点。计算 I_2 溶液的浓度。

做此实验时应注意：

(1) 用纯铜标定 $Na_2S_2O_3$ 溶液时，所加入的 H_2O_2 一定要赶净，否则结果无法测准。根据实践经验，开始冒小气泡，然后冒大气泡，表示 H_2O_2 已赶净。

(2)采用间接碘量法测定时，加淀粉不能太早，否则，大量的碘与淀粉结合生成蓝色的加合物，加合物中的 I_2 不易与 $Na_2S_2O_3$ 溶液作用。

五、思考题

(1)配制 I_2 溶液时加入 KI 的作用是什么?

(2)以 As_2O_3 标定 I_2 溶液时，为什么加入 $NaHCO_3$?

(3)用纯铜标定 $Na_2S_2O_3$ 溶液时,为什么通常要加入 NH_4HF_2? 为什么临近终点时加入 NH_4SCN (或 KSCN)?

(4)已知 $\varphi(Cu^{2+}/Cu^+) = 0.159$ V,$\varphi(I_3^-/I^-) = 0.545$ V,为何本实验中 Cu^{2+} 却能使 I^- 离子氧化为 I_2?

(5)用纯铜标定 $Na_2S_2O_3$ 溶液时,如用 HCl 溶液加 H_2O_2 分解铜,最后 H_2O_2 未分解尽,问对标定 $Na_2S_2O_3$ 的浓度会有什么影响?

(6)碘量法测定中引起误差的主要因素有哪些? 应采取哪些措施减小误差?

实验七　维生素 C(Vc)含量的测定

一、实验目的

(1)了解碘标准溶液的配制及标定的方法。

(2)掌握直接碘量法测定 Vc 的原理和方法。

二、实验原理

抗坏血酸又称维生素 C(Vc),分子式为 $C_6H_8O_6$,由于分子中的烯二醇基具有还原性,能被 I_2 定量氧化成二酮基,因而可用 I_2 标准溶液直接测定

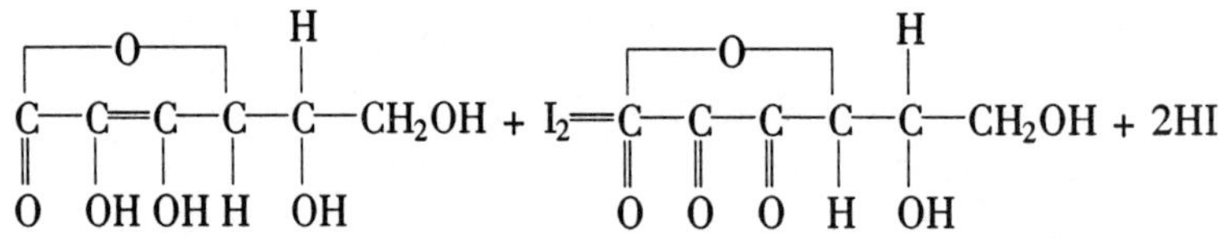

```
 ┌───O───┐     H                       ┌───O───┐     H
 │       │     │                       │       │     │
 C─C═C─C─C─CH2OH + I2 ═ C─C─C─C─C─CH2OH + 2HI
 ‖ │ │ │ │                ‖ ‖ ‖ │ │
 O OH OH H OH             O O O H OH
```

维生素 C 的半反应为

$$C_6H_8O_6 \rightleftharpoons C_6H_6O_6 + 2H^+ + 2e^- \qquad \varphi^{\ominus} = +0.18\ V$$

1 mol 维生素 C 与 1 mol I_2 定量反应,维生素 C 的摩尔质量为 176.12 $g \cdot mol^{-1}$。用直接碘量法可以测定药片、注射液、饮料及果蔬中的 Vc 含量。

由于维生素 C 的还原性很强,在空气中极易被氧化,尤其是在碱性介质中,测定时需加入 HAc 使溶液呈弱酸性,减少维生素 C 的副反应。

维生素 C 在医药和化学上应用非常广泛。在分析化学中常用在光度法和配合滴定法中作为还原剂,如使 Fe^{3+} 还原为 Fe^{2+}、Cu^{2+} 还原为 Cu^+,硒(Ⅲ)还原为硒等。

三、主要试剂

$K_2Cr_2O_7$(s)基准,$Na_2S_2O_3$ 溶液(0.1 $mol \cdot L^{-1}$),I_2 溶液(0.05 $mol \cdot L^{-1}$),KI 溶液(200 $g \cdot L^{-1}$),淀粉溶液(5 $g \cdot L^{-1}$),醋酸(2 $mol \cdot L^{-1}$),$NaHCO_3$(s),HCl(6 $mol \cdot L^{-1}$)。

四、实验步骤

1.$K_2Cr_2O_7$ 标准溶液的配制

用指定质量称量法准确称取 0.490 0 g~0.500 0 g $K_2Cr_2O_7$ 于 100 mL 小烧杯中,加水溶解,定量转移至 100 mL 容量瓶中,加水稀释至刻度,摇匀。

2.$Na_2S_2O_3$ 溶液的标定

准确移取 25.00 mL $K_2Cr_2O_7$ 标准溶液于锥形瓶中,加入 5 mL 6 $mol \cdot L^{-1}$ HCl 溶液、5 mL

200 $g\cdot L^{-1}$KI溶液，摇匀，盖上小表面皿放在暗处 5 min，待反应完全后，加入 60 mL 蒸馏水，用待标定的 $Na_2S_2O_3$ 溶液滴定至淡黄色，然后加入 2 mL 5 $g\cdot L^{-1}$淀粉指示剂，继续滴定至溶液呈现亮绿色为终点，平行滴定 2 次。计算 $Na_2S_2O_3$ 的浓度。

3.I_2 溶液的标定

吸取 25.00 mL Na_2O_3 标准溶液 2 份，分别置于 250 mL 锥形瓶中，加 50 mL 水、2 mL 淀粉溶液，用 I_2 溶液滴定至稳定的蓝色，30 s 内不褪色即为终点，平行滴定 2 次。计算 I_2 溶液的浓度。

4.维生素 C 片中 Vc 含量的测定

准确称取 0.18～0.22 g 研碎的维生素 C 药片 2 份于 250 mL 锥形瓶中，加入 60 mL 新煮沸过并冷却的蒸馏水、10 mL 2 $mol\cdot L^{-1}$HAc 和 5 mL 淀粉溶液，立即用 I_2 标准溶液滴定至呈现稳定的蓝色，30 s 内不褪色即为终点。计算维 C 片中 Vc 的含量。

五、思考题

(1)Vc 中加入醋酸的作用是什么？

(2)配制 I_2 溶液时加入 KI 的作用是什么？

(3)碘量法测定中引起误差的主要原因有哪些？应采取哪些措施减小误差？

(4)为什么不能用 $K_2Cr_2O_7$ 直接标定 $Na_2S_2O_3$ 溶液，而要采用间接法？

实验八　间接碘量法测定铜合金中的铜含量

一、实验目的

(1)掌握 $Na_2S_2O_3$ 溶液的配制及标定方法。

(2)了解间接碘量法测定铜的原理。

(3)学习铜合金试样的分解方法。

二、实验原理

铜合金种类较多，主要有黄铜和各种青铜。铜合金中铜含量一般采用碘量法测定。

在弱酸性溶液中(pH = 3～4)，Cu^{2+} 与过量的 KI 作用，生成 CuI 沉淀，同时析出 I_2，反应方程式为

$$2Cu^{2+} + 4I^- \longrightarrow 2CuI\downarrow + I_2$$

或

$$2Cu^{2+} + 5I^- \longrightarrow 2CuI\downarrow + I_3^-$$

析出的 I_2 以淀粉为指示剂，用 $Na_2S_2O_3$ 标准溶液滴定，反应方程式为

$$I_2 + 2S_2O_3^{2-} \longrightarrow 2I^- + S_4O_6^{2-}$$

Cu^{2+} 与 I^- 之间的反应是可逆的，任何引起 Cu^{2+} 浓度减小(如形成配合物等)或引起 CuI 溶解度增加的因素均使反应不完全。加入过量 KI，可使 Cu^{2+} 的还原趋于完全，但是，CuI 沉淀强烈吸附，会使结果偏低。通常的办法是接近终点时加入硫氰酸盐，将 CuI ($K_{sp} = 1.1\times10^{-12}$)转化为溶解度更小的 CuSCN 沉淀($K_{sp} = 4.8\times10^{-15}$)，把吸附的碘释放出来，使反应更为完全。即

$$CuI + SCN^- \longrightarrow CuSCN\downarrow + I^-$$

KSCN 应在接近终点时加入，否则 SCN^- 会还原大量存在的 I_2，致使测定结果偏低。溶液的 pH 值一般应控制在 3.0～4.0 之间。酸度过低，Cu^{2+} 易水解，使反应不完全，结果偏低，而且反应速率慢，终点拖长；酸度过高，则 I^- 被空气中的氧氧化为 I_2，而且 Cu^{2+} 对此反应有催化作用，使测定结果偏高。

Fe^{3+} 能氧化 I^-，对测定有干扰，但可加入 NH_4HF_2 掩蔽。NH_4HF_2（即 NH_4F-HF）是一种很好的缓冲溶液，因为 HF 的 $K_a = 6.6\times10^{-4}$，故能使溶液的 pH 值控制在 3.0～4.0 之间。

三、主要试剂

$K_2Cr_2O_7$ 标准溶液（$c(\frac{1}{6}K_2Cr_2O_7)=0.100\,0\ mol\cdot L^{-1}$）：将 $K_2Cr_2O_7$ 在 150～180℃干燥 2 h，置于干燥器中冷却至室温。用指定质量称量法准确称取 1.225 8 g $K_2Cr_2O_7$ 于小烧杯中，加水溶解，定量转移至 250 mL 容量瓶中，加水稀释至刻度，摇匀。

$Na_2S_2O_3$（0.1 $mol\cdot L^{-1}$）：称取 25 g $Na_2S_2O_3\cdot 5H_2O$ 于烧杯中，加入 300～500 mL 新煮沸并冷却的蒸馏水，溶解后，加入约 0.1 g Na_2CO_3，用新煮沸且冷却的蒸馏水稀释至 1 L，储存于棕色试剂瓶中，在暗处置 3～5 d 后标定。

淀粉溶液（5 $g\cdot L^{-1}$）：称取 0.5 g 可溶性淀粉，用少量水搅匀，加入 100 mL 沸水，煮沸 2～3 min，搅匀。若需放置，可加少量 HgI_2 或 H_3BO_3 作防腐剂。

NH_4SCN 溶液（100 $g\cdot L^{-1}$），H_2O_2（质量分数为 30%，原装），Na_2CO_3（s），KI（200 $g\cdot L^{-1}$），H_2SO_4（1 $mol\cdot L^{-1}$），HCl（1:1），NH_4HF_2（200 $g\cdot L^{-1}$），HAc（1:1），氨水（1:1），铜合金试样。

四、实验步骤

1. $Na_2S_2O_3$ 溶液的标定

准确移取 25.00 mL $K_2Cr_2O_7$ 标准溶液于锥形瓶中，加入 5 mL 6 $mol\cdot L^{-1}$ HCl 溶液和 5 mL 200 $g\cdot L^{-1}$ KI 溶液，摇匀放在暗处 5 min。待反应完全后，加入 100 mL 蒸馏水，用待标定的 $Na_2S_2O_3$ 溶液滴定至淡黄色，然后加入 2 mL 5 $g\cdot L^{-1}$ 淀粉指示剂，继续滴定至溶液呈现亮绿色为终点。计算 $Na_2S_2O_3$ 溶液的浓度。

2. 铜合金中铜含量的测定

准确称取黄铜试样（质量分数为 80%～90%）0.10～0.15 g，置于 250 mL 锥形瓶中，加入 10 mL HCl（1:1）溶液，滴加约 2 mL 质量分数为 30% 的 H_2O_2，加热使试样溶解完全后，再加热使 H_2O_2 分解并被赶尽，然后煮沸 1～2 min。冷却后，加 60 mL 水，滴加（1:1）氨水直到溶液中刚刚有稳定的沉淀出现，然后加入 8 mL HAc（1:1）、10 mL NH_4HF_2 缓冲溶液、10 mL KI 溶液，用 0.1 $mol\cdot L^{-1}$ $Na_2S_2O_3$ 溶液滴定至浅黄色。再加入 3 mL 5 $g\cdot L^{-1}$ 淀粉溶液至浅蓝色，最后加入 10 mL NH_4SCN 溶液，继续滴定至蓝色消失。根据滴定时所消耗的 $Na_2S_2O_3$ 的体积计算铜的含量。

五、思考题

（1）碘量法测定铜时，为什么通常要加入 NH_4HF_2？为什么临近终点时加入 NH_4SCN（或 KSCN）？

（2）已知 $\varphi(Cu^{2+}/Cu^+)=0.159\ V$，$\varphi(I_3^-/I^-)=0.545\ V$，为何本实验中 Cu^{2+} 却能使 I^- 离子氧化为 I_2？

（3）铜合金试样能否用 HNO_3 分解？本实验采用 HCl 和 H_2O_2 分解试样，试写出反应方程式。

(4)碘量法测定铜为什么要在弱酸性介质中进行？

(5)用纯铜标定 $Na_2S_2O_3$ 溶液时，如用 HCl 溶液加 H_2O_2 分解铜，最后 H_2O_2 未分解尽，问对标定 $Na_2S_2O_3$ 的浓度会有什么影响？

实验九　间接碘量法测定胆矾中铜含量

一、实验目的

(1)掌握 $Na_2S_2O_3$ 溶液的配制及标定方法。

(2)了解淀粉指示剂的作用原理。

(3)了解间接碘量法测定铜的原理，掌握间接碘量法测定铜的方法。

二、实验原理

铜盐中铜的测定，一般采用碘量法。在弱酸溶液中，Cu^{2+} 与过量的 KI 作用，生成 CuI 沉淀，同时析出 I_2 反应式为

$$2Cu^{2+} + 4I^- \longrightarrow 2CuI\downarrow + I_2$$

或

$$2Cu^{2+} + 5I^- = 2CuI\downarrow + I_3^-$$

析出的 I_2 以淀粉为指示剂，用 $Na_2S_2O_3$ 标准溶液滴定

$$I_2 + 2S_2O_3^{2-} = 2I^- + S_4O_6^{2-}$$

Cu^{2+} 与 I^- 之间的反应是可逆的，任何引起 Cu^{2+} 浓度减小(如形成配合物等)或引起 CuI 溶解度增加的因素均使反应不完全。加入过量 KI，可使 Cu^{2+} 的还原趋于完全，但是，CuI 沉淀强烈吸附 I_3^-，又会使结果偏低。通常的办法是接近终点时加入硫酸盐，将 CuI($K_{sp} = 1.1\times10^{-12}$)转化为溶解度更小的 CuSCN 沉淀($K_{sp} = 4.8\times10^{-15}$)，把吸附的碘释放出来，使反应更为完全，即

$$CuI + SCN^- \longrightarrow CuSCN\downarrow + I^-$$

KSCN 应在接近终点时加入，否则 SCN^- 会还原大量存在的 I_2，致使测定结果偏低。溶液的 pH 一般应接近控制在 3.0～4.0 之间。酸度过低，Cu^{2+} 易水解，使反应不完全，结果偏低，而且反应速率慢，终点拖长；酸度过高，则 I^- 被空气中的氧氧化为 I_2(Cu^{2+} 催化此反应)，使结果偏高。

Fe^{3+} 能氧化 I^-，对测定有干扰，但可加入 NH_4HF_2 掩蔽。NH_4HF_2(即 $NH_4F\cdot HF$)是一种很好的缓冲溶液，因 HF 的 $K_a = 6.6\times10^{-4}$，故能使溶液的 pH 控制在 3.0～4.0 之间。

三、主要试剂和仪器

KI(200 $g\cdot L^{-1}$)。

$Na_2S_2O_3$(0.1 $mol\cdot L^{-1}$)：称取 25 g $Na_2S_2O_3\cdot 5H_2O$ 于烧杯中，加入 300～500 mL 新煮沸经冷却的蒸馏水，溶解后，加入约 0.1 g Na_2CO_3，用新煮沸且冷却的蒸馏水稀释至 1 L，储存于棕色试剂瓶中，在暗处置 3～5 d 后标定。

淀粉溶液(5 $g\cdot L^{-1}$)：称取 0.5 g 可溶性淀粉，用少量水搅匀；加入 100 mL 沸水，搅匀。若需放置，可加少量 HgI_2 或 H_3BO_3 作防腐剂。

KSCN溶液(100g·L^{-1}),五水硫酸铜(w > 99.9%),$K_2Cr_2O_7$标准溶液($c\frac{1}{6}K_2Cr_2O_7$) = 0.100 0 mol·L^{-1}配制方法参见实验六)HCl(6 mol·L^{-1}或1:1),HAc(1:1)。

四、实验步骤

(一)$Na_2S_2O_3$溶液的标定

1.用$K_2Cr_2O_7$标准溶液标定

准确移取25.00 mL $K_2Cr_2O_7$标准溶液于锥形瓶中,加入5 mL 6 mol·L^{-1}HCl溶液,5 mL 200 g·L^{-1}KI溶液,摇匀放在暗处5 min,待反应完全后,加入100 mL蒸馏水,用待标定的$Na_2S_2O_3$溶液滴定至淡黄色,然后加入2 mL 5 g·L^{-1}淀粉指示剂,继续滴定至溶液呈现亮绿色为终点。计算$c(Na_2S_2O_3)$。

(二)铜盐中铜含量的测定

准确称取铜盐试样0.5~0.6 g,置于250 mL锥形瓶中,加入8 mL(1:1)HAc溶液,加60 mL水,完全溶解后加入1 g NH_4HF_2,加10 mL KI溶液,用0.1 mol·$L^{-1}$$Na_2S_2O_3$溶液滴定至浅黄色。再加入3 mL 5 g·$L^{-1}$淀粉至浅蓝色,最后加入10 mL KSCN溶液,继续滴定至蓝色消失。根据滴定时所消耗的$Na_2S_2O_3$的体积计算Cu的含量。

五、思考题

(1)碘量法测定铜时,为什么常要加入NH_4HF_2?为什么临近终点时加入NH_4SCN(或KSCN)?

(2)标定$Na_2S_2O_3$溶液的基准物质有哪些?

(3)碘量法测定铜为什么要在弱酸性介质中进行?

D.沉淀滴定与重量分析法

实验一　$AgNO_3$和NH_4SCN标准溶液的配制和标定

一、实验目的

(1)学会$AgNO_3$和NH_4SCN标准溶液的配制和标定方法。

(2)掌握沉淀滴定法中莫尔法的原理、方法及应用。

二、实验原理

用分析纯硝酸银固体可直接配成$AgNO_3$标准溶液。在准确称量前,应将分析纯硝酸银在110℃时烘1~2 h。由于$AgNO_3$见光易分解,因此,纯净的$AgNO_3$固体或已配好的$AgNO_3$标准溶液都应保存在密封的棕色玻璃瓶中。

如果硝酸银试剂纯度不够,可把它配成近似于所需浓度的溶液,然后用基准物氯化钠标定。氯化钠易潮解,在使用之前,应先将其放入坩埚内,于400~500℃高温下灼烧至不发出爆裂声为止,然后将干燥好的NaCl放于干燥器中备用。标定时所用的方法(莫尔法或佛尔哈德法)应和测定时的方法一致,以抵消测定方法所引起的系统误差。

因为 NH_4SCN (或 KSCN)固体易吸湿,所以 NH_4SCN 标准溶液应先配成近似浓度,然后以铁铵矾为指示剂,用 $AgNO_3$ 标准溶液进行比较滴定,由生成红色的 $Fe(SCN)^{2+}$ 配离子指示滴定终点。根据 $AgNO_3$ 溶液的浓度计算出 NH_4SCN 的浓度。反应方程式为

$$Ag^+ + SCN^- \xlongequal{} AgSCN\downarrow$$

$$Fe^{3+} + SCN^- \xlongequal{} [Fe(SCN)]^{2+}$$

莫尔法标定 $AgNO_3$ 标准溶液的浓度时,反应为

$$Ag^+ + Cl^- \xlongequal{} AgCl\downarrow$$

$$2Ag^+ + CrO_4^{2-} \xlongequal{} Ag_2CrO_4\downarrow$$

由于 AgCl 的溶解度比 Ag_2CrO_4 的溶解度小($K_{sp}(AgCl) = 1.8\times10^{-10}$, $K_{sp}(Ag_2CrO_4) = 1.1\times10^{-12}$),所以滴定时首先析出 AgCl 沉淀。当 AgCl 定量沉淀后,稍过量时 $AgNO_3$ 溶液立即与 CrO_4^{2-} 生成砖红色 Ag_2CrO_4 沉淀,指示终点的到达。滴定必须是在中性或弱碱性溶液中进行,最适宜的酸度范围是 pH 值在 6.5 ~ 10.5 之间,酸度过高,不产生 Ag_2CrO_4 沉淀,酸度过低,则生成 Ag_2O 沉淀。

指示剂 K_2CrO_4 物质的量浓度一般控制在 5×10^{-3} mol·L^{-1}为宜。浓度过高,Ag_2CrO_4 沉淀出现过早,终点提前;浓度过低,Ag_2CrO_4 出现偏迟,使终点拖后,造成误差。

根据标定 $AgNO_3$ 标准溶液的用量和基准物的质量,可按下式计算出 $c(AgNO_3)$,即

$$c(AgNO_3) = \frac{m(NaCl)}{M(NaCl)\cdot V(AgNO_3)}$$

根据比较滴定结果计算出

$$c(NH_4SCN) = \frac{c(AgNO_3)\cdot V(AgNO_3)}{V(NH_4SCN)}$$

三、仪器及试剂

台秤、分析天平、酸式滴定管、锥形瓶、移液管(25 mL)、烧杯、试剂瓶(棕)、量筒。

$AgNO_3$(s)(A.R.),NaCl(s)(A.R.),K_2CrO_4(质量分数为 5%),NH_4SCN (s)(A.R.),铁铵矾(质量分数为 40%)指示剂,HNO_3(6 mol·L^{-1})。

四、实验步骤

(一)0.1 mol·L^{-1}的 $AgNO_3$ 标准溶液的配制和标定

1. $AgNO_3$ 溶液的配制

在台秤上称取已干燥的分析纯 $AgNO_3$ 固体 8.5 g,溶于 500 mL 蒸馏水中,将溶液转入棕色试剂瓶中,放置于暗处保存。

2. $AgNO_3$ 溶液的标定

在分析天平上准确称取 1.400 0 ~ 1.600 0 g NaCl 基准物于小烧杯中,加少量水溶解后,转入 250 mL 容量瓶中,加蒸馏水稀释至刻度,摇匀。用 25 mL 移液管准确移取 25.00 mL NaCl 标准溶液于锥形瓶中,加入 1 mL 质量分数为 5%的 K_2CrO_4 溶液,在不断摇动下,用标准 $AgNO_3$ 溶液滴定至出现砖红色沉淀即为终点。记下消耗 $AgNO_3$ 标准溶液的体积,平行标定 3 份,计算其结果,要求 3 次结果的相对偏差应小于 0.3% 。

(二)0.1 $mol \cdot L^{-1}$ NH_4SCN 标准溶液的配制和标定

1. NH_4SCN 溶液的配制

在台秤上称取 4 g 固体 NH_4SCN,溶于 500 mL 去离子水中,储存于洁净的试剂瓶中。

2. NH_4SCN 溶液的标定

用移液管准确移取 25.00 mL $AgNO_3$ 标准溶液于锥形瓶中,加入新煮沸冷却的 6 $mol \cdot L^{-1}$ HNO_3 3 mL 和铁铵矾指示剂 1 mL,在强烈摇动下用 NH_4SCN 溶液滴定。滴定到溶液刚显出的浅红色经摇动后不消失时,即为终点。记录消耗 NH_4SCN 溶液的体积。平行标定 3 次,计算出 NH_4SCN 溶液的浓度,3 次结果的相对偏差应小于 0.3%。

五、思考题

(1)以 K_2CrO_4 作指示剂时,指示剂用量过多或过少对测定有何影响?

(2)$AgNO_3$ 标准溶液应装在酸式滴定管还是碱式滴定管中,为什么? NH_4SCN 标准溶液呢?

(3)滴定过程中为什么要充分摇动溶液?

实验二　可溶性氯化物中氯含量的测定

Ⅰ. 莫尔(Mohr)法

一、实验目的

(1) 学习 $AgNO_3$ 标准溶液的配制和标定。

(2) 掌握用莫尔法进行沉淀滴定的原理及方法。

二、实验原理

某些可溶性氯化物中氯含量的测定常采用莫尔法。此法是在中性或弱碱性溶液中,以 K_2CrO_4 为指示剂,用 $AgNO_3$ 标准溶液进行滴定。由于 AgCl 沉淀的溶解度比 Ag_2CrO_4 沉淀的溶解度小,因此,溶液中首先析出 AgCl 沉淀。当 AgCl 定量沉淀后,过量的 $AgNO_3$ 溶液立即与 CrO_4^{2-} 生成砖红色 Ag_2CrO_4 沉淀,指示终点到达。主要反应方程式为

$$Ag^+ + Cl^- \longrightarrow AgCl\downarrow(白色) \qquad K_{sp} = 1.8\times10^{-10}$$

$$2Ag^+ + CrO_4^{2-} \longrightarrow Ag_2CrO_4\downarrow(砖红色) \qquad K_{sp} = 2.0\times10^{-12}$$

滴定必须在中性或弱碱性溶液中进行,最适宜的 pH 值范围为 6.5 ~ 10.5。如果有铵盐存在,溶液的 pH 值需控制在 6.5 ~ 7.2 之间。

指示剂的浓度对滴定有影响,一般以 5×10^{-3} $mol\cdot L^{-1}$为宜。凡是能与 Ag^+ 生成难溶性化合物或配合物的阴离子都干扰测定,如 PO_4^{3-}、AsO_4^{3-}、SO_3^{2-}、S^{2-}、CO_3^{2-}、$C_2O_4^{2-}$ 等。其中 H_2S 可加热煮沸除去,将 SO_3^{2-} 氧化成 SO_4^{2-} 后不再干扰测定。大量 Cu^{2+}、Ni^{2+}、Co^{2+} 等有色离子将影响终点观察。凡是能与指示剂生成难溶化合物的阳离子也干扰测定,如 Ba^{2+}、Pb^{2+} 能与 CrO_4^{2-} 分别生成 $BaCrO_4$ 和 $PbCrO_4$ 沉淀。Ba^{2+} 的干扰可加入过量的 Na_2SO_4 消除。

Al^{3+}、Fe^{3+}、Bi^{3+}、Sn^{4+} 等高价金属离子在中性或弱碱性溶液中易水解产生沉淀,会干扰

测定,不应存在。

三、主要试剂

NaCl基准试剂:在500~600℃高温炉中灼烧半小时后,置于干燥器中冷却。也可将NaCl置于带盖的瓷坩埚中,加热,并不断搅拌,待爆炸声停止后,继续加热15min,将坩埚放入干燥器中冷却后使用。

0.1 mol·L^{-1} $AgNO_3$溶液:称取8.5 g $AgNO_3$溶解于500 mL不含Cl^-的蒸馏水中,将溶液转入棕色试剂瓶中,置暗处保存,以防光照分解。

K_2CrO_4溶液(50 g·L^{-1}),NaCl试样。

四、实验步骤

1. $AgNO_3$溶液的标定

准确称取0.50~0.65 g NaCl基准物于小烧杯中,用蒸馏水溶解后,转入100 mL容量瓶中,稀释至刻度,摇匀。

用移液管移取25.00 mL NaCl溶液于250 mL锥形瓶中,加入25 mL水,用吸量管加入1 mL K_2CrO_4溶液,在不断摇动下,用$AgNO_3$溶液滴定至呈现砖红色,即为终点。平行标定3份。根据所消耗$AgNO_3$的体积和NaCl的质量,计算$AgNO_3$的浓度。

2. 试样分析

准确称取2g NaCl试样置于烧杯中,加水溶解后,转入250 mL容量瓶中,用水稀释至刻度,摇匀。

用移液管移取25.00 mL试液于250 mL锥形瓶中,加25 mL水,用1 mL吸量管加入1 mL K_2CrO_4溶液,在不断摇动下,用$AgNO_3$标准溶液滴定至溶液出现砖红色,即为终点。平行测定3份,计算试样中氯的含量。

实验完毕后,将装有$AgNO_3$溶液的滴定管先用蒸馏水冲洗2~3次后,再用自来水冲净,以免AgCl残留于管内。

五、思考题

(1) 莫尔法测氯时,为什么溶液的pH值须控制在6.5~10.5?

(2) 以K_2CrO_4作指示剂时,指示剂浓度过大或过小对测定有何影响?

(3) 用莫尔法测定“酸性光亮镀铜液”(主要成分为$CuSO_4$和H_2SO_4)中的氯含量时,试液应对做哪些预处理?

Ⅱ. 佛尔哈德(Volhard)法

一、实验目的

(1) 学习NH_4SCN标准溶液的配制和标定。

(2) 掌握用佛尔哈德返滴定测定氯化物中氯含量的原量和方法。

二、实验原理

在含Cl^-的酸性试液中,加入一定量过量的Ag^+标准溶液,定量生成AgCl沉淀后,过量Ag^+以铁铵矾为指示剂,用NH_4SCN标准溶液回滴,由$Fe(SCN)^{2+}$配离子的红色,指示滴定终

点。主要反应方程式为

$Ag^+ + Cl^- \longequal AgCl\downarrow$(白色)　　$K_{sp} = 1.8\times10^{-10}$

$Ag^+ + SCN^- \longequal AgSCN\downarrow$(白色)　　$K_{sp} = 1.0\times10^{-12}$

$Fe^{3+} + SCN^- \longequal [Fe(SCN)]^{2+}$(红色)　　$K_1 = 138$

指示剂用量大小对滴定有影响,一般控制 Fe^{3+}浓度为 0.015 mol·L^{-1}为宜。

滴定时,控制氢离子浓度为 0.1～1 mol·L^{-1},激烈摇动溶液,并加入硝基苯(有毒)或石油醚保护 AgCl 沉淀,使其与溶液隔开,防止 AgCl 沉淀与 SCN^-发生交换反应而消耗滴定剂。

测定时,能与 SCN^-生成沉淀或配合物,或者能氧化 SCN^-的物质均有干扰。PO_4^{3-}、AsO_4^{3-}、CrO_4^{2-} 等离子,由于酸效应的作用而不影响测定。

佛尔哈德法常用于直接测定银合金和矿石中的银的质量分数。

三、仪器和试剂

$AgNO_3$ 溶液(0.1 mol·L^{-1}):称取 8.5 g $AgNO_3$ 溶解于 500 mL 不含 Cl^-的蒸馏水中,将溶液转入棕色试剂瓶中,置于暗处保存,以防光照分解。

NH_4SCN (0.1 mol·L^{-1}):称取 3.8 g NH_4SCN,用 500 mL 水溶解后转入试剂瓶中。

铁铵矾指示剂溶液 (400 g·L^{-1},溶剂为 1 mol·L^{-1} HNO_3 溶液)。

HNO_3(1:1):若因含有氮的氧化物而呈黄色时,应煮沸驱除氮化合物。

硝基苯或石油醚,NaCl 试样。

四、实验步骤

1. NH_4SCN 溶液的标定

用移液管移取 $AgNO_3$ 标准溶液 25.00 mL 于 250 mL 锥形瓶中,加入 5 mL HNO_3(1:1)和 1.0 mL 铁铵矾指示剂,然后用 NH_4SCN 溶液滴定。滴定时,激烈振荡溶液,当滴至溶液颜色为淡红色且稳定不变时即为终点。平行标定 3 份,计算 NH_4SCN 溶液浓度。

2. 试样分析

准确称取约 2 g NaCl 试样于 50 mL 烧杯中,加水溶解后,转入 250 mL 容量瓶中,稀释至刻度,摇匀。

用移液管移取 25.00 mL 试样溶液于 250 mL 锥形瓶中,加 25 mL 水和 5 mL HNO_3(1:1),用滴定管加入 $AgNO_3$ 标准溶液至过量 5～10 mL(当 AgCl 沉淀凝聚沉降后,在清液层加入几滴 $AgNO_3$,如不生成沉淀,说明 $AgNO_3$ 已过量,这时,再适当过量加入 5～10 mL $AgNO_3$ 即可)。然后加入 2 mL 硝基苯,用橡皮塞塞住瓶口,剧烈振荡 30 s,使 AgCl 沉淀进入硝基苯层而与溶液隔开。再加入铁铵矾指示剂 1.0 mL,用 NH_4SCN 标准溶液滴至出现淡红色的 $[Fe(SCN)]^{2+}$ 配合物并稳定不变时即为终点。平行测定 3 份,计算 NaCl 试样中氯的含量。

五、思考题

(1)佛尔哈德法测氯时,为什么要加入石油醚或硝基苯?当用此法测定 Br^-、I^-时,还需加入石油醚或硝基苯吗?

(2)试讨论酸度对佛尔哈德法测定卤素子含量的影响。

(3)本实验为什么用 HNO_3 酸化?可否用 HCl 溶液或 H_2SO_4 酸化?为什么?

实验三　二水合氯化钡中钡含量的测定(灼烧法)

一、实验目的

(1) 了解测定 $BaCl_2 \cdot 2H_2O$ 中钡含量的原理和方法。

(2) 掌握晶形沉淀的制备、过滤、洗涤、灼烧及恒重等基本操作技术。

二、实验原理

$BaSO_4$ 重量法既可用于测定 Ba^{2+},也可用于测定 SO_4^{2-} 的含量。

称取一定量 $BaCl_2 \cdot 2H_2O$,用水溶解,加稀盐酸酸化,加热至微沸,在不断搅动下,慢慢地加入、热的稀硫酸 Ba^{2+} 与 SO_4^{2-} 反应,形成晶形沉淀。沉淀经陈化、过滤、洗涤、烘干、炭化、灰化、灼烧后,以 $BaSO_4$ 形式称量,可求出 $BaCl_2 \cdot 2H_2O$ 中 Ba^{2+} 的含量。

Ba^{2+} 可生成一系列微溶化合物,如 $BaCO_3$、BaC_2O_4、$BaCrO_4$、$BaHPO_4$、$BaSO_4$ 等,其中以 $BaSO_4$ 溶解度最小,100 mL 溶液中,100℃时溶解 0.4 mg,25℃时仅溶解 0.25 mg。当过量沉淀剂存在时,溶解度大为减小,一般可以忽略不计。

硫酸钡重量法一般在 0.05 $mol \cdot L^{-1}$左右的盐酸介质中进行沉淀,这是为了防止产生 $BaCO_3$、$BaHPO_4$、$BaHAsO_4$ 沉淀以及防止生成 $Ba(OH)_2$ 共沉淀。同时,适当提高酸度,增加 $BaSO_4$在沉淀过程中的溶解度,可以降低其相对过饱和度,有利于获得较好的晶形沉淀。

用 $BaSO_4$ 重量法测定 Ba^{2+} 时,一般用稀 H_2SO_4 作沉淀剂。为了使 $BaSO_4$ 沉淀完全,H_2SO_4 必须过量。由于 H_2SO_4 在高温下可挥发除去,故由沉淀带出的 H_2SO_4 不致引起误差,因此沉淀剂可过量 50% ~ 100%。如果用 $BaSO_4$ 重量法测定时,沉淀剂 $BaCl_2$ 只允许过量 20% ~ 30%,因为 $BaCl_2$ 灼烧时不易挥发除去。

$PbSO_4$、$SrSO_4$ 的溶解度均较小,Pb^{2+}、Sr^{2+} 对钡的测定有干扰。NO_3^-、ClO_3^-、Cl^- 等阴离子和 K^+、Na^+、Ca^{2+}、Fe^{3+} 等阳离子均可以引起共沉淀现象,故应严格掌握沉淀条件,减少共沉淀现象,以获得纯净的 $BaSO_4$ 晶形沉淀。

三、仪器和试剂

瓷坩埚(25 mL 2 ~ 3 个),定量滤纸(慢速或中速),淀帚(一把),玻璃漏斗(2 个)。

H_2SO_4(1 $mol \cdot L^{-1}$、0.1 $mol \cdot L^{-1}$),HCl(2 $mol \cdot L^{-1}$),HNO_3(2 $mol \cdot L^{-1}$),$AgNO_3$(0.1 $mol \cdot L^{-1}$),$BaCl_2 \cdot 2H_2O$(A.R)。

四、实验步骤

1.称样及沉淀的制备

准确称取 2 份 0.4 ~ 0.6 g $BaCl_2 \cdot 2H_2O$ 试样,分别置于 250 mL 烧杯中,加入约 100 mL 水,3 mL 2 $mol \cdot L^{-1}$HCl 溶液,搅拌溶解,加热至近沸。

另取 4 mL 1 $mol \cdot L^{-1}$$H_2SO_4$2 份于 2 个 100 mL 烧杯中,加水 30 mL 加热至近沸,趁热将 2 份 H_2SO_4 溶液分别用小滴管逐滴地加入 2 份热的钡盐溶液中,并用玻璃棒不断搅拌,直至两份 H_2SO_4 溶液加完为止。待 $BaSO_4$ 沉淀下沉后,于上层清液中加入 1 ~ 2 滴 0.1 $mol \cdot L^{-1}$的 H_2SO_4 溶液,仔细观察沉淀是否完全。沉淀完全后,盖上表面皿(切勿将玻璃棒拿出杯外),

放置过夜，陈化。也可将沉淀放在水浴或沙浴中，保温 40 min，陈化。

2.沉淀的过滤和洗涤

用慢速或中速滤纸倾泻法过滤。用稀 H_2SO_4（将 1 mL 1 mol·L^{-1} H_2SO_4 加 100 mL 水配制而成）洗涤沉淀 3～4 次，每次约 10 mL。然后将沉淀定量转移到滤纸上，用沉淀帚由上到下擦拭烧杯内壁，用折叠滤纸时撕下的小片滤纸擦拭杯壁，并将此小片滤纸放于漏斗中，再用稀 H_2SO_4 洗涤 4～6 次，直至洗涤液中不含 Cl^- 为止（检查方法：用试管收集 2 mL 滤液，加 1 滴2 mol·L^{-1} HNO_3酸化，加入 2 滴 $AgNO_3$，若无白色混浊产生，表示 Cl^- 已洗净）。

3.空坩埚的恒重

将两个洁净的瓷坩埚放在(800 ± 20)℃的马弗炉中灼烧至恒重。第一次灼烧 40 min，第二次开始每次只灼烧 20 min。灼烧也可在煤气灯上进行。

4.沉淀

将沉淀用滤纸包好置于已恒重的瓷坩埚中，经烘干、炭化、灰化后，在(800 ± 20)℃的马弗炉中灼烧至恒重。计算 $BaCl_2·2H_2O$ 中 Ba 的质量分数。

做此实验时应注意以下几点：

(1) 滤纸灰化时空气要充足，否则 $BaSO_4$ 易被滤纸的炭还原为黑色的 BaS，反应方程式为

$$BaSO_4 + 4C = BaS + 4CO\uparrow \qquad BaSO_4 + 4CO = BaS + 4CO_2\uparrow$$

(2) 灼烧温度不能太高，如超过 950℃，可能有部分 $BaSO_4$ 分解，即

$$BaSO_4 = BaO + SO_3\uparrow$$

五、思考题

(1)为什么要在稀热 HCl 溶液中且不断搅拌下逐滴加入沉淀剂沉淀 $BaSO_4$？ HCl 加入太多有何影响？

(2)为什么要在热溶液中沉淀 $BaSO_4$，但要在冷却后过滤？晶形沉淀为什么要陈化？

(3)什么叫倾泻过滤？为什么用洗涤液或水洗涤沉淀时都要少量、多次？

(4)什么叫灼烧至恒重？

实验四　二水合氯化钡中钡含量的测定(微波干燥恒重法)

一、实验目的

(1) 了解测定 $BaCl_2·2H_2O$ 中钡的含量原理和方法。

(2) 掌握晶形沉淀的制备、过滤、洗涤及微波干燥恒重等的基本操作技术。

二、实验原理

实验原理与灼烧法基本相同。本实验采用微波干燥恒重法，其机理是：物质吸收微波能并转化成热能，使物质体内的水分被加热并蒸发。微彼干燥能对物体进行整体加热，由于加热时物体外表面和环境接触，温度反而低于内部，且物体内部各个质点的温度相同，因此，微波加热迅速，均匀，瞬时可达较高温度，大大提高了干燥效率和干燥均匀度；而且，设备对环境几乎不辐射热量，改善了工作条件，节省了时间和能源，有很好的准确度和精密度。

用 $BaSO_4$ 微波干燥恒重法测定 Ba^{2+} 时，为了使 $BaSO_4$ 沉淀完全，H_2SO_4 必须过量。传统

的灼烧法可使 H_2SO_4 在高温下挥发除去，故沉淀带下的 H_2SO_4 不致引起误差，因此沉淀剂可过量 50% ~ 100%。在使用微波炉干燥 $BaSO_4$ 沉淀时，如果沉淀中包藏有 H_2SO_4 等高沸点杂质，则不能在干燥过程中分解或挥发掉，因此，对沉淀条件和洗涤操作的要求更严格。应将含 Ba^{2+} 试液进一步稀释，而且必须使过量沉淀剂（H_2SO_4）控制在 20% ~ 50%之内，滴加沉淀剂的速度要缓慢。这样，可减少 $BaSO_4$ 沉淀中包藏 H_2SO_4 及其他杂质，使测定结果的准确度与传统的灼烧法相同。

三、仪器和试剂

淀帚（1 把），循环水真空泵（配抽滤瓶），微波炉，电热板，G4 微孔玻璃坩埚（30 mL2 个）。

H_2SO_4（0.5 mol·L^{-1}，0.05 mol·L^{-1}），HCl（2 mol·L^{-1}），HNO_3（2 mol·L^{-1}），$AgNO_3$（0.1 mol·L^{-1}），$BaCl_2·2H_2O$（A.R.）。

四、实验步骤

1.沉淀的制备

准确称取 0.40 ~ 0.45 g $BaCl_2·2H_2O$ 试样 2 份，分别置于 250 mL 烧杯中，各加入 150 mL 水和 3 mL 2 mol·L^{-1}的 HCl 溶液，搅拌溶解，加热近沸。

另取 5 ~ 6 mL 0.5 mol·L^{-1} H_2SO_4 2 份于 2 个 100 mL 烧杯中，加水 40 mL，加热至近沸，趁热将 2 份 H_2SO_4溶液分别用小滴管逐滴地加入到 2 份热的钡盐溶液中，并用玻璃棒不断搅拌，直至 2 份 H_2SO_4溶液加完为止。待 $BaSO_4$ 沉淀下沉后，于上层清液中加入 1 ~ 2 滴 0.05 mol·$L^{-1}$$H_2SO_4$溶液，仔细观察沉淀是否完全。沉淀完全后，盖上表面皿（切勿将玻璃棒拿出杯外），放置过夜，陈化。也可将沉淀放在水浴或沙浴上，保温 40 min，陈化。

2.玻璃坩埚的准备

用水洗净两个坩埚，用真空泵抽 2 min，以除掉玻璃砂板微孔中的水分，便于干燥。放进微波炉于 500 W 的输出功率（中高火）下进行干燥，第一次干燥 10 min，第二次 4 min。每次干燥后放入干燥器中冷却 15 ~ 20 min（刚放入时留一小缝隙，30 s 后再盖严），然后在分析天平上快速称量。两次干燥后称量所得质量之差，若不超过 0.4 mg，即已恒重，否则，还要再次干燥 4 min，冷却，称量，直至恒重。

3.沉淀的过滤和洗涤

$BaSO_4$ 沉淀冷却后，用倾泻法在已恒重的 G4 玻璃坩埚中进行减压过滤。上层清液滤完后，用稀 H_2SO_4（0.5 mL 0.5 mol·$L^{-1}$$H_2SO_4$加 100 mL 水配成）洗涤沉淀 3 ~ 4 次，每次约 10 mL，再用水洗 1 次。然后将沉淀转移到坩埚中，用沉帚擦“活”粘附在杯壁和搅棒上的沉淀，再用水冲洗烧杯和玻璃棒直至沉淀转移完全。最后用水淋洗沉淀及坩埚内壁 6 次以上，这时沉淀基本已洗涤干净（检查方法：用表面皿收集 2 mL 滤液，加 1 滴 2 mol·$L^{-1}$$HNO_3$酸化，加入 2 滴 $AgNO_3$，若无白色混浊产生，表示 Cl^{-1}已洗净）。继续抽干 2 min 以上（至不再产生水雾），将坩埚放入微波炉进行干燥（第一次 10 min，第二次 4 min），冷却，称量，直至恒重。

4.计算 2 份固体试样中钡的含量

五、思考题

（1）为什么用微波炉干燥恒重法测定 Ba^{2+} 时，对沉淀条件和洗涤操作的要求更加严格？

（2）微波加热技术在分析化学中（例如分解试样和烘干样品等）的应用有哪些优越性？

(3)为什么在微波法中过量沉淀剂 H_2SO_4 控制在 20% ~ 50%之内?

(4)微波干燥恒重时应注意什么?

E.吸光光度法

实验一　邻二氮菲吸光光度法测定铁

一、实验目的

(1)了解分光光度计的结构和正确的使用方法。

(2)学习如何选择吸光光度分析的实验条件。

(3)学习吸收曲线、工作曲线的绘制及最大吸收波长的选择。

二、实验原理

吸光光度法测定铁所用的显色剂较多,有邻二氮菲(又称邻菲罗啉、菲绕林)及其衍生物、磺基水杨酸、硫氰酸盐、5 - Br - PADAP 等。其中邻二氮菲分光光度法的灵敏度高,稳定性好,干扰容易消除,因而是目前普遍采用的一种方法。

在 pH = 2 ~ 9 的溶液中,Fe^{2+} 与邻二氮菲(Phen)生成稳定的橘红色配合物,其反应方程式为

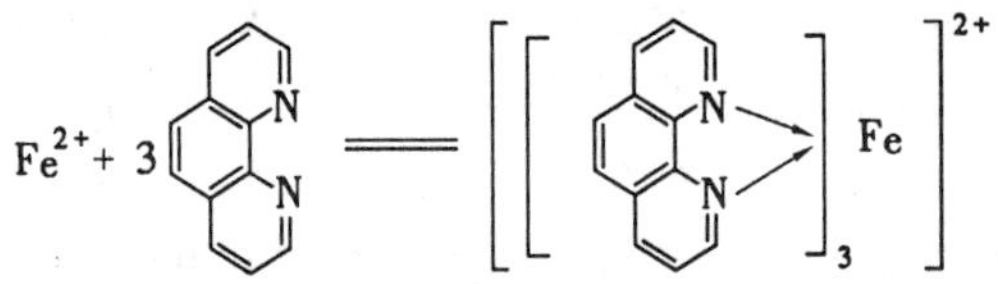

Fe^{2+} + 3 (N, N) ═══ [[(N, N)]$_3$ Fe]$^{2+}$

lg β = 21.3,摩尔吸光系数 $\varepsilon_{508} = 1.1 \times 10^4\ L \cdot mol^{-1} \cdot cm^{-1}$。

Fe^{3+} 能与邻二氮菲生成 3:1 的淡蓝色配合物,lg β = 14.1。所以在加入显色剂之前,应用盐酸羟胺(或抗坏血酸)将 Fe^{3+} 还原为 Fe^{2+},反应方程式为

$$2Fe^{3+} + 2NH_2OH \cdot HCl = 2Fe^{2+} + N_2 \uparrow + 4H^+ + 2H_2O + 2Cl^-$$

Cu^{2+}、Co^{2+}、Ni^{2+}、Cd^{2+}、Hg^{2+}、Mn^{2+}、Zn^{2+} 等离子也能与 Phen 生成稳定配合物,在少量情况下,不影响 Fe^{2+} 的测定,量大时可用 EDTA 掩蔽或预先分离。

吸光光度法的实验条件,如测量波长、溶液酸度、显色剂用量、显色时间、温度、溶剂以及共存离子干扰及其消除等,都是通过实验来决定的。本实验在测定试样中铁含量之前,先做部分条件试验,以便初学者掌握确定实验条件的方法。

条件实验的简单方法是:变动某实验条件,固定其余条件,测定一系列吸光度值,绘制吸光度 - 某实验条件的曲线,根据曲线确定某实验条件的适宜值或适宜范围。

三、仪器和试剂

分光光度计,pH 计,50 mL 容量瓶 8 个(或比色管 8 支)。

铁标准溶液(100 $\mu g \cdot mL^{-1}$):准确称取 0.863 4 g A.R.级 $NH_4Fe(SO_4)_2 \cdot 12H_2O$ 于 200 mL 烧杯中,加入 20 mL 6 $mol \cdot L^{-1}$ HCl 溶液和少量水,溶解后转移至 1 L 容量瓶中,稀释至刻度,摇匀。

邻二氮菲(质量浓度为 1.5 $g \cdot L^{-1}$), 盐酸羟胺(100 $g \cdot L^{-1}$), NaAc(1 $mol \cdot L^{-1}$), NaOH (1 $mol \cdot L^{-1}$), HCl(6 $mol \cdot L^{-1}$)。

四、实验步骤

(一)实验条件

1.吸收曲线的制作和测量波长的选择

用吸量管吸取 0.0 mL 和 1.0 mL 铁标准溶液分别注入 2 个 50 mL 容量瓶(或比色管中),各加入 1 mL 盐酸羟胺溶液。再加入 2 mL Phen,5 mL NaAc,用水稀释至刻度,摇匀。放置10 min后,用 1 cm 比色皿,以试剂空白(即 0.0 mL 铁标准溶液)为参比溶液,在 440 ~ 560 nm之间,每隔 10 nm 测一次吸光度,在最大吸收峰附近,每隔 5 nm 测量一次吸光度。在坐标纸上,以波长 λ 为横坐标,吸光度 A 为纵坐标,绘制 A 与 λ 关系的吸收曲线。从吸收曲线上选择测定 Fe 的适宜波长,一般选用最大吸收波长 λ_{max}。

2.溶液酸度的选择

取 8 个 50 mL 容量瓶(或比色管),用吸量管分别加入 1 mL 铁标准溶液和 1 mL 盐酸羟胺,摇匀,再加入 2 mL Phen,摇匀。用 5 mL 吸量管分别加入 0.0 mL、0.2 mL、0.5 mL、1.0 mL、1.5 mL、2.0 mL、2.5 mL 和 3.0 mL 1 $mol \cdot L^{-1}$ NaOH 溶液,用水稀释至刻度,摇匀。放置 10 min,用 1 cm 比色皿,以蒸馏水为参比溶液,在选择的波长下测定各溶液的吸光度。同时,用 pH 计测量各溶液的 pH 值。以 pH 值为横坐标,吸光度 A 为纵坐标,绘制 A 与 pH 值关系的酸度影响曲线,得出测定铁的适宜酸度范围。

3.显色剂用量的选择

取 7 个 50 mL 容量瓶(或比色管),用吸量管各加入 1 mL 铁标准溶液和 1 mL 盐酸羟胺,摇匀。再分别加入 0.1 mL、0.3 mL、0.5 mL、0.8 mL、1.0 mL、2.0 mL、4.0 mL Phen 和 5 mL NaAc 溶液,用水稀释至刻度,摇匀。放置 10 min,用 1 cm 比色皿,以蒸馏水为参比溶液,在选择的波长下测定各溶液的吸光度。以所取 Phen 溶液体积 V 为横坐标,吸光度 A 为纵坐标,绘制 A 与 V 关系的显色剂用量影响曲线,得出测定铁时显色剂的最适宜用量。

4.显色时间

在一个 50 mL 容量瓶(或比色管)中,用吸量管加入 1 mL 铁标准溶液和 1 mL 盐酸羟胺,摇匀。以水稀释至刻度,摇匀。立刻用 1 cm 比色皿,以蒸馏水为参比溶液,在选择的波长下测定吸光度。然后依次测量放置 5 min、10 min、30 min、60 min、120 min…后的吸光度。以时间 t 为横坐标,吸光度 A 为纵坐标,绘制 A 与 t 关系的显色时间影响曲线,得出铁与邻二氮菲显色反应完全所需要的适宜时间。

(二)铁含量的测定

1.标准曲线的制作

用移液管吸取 10 mL 100 $\mu g \cdot mL^{-1}$铁标准溶液于 100 mL 容量瓶中,加入 2 mL 6 $mol \cdot L^{-1}$ HCl 溶液,用水稀释至刻度,摇匀。此溶液中 Fe^{3+} 的质量浓度为 10 $\mu g \cdot mL^{-1}$。

在 6 个 50 mL 容量瓶(或比色管)中,用吸量管分别加入 0 mL、2 mL、4 mL、6 mL、8 mL、10 mL 10 $\mu g \cdot mL^{-1}$铁标准溶液,均加入 1 mL 盐酸羟胺,摇匀。再加入 2 mL Phen 和 5 mL NaAc 溶液,摇匀。以水稀释至刻度,摇匀后放置 10 min。用 1 cm 比色皿,以试剂空白(即 0.0 mL 铁标准溶液)为参比溶液,在选择的波长下测量各溶液的吸光度。以铁的质量浓度为横坐标,吸光度 A 为纵坐标,绘制标准曲线。

由绘制的标准曲线,重新查出某一适中铁浓度相应的吸光度,计算 Fe^{2+} - Phen 配合物的摩尔吸光系数 ε。

2.试样中铁含量的测定

准确吸取适量试液于 50 mL 容量瓶(或比色管)中,按标准曲线的制作步骤,加入各种试剂,测量吸光度。从标准曲线上查出和计算试液中铁的质量浓度($\mu g \cdot mL^{-1}$)。

五、思考题

(1) 本实验量取各种试剂时应分别采用何种量器较为合适？为什么？

(2) 试对所做条件试验进行讨论并选择适宜的测量条件。

(3) 怎样用吸光光度法测定水样中的全铁(总铁)和亚铁的含量？试拟出一简单步骤。

(4) 制作标准曲线和进行其他条件试验时,加入试剂的顺序能否任意改变？为什么？

实验二　吸光光度法测定水和废水中总磷

一、实验目的

(1) 学习用过硫酸钾消解水样的方法。

(2) 掌握水和废水中总磷的吸光光度测定方法。

二、实验原理

在天然水和废水中,磷几乎都以各种磷酸盐的形式存在。它们分别为正磷酸盐、缩合磷酸盐(焦磷酸盐、偏磷酸盐和多磷酸盐)和有机结合的磷酸盐,它们存在于溶液和悬浮物中。在淡水和海水中的磷平均质量浓度分别为 0.02 $mg \cdot L^{-1}$和 0.08 $mg \cdot L^{-1}$。化肥、冶炼、合成洗涤剂等行业的工业废水及生活污水中常含有较大量的磷。

磷是生物生长必需的元素之一,但水体中磷的质量浓度过高(如超过 0.2 $mg \cdot L^{-1}$),可造成藻类的过度繁殖,直至数量上达到有害的程度(称为富营养化),造成湖泊、河流透明度降低,水质变坏。为了保护水质,控制危害,在环境监测中,总磷已列入正式的监测项目。

总磷分析方法由两个步骤组成:第一步可用氧化剂过硫酸钾、硝酸 - 高氯酸或硝酸 - 硫酸等,将水样中不同形态的磷转化成正磷酸盐;第二步测定正磷酸盐(常用钼锑抗钼蓝光度法、氯化亚锡钼蓝光度法以及离子色谱法等),从而求得总磷含量。

本实验采用过硫酸钾氧化 - 钼锑抗钼蓝光度法测定总磷。在微沸(最好在高压釜内经120℃加热)条件下,过硫酸钾将试样中不同形态的磷氧化为磷酸根。磷酸根在硫酸介质中同钼酸铵生成磷钼杂多酸。反应方程式为

$$K_2S_2O_8 + H_2O \longrightarrow 2KHSO_4 + \frac{1}{2}O_2$$

$$P(\text{缩合磷酸盐或有机磷中的磷}) + 2O_2 \longrightarrow PO_4^{3-}$$

$$PO_4^{3-} + 12MoO_4^{2-} + 24H^+ + 3NH_4^+ \longrightarrow (NH_4)_3PO_4 \cdot 12MoO_3 + 12H_2O$$

生成的磷钼杂多酸立即被抗坏血酸还原,生成蓝色的低价钼的氧化物,即钼蓝。生成钼蓝的多少与磷含量成正比关系,以此可测定水样中总磷。

过硫酸钾消解法具有操作简单、结果稳定的优点,适用于绝大多数的地表水和污染较轻的工业废水,对于严重污染的工业废水和贫氧水,则要采用更强的氧化剂 HNO_3 - $HClO_4$ 或

$HNO_3 - H_2SO_4$ 等才能消解完全。

钼锑抗钼蓝光度法灵敏度高，采用中等强度还原剂抗坏血酸，可避免还原游离的钼酸铵，因而显色稳定，重现性好。酒石酸锑钾可催化钼蓝反应，在室温下显色可较快完成。本法检出最低质量浓度为 0.01 mg·L^{-1}，测定上限质量浓度为 0.6 mg·L^{-1}。砷的质量浓度大于 2 mg·L^{-1}干扰测定，可用硫代硫酸钠去除；硫化物的质量浓度大于 2 mg·L^{-1}干扰测定，通氮气可以去除；铬的质量浓度大于 50 mg·L^{-1}干扰测定，可用亚硫酸钠去除。

三、仪器和试剂

分光光度计。

抗坏血酸溶液（100 g·L^{-1}）：溶解 10 g 抗坏血酸于水中，并稀释至 100 mL，储存于棕色玻璃瓶中。在冷处可存储几周，如颜色变黄，应弃去重配。

钼酸盐溶液：溶解 13 g 钼酸铵[$(NH_4)_6Mo_7O_{24}\cdot 4H_2O$]于 100 mL 水中。溶解 0.35 g 酒石酸锑钾[$KSbC_4H_4O_7\cdot \frac{1}{2}H_2O$]于 100 mL 水中。在不断搅拌下，将钼酸铵溶液缓慢加到 300 mL 硫酸（1∶1）中，再加入酒石酸锑钾溶液，混匀。储存于棕色玻璃瓶中，于冷处保存，至少稳定 2 个月。

磷标准储备溶液：称取（0.219 7 ± 0.001）g 于 110℃干燥 2 h，并在干燥器中放冷的磷酸二氢钾（KH_2PO_4），用水溶解后转移至 1 000 mL 容量瓶中，加入大约 800 mL 水，再加入 5 mL H_2SO_4（1∶1），用水稀释至标线并混匀。

磷标准操作溶液：吸取 10.00 mL 磷标准储备溶液于 250 mL 容量瓶中，用水稀释至标线并混匀。1.00 mL 此标准溶液含 2.0 μg 磷。此试剂应在使用当天配制。

过硫酸钾溶液（50 g·L^{-1}），H_2SO_4（3∶7；1∶1），H_2SO_4（1 mol·L^{-1}），NaOH（1 mol·L^{-1}，6 mol·L^{-1}），酚酞（10 g·L^{-1}，溶剂是质量分数为 95%的乙醇溶液）。

四、实验步骤

1.水样预处理

从水样瓶中吸取适量混匀水样（含磷不超过 30 μg）于 150 mL 锥形瓶中，加水至 50 mL，加数粒玻璃珠，加 1 mL H_2SO_4（3∶7）溶液和 5 mL 50 g·L^{-1}过硫酸钾溶液。加热至沸，保持微沸 30～40 min，蒸发至体积约 10 mL 止。放冷，加 1 滴酚酞指示剂，边摇边滴加氢氧化钠溶液至微红色，再滴加 1 mol·L^{-1}硫酸溶液使红色刚好褪去。如溶液不澄清，则用滤纸过滤于 50 mL 比色管中，用水洗涤锥形瓶和滤纸，洗涤液并入比色管中，加水至标线，供分析用。

2.标准曲线的制作

取 7 支 50 mL 比色管，分别加入磷标准操作溶液 0 mL、0.50 mL、1.00 mL、3.00 mL、5.00 mL、10.00 mL、15.00 mL，加水至 50 mL。

（1）显色。向比色管中加入 1 mL 抗坏血酸溶液，混匀。30 s 后加 2 mL 钼酸盐溶液，充分混匀，放置 15 min。

（2）测量。使用光程为 30 mm 的比色皿，于 700 nm 波长处，以试剂空白溶液为参比，测量吸光度，绘制标准曲线。

3.试样测定

将消解后并稀释至标线的水样，按标准曲线制作步骤进行显色和测量。从标准曲线上查出含磷量,计算水样中总磷的质量浓度($\rho_{总}$ 以 $mg \cdot L^{-1}$表示)。

五、思考题

(1)测量吸光度时,以零浓度溶液为参比,同以水为参比比较,在扣除试剂空白方面,做法有何不同?

(2)如果只需测定水样中可溶性正磷酸盐或可溶性总磷酸盐,应如何进行?

实验三　磺基水杨酸合铁(Ⅲ)配合物稳定常数的测定

一、实验目的

(1)了解分光光度法测定配合物的组成及其稳定常数的原理和方法。

(2)测定 $pH < 2.5$ 时磺基水杨酸合铁的组成及其稳定常数。

二、实验原理

磺基水杨酸(COOH / HO— —SO3H,简式为 H_3R)与 Fe^{3+} 可以形成稳定的配合物,因溶液pH值的不同所形成配合物的组成也不同。当溶液 $pH < 4$ 时,形成紫红色配合物 FeR;$pH = 4 \sim 10$ 时,形成红色配离子$[FeR_2]^{3-}$;pH值在10左右,形成黄色配离子$[FeR_3]^{6-}$。本实验将测定 $pH < 2.5$ 时所形成红褐色的磺基水杨酸合铁(Ⅲ)配离子的组成及其稳定常数。

测定配合物的组成常用分光光度法。由于所测溶液中,磺基水杨酸是无色的,溶液的浓度很小,也可认为是无色的,只有磺基水杨酸合铁配离子(MR_n)是有色的,因此溶液的吸光度只与配离子的浓度成正比。通过对溶液吸光度的测定,可以求出该配离子的组成。下面介绍一种常用的测定方法——等摩尔系列法。

用一定波长的单色光,测定一系列变化组分的溶液的吸光度(中心离子和配体的总物质的量保持不变,而M和R的物质的量分数(摩尔分数)连续变化。显然在这一系列溶液中,有一些溶液的金属离子是过量的,而另有一些溶液的配体是过量的。在这两部分溶液中,配离子的物质的量都不可能达到最大值,只有当溶液中金属离子与配体的物质的量之比与配离子的组成一致时,配离子的物质的量才最大。由于中心离子和配体基本无色,只有配离子有色,所以配离子的物质的量越大,溶液的颜色越深,其吸光度也就越大。若以吸光度对配离子的物质的量分数作图,则从图上最大吸收峰处可以求得配合物的组成 n 值。

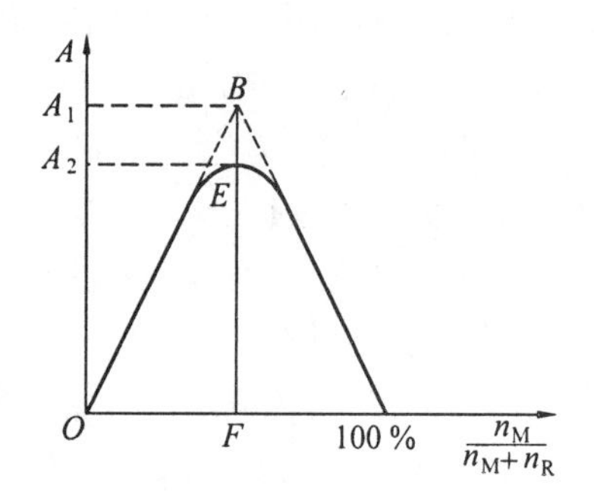

图 2.4.1　等摩尔系列法

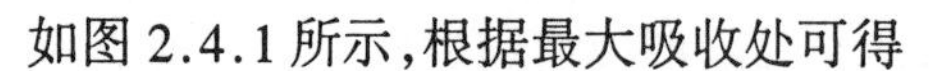
如图 2.4.1 所示,根据最大吸收处可得

$$配体物质的量分数 = \frac{配体物质的量}{总物质的量} = 0.5$$

$$中心离子物质的量分数 = \frac{中心离子物质的量}{总物质的量} = 0.5$$

$$n = \frac{配体物质的量分数}{中心离子物质的量分数} = 1$$

由此可知该配合物的组成是 MR。

图中表示一个典型的低温定性的配合物 MR 的物质的量比与吸光度曲线，将两边直线部分延长相交于点 B，点 B 位于 50% 处，即金属离子与配体的物质的量比为 1 : 1。从图中可见，当完全以 MR 形式存在时，在点 B 处 MR 的浓度最大，对应的吸光度为 A_1，但由于配合物一部分离解，实验测得的最大吸光度在点 E，其值为 A_2。配合物的离解度为 α ，则

$$\alpha = \frac{A_1 - A_2}{A_1}$$

配离子的表观稳定常数 K 可由以下平衡关系导出，即

$$M + nR \rightleftharpoons MR_n$$

平衡浓度　　$c\alpha$　　$c\alpha$　　$c(1-\alpha)$

$$K = \frac{[MR_n]}{[M][R]} = \frac{c(1-\alpha)}{c\alpha \cdot (c\alpha)^n} = \frac{1-\alpha}{c^n \cdot \alpha^{n+1}}$$

当配合物的组成为 1 : 1 时，其表观稳定常数 K 为

$$K = \frac{[MR]}{[M][R]} = \frac{1-\alpha}{c \cdot \alpha^2}$$

式中，c 是相应于点 F 的金属离子的物质的量浓度。

三、仪器和试剂

721 型或 723 型分光光度计，烧杯(50 mL)，容量瓶(100 mL)，移液管(10 mL)，锥形瓶。

$HClO_4$(0.01 mol·L^{-1})：将 4.4 mL 质量分数为 70% 的 $HClO_4$ 注入 50 mL 蒸馏水中，再稀释到 5 000 mL。

Fe^{3+}溶液(0.010 0 mol·L^{-1})：用 4.82 g 分析纯硫酸铁铵$(NH_4)FeSO_4 \cdot 12H_2O$ 溶于 1 L 0.010 0 mol·L^{-1} $HClO_4$ 中配制而成。

磺基水杨酸(0.010 0 mol·L^{-1})：用 2.54 g 分析纯磺基水杨酸溶于 1 L 0.010 0 mol·L^{-1} $HClO_4$ 中配制而成。

四、实验步骤

1.配制系列溶液

(1)配制 0.001 00 mol·L^{-1}Fe^{3+}溶液。精确吸取 10.00 mL 0.010 0 mol·L^{-1}Fe^{3+}溶液，注入 100 mL 容量瓶中，用 0.01 mol·L^{-1}$HClO_4$ 溶液稀释至刻度，摇匀备用。

(2)同法配制 0.001 00 mol·L^{-1}磺基水杨酸溶液。

用3 支 10 mL 移液管按照下表列出的体积，分别吸取 0.01 mol·L^{-1} $HClO_4$、0.001 00 mol·L^{-1}Fe^{3+}溶液和 0.001 00 mol·L^{-1}磺基水杨酸溶液，分别注入 11 支 50 mL 烧杯中，摇匀。

2.测定系列溶液的吸光度

在保持 $\lambda = 500$ nm 的光源下，用 1 cm 比色皿，以蒸馏水为空白，测量系列溶液的吸光度，将测得的数据记入下表。

五、数据记录及结果处理

序号	$HClO_4$/mL	Fe^{3+}/mL	H_3R/mL	$x(H_3R)$	吸光度 A
1	10.00	10.00	0.00		
2	10.00	9.00	1.00		
3	10.00	8.00	2.00		
4	10.00	7.00	3.00		
5	10.00	6.00	4.00		
6	10.00	5.00	5.00		
7	10.00	4.00	6.00		
8	10.00	3.00	7.00		
9	10.00	2.00	8.00		
10	10.00	1.00	9.00		
11	10.00	0.00	10.00		

以吸光度对磺基水杨酸的物质的量分数作图,从图中找出最大吸收峰,求出配合物的组成和稳定常数。

本实验测得的是表观稳定常数,如果考虑弱酸的电离平衡,则要对表观稳定常数加以校正,校正后即可得 $K_{稳}$。校正公式为

$$\lg K_{稳} = \lg K + \lg \alpha$$

六、思考题

(1)用等摩尔系列法测定配合物组成时,为什么说溶液中金属离子的物质的量与配体的之比正好与配离子组成相同时,配离子的浓度为最大?

(2)用吸光度对配体的体积分数作图是否可以求得配合物的组成?

(3)在测定吸光度时,如果温度变化较大,对测得的稳定常数有何影响?

(4)实验中每种溶液的 pH 值是否一样?

第五章　无机化合物的制备和提纯

实验一　粗盐的提纯

一、实验目的

(1)巩固减压过滤、蒸发浓缩等基本操作。

(2)了解沉淀溶解平衡原理的应用。

(3)学习提纯无机化合物的基本方法。

(4)学会有关离子的定性鉴定方法。

二、预习与思考

(1)预习沉淀溶解平衡原理,查出钙、镁、钡的碳酸盐和硫酸盐的溶度积以及氢氧化镁的溶度积。了解 Ca^{2+}、Mg^{2+}、SO_4^{2-} 的定性检出方法。

(2)思考并回答下列问题:

①能否用重结晶的方法提纯氯化钠?

②为什么用 $BaCl_2$(毒性很大)而不用 $CaCl_2$ 除去 SO_4^{2-}?

③在除 Ca^{2+}、Mg^{2+}、SO_4^{2-} 时,为什么要先加 $BaCl_2$ 溶液然后再加 Na_2CO_3 溶液?顺序相反可以吗?

④在浓缩氯化钠溶液时,应注意哪些安全问题?

三、基本原理

粗食盐中除了含有泥砂等不溶性杂质外,还有 K^+、Ca^{2+}、Mg^{2+} 和 SO_4^{2-} 等相应盐类的可溶性的杂质。不溶性杂质可以用过滤的办法除去,可溶性的杂质则要用化学方法处理才能除去。因为 NaCl 的溶解度随温度的变化不大,所以不能用重结晶的方法纯化。处理的方法是:先加入稍过量的 $BaCl_2$ 溶液,溶液中的 SO_4^{2-} 便转化为难溶的 $BaSO_4$ 沉淀而被除去,过滤掉 $BaSO_4$ 沉淀之后的溶液再加入 NaOH 和 Na_2CO_3 的混合溶液,Ca^{2+}、Mg^{2+} 及过量的 Ba^{2+} 便生成沉淀,反应方程式为

$$Ca^{2+} + CO_3^{2-} = CaCO_3\downarrow$$

$$Ba^{2+} + CO_3^{2-} = BaCO_3\downarrow$$

$$2Mg^{2+} + 2OH^- + CO_3^{2-} = Mg_2(OH)_2CO_3\downarrow$$

过滤后溶液中的 Ca^{2+}、Mg^{2+}、Ba^{2+} 都已除去,但又引进了过量的 NaOH 和 Na_2CO_3,再用盐酸将溶液调至微酸性以中和 OH^- 和破坏 CO_3^{2-} 离子,反应方程式为

$$OH^- + H^+ = H_2O$$

$$CO_3^{2-} + 2H^+ = CO_2\uparrow + H_2O$$

少量 KCl 等可溶性的杂质,由于它们的含量少而溶解度又较大,在最后的浓缩结晶过程中仍留在母液内而与氯化钠分离。

四、仪器和药品

托盘天平，烧杯(200 mL)，普通漏斗，漏斗架，吸滤瓶，瓷蒸发皿。

HCl(6 mol·L^{-1})，NaOH(2 mol·L^{-1})，$BaCl_2$(1 mol·L^{-1})，$(NH_4)_2C_2O_4$(饱和)，Na_2CO_3(饱和)，镁试剂，粗食盐，pH 试纸。

五、实验步骤

1.粗盐的提纯

(1)称取 10 g 粗食盐，放入 100 mL 烧杯内，加入 40 mL 水，加热搅拌使之溶解。继续加热至近沸腾，一边搅拌一边逐滴加 1 mol·L^{-1}$BaCl_2$ 溶液，直至全部都生成白色 $BaSO_4$ 沉淀为止($BaCl_2$ 用量常因原料不同而异，大约需 3～4 mL)。为了检查是否沉淀完全，可将烧杯从石棉网上取下，待沉淀沉降后沿烧杯壁滴加 1～2 滴 $BaCl_2$ 溶液，观察上层清液内是否仍有混浊现象。如无混浊，说明已沉淀完全。如有混浊，则要继续滴加 $BaCl_2$ 溶液，直至沉淀完全为止。沉淀完全后继续加热煮沸数分钟，使沉淀易于过滤。用布氏漏斗抽滤，弃去沉淀。

(2)将滤液转移至干净的 200 mL 烧杯中，加热至沸，用 NaOH(2 mol·L^{-1})和 Na_2CO_3(饱和)所组成的 1:1(体积比)混合溶液，将上述滤液的 pH 值调至 11 左右，便有大量胶状沉淀生成，当检查沉淀完全后，继续煮沸 5 min，减压过滤，弃去沉淀。

(3)用 6 mol·L^{-1} HCl 将滤液的 pH 值调至 4～5，再转入一个适当大小的瓷蒸发皿中，用小火加热蒸发，浓缩至糊状稠液为止(不要停止搅拌)。冷却后用布氏漏斗抽滤至干。

(4)将晶体转至蒸发皿中，在石棉网上小火慢慢烘干。冷却，称重，计算产率。

2.产品检验

各取少量(约 1 g)粗食盐和提纯后的产品分别溶于约 5 mL 蒸馏水中，并且分盛于 3 支试管中，用下面的方法对比它们的纯度。

(1)SO_4^{2-} 的检验。往盛有粗盐和精盐溶液的 2 支试管中，分别加入 2 滴 6 mol·L^{-1}的 HCl 和 2 滴 1 mol·L^{-1} $BaCl_2$ 溶液，观察有无 $BaSO_4$ 沉淀产生。

(2) Ca^{2+}的检验。往另 2 支试管中分别加入 2 mol·L^{-1}HAc 使之呈酸性，再加入几滴饱和$(NH_4)_2C_2O_4$ 溶液，观察有无 CaC_2O_4 沉淀产生。

(3) Mg^{2+}的检验。往最后 2 支试管中分别滴加 6 mol·L^{-1}NaOH 溶液，使之呈碱性，再加入几滴镁试剂(对硝基偶氮间苯二酚)溶液，溶液呈蓝色时表示有镁离子存在。($Mg(OH)_2$ 沉淀吸附紫色的镁试剂后呈现蓝色)。

实验二　由胆矾精制五水硫酸铜

一、实验目的

(1)了解重结晶提纯物质的原理和方法。

(2)练习常压过滤、减压过滤、蒸发浓缩和重结晶等基本操作。

二、预习与思考

(1)预习本书中关于水浴加热、蒸发浓缩、固液分离和重结晶等基本操作内容。

(2)思考下列问题：

①如果用烧杯代替水浴锅进行水浴加热时，怎样选用合适的烧杯？

②在减压过滤操作中，如果有下列情况，各会产生什么影响？

a.开自来水开关之前先把沉淀转入布氏漏斗；

b.结束时先关上自来水开关。

③在除硫酸铜溶液中的 Fe^{3+} 时，pH 值为什么要控制在 4.0 左右？加热溶液的目的是什么？

三、基本原理

本实验是以工业硫酸铜（俗名胆矾）为原料，精制五水硫酸铜。首先用过滤法除去胆矾中的不溶性杂质。用过氧化氢将溶液中的硫酸亚铁氧化为硫酸铁，并使 3 价铁在 pH = 4.0 时全部水解为 $Fe(OH)_3$ 沉淀而被除去，反应方程式为

$$2Fe^{2+} + H_2O_2 + 2H^+ = 2Fe^{3+} + 2H_2O$$

$$Fe^{3+} + 3H_2O = Fe(OH)_3 \downarrow + 3H^+$$

溶液中的可溶性杂质可根据 $CuSO_4 \cdot 5H_2O$ 的溶解度随温度升高而增大的性质，用重结晶法使它们留在母液中，从而得到较纯的五水硫酸铜晶体。

四、仪器和药品

托盘天平，研钵，漏斗，漏斗架，布氏漏斗，吸滤瓶，蒸发皿，pH 试纸，滤纸。

工业硫酸铜，NaOH（2 $mol \cdot L^{-1}$），H_2O_2（质量分数为 3%），H_2SO_4（2 $mol \cdot L^{-1}$），乙醇（质量分数为 95%）。

五、实验步骤

1.初步提纯

(1)称取 15.0 g 粗硫酸铜于烧杯中，加入约 60 mL 水，加热、搅拌至完全溶解，减压过滤以除去不溶物。

(2)滤液用 2 $mol \cdot L^{-1}$NaOH 调节至 pH = 4.0，滴加质量分数为 3% 的 H_2O_2 约 2 mL（若 Fe^{2+} 含量高，则多加些）。如果溶液的酸度提高，需再次调整 pH 值。加热溶液至沸腾，数分钟后趁热减压过滤。

(3)将滤液转入蒸发皿内，加入 2 ~ 3 滴 2 $mol \cdot L^{-1}$ H_2SO_4 使溶液酸化。水浴加热，蒸发浓缩到溶液表面出现一层薄膜时（将蒸发皿从火源上拿下来进行观察），停止加热，冷至室温，减压过滤，抽干，称重。

2.重结晶

上述产品放于烧杯中，按每克产品加 1.2 mL 蒸馏水的比例加入蒸馏水。加热，使产品全部溶解。趁热减压过滤。滤液冷至室温，再次减压过滤。用少量乙醇洗涤晶体 1 ~ 2 次。取出晶体，晾干，称重，计算产率。

实验三　硝酸钾的制备和提纯

一、实验目的

(1)学习用复分解反应制备硝酸钾晶体的原理和方法。

(2)巩固溶解、过滤、蒸发、结晶等基本操作。

(3)掌握重结晶法提纯物质的原理和操作。

二、实验原理

用 $NaNO_3$ 和 KCl 制备 KNO_3,其反应方程式为

$$NaNO_3 + KCl = NaCl + KNO_3$$

当 $NaNO_3$和 KCl 溶液混合时,在混合液中同时存在 Na^+、K^+、Cl^-、NO_3^-,由这 4 种离子组成 4 种盐 KNO_3、KCl、$NaNO_3$、NaCl ,它们同时存在溶液中。利用 4 种盐在不同温度下和在水中的溶解度(表 2.5.1)差异来分离 KNO_3 晶体。在 20℃时,除 KNO_3 外,其余 3 种盐的溶解度相差不大,随温度的升高,NaCl 几乎不变,KCl 和 $NaNO_3$的溶解度改变也不大,而 KNO_3 的溶解度却增大很快。这样把混合液加热蒸发,在较高温度下 NaCl 由于溶解度较小而首先析出,趁热滤去,冷却滤液,KNO_3因溶解度急剧下降而大量析出,仅有少量 NaCl 等杂质随 KNO_3 一起析出。此粗产品经重结晶后即可得到较纯的 KNO_3 晶体。

表 2.5.1　4 种盐不同温度下在水中的溶解度　　$g\cdot(100\ g\ H_2O)^{-1}$

盐 \ t/℃	0	10	20	30	40	60	80	100
KNO_3	13.3	20.9	31.6	45.8	63.9	110.0	169	246
KCl	27.6	31.0	34.0	37.0	40.0	45.5	51.1	56.7
$NaNO_3$	73	80	88	96	104	124	148	180
NaCl	35.7	35.8	36.0	36.3	36.6	37.3	38.4	39.8

三、仪器和试剂

循环水泵,抽滤装置,烧杯(50 mL)。

$NaNO_3$(s),KCl (s),$AgNO_3$(0.1 mol·L^{-1}),HNO_3(2 mol·L^{-1})。

四、实验步骤

1.KNO_3 的制备

称取 $NaNO_3$ 8.5 g、KCl 7.5 g 放于 100 mL 烧杯内,加水 15 mL,用小火加热使其中的盐全部溶解。再继续加热,蒸发至原液体体积的 2/3,这时烧杯内有晶体析出(是什么晶体)。趁热快速过滤,滤液中立即有晶体析出(又是什么晶体)。

另取沸水 7.5 mL 倒入滤瓶中,则晶体溶解。将滤液转移到烧杯中,蒸发至原体积的 3/4。静置,充分冷却,待结晶完全后减压过滤,将晶体尽量抽干,称重,计算产率。

将晶体保留少许(约 0.2 g)供纯度检验,其余进行下面重结晶。

2.KNO_3 的提纯

按质量比 $m(KNO_3):m(H_2O) = 2:1$ 的比例将粗产品溶于蒸馏水中,加热,搅拌,待溶液刚刚沸腾后即停止加热(此时,若晶体还未完全溶解,可以加适量水,使其刚好溶解)。自然冷却至室温后抽滤,水浴烘干,称重。

3.产品纯度检验

取粗产品和重结晶后的 KNO_3 晶体各 0.2 g,分别置于 2 支试管中,各加 1 mL 水配成溶

液，然后各滴2滴2 mol·L^{-1} HNO_3 和2滴0.1 mol·L^{-1} $AgNO_3$ 溶液，观察现象，进行对比。

五、思考题

(1)产品的主要杂质是什么?

(2)能否将除去NaCl后的滤液直接冷却制取 KNO_3?

(3)考虑到母液中留有 KNO_3，粗略计算本实验中实际得到的最高产量。

实验四　甲酸铜的制备

一、实验目的

(1)了解制备某些金属有机酸盐的原理和方法。

(2)巩固固液分离、沉淀洗涤、蒸发、结晶等基本操作。

二、预习与思考

(1)预习有关甲酸盐、碳酸盐和碱式碳酸盐的性质及形成条件。

(2)思考下面问题:

① 制备甲酸铜(Ⅱ)时，为什么不以CuO为原料而用碱式碳酸铜 $Cu_2(OH)_2CO_3$ 为原料?

② 在制备碱式碳酸铜过程中，如果温度太高对产物有何影响?

三、基本原理

某些金属的有机酸盐，例如，甲酸镁、甲酸铜、醋酸钴、醋酸锌等，可用相应的碳酸盐、碱式碳酸盐或氧化物与甲酸或醋酸作用来制备。这些低碳的金属有机酸盐分解温度低，而且容易得到很纯的金属氧化物。制备具有超导性能的钇钡铜($YBa_2Cu_3O_x$)化合物的其中一种方法，是由甲酸与一定配比的 $BaCO_3$、Y_2O_3 和 $Cu_2(OH)_2CO_3$ 混合物作用，生成甲酸盐共晶体，经热分解得到混合的氧化物微粉，再压成片在氧气氛下高温烧结，冷却吸氧和相变氧迁移有序化后制得。

本实验用硫酸铜和碳酸氢钠作用制备碱式碳酸铜，反应方程式为

$$2CuSO_4 \cdot 5H_2O + 4NaHCO_3 = Cu_2(OH)_2CO_3 \downarrow + 3CO_2 + 2Na_2SO_4 + 11H_2O$$

然后再与甲酸反应制得蓝色四水甲酸铜，反应方程式为

$$Cu_2(OH)_2CO_3 + 4HCOOH + 5H_2O = 2Cu(HCOO)_2 \cdot 4H_2O + CO_2$$

而无水的甲酸铜为白色。

四、仪器和药品

托盘天平，研钵，温度计。

$CuSO_4 \cdot 5H_2O$，$NaHCO_3(s)$，HCOOH。

五、实验步骤

1.碱式碳酸铜的制备

称取12.5 g $CuSO_4 \cdot 5H_2O$ 和9.5 g $NaHCO_3$ 于研钵中，磨细并混合均匀。在快速搅拌下将混合物分多次小量缓慢加入到100 mL近沸的蒸馏水中(此时停止加热)。混合物加完后，再加热近沸数分钟。静置澄清后，用倾析法洗涤沉淀至溶液无 SO_4^{2-}。

2.甲酸铜的制备

将前面制得的产品放入烧杯内，加入约 20 mL 蒸馏水，加热搅拌至 323 K 左右，逐滴加入适量甲酸至沉淀完全溶解(所需甲酸量自行计算)，趁热过滤。滤液在通风橱下蒸发至原体积的 1/3 左右。冷至室温，减压过滤，用少量乙醇洗涤晶体 2 次，抽滤至干，得 $Cu(HCOO)_2 \cdot 4H_2O$产品，称重，计算产率。

实验五　硫代硫酸钠的制备(常规及微型实验)

一、实验目的

(1)了解硫代硫酸钠的制备方法。

(2)熟悉蒸发浓缩、减压过滤、结晶等基本操作。

(3)学习产品中的硫酸盐和亚硫酸盐的限量分析方法。

二、基本原理

硫代硫酸钠的五水化合物($Na_2S_2O_3 \cdot 5H_2O$)，俗称海波，又名大苏打，为单斜晶系大粒菱晶，56℃时溶于其结晶水中，100℃时脱水。硫代硫酸钠易溶于水，其水溶液呈碱性。工业上或实验室的制备，可用亚硫酸钠溶液在沸腾温度下与硫粉进行化合反应，反应方程式为

$$Na_2SO_3 + S \xlongequal{\triangle} Na_2S_2O_3$$

经过滤、蒸发、浓缩结晶，即可制得 $Na_2S_2O_3 \cdot 5H_2O$ 晶体。

硫代硫酸钠具有很大的实用价值。在分析化学中用来定量测定碘，在纺织工业和造纸工业作脱氯剂，在摄影行业中作定影剂，在医药中用做急救解毒剂。

硫代硫酸钠可看做是硫代硫酸的盐，硫代硫酸($H_2S_2O_3$)极不稳定，所以硫代硫酸盐遇酸即分解，反应方程式为

$$Na_2S_2O_3 + 2HCl \longrightarrow S\downarrow + SO_2\uparrow + 2NaCl + H_2O$$

三、仪器和药品

25 mL 比色管。

Na_2SO_3(s)，硫粉，I_2(0.05 $mol \cdot L^{-1}$)，$BaCl_2$($w = 25\%$)，HCl(0.1 $mol \cdot L^{-1}$)，$Na_2S_2O_3$(0.05 $mol \cdot L^{-1}$)，Na_2SO_4(100 $mg \cdot L^{-1}$)，乙醇。

四、实验步骤

1. $Na_2S_2O_3$ 的制备

称取 2 g 硫粉，研碎后置于 100 mL 烧杯中，加 1 mL 乙醇使其润湿。再加入 6 g Na_2SO_3(s)和 30 mL 水。加热混合物并不断搅拌。待溶液沸腾后改用小火加热，继续搅拌并保持微沸状态不少于 40 min，直至仅剩下少许硫粉悬浮在溶液中(此时溶液体积不要少于 20 mL，如太少，可在反应过程中适当补加些水，以保持溶液体积为 20 mL 左右)。趁热过滤，将滤液转移至蒸发皿中，水浴加热，蒸发滤液直至溶液出现微黄色混浊为止。冷却至室温，即有大量晶体析出(如冷却时间较长而无晶体析出，可搅拌或投入一粒 $Na_2S_2O_3$ 晶体，以促使晶体析出)。减压过滤，并用少量乙醇洗涤晶体，抽干后，再用吸水纸吸干。称量，计算产率。

2.硫酸盐和亚硫酸盐的限量分析

本实验只做 SO_4^{2-} 和 SO_3^{2-} 的限量分析。先用 I_2 将 $S_2O_3^{2-}$ 和 SO_3^{2-} 分别氧化为 $S_4O_6^{2-}$ 和 SO_4^{2-},然后让微量的 SO_4^{2-} 与 $BaCl_2$ 溶液作用,生成难溶的 $BaSO_4$,使溶液变混浊。显然溶液的混浊度与试样中 SO_4^{2-} 和 SO_3^{2-} 的质量浓度成正比。

称取 1 g 产品,溶于 25 mL 水中,先加 38 mL 0.05 mol·L^{-1} I_2,继续滴加至溶液呈浅黄色。然后转移至 100 mL 容量瓶中,用水稀释至标线。从中吸取 10.00 mL 置于 25 mL 比色管中,稀释至 25.00 mL。再加入 1 mL 0.1 mol·L^{-1} HCl 及 3 mL 质量分数为 25% 的 $BaCl_2$ 溶液,摇匀。放置 10 min 后,加 1 滴 0.05 mol·L^{-1} $Na_2S_2O_3$ 溶液,摇匀,立即与 SO_4^{2-} 标准系列溶液进行比浊。根据浊度确定产品等级。

SO_4^{2-} 标准系列溶液的配制:吸取 100 mg·L^{-1} SO_4^{2-} 溶液 0.20 mL、0.50 mL、1.00 mL 分别置于 3 支 25 mL 比色管中,稀释至 25.00 mL。再分别加入 1 mL 0.1 mol·L^{-1} HCl 和 3 mL 质量分数为 25% 的 $BaCl_2$ 溶液,摇匀。放置 10 min,加 1 滴 0.05 mol·L^{-1} $Na_2S_2O_3$ 溶液,摇匀。这 3 支比色管中 SO_4^{2-} 的质量浓度分别相当于优级纯、分析纯和化学纯试剂。

五、思考题

(1)要想提高 $Na_2S_2O_3$ 的产率与纯度,实验中需注意哪些问题?

(2)过滤所得产物晶体为什么要用乙醇洗涤?

(3)所得产品 $Na_2S_2O_3·5H_2O$ 晶体一般在 40～50℃烘干,温度高了,会发生什么现象?

(4)限量分析的结果,你的产品达到什么等级?实验的成败原因何在?

六、微型实验

1.微型仪器

微型表面皿(5 cm),微型烧杯(10 mL),小滴管,微型吸滤瓶(口径 19 mm,容积 20 mL),微型布氏漏斗(口径 20 mm,容积 5 mL),洗耳球(代替真空泵),酒精灯,蒸发皿(10 mL),透明玻璃点滴板。

2. 实验步骤

具体步骤同常规实验,但应注意如下几点。

(1)试剂用量减少为:硫粉 0.25 g(研细后称取),乙醇 10 滴,亚硫酸钠 0.75 g,水 4 mL。

(2)反应时在烧杯上盖上表面皿,防止水分过分蒸发。

(3)硫酸盐和亚硫酸盐的限量分析改为硫酸盐的定性鉴定。

附:硫代硫酸钠在洗相定影中的应用

在洗相过程中,相纸(感光材料)经过照相底版的感光,只能得到潜影,再经过显影液(如海德尔、米吐尔)显影以后,看不见的潜影才被显现成可见的影像。其主要反应方程式为

$$HO-C_6H_4-OH + 2AgBr = O=C_6H_4=O + 2Ag + 2HBr$$

但相纸在乳剂层中还有大部分未感光的溴化银存在。由于它的存在,一方面得不到透明的

影像，另一方面在保存过程中，这些溴化银见光时将继续发生变化，使影像不能稳定。因此显影后，必须经过定影过程。

硫代硫酸钠的定影作用是由于它能与溴化银反应而生成易溶于水的配合物。定影过程可用下列反应方程式表示，即

$$AgBr + 2Na_2S_2O_3 = Na_3[Ag(S_2O_3)_2] + NaBr$$

显影液配方(加水稀释至 1 L)见表 2.5.2

表 2.5.2 显影液配方

D-72	米吐尔	无水亚硫酸钠	对苯二酚	无水碳酸钠	溴化钾
	3 g	45 g	12 g	67.5 g	2 g

定影液配方(加水稀释至 1 L)见表 2.5.3。

表 2.5.3 定影液配方

F-5	海波	无水亚硫酸钠	醋酸(质量分数 28%)	硼酸	钾矾
	240 g	15 g	47 mL	7.5 g	15 g

第六章　综合和设计实验

综合性设计性实验

一、实验目的

通过综合实验，使学生灵活运用所学基本理论、实验技能和其他知识，进一步培养学生分析问题和解决问题的能力。

二、实验要求

明确分析任务的内容、目的和要求；查阅相关参考文献资料；结合实验室条件及分析要求，选择合适的实验方法；在此基础上，拟订详细的实验步骤和实验结果的评价方案。

实验一　铁化合物的制备及其组成测定

Ⅰ. 硫酸亚铁铵的制备（常规及微型实验）

一、实验目的

(1)了解复盐的一般特征和制备方法。

(2)练习减压过滤、蒸发浓缩、结晶等基本操作。

(3)了解产品质量的检验方法。

二、预习与思考

(1)预习有关水浴加热、蒸发浓缩、结晶和固液分离等基本操作内容。

(2)思考下列问题：

①本实验中前后两次水浴加热的目的有何不同？

②铁屑与稀硫酸反应制取 $FeSO_4$ 的反应中，是铁过量还是硫酸过量？

③为什么制备硫酸亚铁铵晶体时，溶液必须呈酸性？蒸发浓缩时是否需要搅拌，能否浓缩至干？

三、实验原理

硫酸亚铁铵[$(NH_4)_2Fe(SO_4)_2\cdot 6H_2O$]也叫莫尔盐，浅绿色单斜晶体，是一种复盐，易溶于水但不溶于乙醇。一般亚铁盐在空气中都不稳定，很容易被氧气氧化，形成复盐后则比较稳定，因此在定量分析中，常用来配制亚铁离子的标准溶液。

在 0～60℃的温度范围内，硫酸亚铁铵在水中的溶解度比组成它的每一组分的溶解度都小，因此很容易从浓的 $FeSO_4$ 和$(NH_4)_2SO_4$ 的混合溶液中制得结晶的莫尔盐。

制备时，通常先用铁屑与稀硫酸反应生成硫酸亚铁铵，反应方程式为

$$Fe + H_2SO_4(稀) = FeSO_4 + H_2\uparrow$$

然后将等物质量的 $FeSO_4$ 和$(NH_4)_2SO_4$ 溶液混合，经过加热、浓缩、冷却、结晶，便可析出硫酸亚铁铵复盐，反应方程式为

$$FeSO_4 + (NH_4)_2SO_4 + 6H_2O = (NH_4)_2Fe(SO_4)_2\cdot 6H_2O$$

四、仪器和试剂

托盘天平，分析天平，减压过滤装置，蒸发皿，比色管，水浴锅，表面皿。

铁屑，$(NH_4)_2SO_4(s)$，Na_2CO_3(质量分数为 10%)，$H_2SO_4(3\ mol\cdot L^{-1})$，乙醇。

五、实验步骤

1.铁屑的净化(去油污)

称取 4.2 g 铁屑放在锥形瓶中，加入 20 mL 质量分数为 10%的 Na_2CO_3 溶液，小火加热并适当搅拌约 5 ~ 10 min，以除去铁屑上的油污，用倾析法将碱液倒出，用纯水把铁屑反复冲洗干净。

2.硫酸亚铁的制备

将 25 mL 3 $mol\cdot L^{-1}$ H_2SO_4 倒入盛有铁屑的锥形瓶中，在水浴上加热(在通风橱中进行)，经常取出锥形瓶摇荡，并适当补充水分，直至反应完全为止(不再有氢气气泡冒出)。趁热减压过滤，滤液转移至蒸发皿内(若滤液稍有混浊，可滴入硫酸酸化)。过滤后的残渣用滤纸吸干后称重，算出已反应的铁屑的质量，并根据反应方程式计算出 $FeSO_4$ 的理论产量。

3.硫酸亚铁铵的制备

根据溶液中 $FeSO_4$ 的量，称取所需固体$(NH_4)_2SO_4$，并配成饱和溶液加到 $FeSO_4$ 溶液中，在水浴锅中加热浓缩至表面出现晶体膜，放置冷却至室温后，即析出硫酸亚铁铵晶体。减压抽滤，用无水乙醇洗涤晶体 2 次，将其转移至表面皿上晾干。观察产品的颜色和晶形，称量并计算产率。

4.产品检验

Fe^{3+} 的限量分析：称取 1 g 产品(准确到 0.001 g)倒入 25 mL 的比色管中，用 15 mL 不含氧的去离子水溶解，再加入 2 mL 3 $mol\cdot L^{-1}$HCl 和 1 mL 质量分数为 25%的 KSCN 溶液，最后用不含氧的去离子水稀释至刻度，摇匀，与标准溶液(由实验室提供)进行目视比色，确定产品的等级。

附：目视比色法测产品中 Fe^{3+} 含量所用标准溶液的配制方法

(1)准确配制 0.01 $mol\cdot L^{-1}$标准溶液：称取铁铵钒$(NH_4Fe(SO_4)_2\cdot 12H_2O)$ 0.012 6 g，溶于少量水中，加 1 mL 浓 H_2SO_4，将溶液转移至 250 mL 容量瓶中，用去离子水稀释至刻度，摇匀。

(2)用吸管吸取 5 mL Fe^{3+} 标准溶液注入 25 mL 比色管中，加入 2 mL 3 $mol\cdot L^{-1}$HCl 和 1 mL质量分数为 25%的 KSCN 溶液，再用不含氧的去离子水稀释至刻度，摇匀。这就是一级试剂中 Fe^{3+} 含量的标准溶液。

(3)分别吸取 10 mL、20 mL Fe^{3+} 标准溶液于 25 mL 比色管中，用同样方法可得到二级、三级试剂 Fe^{3+} 含量的标准溶液。

由于 $Fe(SCN)_3$ 溶液不稳定，故标准溶液现用现配。

此产品分析方法是将成品配成溶液与各标准溶液进行比色，以确定杂质含量范围。如

果成品溶液的颜色不深于标准溶液，则认为杂质含量低于某一限度，所以称为限量分析。

附：微型实验

(一)微型仪器

微型锥形瓶(15 mL)，微型烧杯(15 mL)，微型吸滤瓶(口径 19 mm，容积 20 mL)，微型布氏漏斗(口径 20 mm，容积 5 mL)，洗耳球(替代真空泵)，蒸发皿(10 mL)，点滴板，微型煤气灯。

(二)实验步骤

1.铁屑的净化(去油污)

称取 0.4 g 铁屑放在小烧杯中，加入 2 mL 质量分数为 10%的 Na_2CO_3 溶液，小火加热约 10 min，倾出碱液，用水冲净铁屑，备用。

2.硫酸亚铁的制备

将 3.0 mL 3 $mol \cdot L^{-1}$ H_2SO_4 倒入盛铁屑的锥形瓶中，在水浴上加热至不再有气泡冒出(约 20～30 min)，经常取出锥形瓶摇荡，并适当补充水分，以防止 $FeSO_4$ 结晶析出。趁热抽滤，用 0.5 mL 水洗涤废渣，滤液转移至蒸发皿内，此时溶液的 pH 值应在 1 左右。

3.硫酸亚铁铵的制备

根据 $FeSO_4$ 的理论产量，按照反应方程式计算出所需固体 $(NH_4)_2SO_4$ 的用量，并配成饱和溶液加到 $FeSO_4$ 溶液中，在水浴锅上加热浓缩至表面出现晶体膜，放置冷却至室温后，即析出硫酸亚铁铵晶体。减压抽滤，用无水乙醇洗涤晶体 2 次，将其转移至表面皿上晾干。观察产品的颜色和晶形，称量并计算产率。

4.产品检验

Fe^{3+} 的限量分析：称取 0.2 g 产品置于 5 mL 的比色管中，用 3 mL 不含氧的蒸馏水溶解，再加入 0.4 mL 2 $mol \cdot L^{-1}$HCl 和 1 滴 1 $mol \cdot L^{-1}$KSCN 溶液，最后用不含氧的蒸馏水稀释至刻度，摇匀，与标准溶液(由实验室提供)进行目视比色，确定产品的等级。

5.标准溶液的配制

在 3 支比色管中分别加入含有下列数量的 Fe^{3+} 的标准溶液各 3.0 mL(由实验室配制)。

含 0.10 mg(符合一级试剂)；

含 0.20 mg(符合二级试剂)；

含 0.40 mg(符合三级试剂)。

然后用处理试样的相同方法配成 5.0 mL。

Ⅱ.草酸亚铁的制备及其组成测定

一、实验目的

(1)以硫酸亚铁铵为原料制备草酸亚铁，并测定其化学式。

(2)了解高锰酸钾法测定铁及草酸根含量的方法。

二、实验原理

在适当条件下，亚铁离子与草酸可发生反应得到草酸亚铁固体产品，反应方程式为

$$(NH_4)_2Fe(SO_4)_2·6H_2O + H_2C_2O_4·2H_2O \xlongequal{} FeC_2O_4·2H_2O\downarrow + (NH_4)_2SO_4 + H_2SO_4 + 6H_2O$$

用 $KMnO_4$ 标准溶液滴定一定量的草酸亚铁溶液，即可测定出其中的 Fe^{2+}、$C_2O_4^{2-}$ 和 H_2O 的含量，进而确定出草酸亚铁的化学式。滴定反应方程式为

$$3MnO_4^- + 5C_2O_4^{2-} + 5Fe^{2+} + 24H^+ \xlongequal{} 3Mn^{2+} + 10CO_2 + 5Fe^{3+} + 12H_2O$$

三、仪器和试剂

分析天平，抽滤瓶，布氏漏斗，台秤，量筒(50 mL)，点滴板，锥形瓶，称量瓶，酸式滴定管(50 mL)。

H_2SO_4($2\ mol·L^{-1}$)，$H_2C_2O_4$($1\ mol·L^{-1}$)，$KMnO_4$ 标准溶液($0.02\ mol·L^{-1}$)，NH_4SCN，丙酮，锌粉。

四、实验步骤

1.草酸亚铁的制备

称取自制的硫酸亚铁铵 5.0 g 于 100 mL 烧杯中，加 20 mL 水和 5 滴 $2\ mol·L^{-1}$ H_2SO_4 酸化，加热溶解。向此溶液中加入 25 mL $1\ mol·L^{-1}H_2C_2O_4$ 溶液，将混合液加热至沸，并不断搅拌，以免暴沸，当有黄色沉淀析出时，充分静置，倾出上层清液，加入 20 mL 蒸馏水，搅拌并温热，充分洗涤沉淀，抽滤，再用丙酮淋洗产品 2～3 次，抽干后放在表面皿上晾干，称重，并计算产率。

2.草酸亚铁产品的分析

(1)产物的定性分析。将 0.5 g 草酸亚铁配成 5 mL 溶液(可加几滴 $2\ mol·L^{-1}$ H_2SO_4)微热溶解。

a.取一滴溶液于点滴板上，加 1 滴 NH_4SCN 溶液，若立即出现红色，表示有 Fe^{3+}存在。

b.试验该溶液在酸性介质中与 $KMnO_4$ 溶液作用，观察现象，并检验铁的价态。然后加少许锌粉，再次检验价态。

(2)产物的组成测定。准确称取草酸亚铁样品 0.18～0.23 g(精确至 0.000 1 g)于 250 mL 锥形瓶中，加入 25 mL $2\ mol·L^{-1}H_2SO_4$ 溶液，使样品溶解，加热至 70～80℃，用标准$KMnO_4$溶液滴定，直到溶液的微红色在 30 s 内不消褪即为终点，记下 $KMnO_4$ 溶液的体积 V_1。

向上述溶液中加入过量的锌粉和 5 mL $2\ mol·L^{-1}H_2SO_4$ 溶液，煮沸 5～8 min，这时溶液应为无色，用 NH_4SCN 溶液在点滴板上检验 1 滴溶液，如溶液不立即出现红色，可进行下面滴定。若有粉红色出现，应继续煮沸几分钟。

将溶液过滤至另一个锥形瓶中，用 10 mL $1\ mol·L^{-1}H_2SO_4$ 溶液彻底冲洗残余的锌和锥形瓶，将洗涤液并入滤液内，用 $KMnO_4$ 溶液滴定至终点，记下所消耗 $KMnO_4$ 溶液的体积 V_2。至少平行滴定 2 次，由此结果推算出产品中的铁(Ⅱ)、草酸根和水的含量，求出产物的化学式。

五、思考题

(1)使 Fe^{3+}还原为 Fe^{2+}时，用什么作还原剂？过量的还原剂怎样除去？还原反应的标志是什么？

(2)用 $KMnO_4$ 溶液滴定 Fe^{2+}时，溶液中能否带有草酸盐沉淀？

Ⅲ.三草酸合铁(Ⅲ)酸钾的制备

一、实验目的

(1)掌握制备三草酸合铁(Ⅲ)酸钾的原理和方法。

(2)加深对3价铁和2价铁化合物性质的了解。

二、预习与思考

(1)预习关于铁的化合物的重要性质等内容。

(2)思考并回答以下问题:

① 在这个实验中,最后一步能否用蒸干溶液的办法来提高产率?为什么?

② 在最后的溶液中加入乙醇的作用是什么?悬挂棉绳的作用是什么?

三、基本原理

三草酸合铁(Ⅲ)酸钾 $K_3[Fe(C_2O_4)_3]\cdot 3H_2O$ 是一种翠绿色的单斜晶体,易溶于水(0℃时,100 g水中可溶解4.7 g三草酸合铁(Ⅲ)酸钾;100℃时,100 g水中可溶解117.7 g三草酸合铁(Ⅲ)酸钾),难溶于有机溶剂,是一些有机反应很好的催化剂,也是制备负载型活性铁催化剂的主要原料,因而在工业生产中具有应用价值。

本实验是在有 $K_2C_2O_4$ 存在下,用 H_2O_2 将 FeC_2O_4 氧化为 $K_3[Fe(C_2O_4)_3]$,同时还有 $Fe(OH)_3$ 生成。若加适量 $H_2C_2O_4$ 溶液,可使 $Fe(OH)_3$ 转化成三草酸合铁(Ⅲ)酸钾,反应方程式为

$$6FeC_2O_4 + 3H_2O_2 + 6K_2C_2O_4 = 4K_3[Fe(C_2O_4)_3] + 2Fe(OH)_3$$

$$2Fe(OH)_3 + 3H_2C_2O_4 + 3K_2C_2O_4 = 2K_3[Fe(C_2O_4)_3] + 6H_2O$$

其总的反应方程式为

$$2FeC_2O_4\cdot 2H_2O + H_2O_2 + 3K_2C_2O_4 + H_2C_2O_4 = 2K_3[Fe(C_2O_4)_3]\cdot 3H_2O$$

五、仪器和药品

托盘天平,烧杯(100 mL,200 mL),量筒(10 mL,100 mL),漏斗,漏斗架,布氏漏斗,抽滤瓶,温度计(0~100℃),表面皿,棉绒绳,滤纸。

$(NH_4)_2Fe(SO_4)_2\cdot 6H_2O$(s),$H_2SO_4$(2 $mol\cdot L^{-1}$),$H_2C_2O_4$(s,1 $mol\cdot L^{-1}$),$K_2C_2O_4$(s,饱和),H_2O_2(质量分数为3%),乙醇(质量分数为95%)。

六、实验步骤

方法一:

称取本实验(Ⅱ)自制的草酸亚铁2 g,加入10 mL饱和 $K_2C_2O_4$ 溶液,水浴加热至约40℃,用滴管慢慢滴加20 mL质量分数为3% H_2O_2,不断搅拌并保持温度在40℃左右(此时会有氢氧化铁沉淀产生)。将溶液加热至近沸,再加入8 mL 1 $mol\cdot L^{-1}$ $H_2C_2O_4$——开头的5 mL一次加入,最后的3 mL慢慢加入,并保持接近沸腾的温度,若 $H_2C_2O_4$ 不够,可适当补加,直至溶液变为透明的绿色。如溶液混浊,可趁热过滤到一个100 mL的烧杯中,加入10 mL质量分数为95%的乙醇,温热以使可能生成的晶体再溶解。用一小段棉线绳悬挂到溶液中,用表面皿盖住烧杯,放置一段时间,即有晶体在棉线绳上析出。用倾析法分离出晶

体,在滤纸上吸干,称重,计算产率。

方法二:

1.$FeC_2O_4\cdot 2H_2O$ 的制备

称取 5.0 g 本实验(Ⅰ)自制的$(NH_4)_2Fe(SO_4)_2\cdot 6H_2O$ 固体于 100 mL 烧杯中,加入 40 mL 蒸馏水和 5 滴 2 $mol\cdot L^{-1}$ H_2SO_4,加热使其溶解。然后加入 2.0 g $H_2C_2O_4\cdot 2H_2O$ 固体,加热至沸,并不断搅拌。静置,便得黄色 $FeC_2O_4\cdot 2H_2O$ 晶体,沉降后用倾析法弃去上层清液。往沉淀中加 20 mL 蒸馏水,搅拌并温热,静置,再弃去清液。

2. $K_3[Fe(C_2O_4)_3]\cdot 3H_2O$ 的制备

于上述沉淀中(或称取本实验(Ⅱ)自制的草酸亚铁 2 g),加水 15 mL,边搅拌边加入 3.5 g $K_2C_2O_4\cdot H_2O$ 固体,水浴加热至约 40℃,用滴管慢慢加入 12 mL 质量分数为 6% 的 H_2O_2,不断搅拌并保持温度在 40℃左右(此时会有氢氧化铁沉淀)。将溶液加热至近沸,再分批慢慢加入 1.2 g $H_2C_2O_4\cdot 2H_2O$ 固体,搅拌使固体溶解至体系呈透明溶液。溶液若不澄清可过滤,然后加入 5 mL 质量分数为 95% 乙醇,温热,使生成的晶体溶解,放置一段时间即有晶体析出。用倾析法分离出晶体,在滤纸上吸干,称重,计算产率。

Ⅳ.三草酸合铁(Ⅲ)酸钾化学式的确定和磁化率的测定

一、实验目的

(1)掌握确定化合物化学式的基本原理及方法。

(2)学习测定物质磁化率的基本原理及操作方法。

二、实验原理

1.产物化学式的确定

(1)用重量分析法测定结晶水。

(2)用高锰酸钾法测定草酸根含量。

草酸根在酸性介质中可被高锰酸钾定量氧化,反应方程式为

$$2MnO_4^- + 5C_2O_4^{2-} + 16H^+ \xlongequal{} 2Mn^{2+} + 10CO_2 + 8H_2O$$

用已知浓度的高锰酸钾标准溶液滴定草酸根,由消耗高锰酸钾的量,便可求算出与之反应的草酸根的量。

(3)铁含量的测定。先用还原剂把铁离子还原为亚铁离子,再用高锰酸钾标准溶液滴定亚铁离子。反应方程式为

$$Zn + 2Fe^{3+} \xlongequal{} Zn^{2+} + 2Fe^{2+}$$

$$MnO_4^- + 5Fe^{2+} + 8H^+ \xlongequal{} Mn^{2+} + 5Fe^{3+} + 4H_2O$$

由消耗高锰酸钾的量,计算出亚铁离子的含量。

(4)钾含量的确定。由草酸根、铁含量的测定可知,每克无水盐中所含铁和草酸根的物质的量 n_1 和 n_2,则可求得每克无水盐中所含钾的物质的量 n_3。

当每克无水盐中各组分的 n 已知,并求出它们的比值,则此化合物的化学式就可确定。

2.配合物中心体电子结构的确定

某些物质本身不呈现磁性,但在外磁场作用下会诱导出磁性,表现为一个微观磁矩,其

方向与外磁场方向相反，这种物质称为反磁性物质。

有的物质本身就具有磁性，表现为一个微观的永久磁矩，由于热运动，永久磁矩排列杂乱无章，其磁性在各个方向上互相抵消，但在外磁场作用下，会顺着外磁场方向排列，其磁化方向与外磁场相同，产生一个附加磁场，使总的磁场得到加强，这种物质称为顺磁性物质。顺磁性物质在外磁场作用下也会产生诱导磁矩，但其数值比永久磁矩小得多，离子若具有一个或更多个未成对电子，则像一个小磁体，具有永久磁矩，在外磁场作用下会产生顺磁性，又因顺磁效应大于反磁效应，故具有未成对电子的物质都是顺磁性物质。其有效磁矩可近似表示为

$$\mu_{eff} = \sqrt{n'(n'+2)} \tag{1}$$

式中，n'表示未成对电子数目。如能通过实验求出 μ_{eff}，推算出未成对电子数目，便可确定离子的电子排列情况，因为微观物理量无法直接从实验测得，须将它与宏观物理量磁化率联系起来，有效磁矩与磁化率的关系为

$$\mu_{eff} = 2.84\sqrt{\chi \cdot M \cdot T} \tag{2}$$

式中，χ 为质量磁化率；M 为相对分子质量；T 为热力学温度。

物质的磁化率可用古埃磁天平进行测量，古埃法测量磁化率的原理如下。

顺磁性物质会被不均匀外磁场强的一端所吸引，而反磁性物质会被排斥。因此，将顺磁性物质或反磁性物质放在磁场中称量，其质量会与不加磁场时不同。顺磁性物质被吸引，所测得的质量增加；反磁性物质被排斥，所测得的质量减少。求物质的磁化率较简便的方法是：以顺磁性莫尔盐$(NH_4)_2Fe(SO_4)_2 \cdot 6H_2O$ 的质量磁化率为标准，控制莫尔盐与样品实验条件相同，此时待求物质的质量磁化率与莫尔盐的质量磁化率的关系为

$$\frac{\chi}{\chi_s} = \frac{\Delta m}{\Delta m_s} \cdot \frac{m_s}{m}$$

式中，m_s 为装入样品管中莫尔盐的质量；m 为装入样品管中的待测样品的质量；Δm_s 为莫尔盐加磁场前后质量的变化；Δm 为待测样品加磁场前后质量的变化。

则

$$\chi = \chi_s \cdot \frac{m_s}{\Delta m_s} \cdot \frac{\Delta m}{m} \tag{3}$$

（已知 $\chi_s = \frac{9\,500}{T+1} \times 10^{-6}$，$T$ 为热力学温度）

通过式(3)求出物质的 χ，代入式(2)，便可求得 μ_{eff}，将其代入式(1)可求出 n'。

三、仪器与试剂

烘箱，分析天平，恒温水浴锅，酸式滴定管，称量瓶。

$KMnO_4$(0.02 mol·L^{-1})，基准 $Na_2C_2O_4$，H_2SO_4(2 mol·L^{-1})，锌粉。

四、实验步骤

(一)产物化学式的确定

将所得产物用研钵研成粉状，储存待用。

1.结晶水的测定

(1)将两个 ϕ20 mm × 30 mm 的称量瓶放入烘箱内，在 110℃下加热 1.5 h，然后置于干燥器中冷至室温，称量。重复上述操作至恒重(即 2 次称量相差不超过 0.3 mg)。

(2)精确称取0.7～0.8 g的产物2份，分别放入2个已恒重的称量瓶中，置于烘箱内在110℃下加热1.5 h，再放于干燥器中冷至室温，称量。重复干燥、冷却、称量等操作，直到恒重。

根据称量结果，计算结晶水含量(每克无水盐所对应结晶水的 n)。

2.草酸根含量的测定

(1)浓度为0.02 mol·L^{-1} $KMnO_4$ 溶液的配制。称取配制300 mL浓度为0.02 mol·L^{-1} $KMnO_4$ 所需的固体 $KMnO_4$(用什么天平称量)，置于400 mL烧杯中，加入200 mL去离子水，加热至沸，以使固体溶解。冷却后，将溶液倒入棕色试剂瓶中，稀释至约300 mL摇匀。在暗处放置6～7 d(使水中的还原性杂质与 $KMnO_4$ 充分作用)，用玻璃砂芯漏斗过滤，除去 MnO_2 沉淀，滤液储存在棕色试剂瓶中，摇匀后即可标定和使用。

(2) 浓度为0.02 mol·L^{-1} $KMnO_4$ 溶液的标定。精确称取(用什么天平称量)3份 $Na_2C_2O_4$(每份0.15～0.18 g)，分别放在250 mL锥形瓶中，并加入50 mL水。待 $Na_2C_2O_4$ 溶解后，加入15 mL浓度为2 mol·L^{-1} H_2SO_4，从滴定管中放出约10 mL待标定的 $KMnO_4$ 溶液到锥形瓶中，加热70～85℃(不高于85℃)直到紫红色消失。再用 $KMnO_4$ 溶液滴定热溶液直到微红色在30 s内不消褪，记下消耗的溶液体积，计算其准确浓度。

(3)草酸根含量的测定。将合成的 $K_3[Fe(C_2O_4)_3]\cdot 3H_2O$ 粉末在110℃下干燥1.5～2.0 h，然后放在干燥器中冷却，备用。

精确称取0.18～0.22 g干燥过的 $K_3[Fe(C_2O_4)_3]\cdot 3H_2O$ 样品3份，分别放入3个250 mL锥形瓶中，加入50 mL水和15 mL浓度为2 mol·L^{-1}H_2SO_4 溶液，用 $KMnO_4$ 标准溶液滴定(方法与(2)相同)，计算每克无水化合物所含草酸根的 n_1 值。滴定完的3份溶液保留待用。

3.铁含量的测定

在2(3)所保留的溶液中加入还原锌粉，直到黄色消失。加热溶液2 min以上，使 Fe^{3+} 还原为 Fe^{2+}，过滤除去多余的锌粉，滤液放入一干净的锥形瓶中，洗涤锌粉，使 Fe^{2+} 定量转移到滤液中，再用标准 $KMnO_4$ 溶液滴定至微红色。计算每克无水化合物所含铁的 n_2 值。

由测得的 n_1 和 n_2 值计算所含钾的 n_3 值，然后计算 $n_3:n_2:n_1:n$ 的值，进而可确定化合物的化学式。

(二)$K_3[Fe(C_2O_4)_3]\cdot 3H_2O$ 磁化率的测定

(1)莫尔盐与待测样品研细过筛备用。

(2)取1支干燥样品管挂在天平的挂钩上，调节样品管的高度，使样品管的底部对准磁铁的中心线。在不加磁场的情况下，称得空样品管质量 m。取下样品管，将研细的莫尔盐装入管中，装入样品的高度为15 cm(准确到0.5 mm)，置于天平的挂钩上，在不加磁场的情况下称量得到质量 m_1，接通电磁铁的电源，电流调整至5 A(磁通密度 B 约为0.5 T)，在该磁场强度下称得质量 m_2，并记录样品周围的温度。

(3)在相同磁场强度下，用 $K_3[Fe(C_2O_4)_3]\cdot 3H_2O$ 取代莫尔盐重复步骤(2)。

(4)根据实验数据求出 $K_3[Fe(C_2O_4)_3]\cdot 3H_2O$ 的 μ_{eff}。由 μ_{eff} 确定 $K_3[Fe(C_2O_4)_3]\cdot 3H_2O$ 中 Fe^{3+} 的最外层电子结构。

(三)三草酸合铁(Ⅲ)酸钾的性质

所需试剂：$K_3[Fe(CN)_6]$(s)，$K_2C_2O_4$(1 mol·L^{-1})，$NaHC_4H_4O_6$(饱和)，$CaCl_2$(0.5 mol·

L^{-1})，$FeCl_3$(0.2 mol·L^{-1})，KSCN(1 mol·L^{-1})，Na_2S(0.5 mol·L^{-1})，NH_4F(1 mol·L^{-1})。

(1)将少量三草酸合铁(Ⅲ)酸钾放在表面皿上，在日光下观察晶体颜色变化，并与放在暗处的晶体比较。

该配合物极易感光，室温下光照变色，发生下列光化学反应，即

$$2[Fe(C_2O_4)_3]^{3-} \xlongequal{h\nu} 2FeC_2O_4 + 3C_2O_4^{2-} + 2CO_2$$

(2)制感光纸。按三草酸合铁(Ⅲ)酸钾 0.3 g、铁氰化钾 0.4 g 加水 5 mL 的比例配成溶液，涂在纸上即成感光纸。附上图案，在日光下(或红外灯光下)照射数秒钟，曝光部分呈蓝色，被遮盖部分就显影映出图案来。

它在日光照射或强光下分解生成的草酸亚铁，遇到六氰合铁(Ⅲ)酸钾生成滕氏蓝，反应方程式为

$$FeC_2O_4 + K_3[Fe(CN)_6] \xlongequal{} KFe[Fe(CN)_6]\downarrow + K_2C_2O_4$$

(3)制感光液。取 0.3～0.5 g 三草酸合铁(Ⅲ)酸钾，加 5 mL 水配成溶液，用滤纸条做成感光纸。同(2)中操作，曝光后去掉图案，用质量分数约为 3.5% 的六氰合铁(Ⅲ)酸钾溶液润湿或漂洗即显影映出图案来。

(4)配合物的性质。称取 1 g 产品溶于 20 mL 水中，溶液供下面的实验用。

① 确定配合物的内外界。

a.检定 K^+ 时分别取少量 1 mol·L^{-1} $K_2C_2O_4$ 及产品溶液，分别与饱和酒石酸氢钠 $NaHC_4H_4O_6$ 溶液作用。充分摇匀，观察现象是否相同。如果现象不明显，可用玻璃棒摩擦试管内壁。

b.检定 $C_2O_4^{2-}$。在少量 1 mol·L^{-1} $K_2C_2O_4$ 及产品溶液中，分别加入 2 滴 0.5 mol·L^{-1} $CaCl_2$ 溶液，观察现象有何不同。

c.检定 Fe^{3+}。在少量 0.2 mol·$L^{-1}$$FeCl_3$ 及产品溶液中，分别加入 1 滴 1 mol·L^{-1}KSCN 溶液，观察现象有何不同。

综合以上实验现象，确定所制得的配合物中，哪种离子在内界，哪种离子在外界。

② 酸度对配合平衡的影响。

a.在两支盛有少量产品溶液的试管中，各加 1 滴 1 mol·L^{-1}KSCN 溶液，然后分别滴加 6 mol·L^{-1}HAc 和 3 mol·$L^{-1}$$H_2SO_4$，观察溶液颜色有何变化。

b.在少量产品溶液中滴加 2 mol·L^{-1}氨水，观察有何变化。

试用影响配合平衡的酸效应及水解效应解释观察到的现象。

③ 沉淀反应对配合平衡的影响。

在少量产品溶液中，加 1 滴 0.5 mol·$L^{-1}$$Na_2S$ 溶液，观察现象，写出反应方程式，并加以解释。

④ 配合物相互转变及稳定性比较。

a.往少量 0.2 mol·$L^{-1}$$FeCl_3$ 溶液中加 1 滴 1 mol·L^{-1}KSCN，溶液立即变为血红色，再往溶液中滴加 1 mol·$L^{-1}$$NH_4F$ 至血红色刚好褪去。

将所得溶液分成 2 份，往 1 份溶液中加入 1 mol·L^{-1} KSCN，观察血红色是否容易重现？从实验现象比较 $FeSCN^{2+}$ 到 FeF^{2+} 相互转变的难易，反应方程式为

$$FeSCN^{2+} \underset{SCN^-}{\overset{F^-}{\rightleftharpoons}} FeF^{2+}$$

往另 1 份 FeF^{2+} 溶液中滴入 1 $mol·L^{-1}$ $K_2C_2O_4$，至溶液刚好转为黄绿色，记下 $K_2C_2O_4$ 的用量，再往此溶液中滴入 1 $mol·L^{-1}$ NH_4F，至黄绿色刚好褪去。比较 $K_2C_2O_4$ 和 NH_4F 的用量，判断 FeF^{2+} 和 $[Fe(C_2O_4)_3]^{3-}$ 相互转变的难易，反应方程式为

$$FeF^{2+} \underset{F^-}{\overset{C_2O_4^{2-}}{\rightleftharpoons}} [Fe(C_2O_4)_3]^{3-}$$

b.在 0.5 $mol·L^{-1}$ $K_3[Fe(CN)_6]$ 和产品溶液中，分别滴加 2 $mol·L^{-1}$ NaOH，对比现象有何不同？$Fe(CN)_6^{3-}$ 与 $Fe(C_2O_4)_3^{3-}$ 比较，哪个较稳定？

综合以上实验现象，定性判断配体 SCN^-、F^-、$C_2O_4^{2-}$、CN^- 与 Fe^{3+} 配位能力的强弱。

实验二　三氯化六氨合钴(Ⅲ)的合成和组成的测定

一、实验目的

(1)了解三氯化六氨合钴(Ⅲ)的制备原理及其组成的测定方法。

(2)加深理解配合物的形成对三价钴稳定性的影响。

二、预习与思考

(1)预习钴氨配合物的性质、碘量法测定金属离子的原理及其方法。

(2)思考下列问题：

① 制备过程中水浴加热到 333 K，并恒温 20 min 的目的是什么？能否加热至沸？

② 制备三氯化六氨合钴(Ⅲ)过程中，加 H_2O_2 和浓盐酸各起什么作用？要注意什么问题？

③ 碘量法测定金属离子钴(Ⅲ)时要注意什么问题？

三、基本原理

根据标准电极电势，在酸性介质中二价钴盐比三价钴盐稳定，而在它们的配合物中，大多数的三价钴配合物比二价钴配合物稳定，所以常采用空气或过氧化氢氧化 Co(Ⅱ)配合物来制备 Co(Ⅲ)配合物。

氯化钴(Ⅲ)的氨合物有许多种。主要有三氯化六氨合钴(Ⅲ) $[Co(NH_3)_6]Cl_3$(橙黄色晶体)、三氯化一水五氨合钴(Ⅲ) $[Co(NH_3)_5H_2O]Cl_3$(砖红色晶体)、二氯化一氯五氨合钴(Ⅲ) $[Co(NH_3)_5Cl]Cl_2$(紫红色晶体)等。它们的制备条件各不相同，例如，在没有活性炭存在时，由氯化亚钴与过量氨、氯化铵反应的主要产物是二氯化一氯五氨合钴(Ⅲ)，有活性炭存在时它们反应的主要产物是三氯化六氨合钴(Ⅲ)。

本实验用活性炭作催化剂，用过氧化氢作氧化剂，氯化亚钴溶液与过量氨和氯化铵作用制备三氯化六氨合钴(Ⅲ)。其总反应方程式为

$$2CoCl_2·6H_2O + 2NH_4Cl + 10NH_3 + H_2O_2 = 2[Co(NH_3)_6]Cl_3 + 14H_2O \quad (1)$$

三氯化六氨合钴(Ⅲ)溶解于酸性溶液中，通过过滤可以将混在产品中的大量活性炭除去，然后在高浓度盐酸中使三氯化六氨合钴结晶。

三氯化六氨合钴(Ⅲ)为橙黄色单斜晶体。固态的 $[Co(NH_3)_6]Cl_3$ 在 488 K 时转变为 $[Co(NH_3)_5Cl]Cl_2$，在高于 523 K 时则被还原为 $CoCl_2$。

$[Co(NH_3)_6]Cl_3$ 可溶于水不溶于乙醇，在 293 K 水中的溶解度为 0.26 $mol \cdot L^{-1}$。在强碱（冷时）或强酸的作用下基本不被分解，只有在沸热条件下才被强碱分解，反应方程式为

$$2[Co(NH_3)_6]Cl_3 + 6NaOH = 2Co(OH)_3 + 12NH_3 + 6NaCl \quad (2)$$

分解逸出的氨可用过量的标准盐酸溶液吸收，剩余的盐酸用标准氢氧化钠溶液回滴，便可计算出组成中氨的百分含量。

然后，用碘量法测定蒸氨后的样品溶液中的 Co(Ⅲ)，反应方程式为

$$2Co(OH)_3 + 2I^- + 6H^+ = 2Co^{2+} + I_2 + 6H_2O$$

$$I_2 + 2S_2O_3^{2-} = S_4O_6^{2-} + 2I^-$$

最后，用沉淀滴定法（莫尔法）测定样品中氯离子的含量。

四、仪器和药品

托盘天平，分析天平，酸式滴定管（50 mL），碱式滴定管（50 mL），玻璃管，碱封管。

$CoCl_2 \cdot 6H_2O$(s)，NH_4Cl(s)，KI(s)，活性炭，浓 HCl（6 $mol \cdot L^{-1}$），标准 HCl 溶液（0.5 $mol \cdot L^{-1}$），标准 NaOH 溶液（0.5 $mol \cdot L^{-1}$），H_2O_2（质量分数为 6%），浓氨水，NaOH 溶液（质量分数为 10%），标准 $Na_2S_2O_3$ 溶液（0.1 $mol \cdot L^{-1}$），标准 $AgNO_3$ 溶液（0.1 $mol \cdot L^{-1}$），K_2CrO_4 溶液（质量分数为 5%），冰。

五、实验步骤

（一）制备三氯化六氨合钴（Ⅲ）

在 100 mL 锥形瓶中加入 6 g 研细的氯化亚钴 $CoCl_2 \cdot 6H_2O$、4 g 氯化铵和 7 mL 蒸馏水。加热溶解后加入 0.3 g 活性炭。冷却，加 14 mL 浓氨水，冷却至 283 K 以下，缓慢加入 14 mL 质量分数为 6% 的 H_2O_2，水浴加热至 333 K 左右并恒温 20 min（适当摇动锥形瓶）。取出锥形瓶，先用自来水冷却，后用冰水冷却。抽滤，将沉淀溶解于含有 2 mL 浓盐酸的 50 mL 沸水中，趁热过滤。在滤液中慢慢加入 7 mL 浓盐酸，冰水冷却，过滤，洗涤（用什么试剂），抽干，在真空干燥器中干燥或在 378 K 以下烘干，称重，计算产率。

（二）三氯化六氨合钴（Ⅲ）组成的测定

1.氨的测定

在 250 mL 锥形瓶 1 中加入 0.2 g（准确至 0.1 mg）待测的三氯化六氨合钴（Ⅲ）晶体，加入 80 mL 蒸馏水，摇动，溶解，然后加入 10 mL 质量分数为 10% 的 NaOH 溶液。在接收瓶（锥形瓶）中加入 30.00 ~ 35.00 mL 0.5 $mol \cdot L^{-1}$ 标准 HCl 溶液，接收瓶浸入冰水槽中。在锥形瓶 1 中的碱封管内注入 3 ~ 5 mL 质量分数为 10% 的 NaOH 溶液，将各部分用导管连接，按图2.6.1安装好。

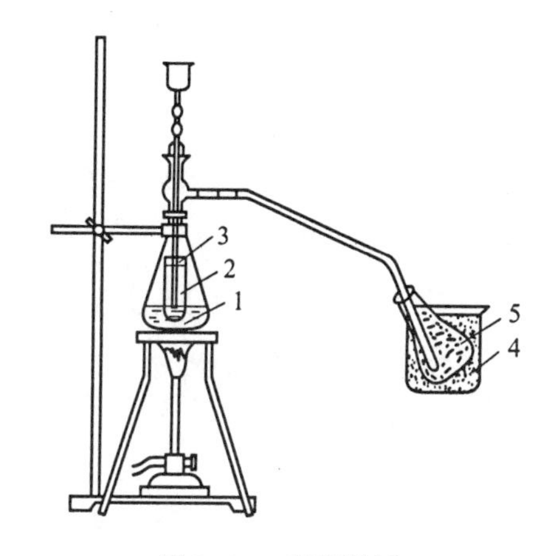

图 2.6.1　蒸氨装置

1—样品液；2—质量分数为 10% NaOH 溶液；3—切口橡皮塞；4—冰浴；5—标准盐酸溶液

大火加热样品溶液至沸后，改用小火，微沸 50 ~ 60 min，使氨全部蒸出，并通过导管用标准 HCl 溶液吸收。停止加热，取出接收瓶，用少量

蒸馏水将导管内外可能沾附的盐酸溶液冲洗入接收瓶内，用 0.5 $mol \cdot L^{-1}$标准 NaOH 溶液滴定剩余的盐酸，记录数据。

2.钴的测定

取下装样品溶液的锥形瓶，用少量蒸馏水将塞子、碱封管上沾附的溶液冲洗回锥形瓶内。待样品溶液冷却后加入 1 g 固体 KI，振荡溶解，再加入 12 mL 左右 6 $mol \cdot L^{-1}$盐酸酸化后，放在暗处静置 10 min，然后，加入 60～70 mL 蒸馏水，用 0.1 $mol \cdot L^{-1}$标准 $Na_2S_2O_3$ 溶液滴定，开始滴定速度可以快些，滴定至溶液为淡黄色时加入几滴淀粉溶液，继续慢慢滴加 $Na_2S_2O_3$ 溶液，滴定至终点(终点溶液是什么颜色)，记录数据。

3.氯的测定

在锥形瓶中加入样品 0.2 g(准确至 0.1 mg)，加适量蒸馏水溶解，用沉淀滴定法(莫尔法)测定氯的含量。

(三)记录与结果

(1)以表格形式记录有关数据。

(2)计算出样品中氨、钴、氯的质量分数。

(3)确定出产品的实验式。

实验三　从烂版液中回收铜和氯化亚铁

一、实验目的

(1)通过对烂版液中铜、铁的回收，学习治理工业废液的方法。

(2)进一步熟悉铜、铁化合物的性质及其鉴定方法。

(3)巩固有关的分离提纯的基本操作。

二、基本原理

烂版液是制印刷线路版时，用三氯化铁腐蚀铜版后所得的废液。腐蚀铜版的反应方程式为

$$2FeCl_3 + Cu = 2FeCl_2 + CuCl_2$$

可见烂版液中含有大量 $CuCl_2$、$FeCl_2$ 及 $FeCl_3$。因此，将铜与铁化合物分离回收是有实际意义的。因为它既可以减少污染，消除公害，又能化废为宝。

三、实验要求

(1)取烂版液(含 2～2.5 $mol \cdot L^{-1}$ $FeCl_3$、2～2.5 $mol \cdot L^{-1}$ $FeCl_2$、1～1.3 $mol \cdot L^{-1}$ $CuCl_2$) 50 mL，回收铜和氯化亚铁。

(2)回收的氯化亚铁要作纯度检查(检 Fe^{3+}、Cu^{2+})。

四、提示

氯化亚铁的水合物及其脱水温度为

$$FeCl_2 \cdot 6H_2O \xlongequal{285.3\ K} FeCl_2 \cdot 4H_2O \xlongequal{349.5\ K} FeCl_2 \cdot 2H_2O$$

五、思考题

(1)本实验根据铜、铁单质和化合物的什么性质回收铜和氯化亚铁?

(2)经放置的废三氯化铁腐蚀液,常常混浊不清,为什么？如何处理？

(3)回收操作过程应采取什么步骤,才能得较纯的产品？

实验四　从含银废物中回收银

一、实验目的

(1)运用所学的知识设计从含银废物中回收银的方法。

(2)进一步掌握银化合物的性质及有关分离提纯的方法。

二、实验原理

银是贵金属,用途广泛,除了用作化学试剂(如硝酸银)和药物外,还用于镀银、染发、照相等,但由于资源贫乏,供需矛盾尖锐。从含银废物中回收银,既能减少对环境的污染,又可以变废为宝,因此,银回收具有重要的实际意义。

化学实验中回收的含银废液中可能含有 $AgNO_3$、$[Ag(NH_3)_2]^+$、AgCl、AgBr、AgI、Ag_2CrO_4、Ag_2S 等含银的化合物,冲洗感光胶片、照片的废定影液中的银主要以$[Ag(S_2O_3)_2]^{3-}$形式存在于溶液中,照相底片和照片中的影像是感光后单质银的小颗粒。回收银的方法很多,如沉淀法、溶解法、置换法、电解法和还原法等,可根据实际情况采用相应的回收方法。其中硫化钠沉淀法比较简单,有关反应方程式如下。

(1)实验室废液

$$AgX + S^{2-} \longrightarrow Ag_2S\downarrow + X \quad (X\text{代表各种阴离子})$$

(2)废感光胶片

$$Ag + FeCl_3 \longrightarrow AgCl\downarrow + FeCl_2$$

$$AgCl + S_2O_3^{2-} \longrightarrow [Ag(S_2O_3)_2]^{3-} + Cl^-$$

$$[Ag(S_2O_3)_2]^{3-} + S^{2-} \longrightarrow Ag_2S\downarrow + S_2O_3^{2-}$$

(3)废定影液

$$[Ag(S_2O_3)_2]^{3-} + S^{2-} \longrightarrow Ag_2S\downarrow + S_2O_3^{2-}$$

将各种形式的银转变成 Ag_2S,然后放在坩埚里,通过高温(1 050 ~ 1 150 ℃)冶炼制成单质银,反应方程式为

$$Ag_2S + O_2 = 2Ag + SO_2\uparrow$$

在用 $FeCl_3$ 溶液处理废感光胶片时,应把 $FeCl_3$ 溶液用 HCl 调至强酸性。在以硫化钠为沉淀剂处理废定影液或实验室废液时,要注意溶液的 pH 值,若呈酸性需用浓氨水或 NaOH 溶液调至 pH 值为 8 左右。另外在灼烧 Ag_2S 时,需在坩埚中加一些硼砂和碳酸钠固体,因为灼烧温度高于硼砂熔点,硼砂熔化后覆盖在液态银之上,可防止银在高温下再被氧化;加碳酸钠的作用在于当含银沉淀中混有氯化银、溴化银时,它们的热分解温度高于 1 300℃,难于分解,而高温下与碳酸钠作用转化成碳酸银,则较易分解。

三、思考题

现有以下三种含银废物:

① 化学实验中回收的含银废液;

② 感光胶片废定影液；

③ 废照相底片。

请查阅相关的文献资料，说明从含银废物中回收银的方法具体有哪些？并针对上述含银废物设计出相应的回收方案，并以科技论文的形式提交报告。

实验五　$Ni(NH_3)_xCl_y$ 的制备和组成测定

一、实验目的

学习 $Ni(NH_3)_xCl_y$ 的制备和组成测定的原理和方法。

二、预习与思考

(1)单质镍及其化合物的性质。

(2)金属离子指示剂——紫脲酸胺。

(3)用配位滴定法(紫脲酸胺为指示剂)测定 Ni^{2+}，为什么要加入 pH = 10 的缓冲液？

(4)说明实验测定氨含量的原理。

三、实验步骤

1. $Ni(NH_3)_xCl_y$ 的制备

在 3 g 镍片中分批加入 13 mL 浓 HNO_3，水浴加热(在通风厨内进行)，视反应情况再补加 3 ~ 5 mL 浓 HNO_3。待镍片近于全部溶解后，用倾析法将溶液转移至另一烧杯中，并在冰盐浴中冷却。慢慢加入 20 mL 浓氨水至沉淀完全(此时溶液的绿色变得很淡，或近于无色)。减压过滤，并用 2 mL 冷却过的浓氨水洗涤沉淀 3 次。

将所得的潮湿沉淀溶于 20 mL 6 $mol \cdot L^{-1}$ HCl 溶液中，用冰盐浴冷却，然后慢慢加入 60 mL $NH_3 \cdot H_2O - NH_4Cl$ 混合液(每 100 mL 浓氨水中含 30 g NH_4Cl)。减压过滤，依次用浓氨水、乙醇、乙醚洗涤沉淀，并置于空气中干燥，称量后保存待用。

2. 组成分析

(1)Ni^{2+} 的测定。准确称取 0.25 ~ 0.30 g 产品 2 份，分别用 50 mL 水溶解，加入 15 mL pH = 10 的 $NH_3 \cdot H_2O - NH_4Cl$ 缓冲溶液，以紫脲酸胺为指示剂，用 0.05 $mol \cdot L^{-1}$ EDTA 标准溶液滴定至溶液由黄色变为紫红色。

(2)NH_3 的测定。准确称取 0.2 ~ 0.25 g 产品 2 份，分别用 25 mL 水溶解后加入 3.00 mL 6 $mol \cdot L^{-1}$ HCl 溶液，以甲基红作指示剂，用 0.5 $mol \cdot L^{-1}$ NaOH 标准溶液滴定。

取 3.00 mL 上述所用的 6 $mol \cdot L^{-1}$ HCl 溶液，以甲基红作指示剂，仍用 0.5 $mol \cdot L^{-1}$ NaOH 标准溶液滴定。

(3)Cl^- 的测定。准确称取 0.25 ~ 0.30 g 产品 2 份，分别用 25 mL 水溶解后加入 3 mL 6 $mol \cdot L^{-1}$ HNO_3 溶液，用 2 $mol \cdot L^{-1}$ NaOH 将溶液的 pH 值调至 6 ~ 7。加入 1 mL 5% K_2CrO_4 溶液作指示剂，用 0.1 $mol \cdot L^{-1}$ $AgNO_3$ 标准溶液滴定，刚好出现砖红色混浊即为终点。

根据滴定数据，计算 Ni^{2+}、NH_3、Cl^- 的含量。

(4)电离类型的确定。配制稀度(所谓稀度，即溶液的稀释程度，为物质的量浓度的倒数，如稀释度为 1 000，表示 1 000 L 中含有 1 mol 溶质)为 1 000 的产品溶液 250 mL，用 DDS -

11A 型电导率仪测定溶液的电导率 κ，并按 $\Lambda_m \frac{k}{c} \times 1\,000^{-3}$ 计算摩尔电导率。

根据以上分析结果，写出产品的化学式。

四、思考题

(1)本实验中氨的测定方法能否用于测定三氯化六氨合钴中的氨？

(2)还有哪些方法可以测定 Ni^{2+} 的含量？

实验六　草酸合铜酸钾的制备和组成测定

一、实验目的

(1)掌握制备草酸合铜酸钾的原理和方法。

(2)学习测定化合物组成的基本原理及方法。

二、预习与思考

(1)Cu^{2+} 的配位滴定。

(2)氧化还原滴定——高锰酸钾法。

(3)在测定 Cu^{2+} 含量时加入的缓冲溶液 pH 值不等于 10，或缓冲溶液中氨浓度过大，对滴定有何影响？为什么？

三、实验步骤

1.草酸合铜酸钾的制备

将 4 g $CuSO_4 \cdot 5H_2O$ 溶于 8 mL 363 K 的水中，另取 12 g $K_2C_2O_4 \cdot H_2O$ 溶于 44 mL 363 K 的水中，趁热在激烈搅拌下迅速将 $K_2C_2O_4$ 溶液加入 $CuSO_4$ 溶液中，冷至 283 K 时有沉淀析出，减压过滤，用 8 mL 冷水分 2 次洗涤沉淀，在 323 K 烘干产品。

2.组成分析

(1)结晶水的测定。将两个干净坩埚放入烘箱中，在 423 K 下干燥 1 h，然后放在干燥器内冷却 0.5 h，称量。再用相同方法干燥 0.5 h，冷却，称量，直至恒重。

准确称取 0.5～0.6 g 产物 2 份，分别放在 2 个已恒重的坩埚内，在与空坩埚相同的条件下干燥，冷却，称量，直至恒重。

(2)铜含量测定。准确称取 0.17～0.19 g 产物 2 份，用 15 mL $NH_3 \cdot H_2O - NH_4Cl$ 缓冲溶液(pH = 10)溶解，再稀释至 100 mL。以紫脲酸胺作指示剂，用 0.02 $mol \cdot L^{-1}$ EDTA 标准液滴定至溶液由亮黄色变至紫色，即到终点。

(3)草酸根含量测定。准确称取 0.21～0.23 g 产物 2 份，分别用 2 mL 浓氨水溶解后，加入 22 mL 2 $mol \cdot L^{-1} H_2SO_4$ 溶液，此时会有淡蓝色沉淀出现，稀释至 100 mL，水浴加热至 343～358 K，趁热用 0.02 $mol \cdot L^{-1} KMnO_4$ 标准溶液滴定至微红色(1 min 内不褪色)。沉淀在滴定过程中逐渐消失。

根据以上分析结果，计算 H_2O、Cu^{2+} 的含量，并推算出产物的实验式。

四、扩展实验

在测定含量时，加入 2 $mol \cdot L^{-1} H_2SO_4$ 后有沉淀出现，请自行设计实验，先定性鉴定沉淀为何物，再确定沉淀的组成。

五、思考题

列举测定 Cu^{2+}、$C_2O_4^{2-}$ 的其他方法。

实验七　含铬(Ⅵ)废液的处理和比色测定

一、实验目的

(1)了解含铬(Ⅵ)废液的常用处理方法。

(2)了解比色法测定铬(Ⅵ)的原理及方法。

二、实验原理

含铬的工业废液，其铬的存在形式多为 Cr(Ⅵ)及 Cr^{3+}。Cr(Ⅵ)的毒性比 Cr^{3+} 大 100 倍，它能诱发皮肤溃疡、贫血、肾炎及神经炎等。工业废水排放时，要求 Cr(Ⅵ)的质量浓度不超过 0.3 $mg·L^{-1}$，而生活饮用水和地面水，则要求 Cr(Ⅵ)的质量浓度不超过 0.05 $mg·L^{-1}$。通常使用在酸性条件下用还原剂将 Cr(Ⅵ)还原为 Cr^{3+}，然后在碱性条件下，将 Cr^{3+} 沉淀为 $Cr(OH)_3$，经过滤除去沉淀的方法除去 Cr(Ⅵ)，而使水净化。

比色法测定微量 Cr(Ⅵ)，常用二苯碳酰二肼 $CO(NH·NH·C_6H_5)_2$，它在微酸性条件下作为显色剂，生成紫红色化合物，其最大吸收波长在 540 nm 处。

三、药品和试剂

721 型或 723 型分光光度计。

标准溶液：称取 0.141 4 g $K_2Cr_2O_7$(已在 140℃左右干燥 2 h)溶于适量蒸馏水中，然后用容量瓶定溶至 500 mL，此溶液含 Cr(Ⅵ) 的质量浓度为 100 $mg·L^{-1}$。准确吸取上述标准溶液 10.00 mL，置于 1 000 mL 容量瓶中，用蒸馏水定溶至标线，此溶液含 Cr(Ⅵ) 量为 1.00 $mg·L^{-1}$。

二苯碳酰二肼乙醇溶液：称取邻苯二甲酸酐 2 g，溶于 50 mL 乙醇中，再加入二苯碳酰二肼 0.25 g，溶解后储存于棕色瓶中，此溶液可保存两星期左右。

硫磷混酸：150 mL 浓硫酸与 300 mL 水混合，冷却，再加 150 mL 浓磷酸，然后稀释至 1 000 mL。

H_2SO_4(6 $mol·L^{-1}$)，$FeSO_4·7H_2O$(s)，NaOH(6 $mol·L^{-1}$)，二苯胺磺酸钠(质量分数 0.5%)。

四、实验步骤

1.除去含 Cr(Ⅵ)废液中的 Cr(Ⅵ)

视含 Cr(Ⅵ)废液的酸碱性及含量高低等具体情况，可先在实验室进行小型试验。具体步骤如下：

首先检查废液的酸碱性，若为中性或碱性，可用工业硫酸(或不含有害物质的工业副产品硫酸)调节废液至弱酸性。

取出一定量的上述溶液，滴入几滴二苯胺磺酸钠指示剂，使溶液呈紫红色，慢慢加入 $FeSO_4·7H_2O$(s)或 $FeSO_4$ 饱和溶液并充分搅拌，直到溶液变为绿色，再多加入质量分数为2 % 左右的 $FeSO_4$，加热，继续充分搅拌 10 min。

将 CaO 粉末或 NaOH 溶液加至上述溶液中，直至有大量棕黄色（含量高时可达棕黑色）沉淀产生，并使溶液 pH 值在 10 左右。

待溶液冷却后过滤，滤液应基本无色。该水样留作下面分析 Cr(Ⅵ)含量用。

2.工作曲线的绘制

在 6 个 25 mL 容量瓶中，用吸量管分别加入 0.50 mL、1.00 mL、2.00 mL、4.00 mL、6.00 mL、8.00 mL 的 Cr(Ⅵ)（质量浓度为 1.00 $mg \cdot L^{-1}$）标准液，加入硫磷混酸 0.5 mL，加蒸馏水至 20 mL 左右，然后加入 1.5 mL 二苯碳酰二肼溶液，用蒸馏水稀释至刻线，摇匀。放置 10 min 后，立即以水为参比溶液，在 540 nm 波长下，测出各溶液的吸光度，并绘出吸光度 A 与 Cr(Ⅵ)质量(mg)的工作曲线。

3.水样的测定

将上述水样首先用 6 $mol \cdot L^{-1}$ H_2SO_4 调至 pH≈7 左右，准确量取 20 mL 置于 25 mL 容量瓶中，按上述方法显色，定溶，在同样条件下测出吸光度值，并从工作曲线上求出相应的 m[Cr(Ⅵ)]，然后计算水样中 Cr(Ⅵ)的质量浓度 ρ（单位为 $mg \cdot L^{-1}$）。

五、思考题

(1)本实验以吸光度求得的是处理后的 Cr(Ⅵ)含量，Cr^{3+} 的存在对测定有无影响？如何测定处理后的废液中的总铬量？

(2)本实验在比色测定中所用的各种玻璃器皿能否用铬酸洗液洗涤？如何洗涤可保证实验结果的准确性？

实验八　磷酸二氢钠－磷酸一氢钠混合液中各组分含量的测定

一、实验目的

(1)培养学生查阅资料及运用理论知识解决实际问题的能力。

(2)学习查阅参考文献及书写实验总结报告。

二、实验要求

要求学生运用所学的酸碱理论知识和查阅的参考文献，设计出磷酸二氢钠－磷酸一氢钠混合液中两种组分含量测定的实验方案、测定方法及测定步骤，并独立完成实验，以培养学生独立分析问题、解决问题、创新思维和实验组织的能力，获得科学研究的初步训练。

要求：

(1)通过查阅的参考文献和运用理论知识设计实验方案，写出预习报告，包括目的、原理、实验所用试剂和仪器、实验步骤、数据表格等。

(2)实验初步设计方案先提交指导教师审阅，经教师提出修改参考意见后，以上述工作为基础，修改并确定可行的实验方案。

(3)设计方案力求用简单的方法和常用的试剂。

(4)提前一周将所需试剂及仪器清单提交给实验室指导教师

(5)文献资料检索一项写在报告最后。

(6)实验结束后，同学之间讨论，并对所设计的方案进行评价和总结。

实验九　铁、铝混合液中各组分含量的测定

一、实验目的

(1)培养学生查阅相关资料的能力。

(2)加深对配合相关理论知识的运用。

(3)掌握连续测定金属离子的方法。

二、实验要求

要求学生运用所学的配合理论知识和查阅的参考文献,设计出铁、铝混合液中两种组分含量测定的实验方案、测定方法及测定步骤,并独立完成实验。

实验十　味素的分析

味精中氯化物及铁含量的测定。

一、氯化物(莫尔盐法,微量滴定法)

(1)0.1 $mol\cdot L^{-1}$硝酸银溶液的标定:准确称取基准氯化钠 1.0~1.1 g 与小烧杯中,加水溶解,定量转移至 100 mL 容量瓶中,稀释至刻度,摇匀。移取上述溶液 1.00 mL 于 25 mL 锥形瓶中,加入 10 mL 水 ,加 3 滴铬酸钾指示剂,以 0.1 $mol\cdot L^{-1}$硝酸银溶液滴至刚出现砖红色沉淀,即为滴定终点。

(2)准确称取 1.1~1.2 g 味精于小烧杯中溶解,定量转入 50 mL 容量瓶中,以水稀释至刻度,摇匀。用移液管移取 2.00 mL 味精溶液于 25 mL 锥形瓶中,加入 10 mL 水,加入 3 滴铬酸钾指示剂,以 0.1 $mol\cdot L^{-1}$硝酸银溶液滴至刚出现砖红色沉淀,即为滴定终点。平行测定 3 份,根据硝酸银溶液的浓度和滴定消耗的体积,计算味精中氯的含量。

二、铁(硫氰酸钾比色法)

称取味精 1.0 g,精确到 0.1 g,置于 25 mL 比色管中,加水至 10 mL,摇动溶解,再加硝酸(1:1)2 mL,摇匀;准确吸取铁标准溶液(10 $\mu g\cdot mL^{-1}$)0.5 mL,置于另一只 25 mL 比色管中,加水至 10 mL,摇动溶解,再加硝酸(1:1)2 mL,摇匀。将上述两管同时置于沸水浴中煮沸 20 min,取出用流水冲冷至室温,同时向各管加硫氰酸铵(浓度为 150 $g\cdot L^{-1}$)10 mL,补加水至 25 mL刻度,摇匀,以白纸为背景,进行目视比色。

若样品管的颜色不高于标准管的颜色,即铁含量等于或低于 5 $mg\cdot kg^{-1}$。

实验十一　加碘食盐的质量检验

一、实验目的

(1)学习复杂物质分析方法,提高解决实际问题的能力。

(2)了解食盐的分析方法。

二、实验原理

食盐是人们生活中不可缺少的调味品,又是副食品加工中重要的辅料。食盐因其来源

不同可分为海盐、湖盐、池盐、井盐和岩盐(又叫矿盐)。我国的食盐生产以海盐为主,自1968年起我国将食用盐全部由大粒原盐改为精细盐,为了提高全民族的身体素质,还在所有食用盐中加入安全剂量的碘酸钾。随着人们生活水平的不断提高,食盐的品种也越来越多,例如,碘盐、硒盐、锌盐、低钠盐、餐桌盐、保健盐、调味盐等。食盐的主要成分是氯化钠,还含有少量的钾、镁、钙等物质。

为保证食盐的质量,食盐一直作为专卖品由国家统一销售。并制定了 GB 5461《食盐卫生标准的分析方法》、GB/T 5009.42—1996《食盐卫生标准的分析方法》、GB 14880—1994《食品营养强化剂使用卫生标准》等,规定了食盐的感官指标和理化指标及检验方法。

感官指标:白色、味咸,无可见的外来杂物,无苦味、涩味,无异嗅。

理化指标:理化指标应符合表 6.11.1 的规定。

表 6.11.1　食盐理化指标

项　目		指　标
氯化钠(以干基计)/%		≥97
水不溶物/%	普通盐	≤0.4
	精制盐	≤0.1
硫酸盐(以 SO_4^{2-} 计)/%		≤2
氟(以 F 计)/($mg \cdot kg^{-1}$)		≤2.5
镁/%		≤0.5
钡(以 Ba 计)/($mg \cdot kg^{-1}$)		≤15
砷(以 As 计)/($mg \cdot kg^{-1}$)		≤0.5
铅(以 Pb 计)/($mg \cdot kg^{-1}$)		≤1
食品添加剂		按 GB 2760 规定
碘化钾、碘酸钾(以碘计)/($mg \cdot kg^{-1}$)		按 GB 14880 规定

本实验将分别采用沉淀滴定法、重量分析法、比色法、EDTA 配位滴定法、碘量法对食盐样品中氯化钠、水不溶物、硫酸盐、镁、碘化钾等 5 项指标进行检验。

二、仪器与试剂

分光光度计,电子分析天平,10 mL 微量滴定管。

硝酸银溶液(50 $g \cdot L^{-1}$),盐酸(1:4),氨水(1:2)。

铬酸钡混悬液:称取 19.44 g 铬酸钾与 29.44 g 二水合氯化钡,分别溶于 1 000 mL 水中,加热至沸腾。将两液体共同倾入 3 000 mL 烧杯中,生成黄色铬酸钡沉淀。待沉淀沉降后,倾出上层液体,然后,每次用 1 000 mL 水冲洗沉淀 5 次左右。最后加水至 1 000 mL,成混悬液,每次使用前混匀。

硫酸盐标准溶液:准确称取 1.478 7 g 干燥过的无水硫酸钠或 1.814 1 g 干燥过的无水硫酸钾,溶于少量水中,移入 1 000 mL 容量瓶中,加水稀释至刻度,此溶液每毫升相当于1.0 mg 硫酸根。

EDTA 标准溶液:0.01 $mol \cdot L^{-1}$ EDTA 标准溶液的配制及标定同第四章化学分析法中 B

配位滴定法《实验二 自来水总硬度的测定》。

铬黑 T(EBT)指示剂:1 g 铬黑 T 与 100 g 固体 NaCl 混合,研细,装入广口小试剂瓶中,存放于干燥器中。

钙指示剂:0.5 g 钙指示剂与 50 g NaCl 混合研磨,配成固体指示剂,装入广口小试剂瓶中,存放于干燥器中。

pH = 10 氨性缓冲溶液:将 20 g NH_4Cl 溶于 300 mL 二次水中,加入 100 mL 氨水,稀释至 1 L,混匀。

混合试剂:硫酸(1:3)4 滴;亚硝酸钠溶液(5 $g·L^{-1}$)8 滴,淀粉溶液(5 $g·L^{-1}$)20 mL。用时混合。

盐酸(1 $mol·L^{-1}$),NaOH 溶液(100 $g·L^{-1}$)。

碘化钾溶液(50 $g·L^{-1}$,新鲜配制),甲酸钠(100 $g·L^{-1}$)。

饱和溴水:取 25 mL 试剂溴至 100 水中,充分混匀。

淀粉指示液:称取 0.5 g 可溶性淀粉,加少量水搅匀后,加到 50 沸水中,煮沸。临用现配。

硫代硫酸钠标准容液:0.1 $mol·mL^{-1}$硫代硫酸钠溶液的配制方法同第四章化学分析法中 C 氧化还原滴定法《实验六 硫代硫酸钠和碘溶液的配制与标定》。用时准确稀释至 50 倍,浓度为 0.002 $mol·L^{-1}$。

显色液配制:淀粉溶液(5 $g·L^{-1}$)10 滴,硫代硫酸钠(10 $g·L^{-1}$)12 滴,硫酸(5:13),5 ~ 10 滴。用时混合。

三、实验步骤

(一)感官检验

(1)将样品撒在一张白纸上,观察其颜色,应为白色,或白色带淡灰色 或淡黄色,加有抗结剂铁氰化钾的为淡蓝色,因其来源而异,不应含有肉眼可见的外来机械杂质。

(2)约取 20 g 样品于瓷乳钵中研碎后,立即检查,不应有气味。

(3)约取 5 g 样品,用 100 mL 温水溶解,其水溶液应具有纯净的咸味,无其他异味。

(二)水不溶物

(1)预先取 ϕ12.5 cm(9 cm)快速定量滤纸,折叠后置称量瓶中,滤纸连同称量瓶在(100 ± 5)℃烘至恒重。

(2)称取 25.00 g 样品,置于 400 mL 烧杯中,加约 200 mL 水,置沸水浴上加热,时刻用玻璃棒搅拌,使其全部溶解。

(3)将(2)溶液通过恒重滤纸,滤液收集于 500 mL 容量瓶中,用热水反复冲洗沉淀及滤纸至无氯离子反应为止(加 1 滴硝酸银溶液检查无白色混浊为止)。加水至刻度,混匀,此液留作其他项目测定用。

(4)带有水不溶物的滤纸与称量瓶干燥至恒重,首次干燥 1 h,以后每次 30 min,取出放入干燥器中冷却 30 min 称重,至两次所称质量之差不超过 0.001 g。

(三)食盐(以氯化钠计)

吸取 25.00 mL(二)(3)中滤液于 250 mL 容量瓶中,加水至刻度,混匀。再吸取 25.00 mL,置于 250 mL 锥形瓶中,加水 25 mL,质量分数为 5% 的 $K_2CrO_4$1 mL,在不断摇动下,用

$AgNO_3$标准溶液滴定至溶液呈砖红色,即为终点。量取 100 mL 水,同时做试剂空白试验。平行测定 3 份,计算试样中氯含量,以氯化钠质量百分数计。

(四)硫酸盐(铬酸钡法)

(1)铬酸钡溶解于稀盐酸中,可与样品中硫酸盐生成硫酸钡沉淀,溶液中和后,多余的铬酸钡及生成的硫酸钡呈沉淀状态,过滤除去,而滤液则含有硫酸根所取代的铬酸离子,与标准系列比较定量。

(2)吸取 10.00~20.00 mL(二)(3)中滤液及 0、0.50、1.0、3.0、5.0、7.0 mL 硫酸盐标准溶液(相当于 00、0.50、1.0、3.0、5.0、7.0 mg 硫酸根),分别置于 50 锥形瓶中,各加水至 50mL,于每瓶中加入 3~5 粒玻璃珠(以防爆沸)及 1 mL 盐酸(1:4),加热煮沸 5 min,再分别加入 2.5 mL铬酸钡混悬液,再煮沸 5 min 左右,使铬酸钡和硫酸盐生成硫酸钡沉淀。

取下锥形瓶放冷,于每瓶内逐滴加入氨水(1:2),中和至呈柠檬黄色为止。

再分别过滤于 50 mL 具塞比色管内(滤液应透明),用水洗涤 3 次,洗液收集于比色管内,最后用水稀释至刻度,用 1 cm 比色皿,以空白调节零点,于 420 nm 处测吸光度,绘制标准曲线比较。计算试样中硫酸根含量,以硫酸根质量百分数计。

(五)镁

原理:在 pH = 10 的氨性缓冲溶液中,以铬黑 T 为指示剂,用 EDTA 标准溶液滴定钙镁总量;调节 pH = 12,此时镁以氢氧化物的形式沉淀出,以钙指示剂,用 EDTA 标准溶液滴定测得钙量,两者之差即为镁含量。

实验步骤:吸取 50 mL 测定水不溶物的滤液,置于 250 mL 锥形瓶中。加入 2 mL 100 $g \cdot L^{-1}$NaOH 溶液,0.01 g 钙指示剂,搅拌溶解后,立即用 EDTA 标准溶液滴定,至溶液由酒红色变为纯蓝色,即为终点。记录所消耗的 EDTA 标准溶液的体积 V_1。

再吸取 50 mL 测定水不溶物的滤液,置于 250 mL 锥形瓶中。加 5 mL 氨性缓冲溶液及约 5 mg 铬黑 T 混合指示剂,搅拌溶解后立即以 EDTA 标准溶液滴定,至溶液由酒红色变为纯蓝色,即为终点。记录所消耗的 EDTA 标准溶液的体积 V_2。

(六)碘(加碘食盐)

1.定性

首先定性确定添加剂为碘化钾还是碘酸钾。

① KI 定性。取约 2 滴样品,置于白瓷板上,滴 2~3 滴混合试剂于样品上,如显蓝紫色,表示有碘化物存在。

② 碘酸钾定性。原理:碘酸钾为氧化剂,在酸性条件下,易被硫代硫酸钠还原生成碘,遇淀粉显蓝色,如硫代硫酸钠浓度高时,生成的碘又可和剩余的硫代硫酸钠反应,生成碘离子,使蓝色消失,将硫代硫酸钠控制一定浓度可以建立此定性反应。

实验步骤:称取数克样品,滴 1 滴显色液,显蓝色为阳性反应,阴性者不反应(此反应特异);测定范围:每克盐含 30 μg 碘酸钾(即含 18 μg 碘),立即显浅蓝色,含 50 μg 呈蓝色,含碘越多,蓝色越深。

2.定量(添加 KI)

原理:样品中的碘化物在酸性条件下用饱和溴水氧化成碘酸盐,加入甲酸钠除去过剩的溴,再加入碘化钾与碘酸钾作用,析出的碘用硫代硫酸钠标准溶液滴定,测定碘离子的含量。其反应式为

$$I^- + 3Br_2 + 3H_2O \longrightarrow IO_3^- + 6H^+ + 6Br^-$$

$$2HCOO^- + 3Br_2 + 2H_2O \longrightarrow 2CO_3^{2-} + 6H^+ + 6Br^-$$

$$IO_3^- + 5I^- + 6H^+ \longrightarrow 3I_2 + 3H_2O$$

$$I_2 + 2Na_2S_2O_3 \longrightarrow 2NaI + Na_2S_4O_6$$

实验步骤:称取 10.0 g 均匀加碘食盐,准确至 0.1 g,置于 250 mL 碘量瓶中,加 100 mL 水溶解,加 2 mL 1 $mol·L^{-1}$盐酸和 2 mL 饱和溴水,混匀,放置 5 min,摇动下加入 5 mL 100 $g·L^{-1}$甲酸钠溶液,放置 5 min 后加 5 mL 50 $g·L^{-1}$碘化钾溶液,静置约 10 min,用 0.002 $mol·L^{-1}$硫代硫酸钠标准溶液滴定,至溶液呈浅黄色时,加 5 mL 淀粉指示剂,继续滴定至蓝色恰好消失即为终点。

如盐样含杂质过多,应先取盐样加水 150 mL 溶解,过滤,取 100 mL 滤液至 250 mL 锥形瓶中,然后进行操作。

思考题

若添加碘酸钾时,碘的含量应当如何测定?

综合设计性实验参考选题

(1)NH_3-NH_4Cl 混合液中各组分浓度的测定。

(2)$HCl-H_3BO_4$ 混合液中各组分浓度的测定。

(3)$NaOH-Na_3PO_4$ 混合碱中各组分浓度的测定。

(4)铜锡镍合金中铜、锡、镍的连续测定。

(5)海产品中钙、镁、铁含量的测定。

(6)黄铜中铜、锌含量的测定。

(7)银焊条中银、铜、锌的测定。

(8)合金钢中铬、钒含量的测定。

(9)酚试剂分光光度法测定室内空气中甲醛的含量。

(10)盐酸萘乙二胺法测定肉制品中亚硝酸盐的含量。

(11)低熔点合金中铋、铅、镉、锡含量的测定。

(12)甲基橙的解离常数的测定。

(13)分光光度法测定邻二氮菲-铁(II)配合物的组成和稳定常数。

(14)果汁中防腐剂苯甲酸的测定。

(15)松花江水质分析。

(16)由废铜屑制备碱式碳酸铜。

(17)废干电池的回收与利用。

(18)由含锰废液制备碳酸锰。

第三部分　附　　录

附录 1　无机化学实验常用仪器介绍

仪　器	规　格	主要用途	使用方法和注意事项	理　由
试管　离心试管	玻璃质分硬质和软质，有普通试管和离心试管（也叫离心机管）。普通试管又有翻口、平口，有刻度、无刻度，有支管、无支管，有塞、无塞等几种。离心试管也包括有刻度和无刻度的离心试管 规格： 有刻度的试管和离心试管按容量（mL）分，常用的有 5、10、15、20、25、50 等 无刻度试管按管外径（mm）× 管长（mm）分，有 8 × 70、10 × 75、10 × 100、12 × 100、12 × 120、15 × 150、30 × 200 等	（1）在常温或加热条件下用作少量试剂反应容器，便于操作和观察 （2）用作收集少量气体 （3）支管试管还可用作检验气体产物，也可接到装置中 （4）离心试管还可用于沉淀分离	（1）反应液体不超过试管容积的 1/2，加热时不超过 1/3 （2）加热前试管外面要擦干，要用试管夹夹住试管 （3）加热液体时，管口不要对人，并将试管倾斜与桌面成 45°，同时不断振荡，火焰上端不能超过管里液面 （4）加热固体时，管口应略向下倾斜 （5）离心试管不可直接加热	（1）防止振荡时液体激出或受热溢出 （2）防止有水滴附着，使受热不匀而试管破裂；以免烫手 （3）防止液体溅出伤人。扩大加热面，防止爆沸，同时也防止受热不均匀使试管破裂 （4）增大受热面，避免管口冷凝水流回灼热管底面引起破裂 （5）防止破裂
烧杯	玻璃质，分硬质和软质，有一般型和高型，有刻度和无刻度的几种 规格： 按容量（mL）分，有 50、100、150、200、250、500 等 此外还有 1、5、10 的散烧杯	（1）常温或加热条件下作大量物质反应容器，反应物易混合均匀 （2）配制溶液用 （3）代替水槽用	（1）反应液体不得超过烧杯容量的 2/3 （2）加热前要将烧杯外壁擦干，烧杯底要垫石棉网	（1）防止搅动时液体溅出或沸腾时液体溢出 （2）防止玻璃受热不均匀而遭破裂

续表

仪　器	规　格	主要用途	使用方法和注意事项	理　由
平底烧瓶　圆底烧瓶 蒸馏烧瓶	玻璃质,分硬质和软质,有平底、圆底,长颈、短颈,细口、粗口和蒸馏烧瓶几种 规格: 按容量(mL)分,有50、100、250、500、1 000等 此外还有微量烧瓶	圆底烧瓶: 在常温或加热条件下供化学反应用,因烧瓶底是圆形,受热面大,耐压大 平底烧瓶: 配制溶液或代替圆底烧瓶,因平底放置平稳 蒸馏烧瓶: 用作液体蒸馏、少量气体发生装置	(1)盛放液体的量不能通过烧瓶容量的2/3,也不能太少 (2)加热时应固定在铁架台上,下垫石棉网,不能直接加热,加热前外壁要擦干 (3)放在桌面上,下面要有木环或石棉环	(1)避免加热时喷液或破裂 (2)避免受热不均匀而破裂 (3)防止滚动而打破
锥形瓶	玻璃质,分硬质和软质,有塞和无塞,广口、细口和微型几种 规格: 按容量(mL)分,有50、100、150、200、250等	(1)反应容器 (2)振荡方便,适用于滴定操作	(1)盛液不能太多 (2)加热应下垫石棉网或置于水浴中	(1)避免振荡时溅出液体 (2)防止受热不均而破裂
滴瓶	玻璃质,分棕色、无色两种,滴管上带有橡皮胶头 规格: 按容量(mL)分,有15、30、60、125等	盛放少量液体试剂或溶液,便于取用	(1)棕色瓶放见光易分解或不太稳定的物质 (2)滴管不能吸得太满,也不能倒置 (3)滴管专用,不得弄乱,弄脏	(1)防止物质分解或变质 (2)防止试剂侵蚀橡皮胶头 (3)防止沾污试剂
细口瓶	玻璃质,有磨口和不磨口,无色、棕色和蓝色几种 规格: 按容量(mL)分,有100、125、250、500、1 000等 细口瓶又叫试剂瓶	储存溶液和液体药品的容器	(1)不能直接加热 (2)瓶塞不能弄脏、弄乱 (3)盛放碱液应改用胶塞 (4)有磨口塞的细口瓶不用时应洗净并在磨口处垫上纸条 (5)有色瓶盛见光易分解或不太稳定的物质的溶液或液体	(1)防止玻璃破裂 (2)防止沾污试剂 (3)防止碱液与玻璃作用,使塞子打不开 (4)防止粘连,不易打开玻璃塞 (5)防止物质分解或变质

续表

仪　器	规　格	主要用途	使用方法和注意事项	理　由
 广口瓶	玻璃质,有无色、棕色,磨口、不磨口,磨口有塞、磨口无塞几种,若无塞的口上是磨砂的,则为集气瓶 规格: 按容量(mL)分,有30、60、125、250、500等	(1)用于储存固体药品 (2)还用于收集气体	(1)不能直接加热,不能放碱,瓶塞不得弄脏、弄乱 (2)作气体燃烧实验时,瓶底应放少许沙子或水 (3)收集气体后,要用毛玻璃片盖住瓶口	(1)防止玻璃破裂 (2)防止瓶破裂 (3)防止气体逸出
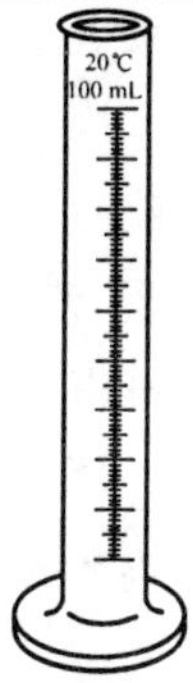 20℃ 100 mL 量筒	玻璃质。 规格: 刻度按容量(mL)分,有5、10、20、25、50、100、200等 上口大下部小的叫量杯	用于量取一定体积的液体	(1)应竖直放在桌面上,读数时,视线应和液面水平,读取与弯月面底相切的刻度 (2)不可加热,不可做实验(如溶解、稀释等)容器 (3)不可量热溶液或液体	(1)读数准确 (2)防止破裂 (3)容积不准确
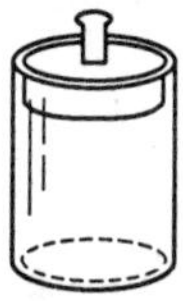 称量瓶	玻璃质,分高型、矮型两种。 规格: 按容量(mL)分: 高型有:10、20、25、40等 矮型有:5、10、15、30等	用作准确称取一定量的固体药品	(1)不能加热 (2)盖子是磨口配套的,不得丢失、弄乱 (3)不用时应洗净,在磨口处垫上纸条	(1)防止玻璃破裂 (2)易使药品沾污 (3)防止粘连,打不开玻璃盖
 移液管 　吸量管	玻璃质,分刻度管型和单刻度大肚型两种。此外还有完全流出式和不完全流出式。无刻度的也称移液管,有刻度的也称吸量管 规格: 按刻度最大标度(mL)分,有1、2、5、10、25、50等 微量的有0.1、0.2、0.25、0.5等 此外还有自动移液管	精确移取一定体积的液体	(1)将液体吸入,液面超过刻度,再用食指按住管口,轻轻转动放气,使液面降至刻度后,用食指按住管口,移往指定容器上,放开食指,使液体注入 (2)用时先用少量所移取的液体洗3次 (3)一般吸管残留的后1滴液体,不要吹出(完全流出时应吹出)	(1)确保量取准确 (2)确保所取试剂浓度或纯度不变 (3)制管时已考虑

续表

仪　器	规　格	主要用途	使用方法和注意事项	理　由
容量瓶	玻璃质 规格： 按刻度以下的容量(mL)分，有5、10、25、50、100、150、200、250等 现在也有塑料塞的	用于配制准确浓度溶液	(1)溶质先在烧杯内全部溶解，然后移入容量瓶 (2)不能加热，不能代替试剂瓶用来存放溶液	(1)配制准确 (2)避免影响容量瓶容积的精确度
酸式滴定管　碱式滴定管	玻璃质，分酸式(具玻璃活塞)和碱式(具乳胶管连接的玻璃尖嘴)两种 规格： 按刻度最大标度(mL)分，有25、50、100等 微量的有1、2、3、4、5、10等	用于滴定或用以量取较精确体积的液体	(1)用前洗冲，装液前要用预装溶液淋洗3次 (2)使用酸式管滴定时，用左手开启旋塞；碱式滴定管用左手轻捏橡皮管内玻璃珠，溶液即可放出。碱式滴定管要注意赶尽气泡 (3)酸管旋塞应擦凡士林；碱管下端橡皮管不能用洗液洗 (4)酸式滴定管、碱式滴定管不能对调使用	(1)保证溶液浓度不变 (2)防止将旋塞拉出而喷漏，便于操作。赶出气泡是为读数准确 (3)旋塞旋转灵活；洗液腐蚀橡皮 (4)酸液腐蚀橡皮，损坏橡皮管；碱液腐蚀玻璃，使旋塞粘住而损坏
长颈漏斗　漏斗	玻璃质或搪瓷质，分长颈和短颈两种 规格： 按斗径(mm)分，有30、40、60、100、120等 此外铜制热漏斗专用于热滤	(1)过滤液体 (2)倾注液体 (3)长颈漏斗在装配气体发生器时常用于加液	(1)不可直接加热 (2)过滤时漏斗颈尖端必须紧靠承接滤液的容器壁 (3)长颈漏斗作加液时斗颈应插入液面内	(1)防止破裂 (2)防止滤液溅出 (3)防止气体自漏斗泄出
分液漏斗	玻璃质，有球形、梨形、筒形和锥形几种 规格： 按容量(mL)分，有50、100、250、500等	(1)用于互不相溶的液-液分离 (2)气体发生器装置中加液用	(1)不能加热 (2)塞上涂一薄层凡士林，旋塞处不能漏液 (3)分液时，下层液体从漏斗管流出，上层液体从上口倒出 (4)装配气体发生器时漏斗管应插入液面内(漏斗管不够长，可接管)或改装成恒压漏斗	(1)防止玻璃破裂 (2)旋塞旋转灵活，又不漏水 (3)防止分离不清 (4)防止气体自漏斗管泄出

续表

仪 器	规 格	主要用途	使用方法和注意事项	理 由
抽滤瓶或布氏漏斗 吸滤瓶	布氏漏斗为瓷质,规格以直径(mm)表示。抽滤瓶为玻璃质,规格按容量(mL)分,有 50、100、250、500 等。二者配套使用	用于无机制备中晶体或沉淀的减压过滤(利用抽气管或真空泵降低抽滤瓶中压力来减压过滤)	(1)不能直接加热 (2)滤纸要略小于漏斗的内径,才能贴紧 (3)先开抽气管,后过滤。过滤完毕后,先分开抽气管与抽滤瓶的连接处,后关抽气管	(1)防止玻璃破裂 (2)防止过滤液由边上漏滤,过滤不完全 (3)防止抽气管水流倒吸
干燥管	玻璃质,还有其他形状的 规格: 以大小表示	干燥气体	(1)干燥剂不与气体反应,颗粒大小要适中,填充时松紧要适中 (2)两端要用棉花团堵住 (3)干燥剂变潮后应立即替换,用后应清洗 (4)两头要接对(大头进气,小头出气),并固定在铁架台上使用	(1)加强干燥效果,避免失效 (2)避免气流将干燥剂粉末带出 (3)避免沾污仪器,提高干燥效率 (4)防止漏气和打碎
洗气瓶	玻璃质,形状有多种 规格: 按容量(mL)分,有 125、250、500、1 000 等	净化气体用,反接也可作完全瓶(或缓冲瓶)用	(1)接法要正确(进气管通入液体中) (2)洗涤液注入高度最好为容器高度的 1/3,不得超过 1/2	(1)接不对,达不到洗气目的 (2)防止洗涤液被气体冲出
表面皿	玻璃质 规格: 按直径(mm)分,有 45、65、75、90 等	盖在烧杯上,防止液体迸溅或其他用途	不能用火直接加热	防止破裂
蒸发皿	瓷质,也有玻璃、石英、铂制品,有平底和圆底两种 规格: 按容量(mL)分,有 75、200、400 等	口大底浅,蒸发速度快,所以作蒸发、浓缩溶液用,随液体性质不同,可选用不同质地的蒸发皿	(1)能耐高温,但不宜骤冷 (2)一般放在石棉网上加热	(1)防止破裂 (2)受热均匀

续表

仪　器	规　格	主要用途	使用方法和注意事项	理　由
坩埚	瓷质，也有石墨、石英、氧化锆、铁、镍或铂制品 规格： 以容量（mL）分，有10、15、25、50等	强热、煅烧固体用。随固体性质不同可选用不同质地的坩埚	(1)放在泥三角上直接强热或煅烧 (2)加热或反应完毕后用坩埚钳取下时，坩埚钳应预热，取下后应放置于石棉网上	(1)瓷质、耐高温 (2)防止骤冷而破裂，防止烧坏桌面
持夹　单爪夹　铁圈　铁架台	铁制品，铁夹现在有铝制的 铁架台有圆形的，也有长方形的	用于固定或放置反应容器。铁圈还可代替漏斗架使用	(1)仪器固定在铁架台上时，仪器和铁架的重心应落在铁架台底盘中部 (2)用铁夹夹持仪器时，应以仪器不能转动为宜，不能过紧过松 (3)加热后的铁圈不能撞击或摔落在地	(1)防止站立不稳而翻倒 (2)过松易脱落，过紧可能夹破仪器 (3)避免断裂
毛刷	以大小或用途表示，如试管刷、滴定管刷等	洗刷玻璃仪器	洗刷时手持刷子的部位要合适。要注意毛刷顶部竖毛的完整程度	避免洗不到仪器顶端，或刷顶撞破仪器
研钵	瓷质，也有玻璃、玛瑙或铁制品。 规格：以口径大小表示	(1)研碎固体物质 (2)固体物质的混合 按固体的性质和硬度选用不同的研钵	(1)大块物质只能压碎，不能研碎 (2)放入量不宜超过研钵容积的1/3 (3)易爆物质只能轻轻压碎，不能研磨	(1)防止击碎研钵和杵，避免固体飞溅 (2)以免研磨时把物质甩出 (3)防止爆炸
试管架	有木质和铝质的，有不同形状和大小的	放试管用	加热后的试管应用试管夹夹住悬放于架上	避免骤冷或遇架上湿水使试管炸裂

续表

仪　器	规　格	主要用途	使用方法和注意事项	理　由
(铜)　(木) 试管夹	有木制、竹制，也有金属丝(钢或铜)制品，形状也不同	夹持试管用	(1)夹在试管上端 (2)不要把拇指按在夹的活动部分 (3)一定要从试管底部套上和取下试管夹	(1)便于摇动试管，避免烧焦夹子 (2)避免试管脱落 (3)操作规范化的要求
漏斗架	木制品，有螺丝可固定于铁架或木架上，也叫漏斗板	过滤时回定漏斗用	固定漏斗架时，不要倒放	以免损坏
三角架	铁制品，有的大小、高低之分，比较牢固	放置较大或较重的加热容器	(1)放置加热容器(除水浴锅外)应先放石棉网 (2)下面加热灯焰的位置要合适，一般用氧化焰加热	(1)使加热容器受热均匀 (2)使加热温度高
燃烧匙	匙头铜质，也有铁制品	检验可燃性，进行固-气燃烧反应用	(1)放入集气瓶时应由上而下慢慢放入，且不要触及瓶壁 (2)硫磺、钾、钠燃烧实验，应在匙底垫上少许石棉或沙子 (3)用完立即洗净匙头并干燥	(1)保证充分燃烧，防止集气瓶破裂 (2)发生反应的腐蚀燃烧匙 (3)以免腐蚀、损坏匙头
泥三角	由铁丝扭成，套有瓷管，有大小之分	灼烧坩埚时放置坩埚用	(1)使用前应检查铁丝是否断裂，断裂的不能使用 (2)坩埚放置要正确，坩埚底应横着斜放在三个瓷管中的一个瓷管上 (3)灼烧后小心取下，不要摔落	(1)铁丝断裂，灼烧时坩埚不稳，也易脱落 (2)灼烧得快 (3)以免损坏

续表

仪　器	规　格	主要用途	使用方法和注意事项	理　由
药匙	由牛角、瓷或塑料制成。现在多数是塑料制品	拿取固体药品用。药勺两端各有一个勺，一大一小。根据用药量大小分别选用	取用一种药品后，必须洗净，并用滤纸擦干后，才能取用另一种药品	避免沾污试剂，发生事故
石棉网	由铁丝编成，中间涂有石棉。有大小之分	石棉是一种不良导体，它能使受热物体均匀受热，不致造成局部高温	(1)应先检查，石棉脱落的不能用 (2)不能与水接触 (3)不可卷折	(1)起不到作用 (2)以免石棉脱落或铁丝锈蚀 (3)石棉松脆，易损坏
水浴锅	铜或铝制品	用于间接加热。也可用于粗略控温实验	(1)应选择好圈环，使加热器皿没入锅中2/3 (2)经常加水，防止将锅内水烧干 (3)用完将锅内剩余的水倒出并擦干水浴锅	(1)使加热物品受热上下均匀 (2)将水浴锅烧杯 (3)防止锈蚀(如铜制品会生铜绿)
坩埚钳	铁制品的大小、长短不同(要求开启或关闭钳子时不要太紧和太松)	用于夹持坩埚加热或往高温电炉(马弗炉)中放、取坩埚(亦可用于夹取热的蒸发皿)	(1)使用时必须用干净的坩埚钳 (2)坩埚钳用后，应尖端向上平放在实验台上(如温度很高，则应放在石棉网上) (3)实验完毕后，应将钳子擦干净，放入实验柜中，干燥放置	(1)防止弄脏坩埚中的药品 (2)保证坩埚钳尖端洁净，并防止烫坏实验台 (3)防止坩埚钳锈蚀

附录 2 部分元素的相对原子质量表

IA																	0
氢 H 1.008	IIA											IIIA	IVA	VA	VIA	VIIA	氦 He 4.003
锂 Li 6.941	铍 Be 9.012											硼 B 10.81	碳 C 12.01	氮 N 14.01	氧 O 16.00	氟 F 19.00	氖 Ne 20.18
钠 Na 22.99	镁 Mg 24.31	IIIB	IVB	VB	VIB	VIIB	VIII			IB	IIB	铝 Al 26.98	硅 Si 28.09	磷 P 30.97	硫 S 32.07	氯 Cl 35.45	氩 Ar 39.95
钾 K 39.10	钙 Ca 40.08	钪 Sc 44.96	钛 Ti 47.88	钒 V 50.94	铬 Cr 52.00	锰 Mn 54.94	铁 Fe 55.85	钴 Co 58.93	镍 Ni 58.69	铜 Cu 63.55	锌 Zn 63.39	镓 Ga 69.72	锗 Ge 72.61	砷 As 74.94	硒 Se 78.96	溴 Br 79.90	氪 Kr 83.80
铷 Pb 85.47	锶 Sr 87.62	钇 Y 88.91	锆 Zr 91.22	铌 Nb 92.91	钼 Mo 95.54	锝 Tc 98.91	钌 Ru 101.1	铑 Rh 102.9	钯 Pd 106.4	银 Ag 107.9	镉 Cd 112.4	铟 In 114.8	锡 Sn 118.7	锑 Sb 121.8	碲 Te 127.6	碘 I 126.9	氙 Xe 131.3
铯 Cs 132.9	钡 Ba 137.3	镧 La 138.9	铪 Ha 178.5	钽 Ta 180.9	钨 W 183.9	铼 Re 186.2	锇 Os 190.2	铱 Ir 192.2	铂 Pt 195.1	金 Au 197.0	汞 Hg 200.6	铊 Tl 204.4	铅 Pb 207.2	铋 Bi 209.0	钋 Po 210.0	砹 At 210.0	氡 Rn 222.0

附录3 常用酸、碱的浓度

试剂名称	密度 $(g \cdot cm^{-3})$	质量分数 %	物质的量浓度 $(mol \cdot L^{-1})$	试剂名称	密度 $(g \cdot cm^{-3})$	质量分数 %	物质的量浓度 $(mol \cdot L^{-1})$
浓硫酸	1.84	98	18	氢溴酸	1.38	40	7
稀硫酸	1.1	9	2	氢碘酸	1.70	57	7.5
浓盐酸	1.19	38	12	冰醋酸	1.05	99	17.5
稀盐酸	1.0	7	2	稀醋酸	1.04	30	5
浓硝酸	1.4	68	16	稀醋酸	1.0	12	2
稀硝酸	1.2	32	6	浓氢氧化钠	1.44	~41	~14.4
稀硝酸	1.1	12	2	稀氢氧化钠	1.1	8	2
浓磷酸	1.7	85	14.7	浓氨水	0.91	~28	14.8
稀磷酸	1.05	9	1	稀氨水	1.0	3.5	2
浓高氯酸	1.67	70	11.6	氢氧化钙水溶液		0.15	
稀高氯酸	1.12	19	2	氢氧化钡水溶液		2	-0.1
浓氢氟酸	1.13	40	23				

北京师范大学化学系无机化学教研室.简明化学手册.北京:北京出版社,1980

附录4 某些离子和化合物的颜色

1.离子的颜色

离子	颜色	离子	颜色	离子	颜色
$[TiCl(H_2O)_5]^{2+}$	绿色	$[Cr(H_2O)_6]^{2+}$	蓝色	$[CuCl_4]^{2-}$	黄色
$[V(H_2O)_6]^{3+}$	绿色	$[Co(SCN)_4]^{2-}$	蓝色	$[Cr(NH_3)_6]^{3+}$	黄色
CrO_2^-	绿色	$[Ni(NH_3)_6]^{2+}$	蓝色	CrO_4^{2-}	黄色
MnO_4^-	绿色	VO_2^+	蓝色	MnO_4^{2-}	黄色
$[Ni(H_2O)_6]^{2+}$	亮绿色	$[Cu(NH_3)_4]^{2+}$	深蓝色	$[Co(NH_3)_6]^{4-}$	黄色
$[Fe(H_2O)_6]^{2+}$	浅绿色	$[Cu(H_2O)_4]^{2+}$	浅蓝色	$[Fe(CN)_6]^{4-}$	黄色
$[Fe(NCS)_n]^{3-n}$	血红色	$[Ti(H_2O)_6]^{3+}$	紫色	$[VO_2(O_2)_2]^{3-}$	桔黄色
$[V(O_2)]^{3+}$	深红色	$[V(H_2O)_6]^{2+}$	浅棕黄色	$[CuO(H_2O)]^{2+}$	浅黄色
$[Co(NH_3)_4(CO_3)]^+$	紫红色	$[Co(CN)_6]^{3-}$	紫色	$[Fe(CN)_6]^{3-}$	浅橘黄色
$[CoCl(NH_3)_5]^{2+}$	红紫色	$[Fe(H_2O)_6]^{3+}$	淡紫色 *	$[Cr(NH_3)_5(H_2O)]^{2+}$	橙黄色
$[Cr(NH_3)_3(H_2O)_3]^{3+}$	浅红色	$[V(H_2O)_6]^{2+}$	浅棕黄色	$[Mn(H_2O)_6]^{2+}$	橙黄色
$[Co(H_2O)_6]^{2+}$	粉红色	$[Cr(NH_3)_4(H_2O)_3]^{3+}$	橙红色	$[Co(NH_3)_6]^{3+}$	橙黄色
$[Co(NH_3)_5(H_2O)]^{2+}$	粉红色	$Cr_2O_7^{2-}$	橙色		

* 由于水解,溶液呈黄棕色。

2.化合物的颜色(按化合物类型)

化合物	颜色
(1)氧化物	
CuO	黑色
Cu_2O	暗红色
Ag_2O	暗棕色
ZnO	白色
CdO	棕红色
Hg_2O	黑褐色
HgO	红色或黄色
TiO_2	白色或橙红色
VO	亮灰色
V_2O_3	黑色
VO_2	深蓝色
V_2O_5	红棕色
Cr_2O_3	绿色
CrO_3	红色
MnO_2	棕褐色
MoO_2	铅灰色
WO_2	棕红色
FeO	黑色
Fe_2O_3	砖红色
Fe_3O_4	黑色
CoO	灰绿色
Co_2O_3	黑色
NiO	暗绿色
Ni_2O_3	黑色
PbO	黄色
Pb_2O_3	红色
(2)氢氧化物	
$Zn(OH)_2$	白色
$Pb(OH)_2$	白色
$Mg(OH)_2$	白色
$Sn(OH)_2$	白色
$Sn(OH)_4$	白色
$Mn(OH)_2$	白色
$Fe(OH)_2$	白色或苍绿色
$Fe(OH)_3$	红棕色
$Cd(OH)_2$	白色
$Al(OH)_3$	白色
$Bi(OH)_3$	白色
$Sb(OH)_3$	白色
$Cu(OH)_2$	浅蓝色
$Cu(OH)$	黄色
$Ni(OH)_2$	浅绿色
$Ni(OH)_3$	黑色
$Co(OH)_2$	粉红色
$Co(OH)_3$	褐棕色
$Cr(OH)_3$	灰绿色
(3)氯化物	
$AgCl$	白色
Hg_2Cl_2	白色
$PbCl_2$	白色
$CuCl$	白色
$CuCl_2$	棕色
$CuCl_2\cdot 2H_2O$	蓝色
$Hg(NH_3)Cl$	白色
$CoCl_2$	蓝色
$CoCl_2\cdot H_2O$	蓝紫色
$CoCl_2\cdot 2H_2O$	紫红色
$CoCl_2\cdot 6H_2O$	粉红色
$FeCl_3\cdot 6H_2O$	黄棕色
$TiCl_3\cdot 6H_2O$	紫色或绿色
$TiCl_3$	黑色
(4)溴化物	
$AgBr$	淡黄色
$AsBr$	浅黄色
$CuBr_2$	黑紫色
(5)碘化物	
AgI	黄色
Hg_2I_2	黄褐色
HgI_2	红色
PbI_2	黄色
CuI	白色
SbI_3	红黄色
BiI_3	绿黑色
TiI_4	暗棕色
(6)卤酸盐	
$Ba(IO_3)_2$	白色
$AgIO_3$	白色
$KClO_4$	白色
$AgBrO_3$	白色
(7)硫化物	
Ag_2S	灰黑色
HgS	红色或黑色
PbS	黑色
CuS	黑色
Cu_2S	黑色
FeS	棕黑色
Fe_2S_3	黑色
CoS	黑色
NiS	黑色
Bi_2S_3	黑褐色
SnS	灰黑色
SnS_2	金黄色
CdS	黄色
Sb_2S_3	橙色
Sb_2S_5	橙红色
MnS	肉色
ZnS	白色
Ag_2S_3	黄色
(8)硫酸盐	
Ag_2SO_4	白色
Hg_2SO_4	白色
$PbSO_4$	白色
$CaSO_4$	白色
$SrSO_4$	白色
$BaSO_4$	白色
$[Fe(NO)]SO_4$	深棕色
$Cu(OH)_2(SO_4)_2$	浅蓝色
$CuSO_4\cdot 5H_2O$	蓝色
$CoSO_4\cdot 7H_2O$	红色
$Cr_2(SO_4)_3\cdot 6H_2O$	绿色
$Cr_2(SO_4)_3$	紫色或红色
$Cr_2(SO_4)_3\cdot 18H_2O$	蓝紫色
$KCr(SO_4)_2\cdot 12H_2O$	紫色
(9)碳酸盐	
Ag_2CO_3	白色
$CaCO_3$	白色
$SrCO_3$	白色
$BaCO_3$	白色
$MnCO_3$	白色
$CdCO_3$	白色
$Zn_2(OH)_2(CO_3)_2$	白色
$BiOHCO_3$	白色
$Hg_2(OH)_2(CO_3)_2$	红褐色
$Co_2(OH)_2(CO_3)_2$	红色

Cu_2CO_3	暗绿色
$Ni_2(OH)_2(CO_3)_2$	浅绿色
(10)磷酸盐	
$Ca_3(PO_4)_2$	白色
$CaHPO_4$	白色
$Ba_3(PO_4)_2$	白色
$FePO_4$	浅黄色
Ag_3PO_4	黄色
$Mg(NH_4)PO_4$	白色
(11)铬酸盐	
Ag_2CrO_4	砖红色
$PbCrO_4$	黄色
$BaCrO_4$	黄色
$FeCrO_4$	黄色
(12)硅酸盐	
$BaSiO_3$	白色
$CuSiO_3$	蓝色
$CoSiO_3$	紫色
$Fe_2(SiO_3)_3$	紫红色
$MnSiO_3$	肉色
$NiSiO_3$	翠绿色
$ZnSiO_3$	白色
(13)草酸盐	
CaC_2O_4	白色
$Ag_2C_2O_4$	白色
$FeC_2O_4 \cdot 2H_2O$	黄色
(14)其他	
$AgCN$	白色
$Ni(CN)_2$	浅绿色
$Cu(CN)_2$	浅棕黄色
$CuCN$	白色
$Ag(SCN)$	白色
$Cu(SCN)_2$	黑绿色
$MgNH_4AsO_4$	白色
Ag_3AsO_4	红褐色
$Ag_2S_2O_3$	白色
$BaSO_3$	白色
$SrSO_3$	红褐色
$Cu_2[Fe(CN)_6]$	白色
$Ag_3[Fe(CN)_6]$	橙色
$Zn_3[Fe(CN)_6]_2$	黄褐色
$Co_2[Fe(CN)_6]$	绿色
$Ag_4[Fe(CN)_6]$	白色
$Zn_2[Fe(CN)_6]$	白色
$K_3[Co(NO_2)_6]$	黄色
$K_2Na[Cu(NO_2)_6]$	黄色
$(NH_4)_2Na[Co(NO_2)_6]$	黄色
$K_2[PtCl_6]$	黄色
$KHC_4H_4O_6$	白色
$Na[Sb(OH)_6]$	白色
$Na_2[Fe(CN)_5(NO)]$	红色
$NaAc \cdot Zn(Ac)_2 \cdot 3[UO_2(Ac)_2] \cdot 9H_2O$	黄色
$(NH_4)_2MoS_4$	血红色
$\left[O\begin{matrix}Hg\\Hg\end{matrix}NH_3\right]I$	红棕色
$\left[\begin{matrix}I-Hg\\I-Hg\end{matrix}NH_2\right]I$	红棕色或深褐色

3.化合物颜色(按颜色)

化合物	颜色
ZnO	白色
$Zn(OH)_2$	白色
$Pb(OH)_2$	白色
$Mg(OH)_2$	白色
$Sn(OH)_2$	白色
$Sn(OH)_4$	白色
$Mn(OH)_2$	白色
$Cd(OH)_2$	白色
$Al(OH)_3$	白色
$Bi(OH)_3$	白色
$Sb(OH)_3$	白色
$AgCl$	白色
Hg_2Cl_2	白色
$PbCl_2$	白色
$CuCl$	白色
$Hg(NH_3)Cl$	白色
CuI	白色
$Ba(IO_3)_2$	白色
$AgIO_3$	白色
$KClO_4$	白色
$AgBrO_3$	白色
ZnS	白色
Ag_2SO_4	白色
Hg_2SO_4	白色
$PbSO_4$	白色
$CaSO_4$	白色
$SrSO_4$	白色
$BaSO_4$	白色
Ag_2CO_3	白色
$CaCO_3$	白色
$SrCO_3$	白色
$BaCO_3$	白色
$MnCO_3$	白色
$CdCO_3$	白色
$Zn_2(OH)_2(CO_3)_2$	白色
$BiOHCO_3$	白色
$Ca_3(PO_4)_2$	白色
$CaHPO_4$	白色
$Ba_3(PO_4)_2$	白色
$Mg(NH_4)PO_4$	白色
$BaSiO_3$	白色
$ZnSiO_3$	白色
CaC_2O_4	白色
$Ag_2C_2O_4$	白色
$AgCN$	白色
$CuCN$	白色
$Ag(SCN)$	白色
$MgNH_4AsO_4$	白色
$Ag_2S_2O_3$	白色
$BaSO_3$	白色
$SrSO_3$	白色
$Ag_4[Fe(CN)_6]$	白色
$Zn_2[Fe(CN)_6]$	白色
$KHC_4H_4O_6$	白色
$Na[Sb(OH)_6]$	白色
$Fe(OH)_2$	白色或苍绿色
TiO_2	白色或橙红色
CrO_3	红色
Pb_2O_3	红色
HgI_2	红色
$CoSO_4 \cdot 7H_2O$	红色
$Co_2(OH)_2(CO_3)_2$	红色

物质	颜色
$Na_2[Fe(CN)_5(NO)]$	红色
HgO	红色或黄色
HgS	红色或黑色
SbI_3	红黄色
V_2O_5	红棕色
$Fe(OH)_3$	红棕色
$\left[O\begin{smallmatrix}Hg\\Hg\end{smallmatrix}NH_3\right]I$	红棕色
$\left[\begin{smallmatrix}I-Hg\\I-Hg\end{smallmatrix}NH_2\right]I$	红棕色或深褐色
$Hg_2(OH)_2(CO_3)_2$	红褐色
Ag_3AsO_4	红褐色
$Cu_2[Fe(CN)_6]$	红褐色
$(NH_4)_2MoS_4$	血红色
Fe_2O_3	砖红色
Ag_2CrO_4	砖红色
$Co(OH)_2$	粉红色
$CoCl_2\cdot 6H_2O$	粉红色
CdO	棕红色
WO_2	棕红色
$CoCl_2\cdot 2H_2O$	紫红色
$Fe_2(SiO_3)_3$	紫红色
Sb_2S_5	橙红色
Cu_2O	暗红色
PbO	黄色
$Cu(OH)$	黄色
AgI	黄色
PbI_2	黄色
CdS	黄色
Ag_2S_3	黄色
Ag_3PO_4	黄色
$PbCrO_4$	黄色
$BaCrO_4$	黄色
$FeCrO_4$	黄色
$FeC_2O_4\cdot 2H_2O$	黄色
$K_3[Co(NO_2)_6]$	黄色
$K_2Na[Co(NO_2)_6]$	黄色
$(NH_4)_2Na[Co(NO_2)_6]$	黄色
$K_2[PiCl6]$	黄色
$[UO_2(Ac)_2]\cdot 9H_2O$	
$AgBr$	淡黄色
$AsBr$	浅黄色
$FePO_4$	浅黄色
$Cu(CN)_2$	浅棕黄色
$FeCl_3\cdot 6H_2O$	黄棕色
Hg_2I_2	黄褐色
$Zn_3[Fe(CN)_6]_2$	黄褐色
CuO	黑色
V_2O_3	黑色
FeO	黑色
Fe_3O_4	黑色
Co_2O_3	黑色
Ni_2O_3	黑色
$Ni(OH)_3$	黑色
$TiCl_3$	黑色
PbS	黑色
CuS	黑色
Cu_2S	黑色
Fe_2S_3	黑色
CoS	黑色
NiS	黑色
$Cu(SCN)_2$	黑绿色
FeS	棕黑色
$CuBr_2$	黑紫色
Hg_2O	黑褐色
Bi_2S_3	黑褐色
Ag_2S	灰黑色
SnS	灰黑色
$CuCl_2\cdot 2H_2O$	蓝色
$CoCl_2$	蓝色
$CuSO_4\cdot 5H_2O$	蓝色
$CuSiO_3$	蓝色
VO_2	深蓝色
$CoCl_2\cdot H_2O$	蓝紫色
$Cr_2(SO_4)_3\cdot 18H_2O$	蓝紫色
$Co(OH)_3$	褐棕色
Sb_2S_3	橙色
$Ag_3[Fe(CN)_6]$	橙色
MnS	肉色
$MnSiO_3$	肉色
$Cu(OH)_2$	浅蓝色
$Cu(OH)_2(SO_4)_2$	浅蓝色
SnS_2	金黄色
VO	亮灰色
MoO_2	铅灰色
$[Fe(NO)]SO_4$	深棕色
$Co_2[Fe(CN)_6]$	绿色
Cr_2O_3	绿色
$Cr_2(SO_4)_3\cdot 6H_2O$	绿色
CoO	灰绿色
$Cr(OH)_3$	灰绿色
$Ni(OH)_2$	浅绿色
$Ni_2(OH)_2(CO_3)_2$	浅绿色
$Ni(CN)_2$	浅绿色
Cu_2CO_3	暗绿色
$NiSiO_3$	翠绿色
NiO	暗绿色
BiI_3	绿黑色
$CuCl_2$	棕色
MnO_2	棕褐色
Ag_2O	暗棕色
TiI_4	暗棕色
$KCr(SO_4)_2\cdot 12H_2O$	紫色
$CoSiO_3$	紫色
$Cr_2(SO_4)_3$	紫色或红色
$TiCl_3\cdot 6H_2O$	紫色或绿色

附录 5　某些化合物的溶度积常数(K_{sp})

化合物	温度	溶度积	化合物	温度	溶度积
Ag			Fe		
溴化银	25	7.7E-13	氢氧化铁	18	1.1E-36
碳酸银	25	6.15E-12	氢氧化亚铁	18	1.64E-14
氯化银	25	1.56E-10	草酸亚铁	25	2.1E-7
碘化银	25	1.5E-16	硫化亚铁	18	3.7E-10
硫化银	18	1.6E-49	Hg		
硫氰酸银	25	1.16E-13	氢氧化汞	18~25	3.0E-26
溴酸银	25	5.77E-5	硫化汞(红)	18~25	4.0E-53
碘酸银	9.4	9.2E-9	硫化汞(黑)	18~25	1.6E-52
铬酸银	25	9E-12	溴化亚汞	25	1.3E-21
Al			氯化亚汞	25	2E-18
铝酸 H_3AlO_3	25	3.7E-15	碘化亚汞		1.2E-28
氢氧化铝	18~20	1.9E-33	Li		
Ba			碳酸锂	25	1.7E-3
碳酸钡	25	8.1E-9	碳酸镁	12	2.6E-5
铬酸钡	18	1.6E-10	碳酸镁铵	25	2.5E-13
氟化钡	25.6	1.73E-6	氟化镁	18	7.1E-9
碘酸钡	25	6.5E-10	氢氧化镁	18	1.2E-11
硫酸钡	25	1.08E-10	草酸镁	18	8.57E-5
草酸钡($BaC_2O_4·2H_2O$)	18	1.2E-7	Mn		
Ca			氢氧化锰	18	4E-14
碳酸钙(方解石)	15	9.9E-10	硫化锰	18	1.4E-15
氟化钙	26	3.95E-11	Pb		
草酸钙	25	2.57E-9	碳酸铅	18	3.3E-14
硫酸钙	25	2.45E-9	铬酸铅	18	11.77E-14
草酸钙($CaC_2O_4·H_2O$)	25	2.57E-9	氟化铅	18	3.2E-8
Cd			碘酸铅	18	1.2E-13
氢氧化镉	25	1.2E-14	碘化铅	25	1.39E-8
硫化镉	18	3.6E-29	草酸铅	18	2.74E-11
草酸镉($CdC_2O_4·3H_2O$)	18	1.53E-8	硫酸铅	18	1.06E-8
Cu			硫化铅	18	3.4E-28
碘酸铜	25	1.4E-7	Sr		
草酸铜	25	2.87E-8	碳酸锶		1.6E-9
硫化铜	18	8.5E-48	氟化锶	18	2.8E-9
溴化亚铜	18~20	4.15E-8	草酸锶	18	5.61E-8
氯化亚铜	18~20	1.02E-6	硫酸锶	17.4	23.81E-7
碘化亚铜	18~20	5.06E-12	铬酸锶	18~25	2.2E-5
硫化亚铜	16~18	2E-47	Zn		
硫氰酸亚铜	18	1.6E-11	氢氧化锌	25	5E-17
亚铁氰化铜	18~25	1.3E-16	硫化锌	18	1.2E-23

附录 6 常见配离子的稳定常数

配离子	$K_{稳}$	lg $K_{稳}$	配离子	$K_{稳}$	lg $K_{稳}$
1:1			1:3		
$[NaY]^{3-}$	5.0×10^{1}	1.69	$[Fe(NCS)_3]^{0}$	2.0×10^{3}	3.30
$[AgY]^{3-}$	2.0×10^{7}	7.30	$[CdI_3]^{-}$	1.2×10^{1}	1.07
$[CuY]^{2-}$	6.8×10^{18}	18.79	$[Cd(CN)_3]^{-}$	1.1×10^{4}	4.04
$[MgY]^{2-}$	4.9×10^{8}	8.69	$[Ag(CN)_3]^{2-}$	5.0×10^{0}	0.69
$[CaY]^{2-}$	3.7×10^{10}	10.56	$[Ni(En)_3]^{2+}$	3.9×10^{18}	18.59
$[SrY]^{2-}$	4.2×10^{8}	8.62	$[Al(C_2O_4)_3]^{3-}$	2.0×10^{16}	16.30
$[BaY]^{2-}$	6.0×10^{7}	7.77	$[Fe(C_2O_4)_3]^{3-}$	1.6×10^{20}	20.20
$[ZnY]^{2-}$	3.1×10^{16}	16.49	1:4		
$[CdY]^{2-}$	3.8×10^{16}	16.57	$[Cu(NH_3)_4]^{2+}$	4.8×10^{12}	12.68
$[HgY]^{3-}$	6.3×10^{21}	21.79	$[Zn(NH_3)_4]^{2+}$	5×10^{8}	8.69
$[PbY]^{2-}$	1.0×10^{18}	18.00	$[Cd(NH_3)_4]^{2+}$	3.6×10^{6}	6.55
$[MnY]^{2-}$	1.0×10^{14}	14.00	$[Zn(CNS)_4]^{2-}$	2.0×10^{1}	1.30
$[FeY]^{2-}$	2.1×10^{14}	14.32	$[Zn(Cn)_4]^{2-}$	1.0×10^{16}	16.00
$[CoY]^{2-}$	1.6×10^{16}	16.20	$[Cd(SCN)_4]^{2-}$	1.0×10^{3}	3.00
$[NiY]^{2-}$	4.1×10^{18}	18.61	$[CdCl_4]^{2-}$	3.1×10^{2}	2.49
$[FeY]^{-}$	1.2×10^{25}	25.07	$[CdI_4]^{2-}$	3.1×10^{2}	2.49
$[CoY]^{-}$	1.0×10^{36}	36.00	$[Cd(CN)_4]^{2-}$	1.3×10^{18}	18.11
$[GaY]^{-}$	1.8×10^{20}	20.25	$[Hg(CN)_4]^{2-}$	3.1×10^{41}	41.51
$[InY]^{-}$	8.9×10^{24}	24.94	$[Hg(SCN)_4]^{2-}$	7.7×10^{21}	21.88
$[TlY]^{-}$	3.2×10^{22}	22.51	$[HgCl_4]^{2-}$	1.6×10^{15}	15.20
$[TlHY]$	1.5×10^{23}	23.17	$[HgI_4]^{2-}$	7.2×10^{29}	29.80
$[CuOH]^{+}$	1.0×10^{5}	5.00	$[Co(NCS)_4]^{2-}$	3.8×10^{2}	2.58
$[AgNH_3]^{+}$	20×10^{3}	3.30	$[Ni(CN)_4]^{2-}$	1×10^{22}	22.00
1:2			1:6		
$[Cu(NH_3)_2]^{+}$	7.4×10^{10}	10.87	$[Cd(NH_3)_6]^{2+}$	1.4×10^{6}	6.15
$[Cu(CN)_2]^{-}$	2.0×10^{38}	38.30	$[Co(NH_3)_6]^{2+}$	2.4×10^{4}	4.38
$[Ag(NH_3)_2]^{+}$	1.7×10^{7}	7.24	$[Ni(NH_3)_6]^{2+}$	1.1×10^{8}	8.04
$[Ag(En)_2]^{+}$	7.0×10^{7}	7.84	$[Co(NH_3)_6]^{3+}$	1.4×10^{35}	35.15
$[Ag(NCS)_2]^{-}$	4.0×10^{8}	8.60	$[AlF_6]^{3-}$	6.9×10^{19}	19.84
$[Ag(CN)_2]^{-}$	1.0×10^{21}	21.00	$[Fe(CN)_6]^{3-}$	1×10^{24}	24.00
$[Au(CN)_2]^{-}$	2×10^{38}	38.30	$[Fe(CN)_6]^{4-}$	1×10^{35}	35.00
$[Cu(En)_2]^{2+}$	4.0×10^{19}	19.60	$[Co(CN)_6]^{3-}$	1×10^{64}	64.00
$[Ag(S_2O_3)_2]^{3-}$	1.6×10^{13}	13.20	$[FeF_6]^{3-}$	1.0×10^{16}	16.00

表中 Y 表示 EDTA 的酸根；En 表示乙二胺。

摘自 О.Д.Куриленко,Краткий Справочник По Химии,增订四版(1974)。

附录 7 标准电极电势(298.16 K)

一、在酸性溶液中

电 极 反 应	$\varphi^{\ominus}$/V	电 极 反 应	$\varphi^{\ominus}$/V
$Ag^{+} + e^{-} \rightleftharpoons Ag$	0.799 6	$Cd^{2+} + 2e^{-} \rightleftharpoons Cd$	-0.403 0
$Ag^{2+} + e^{-} \rightleftharpoons Ag^{+}$	1.980	$CdSO_4 + 2e^{-} \rightleftharpoons Cd + SO_4^{2-}$	-0.246
$AgBr + e^{-} \rightleftharpoons Ag + Br^{-}$	0.071 33	$Cl_2(g) + 2e^{-} \rightleftharpoons 2Cl^{-}$	1.358 27
$AgBrO_3 + e^{-} \rightleftharpoons Ag + BrO_3^{-}$	0.546	$HClO + H^{+} + e^{-} \rightleftharpoons \frac{1}{2}Cl_2 + H_2O$	1.611
$Ag_2C_2O_4 + 2e^{-} \rightleftharpoons 2Ag + C_2O_4^{2-}$	0.464 7	$HClO + H^{+} + 2e^{-} \rightleftharpoons Cl^{-} + H_2O$	1.482
$AgCl + e^{-} \rightleftharpoons Ag + Cl^{-}$	0.222 33	$ClO_2 + H^{+} + e^{-} \rightleftharpoons HClO_2$	1.277
$Ag_2CO_3 + 2e^{-} \rightleftharpoons 2Ag + CO_3^{2-}$	0.47	$HClO_2 + 2H^{+} + 2e^{-} \rightleftharpoons HClO + H_2O$	1.645
$Ag_2CrO_4 + 2e^{-} \rightleftharpoons 2Ag + CrO_4^{2-}$	0.447 0	$HClO_2 + 3H^{+} + 3e^{-} \rightleftharpoons \frac{1}{2}Cl_2 + 2H_2O$	1.628
$AgF + e^{-} \rightleftharpoons Ag + F^{-}$	0.779	$HClO_2 + 3H^{+} + 4e^{-} \rightleftharpoons Cl^{-} + 2H_2O$	1.570
$Ag_4[Fe(CN)_4] + 4e^{-} \rightleftharpoons 4Ag + [Fe(CN)_4]^{4-}$	0.147 8	$ClO_3^{-} + 2H^{+} + e^{-} \rightleftharpoons ClO_2 + H_2O$	1.152
$AgI + e^{-} \rightleftharpoons Ag + I^{-}$	-0.152 24	$ClO_3^{-} + 3H^{+} + 2e^{-} \rightleftharpoons HClO_2 + H_2O$	1.214
$AgIO_3 + e^{-} \rightleftharpoons Ag + IO_3^{-}$	0.354	$ClO_3^{-} + 6H^{+} + 5e^{-} \rightleftharpoons 1/2Cl_2 + 3H_2O$	1.47
$AgNO_2 + e^{-} \rightleftharpoons Ag + NO_2^{-}$	0.564	$ClO_3^{-} + 6H^{+} + 6e^{-} \rightleftharpoons Cl^{-} + 3H_2O$	1.451
$Ag_2S + 2H^{+} + 2e^{-} \rightleftharpoons 2Ag + H_2S$	-0.036 6	$ClO_4^{-} + 2H^{+} + 2e^{-} \rightleftharpoons ClO_3^{-} + H_2O$	1.189
$AgSCN + e^{-} \rightleftharpoons Ag + SCN^{-}$	0.089 51	$ClO_4^{-} + 8H^{+} + 7e^{-} \rightleftharpoons \frac{1}{2}Cl_2 + 4H_2O$	1.39
$Ag_2SO_4 + 2e^{-} \rightleftharpoons 2Ag + SO_4^{2-}$	0.654	$ClO_4^{-} + 8H^{+} + 8e^{-} \rightleftharpoons Cl^{-} + 4H_2O$	1.389
$Al^{3+} + 3e^{-} \rightleftharpoons Al$	-1.662	$(CNS)_2 + 2e^{-} \rightleftharpoons 2CNS^{-}$	0.77
$AlF_6^{2-} + 3e^{-} \rightleftharpoons Al + 6F^{-}$	-2.069	$Co^{2+} + 2e^{-} \rightleftharpoons Co$	-0.28
$As_2O_3 + 6H^{+} + 6e^{-} \rightleftharpoons 2As + 3H_2O$	0.234	$Co^{3+} + e^{-} \rightleftharpoons Co^{2+}$ (2mol·dm^{-2} H_2SO_4)	1.83
$HAsO_2 + 3H^{+} + 3e^{-} \rightleftharpoons As + 2H_2O$	0.248	$CO_2 + 2H^{+} + 2e^{-} \rightleftharpoons HCOOH$	-0.199
$H_3AsO_4 + 2H^{+} + 2e^{-} \rightleftharpoons HAsO_2 + 2H_2O$	0.560	$Cr^{2+} + 2e^{-} \rightleftharpoons Cr$	-0.913
$H_3BO_3 + 3H^{+} + 3e^{-} \rightleftharpoons B + 3H_2O$	-0.869 8	$Cr^{3+} + e^{-} \rightleftharpoons Cr^{2+}$	-0.407
$Ba^{2+} + 2e^{-} \rightleftharpoons Ba$	-2.912	$Cr^{2+} + 2e^{-} \rightleftharpoons Cr$	-0.744
$Be^{2+} + 2e^{-} \rightleftharpoons Be$	-1.847	$Cr_2O_7^{2-} + 14H^{+} + 6e^{-} \rightleftharpoons 2Cr^{3+} + 7H_2O$	1.232
$BiCl_4^{-} + 3e^{-} \rightleftharpoons Bi + 4Cl^{-}$	0.16	$HCrO_4^{-} + 7H^{+} + 3e^{-} \rightleftharpoons Cr^{3+} + 4H_2O$	1.350
$Bi_2O_4 + 4H^{+} + 2e^{-} \rightleftharpoons 2BiO^{+} + 2H_2O$	1.593	$Cu^{+} + e^{-} \rightleftharpoons Cu$	0.521
$BiO^{+} + 2H^{+} + 3e^{-} \rightleftharpoons Bi + H_2O$	0.320	$Cu^{2+} + e^{-} \rightleftharpoons Cu^{+}$	0.153
$BiOCl + 2H^{+} + 3e^{-} \rightleftharpoons Bi + Cl^{-} + H_2O$	0.158 3	$Cu^{2+} + 2e^{-} \rightleftharpoons Cu$	0.341 9

电 极 反 应	$\varphi^{\ominus}$/V	电 极 反 应	$\varphi^{\ominus}$/V
$Br_2(aq) + 2e^- \rightleftharpoons 2Br^-$	1.087 3	$CuI_2^- + e^- \rightleftharpoons Cu + 2I^-$	0.00
$Br_2(l) + 2e^- \rightleftharpoons 2Br^-$	1.066	$F_2 + 2H^+ + 2e^- \rightleftharpoons 2HF$	3.053
$HBrO + H^+ + 2e^- \rightleftharpoons Br^- + H_2O$	1.331	$F_2 + 2e^- \rightleftharpoons 2F^-$	2.866
$HBrO + H^+ + e^- \rightleftharpoons \frac{1}{2}Br_2(aq) + H_2O$	1.574	$F_2O + 2H^+ + 4e^- \rightleftharpoons H_2O + 2F^-$	2.153
$HBrO + H^+ + e^- \rightleftharpoons \frac{1}{2}Br_2(l) + H_2O$	1.596	$Fe^{2+} + 2e^- \rightleftharpoons Fe$	−0.447
$BrO_3^- + 6H^+ + 5e^- \rightleftharpoons \frac{1}{2}Br_2 + 3H_2O$	1.482	$Fe^{3+} + 3e^- \rightleftharpoons Fe$	−0.037
$BrO_3^- + 6H^+ + 6e^- \rightleftharpoons Br^- + 3H_2O$	1.423	$Fe^{3+} + e^- \rightleftharpoons Fe^{2+}$	0.771
$Ca^+ + e^- \rightleftharpoons Ca$	−3.80	$[Fe(CN)_6]^{3-} + e^- \rightleftharpoons [Fe(CN)_6]^{4-}$	0.358
$Ca^{2+} + 2e^- \rightleftharpoons Ca$	−2.868		
$FeO_4^{2-} + 8H^+ + 3e^- \rightleftharpoons Fe^{3+} + 4H_2O$	2.20	$HNO_2 + H^+ + e^- \rightleftharpoons NO + H_2O$	0.983
$2H^+ + 2e^- \rightleftharpoons H_2$	0.000 00	$2HNO_2 + 4H^+ + 4e^- \rightleftharpoons H_2N_2O_2 + 2H_2O$	0.86
$H_2 + 2e^- \rightleftharpoons 2H^-$	−2.23	$2HNO_2 + 4H^+ + 4e^- \rightleftharpoons N_2O + 3H_2O$	1.297
$HO_2 + H^+ + e^- \rightleftharpoons H_2O_2$	1.495	$NO_3^- + 3H^+ + 2e^- \rightleftharpoons HNO_2 + H_2O$	0.934
$H_2O_2 + 2H^+ + 2e^- \rightleftharpoons 2H_2O$	1.776	$NO_3^- + 4H^+ + 3e^- \rightleftharpoons NO + 2H_2O$	0.957
$HfO^{2+} + 2H^+ + 4e^- \rightleftharpoons Hf + H_2O$	−1.724	$2NO_3^- + 4H^+ + 2e^- \rightleftharpoons N_2O_4 + 2H_2O$	0.803
$HfO_2 + 4H^+ + 4e^- \rightleftharpoons Hf + 2H_2O$	−1.505	$Na^+ + e^- \rightleftharpoons Na$	−2.71
$Hg^{2+} + 2e^- \rightleftharpoons Hg$	0.851	$Ni^{2+} + 2e^- \rightleftharpoons Ni$	−0.257
$2Hg^{2+} + 2e^- \rightleftharpoons Hg_2^{2+}$	0.920	$NiO_2 + 4H^+ + 2e^- \rightleftharpoons Ni^{2+} + 2H_2O$	1.678
$Hg_2^{2+} + 2e^- \rightleftharpoons 2Hg$	0.797 3	$O_2 + 2H^+ + 2e^- \rightleftharpoons H_2O_2$	0.695
$Hg_2Br_2 + 2e^- \rightleftharpoons 2Hg + 2Br^-$	0.139 23	$O_2 + 4H^+ + 4e^- \rightleftharpoons 2H_2O$	1.229
$Hg_2Cl_2 + 2e^- \rightleftharpoons 2Hg + 2Cl^-$	0.268 08	$C(g) + 2H^+ + 2e^- \rightleftharpoons H_2O$	2.421
$Hg_2HPO_4 + 2e^- \rightleftharpoons 2Hg + HPO_4^{2-}$	0.635 9	$O_3 + 2H^+ + 2e^- \rightleftharpoons O_2 + H_2O$	2.076
$Hg_2I_2 + 2e^- \rightleftharpoons 2Hg + 2I^-$	−0.040 5	$P(red) + 3H^+ + 3e^- \rightleftharpoons PH_3(g)$	−0.111
$Hg_2SO_4 + 2e^- \rightleftharpoons 2Hg + SO_4^{2-}$	0.612 5	$P(white) + 3H^+ + 3e^- \rightleftharpoons PH_3(g)$	−0.063
$I_2 + 2e^- \rightleftharpoons 2I^-$	0.535 5	$H_3PO_2 + H^+ + 3e^- \rightleftharpoons P + 2H_2O$	−0.508
$I_3^- + 2e^- \rightleftharpoons 3I^-$	0.536	$H_3PO_3 + 2H^+ + 2e^- \rightleftharpoons H_3PO_2 + H_2O$	−0.499
$H_5IO_6 + H^+ + 2e^- \rightleftharpoons IO_3^- + 3H_2O$	1.601	$H_3PO_3 + 3H^+ + 3e^- \rightleftharpoons P + 3H_2O$	−0.454
$2HIO + 2H^+ + 2e^- \rightleftharpoons I_2 + 2H_2O$	1.439	$H_3PO_4 + 2H^+ + 2e^- \rightleftharpoons H_3PO_3 + 2H_2O$	−0.276
$HIO + H^+ + 2e^- \rightleftharpoons I^- + H_2O$	0.987	$Pb^{2+} + 2e^- \rightleftharpoons Pb$	−0.126 2
$2IO_3^- + 12H^+ + 10e^- \rightleftharpoons I_2 + 6H_2O$	1.195	$PbBr_2 + 2e^- \rightleftharpoons Pb + 2Br^-$	−0.284
$IO_3^- + 6H^+ + 6e^- \rightleftharpoons I^- + 3H_2O$	1.085	$PbCl_2 + 2e^- \rightleftharpoons Pb + 2Cl^-$	−0.267 5
$K^+ + e^- \rightleftharpoons K$	−2.931	$PbF_2 + 2e^- \rightleftharpoons Pb + 2F^-$	−0.344 4

电 极 反 应	$\varphi^{\ominus}/V$	电 极 反 应	$\varphi^{\ominus}/V$
$La^{3+}+3e^- \rightleftharpoons La$	-2.522	$PbHPO_4+2e^- \rightleftharpoons Pb+HPO_4^{2-}$	-0.465
$Li^+ +e^- \rightleftharpoons Li$	-3.040 1	$PbI_2+2e^- \rightleftharpoons Pb+2I^-$	-0.365
$Mg^+ +e^- \rightleftharpoons Mg$	-2.70	$PbO_2+4H^+ +2e^- \rightleftharpoons Pb^{2+}+2H_2O$	1.455
$Mg^{2+}+2e^- \rightleftharpoons Mg$	-2.372	$PbO_2+SO_4^{2-}+4H^+ +2e^- \rightleftharpoons PbSO_4+2H_2O$	1.691 3
$Mn^{2+}+2e^- \rightleftharpoons Mn$	-1.185	$PbSO_4+2e^- \rightleftharpoons Pb+SO_4^{2-}$	-0.358 8
$Mn^{3+}+e^- \rightleftharpoons Mn^{2+}$	1.541 5	$S+2H^+ +2e^- \rightleftharpoons H_2S(aq)$	0.142
$MnO_2+4H^+ +2e^- \rightleftharpoons Mn^{2+}+2H_2O$	1.224	$S_2O_6^{2-}+4H^+ +2e^- \rightleftharpoons 2H_2SO_3$	0.564
$MnO_4^- +e^- \rightleftharpoons MnO_4^{2-}$	0.558	$S_2O_8^{2-}+2e^- \rightleftharpoons 2SO_4^{2-}$	2.010
$MnO_4^- +4H^+ +3e^- \rightleftharpoons MnO_2+2H_2O$	1.679	$S_2O_8^{2-}+2H^+ +2e^- \rightleftharpoons 2HSO_4^-$	2.123
$MnO_4^- +8H^+ +5e^- \rightleftharpoons Mn^{2+}+4H_2O$	1.507	$2H_2SO_3+H^+ +2e^- \rightleftharpoons HS_2O_4^-$	-0.056
$Mo^{3+}+3e^- \rightleftharpoons Mo$	-0.200	$H_2SO_3+4H^+ +4e^- \rightleftharpoons S+3H_2O$	0.449
$N_2+2H_2O+6H^+ +6e^- \rightleftharpoons 2NH_4OH$	0.092	$SO_4^{2-}+4H^+ +2e^- \rightleftharpoons H_2SO_3+H_2O$	0.172
$3N_2+2H^+ +2e^- \rightleftharpoons 2NH_3(aq)$	-3.09	$2SO_4^{2-}+4H^+ +2e^- \rightleftharpoons S_2O_6^{2-}+2H_2O$	-0.22
$N_2H_5^+ +3H^+ +2e^- \rightleftharpoons 2NH_4^+$	1.275	$Sb+3H^+ +3e^- \rightleftharpoons SbH_3$	-0.510
$N_2O+2H^+ +2e^- \rightleftharpoons N_2+H_2O$	1.766	$Sb_2O_3+6H^+ +6e^- \rightleftharpoons 2Sb+3H_2O$	0.152
$H_2N_2O_2+2H^+ +2e^- \rightleftharpoons N_2+2H_2O$	2.65	$Sb_2O_5+6H^+ +4e^- \rightleftharpoons 2SbO^+ +3H_2O$	0.581
$N_2O_4+2e^- \rightleftharpoons 2NO_2^-$	0.867	$SbO^+ +2H^+ +3e^- \rightleftharpoons Sb+H_2O$	0.212
$N_2O_4+2H^+ +2e^- \rightleftharpoons 2HNO_2$	1.065	$Se+2H^+ +2e^- \rightleftharpoons H_2Se(aq)$	-0.399
$N_2O_4+4H^+ +4e^- \rightleftharpoons 2NO+2H_2O$	1.035	$H_2SeO_3+4H^+ +4e^- \rightleftharpoons Se+3H_2O$	0.74
$2NH_3OH^+ +H^+ +2e^- \rightleftharpoons N_2H_5^+ +2H_2O$	1.42	$SeO_4^{2-}+4H^+ +2e^- \rightleftharpoons H_2SeO_3+H_2O$	1.151
$2NO+2e^- \rightleftharpoons N_4O_2^{2-}$	0.10	$SiF_6^{2-}+4e^- \rightleftharpoons Si+6F^-$	-1.24
$2NO+2H^+ +2e^- \rightleftharpoons N_2O+H_2O$	1.591	$SiO_2(quartz)+4H^+ +4e^- \rightleftharpoons Si+2H_2O$	0.857
$Sn^{2+}+2e^- \rightleftharpoons Sn$	-0.137 5	$TiO_2+4H^+ +2e^- \rightleftharpoons Ti^{2+}+2H_2O$	-0.502
$Sn^{4-}+2e^- \rightleftharpoons Sn^{2+}$	0.151	$TiOH^{3+}+H^+ +e^- \rightleftharpoons Ti^{3+}+H_2O$	-0.055
$Sr^+ +e^- \rightleftharpoons Sr$	-4.10	$V^{2+}+2e^- \rightleftharpoons V$	-1.175
$Sr^{2+}+2e^- \rightleftharpoons Sr$	-2.89	$V^{3+}+e^- \rightleftharpoons V^{2+}$	-0.255
$Sr^{2+}+2e^- \rightleftharpoons Sr(Hg)$	-1.793	$VO^{2+}+2H^+ +e^- \rightleftharpoons V^{3+}+H_2O$	0.337
$Te+2H^+ +2e^- \rightleftharpoons H_2Te$	-0.793	$VO_2^+ +2H^+ +e^- \rightleftharpoons VO^{2+}+H_2O$	0.991
$Te^{4+}+4e^- \rightleftharpoons Te$	0.568	$V(OH)_4^+ +2H^+ +e^- \rightleftharpoons VO^{2+}+3H_2O$	1.00
$TeO_2+4H^+ +4e^- \rightleftharpoons Te+2H_2O$	0.593	$V(OH)_4^+ +4H^+ +5e^- \rightleftharpoons V+4H_2O$	-0.254
$TeO_4^- +8H^+ +7e^- \rightleftharpoons Te+4H_2O$	0.472	$W_2O_5+2H^+ +2e^- \rightleftharpoons 2WO_2+H_2O$	-0.031
$H_6TeO_6+2H^+ +2e^- \rightleftharpoons TeO_2+4H_2O$	1.02	$WO_2+4H^+ +4e^- \rightleftharpoons W+2H_2O$	-0.119

电极反应	$\varphi^{\ominus}$/V	电极反应	$\varphi^{\ominus}$/V
$Ti^{2+}+2e^- \rightleftharpoons Ti$	−1.630	$WO_3+6H^++6e^- \rightleftharpoons W+3H_2O$	−0.090
$Ti^{3+}+e^- \rightleftharpoons Ti^{2+}$	−0.368	$2WO_3+2H^++2e^- \rightleftharpoons W_2O_5+H_2O$	−0.029
$TiO^{2+}+2H^++e^- \rightleftharpoons Ti^{3+}+H_2O$	0.099	$Zn^{2+}+2e^- \rightleftharpoons Zn$	−0.761 8

二、在碱性溶液中

电极反应	$\varphi^{\ominus}$/V	电极反应	$\varphi^{\ominus}$/V
$AgCN+e^- \rightleftharpoons Ag+CN^-$	−0.017	$Co(OH)_3+e^- \rightleftharpoons Co(OH)_2+OH^-$	0.17
$[Ag(CN)_2]^-+e^- \rightleftharpoons Ag+2CN^-$	−0.31	$CrO_2^-+2H_2O+3e^- \rightleftharpoons Cr+4OH^-$	−0.12
$[Ag(NH_3)_2]^++e^- \rightleftharpoons Ag+2NH_3$	0.373	$CrO_4^{2-}+4H_2O+3e^- \rightleftharpoons Cr(OH)_3+5OH^-$	−0.13
$Ag_2O+H_2O+2e^- \rightleftharpoons 2Ag+2OH^-$	0.342	$Cr(OH)_3+3e^- \rightleftharpoons Cr+3OH^-$	−1.48
$Ag_2O_3+H_2O+2e^- \rightleftharpoons 2AgO+2OH^-$	0.739	$Cu^{2+}+2CN^-+e^- \rightleftharpoons [Cu(CN)_2]^-$	1.103
$2AgO+H_2O+2e^- \rightleftharpoons Ag_2O+2OH^-$	0.607	$[Cu(CN)_2]^-+e^- \rightleftharpoons Cu+2CN^-$	−0.429
$Ag_2S+2e^- \rightleftharpoons 2Ag+S^{2-}$	−0.691	$[Cu(NH_3)_2]^++e^- \rightleftharpoons Cu+2NH_3$	−0.12
$H_2AlO_3^-+H_2O+3e^- \rightleftharpoons Al+4OH^-$	−2.33	$Cu_2O+H_2O+2e^- \rightleftharpoons 2Cu+2OH^-$	−0.360
$AsO_2^-+2H_2O+3e^- \rightleftharpoons As+4OH^-$	−0.68	$Cu(OH)_2+2e^- \rightleftharpoons Cu+2OH^-$	−0.222
$AsO_4^{3-}+2H_2O+2e^- \rightleftharpoons AsO_2^-+4OH^-$	−0.71	$2Cu(OH)_2+2e^- \rightleftharpoons Cu_2O+2OH^-+H_2O$	−0.080
$H_2BO_3^-+5H_2O+8e^- \rightleftharpoons BH_4^-+8OH^-$	−1.24	$[Fe(CN)_6]^{3-}+e^- \rightleftharpoons [Fe(CN)_6]^{4-}$	0.358
$H_2BO_3^-+H_2O+3e^- \rightleftharpoons B+4OH^-$	−1.79	$Fe(OH)_3+e^- \rightleftharpoons Fe(OH)_2+OH^-$	−0.56
$Ba(OH)_2+2e^- \rightleftharpoons Ba+2OH^-$	−2.99	$H_2GaO_3^-+H_2O+3e^- \rightleftharpoons Ga+4OH^-$	−1.219
$Be_2O_3^{2-}+3H_2O+4e^- \rightleftharpoons 2Be+6OH^-$	−2.63	$2H_2O+2e^- \rightleftharpoons H_2+2OH^-$	−0.8277
$Bi_2O_3+3H_2O+6e^- \rightleftharpoons 2Bi+6OH^-$	−0.46	$HfO(OH)_2+H_2O+4e^- \rightleftharpoons Hf+4OH^-$	−2.50
$BrO^-+H_2O+2e^- \rightleftharpoons Br^-+2OH^-$	0.761	$Hg_2O+H_2O+2e^- \rightleftharpoons 2Hg+2OH^-$	0.123
$BrO_3^-+3H_2O+6e^- \rightleftharpoons Br^-+6OH^-$	0.61	$HgO+H_2O+2e^- \rightleftharpoons Hg+2OH^-$	0.097 7
$Ca(OH)_2+2e^- \rightleftharpoons Ca+2OH^-$	−3.02	$H_3IO_3^{2-}+2e^- \rightleftharpoons IO_3^-+3OH^-$	0.7
$Ca(OH)_2+2e^- \rightleftharpoons Ca(Hg)+2OH^-$	−0.809	$IO^-+H_2O+2e^- \rightleftharpoons I^-+2OH^-$	0.485
$ClO^-+H_2O+2e^- \rightleftharpoons Cl^-+2OH^-$	0.81	$IO_3^-+2H_2O+4e^- \rightleftharpoons IO^-+4OH^-$	0.56
$ClO_2^-+H_2O+2e^- \rightleftharpoons ClO^-+2OH^-$	0.66	$IO_3^-+3H_2O+6e^- \rightleftharpoons I^-+6OH^-$	0.26
$ClO_2^-+2H_2O+4e^- \rightleftharpoons Cl^-+4OH^-$	0.76	$Ir_2O_3+3H_2O+6e^- \rightleftharpoons 2Ir+6OH^-$	0.092 8
$ClO_2(aq)+e^- \rightleftharpoons ClO_2$	0.954	$La(OH)_3+3e^- \rightleftharpoons La+3OH^-$	−2.90
$ClO_3^-+H_2O+2e^- \rightleftharpoons ClO_2^-+2OH^-$	0.33	$Mg(OH)_2+2e^- \rightleftharpoons Mg+2OH^-$	−2.690
$ClO_3^-+3H_2O+6e^- \rightleftharpoons Cl^-+6OH^-$	0.62	$MnO_4^-+2H_2O+3e^- \rightleftharpoons MnO_2+4OH^-$	0.595
$ClO_4^-+H_2O+2e^- \rightleftharpoons ClO_3^-+2OH^-$	0.36	$MnO_4^{2-}+2H_2O+2e^- \rightleftharpoons MnO_2+4OH^-$	0.60

电 极 反 应	$\varphi^{\ominus}$/V	电 极 反 应	$\varphi^{\ominus}$/V
$[Co(NH_3)_6]^{3+} + e^- \rightleftharpoons [Co(NH_3)_6]^{2+}$	0.108	$Mn(OH)_2 + 2e^- \rightleftharpoons Mn + 2OH^-$	-1.56
$Co(OH)_2 + 2e^- \rightleftharpoons Co + 2OH^-$	-0.73	$Mn(OH)_3 + e^- \rightleftharpoons Mn(OH)_2 + OH^-$	0.15
$2NO + H_2O + 2e^- \rightleftharpoons N_2O + 2OH^-$	0.76	$S + 2e^- \rightleftharpoons S^{2-}$	-0.476 27
$NO_2^- + H_2O + e^- \rightleftharpoons NO + 2OH^-$	-0.46	$S + H_2O + 2e^- \rightleftharpoons HS^- + OH^-$	-0.478
$2NO_2^- + 2H_2O + 4e^- \rightleftharpoons N_2^{2-} + 4OH^-$	-0.18	$2S + 2e^- \rightleftharpoons S_2^{2-}$	-0.428 36
$2NO_2^- + 3H_2O + 4e^- \rightleftharpoons N_2O + 6OH^-$	0.15	$S_4O_6^{2-} + 2e^- \rightleftharpoons 2S_2O_3^{2-}$	0.08
$NO_3^- + H_2O + 2e^- \rightleftharpoons NO_2^- + 2OH^-$	0.01	$2SO_3^{2-} + 2H_2O + 2e^- \rightleftharpoons S_2O_4^{2-} + 4OH^-$	-1.12
$2NO_3^- + 2H_2O + 2e^- \rightleftharpoons N_2O_4 + 4OH^-$	-0.85	$2SO_3^{2-} + 3H_2O + 4e^- \rightleftharpoons S_2O_3^{2-} + 6OH^-$	-0.571
$Ni(OH)_2 + 2e^- \rightleftharpoons Ni + 2OH^-$	-0.72	$SO_4^{2-} + H_2O + 2e^- \rightleftharpoons SO_3^{2-} + 2OH^-$	-0.93
$NiO_2 + 2H_2O + 2e^- \rightleftharpoons Ni(OH)_2 + 2OH^-$	-0.490	$SbO_2^- + 2H_2O + 3e^- \rightleftharpoons Sb + 4OH^-$	-0.66
$O_2 + 2H_2O + 2e^- \rightleftharpoons HO_2^- + OH^-$	-0.076	$SbO_3^- + H_2O + 2e^- \rightleftharpoons SbO_2^- + 2OH^-$	-0.59
$O_2 + 2H_2O + 2e^- \rightleftharpoons H_2O_2 + 2OH^-$	-0.146	$Se + 2e^- \rightleftharpoons Se^{2-}$	-0.924
$O_2 + 2H_2O + 4e^- \rightleftharpoons 4OH^-$	0.401	$SeO_3^{2-} + 3H_2O + 4e^- \rightleftharpoons Se + 6OH^-$	-0.366
$O_3 + H_2O + 2e^- \rightleftharpoons O_2 + 2OH^-$	1.24	$SeO_4^{2-} + H_2O + 2e^- \rightleftharpoons SeO_3^{2-} + 2OH^-$	0.05
$OH + e^- \rightleftharpoons OH^-$	2.02	$SiO_3^{2-} + 3H_2O + 4e^- \rightleftharpoons Si + 6OH^-$	-1.697
$HO_2^- + H_2O + 2e^- \rightleftharpoons 3OH^-$	0.878	$HSnO_2^- + H_2O + 2e^- \rightleftharpoons Sn + 3OH^-$	-0.909
$P + 3H_2O + 3e^- \rightleftharpoons PH_3(g) + 3OH^-$	-0.87	$Sn(OH)_3^{2-} + 2e^- \rightleftharpoons HSnO_2^- + 3OH^- + H_2O$	-0.93
$H_2PO_2^- + e^- \rightleftharpoons P + 2OH^-$	-1.82	$Sr(OH)_2 + 2e^- \rightleftharpoons Sr + 2OH^-$	-2.88
$HPO_3^{2-} + 2H_2O + 2e^- \rightleftharpoons H_2PO_2^- + 3OH^-$	-1.65	$Te + 2e^- \rightleftharpoons Te^{2-}$	-1.143
$HPO_3^{2-} + 2H_2O + 3e^- \rightleftharpoons P + 5OH^-$	-1.71	$TeO_3^{2-} + 3H_2O + 4e^- \rightleftharpoons Te + 6OH^-$	-0.57
$PO_4^{3-} + 2H_2O + 2e^- \rightleftharpoons HPO_3^{2-} + 3OH^-$	-1.05	$[Zn(CN)_4]^{2-} + 2e^- \rightleftharpoons Zn + 4CN^-$	-1.26
$PbO + H_2O + 2e^- \rightleftharpoons Pb + 2OH^-$	-0.580	$[Zn(NH_3)_4]^{2+} + 2e^- \rightleftharpoons Zn + 4NH_3(aq)$	-1.04
$HPbO_2^- + H_2O + 2e^- \rightleftharpoons Pb + 3OH^-$	-0.537	$ZnO_2^{2-} + 2H_2O + 2e^- \rightleftharpoons Zn + 4OH^-$	-1.215
$PbO_2 + H_2O + 2e^- \rightleftharpoons PbO + 2OH^-$	0.247		

数据大部分摘自 R.C.Weast:Hand book of Chemistry and Physics, D-151 65th edition(1987～1988)

附录 8　不同温度下常见无机化合物的溶解度（g·(100 g H_2O)$^{-1}$）

序号	物质(分子式)	273 K	283 K	293 K	303 K	313 K	323 K	333 K	343 K	353 K	363 K	373 K	序号
1	AgBr			*8.4×10^{-6}								*3.7×10^{-4}	1
2	AgCl		*8.9×10^{-5}	1.5×10^{-4}									2
3	AgCN			*2.3×10^{-5}									3
4	Ag_2CO_3			*3.2×10^{-3}								*5×10^{-2}	4
5	Ag_2CrO_4	*1.4×10^{-3}			3.6×10^{-3}		5.3×10^{-3}		8×10^{-3}			1.1×10^{-2}	5
6	AgF	85.9	120	172	190	203							6
7	AgI				*3.0×10^{-7}			*3.0×10^{-6}					7
8	$AgIO_3$		*3×10^{-3}	4×10^{-3}				*1.8×10^{-2}					8
9	$AgNO_2$	*0.155	0.220	0.340	0.51	0.73		1.39					9
10	$AgNO_3$	*122	167	216	265	311		440		585	652	733	10
11	Ag_2S			1.3×10^{-16}									11
12	Ag_2SO_4	*0.57	0.70	0.80	0.89	0.98		1.15		1.30	1.36	1.41	12
13	$AlCl_3$	43.9	44.9	45.8	46.6	47.3		48.1		48.6		49.0	13
14	AlF_3	0.56	0.56	0.67	0.78	0.91		1.1		1.32		1.72	14
15	$Al(NO_3)_3$	60.0	66.7	73.9	81.8	88.7		106		132	153	160	15
16	$Al_2(SO_4)_3$	31.2	33.5	36.4	40.4	45.8		59.2		73.0	80.8	89.0	16
17	As_2O_3	1.20	1.49	1.82	2.31	2.93		4.31		6.11		8.2	17
18	As_2O_5	59.5	62.1	65.8	69.8	71.2		73.0		75.1		76.7	18
19	As_2S_3			*5×10^{-5} (291 K)									19
20	$BaBr_2\cdot 2H_2O$	98	101	104	109	114		123		135		149	20

序号	物质(分子式)	273 K	283 K	293 K	303 K	313 K	323 K	333 K	343 K	353 K	363 K	373 K	序号
21	$BaCl_2 \cdot 2H_2O$	31.2	33.5	35.8	38.1	40.8		46.2		52.5	55.8	59.4	21
22	$BaCO_3$			$^*2 \times 10^{-3}$ (291 K)								$^*6 \times 10^{-3}$	22
23	BaC_2O_4			$^*9.3 \times 10^{-3}$ (291 K)								$^*2.28 \times 10^{-2}$	23
24	$BaCrO_4$		$^*3.4 \times 10^{-4}$ (289 K)		4.4×10^{-4} (301 K)								24
25	BaF_2		0.159	0.160	0.162								25
26	$BaI_2 \cdot 2H_2O$	182	201	223	250			264			291	301	26
27	$Ba(NO_2)_2 \cdot H_2O$	50.3	60	72.8		102		151		222	261	325	27
28	$Ba(NO_3)_2$	4.95	6.67	9.02	11.48	14.1		20.4		27.2		34.4	28
29	$Ba(OH)_2$	1.67	2.48	3.89	5.59	8.22		20.94		101.4			29
30	BaS	2.88	4.89	7.86	10.38	14.89		27.69		49.91	67.34	60.29	30
31	$BaSO_4$			$^*2.22 \times 10^{-1}$ (291 K)	$^*2.46 \times 10^{-4}$ (298 K)		$^*3.36 \times 10^{-4}$					$^*4.13 \times 10^{-4}$	31
32	$Be(NO_3)_2$	97	102	108	113	125		178					32

序号	物质(分子式)	273 K	283 K	293 K	303 K	313 K	323 K	333 K	343 K	353 K	363 K	373 K	序号
33	$BeSO_4$	37.0	37.6	39.1	41.1	45.8		53.1		67.2		82.8	33
34	Bi_2S_3			* 1.8×10^{-5} (291 K)									34
35	Br_2	* 4.17					* 3.52						35
36	$CaBr_2\cdot6H_2O$	125	132	143	185 (307 K)	213		278		295		312 (379 K)	36
37	$CaCl_2\cdot6H_2O$	59.5	64.7	74.5	100	128		137		147	154	159	37
38	CaC_2O_4			* 6.7×10^{-4} (291 K)	6.8×10^{-4} (298 K)		9.5×10^{-4}				1.4×10^{-3} (368 K)		38
39	$CaCrO_4$	4.5		2.25	1.83	1.49		0.83					39
40	CaF_2		1.6×10^{-3} (286 K)		1.7×10^{-3} (299 K)								40
41	$Ca(HCO_3)_2$	16.15		16.60		17.05		17.50		17.95		18.40	41
42	CaI_2	64.6	66.0	67.6	69.0	70.8		74		78		81	42
43	$Ca(NO_2)_2\cdot4H_2O$	63.9		84.5 (291 K)	104			134		151	166	178	43
44	$Ca(NO_3)_2\cdot4H_2O$	102	115	129	152	191				358		363	44
45	$Ca(OH)_2$	0.189	0.182	0.173	0.160	0.141		0.121			0.086	0.076	45
46	$CaSO_4\cdot\frac{1}{2}H_2O$			0.32	0.29 (298 K)	0.26 (308 K)	0.21 (318 K)	0.145 (338 K)	0.12 (348 K)			0.071	46
47	$CaSO_4\cdot2H_2O$	0.223	0.244	0.255 (219 K)	0.264	0.265		0.244 (338 K)	0.234 (348 K)			0.205	47
48	$CdBr_2$	56.3	75.4	98.8	129	152		153		156		160	48
49	$CdCl_2\cdot\frac{5}{2}H_2O$	90	100	113	132								49
50	$CdCl_2\cdot H_2O$		135	135	135	135		136		140		147	50

序号	物质(分子式)	273 K	283 K	293 K	303 K	313 K	323 K	333 K	343 K	353 K	363 K	373 K	序号
51	CdI_2	78.7		84.7	87.9	92.1		100		111		125	51
52	$Cd(NO_3)_2$	122	136	150	167	194		310		713			52
53	CdS			* 1.3×10^{-4} (291 K)									53
54	$CdSO_4$	75.4	76.0	76.6		78.5		81.8		66.7	68.1	60.8	54
55	Cl_2(101.3 kPa)	1.46	0.98	0.716	0.57	0.451	0.386	0.324	0.274	0.219	0.125	0	55
56	CO(101.3 kPa)	4.4×10^{-3}	3.5×10^{-3}	2.8×10^{-3}	2.4×10^{-3}	2.1×10^{-3}	1.8×10^{-3}	1.5×10^{-3}	1.3×10^{-3}	1.0×10^{-3}	6×10^{-4}	0	56
57	CO_2(101.3 kPa)	* 0.384			* 0.145 (298 K)	* 0.097		* 0.058					57
58	$CoBr_2$	91.9		112	128	163		227		241		257	58
59	$CoCl_2$	43.5	47.7	52.9	59.7	69.5		93.8		97.6	101	106	59
60	$Co(NO_3)_2$	84.0	89.6	97.4	111	125		174		204	300		60
61	CoS			3.8×10^{-4} (291 K)									61
62	$CoSO_4$	25.5	30.5	36.1	42.0	48.8		55.0		53.8	45.8	38.9	62
63	$CoSO_4\cdot7H_2O$	44.8	56.3	65.4	73.0	88.1		101					63
64	$CsCl$	161	175	187	197	208		230		250	260	271	64
65	CsI	44.1	58.5	76.5	96	124 (318 K)		150		190	205		65
66	$CsNO_3$	9.33	14.9	23.0	33.9	47.2		33.8		134	163	197	66
67	Cs_2SO_4	167	173	179	184	190		200		210	215	220	67
68	$CuCl$				1.5 (298 K)								68
69	$CuCl_2$	68.6	70.9	73.0	77.3	87.6		96.5		104	108	120	69

序号	物质(分子式)	273 K	283 K	293 K	303 K	313 K	323 K	333 K	343 K	353 K	363 K	373 K	序号
70	$Cu(CHO_2)_2$		12.5 (冷水)				在热	水中	分解				70
71	$Cu(NO_3)_2$	83.5	100	125	156	163		182		208	222	247	71
72	CuS			3.3×10^{-5} (291 K)									72
73	$CuSO_4\cdot5H_2O$	23.1	27.5	32.0	37.8	44.6		61.8		83.8		114	73
74	$FeBr_2$	101	109	117	124	133		144		168	176	184	74
75	$FeCl_2$	49.7	59.0	62.5	66.7	70.0		78.3		88.7	92.3	94.9	75
76	$FeCl_3\cdot6H_2O$	*74.4	81.9	91.8	106.8		315.1			525.8		*535.7	76
77	$Fe(NO_3)_2\cdot6H_2O$	71.02		*83.5				*166.7 (334.5 K)					77
78	$Fe(NO_2)_3\cdot9H_2O$	112.0		137.7		175.0							78
79	FeS			6.2×10^{-4} (291 K)									79
80	$FeSO_4\cdot7H_2O$	*15.65	20.51	26.5	32.9	40.2	*48.6						80
81	H_3BO_3	2.67	3.73	5.04	6.72	8.72		14.81		23.62	30.38	40.25	81
82	HBr(101.3 kPa)	221.2	210.3	198			171.5					130	82
83	HCl(101.3 kPa)	82.3			67.3	63.3	59.6	56.1					83
84	$HgBr_2$	0.3	0.4	0.56	0.66	0.91		1.68		2.77		4.9	84
85	Hg_2Br_2				$*4\times10^{-6}$ (298 K)								85
86	$HgCl_2$	3.63	4.82	6.57	8.34	10.2		16.3		30.0		61.3	86
87	Hg_2Cl_2				$*2\times10^{-4}$ (298 K)	$*1\times10^{-3}$ (316 K)							87

序号	物质(分子式)	273 K	283 K	293 K	303 K	313 K	323 K	333 K	343 K	353 K	363 K	373 K	序号
88	HgI_2				*0.01 (298 K)								88
89	Hg_2I_2				*2×10^{-8} (298 K)								89
90	I_2			*0.029	0.03 (298 K)	0.056	*0.078						90
91	KBr	*53.48	59.5	65.2	70.6	75.5	80.2	85.5	90.0	95.2	99.2	*102	91
92	$KBrO_3$	3.1	4.8	6.9	9.5	*13.3	17.5	22.7		34.0		*49.75	92
93	KCl	*27.6	31.0	34.0	37.0	40.0	42.6	45.5	48.3	51.1	54.0	*56.7	93
94	$KClO_3$	3.3	5.2	*7.1	10.1	13.9	19.3	23.8		37.6	46.0	*57	94
95	$KClO_4$	*0.75	1.06	1.68	2.56	3.73		7.3		13.4	17.7	*21.8	95
96	K_2CO_3	105	108	111	114	117		127		140	148	156	96
97	K_2CrO_4	58.2	60.0	*62.9	63.4	65.2	66.8	68.6	70.4	72.1	73.9	*79.2	97
98	$K_2Cr_2O_7$	*4.9	7	12	20	26	34	43	52	61	70	*102	98
99	$K_3[Fe(CN)_6]$	30.2	38	46	53	59.3		70				91	99
100	$K_4[Fe(CN)_6]$	*14.5	21.1	28.2	35.1	41.4		54.8		66.9	71.5	74.2	100
101	$KHC_4H_4O_6$	0.231	0.358	0.523	0.762								101
102	$KHCO_3$	*22.4	27.4	33.7	39.9	47.5		65.6					102
103	$KHSO_4$	*36.3		48.6	54.3	61.0		76.4		96.1		122	103
104	KI	128	136	144	153	162		176		192	198	206	104
105	KIO_3	*4.74	6.27	8.08	10.3	12.6		18.3		24.8		*32.3	105
106	$KMnO_4$	2.83	4.31	*6.38	9.03	12.6	16.89	22.1	*25 (338 K)				106

序号	物质(分子式)	273 K	283 K	293 K	303 K	313 K	323 K	333 K	343 K	353 K	363 K	373 K	序号
107	KNO_2	*281	292	306	320	329		348		376	390	*413	107
108	KNO_3	*13.3	21.2	31.6	45.3	61.3		106		167	203	*247	108
109	KOH	95.7	103	112	126	134		154				*178	109
110	K_2SO_4	7.4	9.3	11.1	13.0	14.8	16.50	18.2	19.75	21.4	22.9	*24.1	110
111	$K_2S_2O_3$	*1.75	2.67	4.70	7.75	11.0							111
112	$KAl(SO_4)_2 \cdot 24H_2O$	3.00	3.99	5.90	8.39	11.70	17.00	24.8	40.0	71.0	109		112
113	$LiBr$	143	147	160	183	211		223		245		266	113
114	$LiCl$	*63.7	74.5	83.5	86.2	89.8		98.4		112	121	*130 (369 K)	114
115	Li_2CO_3	*1.54	1.43	1.33	1.26	1.17	1.08	1.01		0.85		*0.72	115
116	LiF			*0.27 (291 K)									116
117	Li_2HPO_3	9.97			7.61	7.11		6.03				4.43	117
118	LiI	151	157	165	171	179		202		435	440	481	118
119	$LiNO_3$	53.4	60.8	70.1	138	152		175					119
120	$LiOH$	11.91	12.11	12.35	12.70	13.22		14.63		16.56		19.12	120
121	Li_3PO_4			*3.9×10^{-2} (291 K)									121
122	Li_2SO_4	36.1	35.5	34.8	34.2	33.7		32.6		31.4	30.9		122
123	$MgBr_2$	98	99	101	104	106		112				125	123
124	$MgCl_2$	52.9	53.6	*54.25	55.8	57.5		61.0		66.1	69.5	*72.7	124
125	MgI_2	120		*148 (291 K)		173				186			125

序号	物质(分子式)	273 K	283 K	293 K	303 K	313 K	323 K	333 K	343 K	353 K	363 K	373 K	序号
126	$Mg(NO_3)_2$	62.1	66.0	69.5	73.6	78.9		78.9		91.6	106		126
127	$Mg(OH)_2$			* 9×10^{-4} (291 K)								* 4×10^{-3}	127
128	$MgSO_4$	22.0	28.2	33.7	38.9	44.5		54.6		55.8	52.9	50.4	128
129	$MnBr_2$	127	136	147	157	169		197		225	226	228	129
130	$MnCl_2$	63.4	68.1	73.9	80.8	88.5		109		113	114	115	130
131	MnF_2			1.06		0.67		0.44				0.48	131
132	$Mn(NO_3)_2$	102	118	139	206								133
133	MnS			* 4.7×10^{-4} (291 K)									133
134	$MnSO_4$	52.9	59.7	62.9	62.9	60.0		53.6		45.6	40.9	35.3	134
135	MoO_3			0.134	0.285	0.454		1.08		1.74			135
136	NaBr	*79.5	85.2	90.8	98.4	107	*116	118		120	121	*121	136
137	$Na_2B_4O_7$	1.11	1.60	2.56	3.86	6.67		19.0		31.4	41.0	52.5	137
138	$NaBrO_3$	*27.5	30.3	36.4	42.6	48.8		62.6		75.7		*90.9	138
139	$NaC_2H_3O_2$	36.2	40.8	46.4	54.6	65.6		139		153	161	170	139
140	$Na_2C_2O_4$	2.69	3.05	3.41	3.81	4.18		4.93		5.71		*6.33	140
141	NaCl	*35.7	35.8	36.0	36.3	36.6	37.0	37.3	37.8	38.4	39.0	*39.12	141
142	$NaClO_3$	*79	87.6	95.9	105	115		187		167	184	204	142
143	Na_2CO_3	*7.1	12.5	21.5	39.7	49.0		46.0		43.9	43.9	*45.5	143
144	Na_2CrO_4	31.7	50.1	84.0	*87.8	96.0		115		125		126	144
145	$Na_2Cr_2O_7$	163	172	*180	198	215		269		376	405	415	145

序号	物质(分子式)	273 K	283 K	293 K	303 K	313 K	323 K	333 K	343 K	353 K	363 K	373 K	序号
146	NaF	3.66		4.06	4.22	4.40		4.68		4.89		5.08	146
147	$Na_4[Fe(CN)_6]$	11.2	14.8	18.8	23.8	29.9		43.7		62.1			147
148	$NaHCO_3$	*6.9	8.1	9.6	11.1	12.7	14.45	*16.4					148
149	NaH_2PO_4	56.5	69.8	86.9	107	133		172		211	234		149
150	Na_2HPO_4	1.68	3.53	7.83	22.0	55.3		82.8		92.3	102	104	150
151	NaI	159	167	178	191	205		257		295		*302	151
152	$NaIO_3$	2.48	4.59	*9	10.7	13.3		19.8		26.6	29.5	*34	152
153	$NaNO_2$	71.2	*81.5 (288 K)	80.8	87.6	94.9		111		133		*163	153
154	$NaNO_3$	73.0	80.8	87.6	*92.1 (298 K)	102		122		148		*180	154
155	NaOH	*42	98	109	119	129		174				*347	155
156	Na_3PO_4	4.5	8.2	12.1	16.3	20.2		29.9		60.0	68.1	77.0	156
157	$Na_4P_2O_7$	*3.16										*40.26	157
158	Na_2S	9.6	12.1	15.7	20.5	26.6		39.1		55.0	65.3		158
159	Na_2SO_4	4.9	9.1	19.5	40.8	48.8		45.3		43.7	42.7	42.5	159
160	$Na_2SO_4 \cdot 7H_2O$	19.5	30.0	44.1									
161	$Na_2S_2O_3 \cdot 5H_2O$	50.2	59.7	70.1	83.2	104							161
162	$NaSb(OH)_6$		*3×10^{-2} (285.3 K)									*0.3	162
163	Na_2WO_4	71.5		73.0		77.6				90.8		97.2	163
164	NH_4Br	60.5	68.1	76.4	83.2	91.2		108		125	135	145	164
165	NH_4Cl	*29.7	33.2	37.2	41.4	45.8		55.3		65.6	71.2	77.8	165

序号	物质(分子式)	273 K	283 K	293 K	303 K	313 K	323 K	333 K	343 K	353 K	363 K	373 K	序号
166	$(NH_4)_2C_2O_4$	*2.54	3.21	4.45	6.09	8.18	*11.8	14.0		22.4	27.9	34.7	166
167	$(NH_4)_2CrO_4$	25.0	29.2	34.0	*40.5	45.3		59.0		76.1			167
168	$(NH_4)_2Cr_2O_7$	18.2	25.5	35.6	46.5	58.5		86.0		115		156	168
169	$(NH_4)_2Cr(SO_4)_2$	3.95			18.8	32.6							169
170	$(NH_4)_2Fe(SO_4)_2$	12.5	17.2	26.4	33	46							170
171	NH_4HCO_2	*11.9	16.1	21.7	28.4	36.6		59.2		109	170	354	171
172	$NH_4H_2PO_4$	*22.7	29.5	37.4	46.4	56.7		82.5		118		*173.2	172
173	$(NH_4)_2HPO_4$	42.9	62.9	68.9	75.1	81.8		97.2	*106.7				173
174	NH_4I	*154.2	163	172	182	191	199.6	209	218.7	229		*250.3	174
175	$(NH_4MgPO_4)\cdot 6H_2O$	*0.0231		0.052		0.036	0.030	0.040	0.016	*0.0195			175
176	$(NH_4MnPO_4)\cdot 7H_2O$								0.005	0.007			176
177	NH_4NO_3	*118.3	150	192	242	297	344	421	499	580	740	*871	177
178	$(NH_4)_2SO_4$	70.6	73.0	75.4	78.0	81		88		95		*103.8	178
179	$NH_4Al(SO_4)_2$	2.10	5.00	7.74	10.9	14.9		26.7					179
180	$(NH_4)_2S_2O_3$	*58.2											180
181	$(NH_4)_2SbS_4\cdot 4H_2O$	71.2		91.2	119.8								181
182	NO(101.3 kPa)	9.84×10^{-3}	7.57×10^{-3}	6.18×10^{-3}	5.17×10^{-3}	4.4×10^{-3}	3.76×10^{-3}	3.24×10^{-3}	2.67×10^{-3}	1.99×10^{-3}	1.14×10^{-3}	0	182
183	N_2O(101.3 kPa)		1.7×10^{-1}	1.21×10^{-1}									183
184	$NiBr_2$	113	122	131	138	144		153		154		155	184
185	$NiCl_2$	53.4	56.3	60.8	70.6	73.2		81.2		86.6		87.6	185
186	$NiCO_3$			*9.3×10^{-3} (298 K)									186

序号	物质(分子式)	273 K	283 K	293 K	303 K	313 K	323 K	333 K	343 K	353 K	363 K	373 K	序号
187	NiF_2		2.55	2.56				2.56			2.59		187
188	NiI_2	124	135	148	161	174		184		187	188		188
189	$Ni(NO_3)_2$	79.2		94.2	105	119		158		187	188		189
190	NiS			3.6×10^{-4} (291 K)									190
191	$NiSO_4\cdot6H_2O$			40.1	43.6	47.6							191
192	$NiSO_4\cdot7H_2O$	26.2	32.4	37.7	43.4	50.4							192
193	O_3	3.9×10^{-3}	2.9×10^{-3}	2.1×10^{-3}	7×10^{-4}	4×10^{-4}	1×10^{-4}	0					193
194	$PbAc_2$	19.8	29.5	*44.3	69.8	116	*221						194
195	$PbBr_2$	0.45	0.63	0.86	1.12	1.50		2.29		3.23	3.86	4.55	195
196	$PbCl_2$	0.67	0.82	1.00	1.20	1.42		1.94		2.54	2.88	3.20	196
197	$PbCrO_4$			5.8×10^{-6} (298 K)									197
198	PbI_2	*0.044	0.056	*0.068	0.090	0.124		0.193		0.294		0.42	198
199	$Pb(NO_3)_2$	*37.65	46.2	54.3	63.4	72.1		91.6		111		133	199
200	PbS		8.6×10^{-5} 286 K										200
201	$PbSO_4$	2.8×10^{-3}	3.5×10^{-3}	4.1×10^{-3}	*4.25×10^{-3} (298 K)	5.6×10^{-3}							201
202	SO_2(101.3 kPa)	22.83	16.21	11.09	7.81	5.41	4.5						202
203	$SbCl_3$	602		910	1 087	1 368	在 345 K	时完全	混溶				203
204	SbF_3	385		444	562							204	
205	Sb_2S_3			*1.75×10^{-4} (291 K)									205

序号	物质(分子式)	273 K	283 K	293 K	303 K	313 K	323 K	333 K	343 K	353 K	363 K	373 K	序号
206	$SnCl_2$	*83.9		*259.8 (288 K)									206
207	SnI_2			0.99	1.17	1.42		2.11		3.04	3.58	4.20	207
208	$SnSO_4$				*33 (298 K)								208
209	$Sr(Ac)_2$	37.0	42.9	41.1	39.5	38.3		36.8		36.1	36.2	*36.4 (370 K)	209
210	$SrBr_2$	85.2	93.4	102	112	123		150		182		223	210
211	$SrCl_2$	43.5	47.7	52.9	58.7	65.3		81.8		90.5		101	211
212	$SrCrO_4$		0.085	0.090						0.058			212
213	SrF_2	1.13×10^{-2}		1.17×10^{-2}	1.19×10^{-2}								213
214	SrI_2	165		178		192		218		270	365	383	214
215	$Sr(NO_3)_2$	39.5	52.9	69.5	88.7	89.4		93.4		96.9	98.4		215
216	$Sr(OH)_2$	0.91	1.25	1.77	2.64	3.95		8.42		20.2	44.5	91.2	216
217	$SrSO_4$	0.011 3	0.012 9	0.013 2	0.013 3	0.014 1		0.013 1		0.011 6	0.011 5		217
218	$ZnBr_2$	389		446	528	591		618		645		672	218
219	$ZnCl_2$	342	363	395	437	452		488		541		614	219
220	ZnI_2	430		432		445		467		490		510	220
221	$Zn(NO_3)_2$	98			138	211							221
222	$ZnSO_4$	41.6	47.2	53.8	61.3	70.5		75.4		71.1		60.5	222

* 本表凡数据中有 * 标记的数据摘自 R.C.Weast, Handbook of Chemistry and physics 68th edition(1987 ~ 1988);其余数据摘自 John A.Dean Lange's Handbook of Chemistry 13th edition(1985)。

附录9 常用基准物质的干燥条件和应用范围

基准物质		干燥后组成	干燥条件/℃	标定对象
名称	化学式			
碳酸氢钠	$NaHCO_3$	Na_2CO_3	270～300	酸
碳酸钠	$Na_2CO_3 \cdot 10H_2O$	Na_2CO_3	270～300	酸
硼砂	$Na_2B_4O_7 \cdot 10H_2O$	$Na_2B_4O_7 \cdot 10H_2O$	放在含 NaCl 和蔗糖饱和液的干燥器中	酸
碳酸氢钾	$KHCO_3$	K_2CO_3	270～300	酸
草 酸	$H_2C_2O_4 \cdot 2H_2O$	$H_2C_2O_4 \cdot 2H_2O$	室温空气干燥	碱或 $KMnO_4$
邻苯二甲酸氢钾	$KHC_8H_4O_4$	$KHC_8H_4O_4$	110～120	碱
重铬酸钾	$K_2Cr_2O_7$	$K_2Cr_2O_7$	140～150	还原剂
溴酸钾	$KBrO_3$	$KBrO_3$	130	还原剂
碘酸钾	KIO_3	KIO_3	130	还原剂
铜	Cu	Cu	室温干燥器中保存	还原剂
三氧化二砷	As_2O_3	As_2O_3	室温干燥器中保存	氧化剂
草酸钠	$Na_2C_2O_4$	$Na_2C_2O_4$	130	氧化剂
碳酸钙	$CaCO_3$	$CaCO_3$	110	EDTA
锌	Zn	Zn	室温干燥器中保存	EDTA
氧化锌	ZnO	ZnO	900～1 000	EDTA
氯化钠	NaCl	NaCl	500～600	$AgNO_3$
氯化钾	KCl	KCl	500～600	$AgNO_3$
硝酸银	$AgNO_3$	$AgNO_3$	180～290	氯化物
氨基磺酸	$HOSO_2NH_2$	$HOSO_2NH_2$	在真空干燥器中保存 48 h	碱
氟化钠	NaF	NaF	铂坩埚中 500～550℃下保存 40～50 min 后，在 H_2SO_4 干燥器中冷却	

附录 10　弱电解质的电离常数(离子强度等于零的稀溶液)

一、弱酸的电离常数

酸	t/℃	级	K_a	pK_a
砷酸(H_3AsO_4)	25	1	5.5×10^{-2}	2.26
	25	2	1.7×10^{-7}	6.76
	25	3	5.1×10^{-12}	11.29
亚砷酸(H_3AsO_3)	25		5.1×10^{-10}	9.29
正硼酸(H_3BO_4)	20		5.4×10^{-10}	9.27
碳酸(H_2CO_3)	25	1	4.5×10^{-7}	6.35
	25	2	4.7×10^{-11}	10.33
铬酸(H_2CrO_4)	25	1	1.8×10^{-1}	0.74
	25	2	3.2×10^{-7}	6.49
氢氰酸(HCN)	25		6.2×10^{-10}	9.21
氢氰酸(HF)	25		6.3×10^{-4}	3.20
氢硫酸(H_2S)	25	1	8.9×10^{-8}	7.05
	25	2	1×10^{-19}	19
过氧化氢(H_2O_2)	25	1	2.4×10^{-12}	11.62
次溴酸(HBrO)	18		2.8×10^{-9}	8.55
次氯酸(HClO)	25		2.95×10^{-8}	7.53
次碘酸(HIO)	25		3×10^{-11}	10.5
碘酸(HIO_3)	25		1.7×10^{-1}	0.78
亚硝酸(HNO_2)	25		5.6×10^{-4}	3.25
高碘酸(HIO_4)	25		2.3×10^{-2}	1.64
正磷酸(H_3PO_4)	25	1	6.9×10^{-3}	2.16
	25	2	6.23×10^{-8}	7.21
	25	3	4.8×10^{-13}	12.32
亚磷酸(H_3PO_3)	20	1	5×10^{-2}	1.3
	20	2	2.0×10^{-7}	6.70
焦磷酸($H_4P_2O_7$)	25	1	1.2×10^{-1}	0.91
	25	2	7.9×10^{-3}	2.10
	25	3	2.0×10^{-7}	6.70
	25	4	4.8×10^{-10}	9.32

酸	t/℃	级	K_a	pK_a
硒酸(H_2SeO_4)	25	2	2×10^{-2}	1.7
亚硒酸(H_2SeO_3)	25	1	2.4×10^{-3}	2.62
	25	2	4.8×10^{-9}	8.32
硅酸(H_2SiO_3)	30	1	1×10^{-10}	9.9
	30	2	2×10^{-12}	11.8
硫酸(H_2SO_4)	25	2	1.0×10^{-2}	1.99
亚硫酸(H_2SO_3)	25	1	1.4×10^{-2}	1.85
	25	2	6×10^{-8}	7.2
甲酸(HCOOH)	20		1.77×10^{-4}	3.75
醋酸(HAC)	25		1.76×10^{-5}	4.75
草酸($H_2C_2O_4$)	25	1	5.90×10^{-2}	1.23
	25	2	6.40×10^{-5}	4.19

弱碱的电离常数

碱	t/℃	级	K_b	pK_b
氨水($NH_3\cdot H_2O$)	25		1.79×10^{-5}	4.75
* 氢氧化铍[$Be(OH)_2$]	25	2	5×10^{-11}	10.30
* 氢氧化钙[$Ca(OH)_2$]	25	1	3.74×10^{-3}	2.43
	30	2	4.0×10^{-2}	1.4
联氨(NH_2NH_2)	20		1.2×10^{-6}	5.9
羟胺(NH_2OH)	25		8.71×10^{-9}	8.06
* 氢氧化铅[$Pb(OH)_2$]	25		9.6×10^{-4}	3.02
* 氢氧化银(AgOH)	25		1.1×10^{-4}	3.96
* 氢氧化锌[$Zn(OH)_2$]	25		9.6×10^{-4}	3.02

摘译自 Lide D R, Handbook of Chemistry and Physics, 8－43～8－44, 78th ed. 1997～1998.

* :摘译自 Weast R C, Handbook of Chemistry and Physics, D159～163, 66 th ed. 1985～1986.

附录 11　常用指示剂

（一）酸碱指示剂（18～25℃）

指示剂名称	pH 变色范围	颜色变化	溶液配制方法
甲基紫（第一变色范围）	0.13～0.5	黄～绿	1 g·L^{-1}或 0.5 g·L^{-1}的水溶液
甲酚红（第一变色范围）	0.2～1.8	红～黄	0.04 g 指示剂溶于 100 mL 的质量分数为 50%的乙醇
甲基紫（第二变色范围）	1.0～1.5	绿～蓝	1 g·L^{-1}的水溶液
百里酚蓝（麝香草酚蓝）第一变色范围）	1.2～2.8	红～黄	0.1 g 指示剂溶于 100 mL 质量分数为 20%的乙醇
甲基紫（第三变色范围）	2.0～3.0	蓝～紫	1 g·L^{-1}的水溶液
甲基橙	3.1～4.4	红～黄	1 g·L^{-1}的水溶液
溴酚蓝	3.0～4.6	黄～蓝	0.1 g 指示剂溶于 100 mL 质量分数为 20%的乙醇
刚果红	3.0～5.2	蓝紫～红	1 g·L^{-1}的水溶液
溴甲酚绿	3.8～5.4	黄～蓝	0.1 g 指示剂溶于 100 mL 质量分数为 20%的乙醇
甲基红	4.4～6.2	红～黄	0.1 或 0.2 g 指示剂溶于 100 mL 质量分数为 60%的乙醇
溴酚红	5.0～6.8	黄～红	0.1 或 0.04 g 指示剂溶于 100 mL 质量分数为 20%的乙醇
溴百里酚蓝	6.0～7.6	黄～蓝	0.05 g 指示剂溶于 100 mL 质量分数为 20%的乙醇
中性红	6.8～8.0	红～亮黄	0.1 指示剂溶于 100 mL 质量分数为 60%的乙醇
酚红	6.8～8.0	黄～红	0.1 g 指示剂溶于 100 mL 质量分数为 20%的乙醇
甲酚红	7.2～8.8	亮黄～紫红	0.1 g 指示剂溶于 100 mL 质量分数为 50%的乙醇
百里酚蓝（麝香草酚蓝）（第二变色范围）	8.0～9.6	黄～蓝	0.1 g 指示剂溶于 100 mL 质量分数为 20%的乙醇
酚酞	8.2～10.0	无色～紫红	0.1 g 指示剂溶于 100 mL 质量分数为 60%的乙醇
百里酚酞	9.3～10.5	无色～蓝	0.1 g 指示剂溶于 100 mL 质量分数为 90%的乙醇

（二）酸碱混合指示剂（18～25℃）

指示剂溶液的组成	变色点 pH	颜色		备注
		酸色	碱色	
3 份 1 $g \cdot L^{-1}$溴甲酚绿酒精溶液 1 份 2 $g \cdot L^{-1}$甲基红酒精溶液	5.1	酒红	绿	
1 份 2 $g \cdot L^{-1}$甲基红酒精溶液 1 份 1 $g \cdot L^{-1}$次甲基蓝酒精溶液	5.4	红紫	绿	pH5.2 红紫 pH5.4 暗蓝 pH5.6 绿
1 份 1 $g \cdot L^{-1}$溴甲酚绿钠水溶液 1 份 1 $g \cdot L^{-1}$氯酚红钠水溶液	6.1	黄绿	蓝紫	pH5.4 蓝绿 pH5.8 蓝 pH6.2 蓝紫
1 份 1 $g \cdot L^{-1}$中性红酒精溶液 1 份 1 $g \cdot L^{-1}$次甲基蓝酒精溶液	7.0	蓝紫	绿	pH7.0 蓝紫
1 份 1 $g \cdot L^{-1}$溴百里酚蓝钠水溶液 1 份 1 $g \cdot L^{-1}$酚红钠水溶液	7.5	黄	绿	pH7.2 暗绿 pH7.4 淡紫 pH7.6 深紫
1 份 1 $g \cdot L^{-1}$甲酚红钠水溶液 1 份 1 $g \cdot L^{-1}$百里酚蓝钠水溶液	8.3	黄	紫	pH8.2 玫瑰色 pH8.4 紫色

（三）金属离子指示剂

指示剂名称	离解平衡和颜色变化	溶液配制方法
铬黑 T （EBT）	$pK_{a_2} = 6.3$ $pK_{a_3} = 11.55$ $H_2In^- \rightleftharpoons HIn^{2-} \rightleftharpoons In^{3-}$ 紫红 蓝 橙	5 $g \cdot L^{-1}$的水溶液
二甲酚橙（XO）	$H_3In^{4-} \xrightleftharpoons{pK_{a_2} = 6.3} H_2In^{5-}$	2 $g \cdot L^{-1}$的水溶液
K－B 指示剂	$H_2In \xrightleftharpoons{pK_{a_1} = 8} HIn^- \xrightleftharpoons{pK_{a_2} = 13} In^{2-}$ 红 蓝 紫红 （酸性铬蓝 K）	0.2 g 酸性铬蓝 K 与 0.4 g 萘酚绿 B 溶于 100 mL 水中
钙指示剂	$H_2In^- \xrightleftharpoons{pK_{a_2} = 7.4} HIn^{2-} \xrightleftharpoons{pK_{a_3} = 13.5} In^{3-}$ 酒红 蓝 酒红	5 $g \cdot L^{-1}$的乙醇溶液
吡啶偶氮萘酚（PAN）	$H_2In \xrightleftharpoons{pK_{a_1} = 1.9} HIn \xrightleftharpoons{pK_{a_2} = 122} In^-$ 酒红 蓝 酒红	1 $g \cdot L^{-1}$的乙醇溶液

Cu－PAN （Cu－PAN 溶液）	$CuY + PAN + M^{n+} \rightleftharpoons MY + Cu-PAN$ 浅绿　　　　无色　　红色	将 0.05 mol·L^{-1} Cu^{2+} 溶液 10 mL，加 pH5～6 的 HAc 缓冲液 5 mL，1 滴 PAN 指示剂，加热至 60℃左右，用 EDTA 滴至绿色，得到约 0.025 mol·L^{-1}的 CuY 溶液。使用时取 2～3 mL 于试液中，再加数滴 PAN 溶液
磺基水杨酸	$H_2In \xrightleftharpoons{pK_{a_1}=2.7} HIn^- \xrightleftharpoons{pK_{a_2}=13.1} In^{2-}$ 无色	10 g·L^{-1}的水溶液
钙镁试剂 （Calmagite）	$H_2In^- \xrightleftharpoons{pK_{a_2}=8.1} HIn^{2-} \xrightleftharpoons{pK_{a_3}=12.2} In^{3-}$ 红　　　蓝　　　红橙	5 g·L^{-1}的水溶液

注：EBT、钙指示剂、K－B 指示剂等在水溶液中稳定性较差，可以配成指示剂与 NaCl 之比为 1∶100 或 1∶200的固体粉末。

（四）氧化还原指示剂

指示剂名称	E/V $[H^+]=1$ mol·L^{-1}	颜色变化		溶液配制方法
		氧化态	还原态	
二苯胺	0.76	紫	无色	10 g·L^{-1}的浓 H_2SO_4 溶液
二苯胺磺酸钠	0.85	紫红	无色	5 g·L^{-1}的水溶液
N－邻苯胺基苯甲酸	1.08	紫红	无色	0.1 g 指示剂加 20 mL 50 g·L^{-1}的 Na_2CO_3 溶液，用水稀释至 100 mL
邻二氮菲－Fe(Ⅱ)	1.06	浅蓝	红	1.485 g 邻二氮菲加 0.965 g $FeSO_4$ 溶解，稀释至 100 mL（0.025 mol·L^{-1}水溶液）
5－硝基邻二氮菲－Fe(Ⅱ)	1.25	浅蓝	紫红	1.608 g 5－硝基邻二氮菲加 0.695 g $FeSO_4$ 溶解，稀释至 100 mL(0.025 mol·L^{-1}水溶液）

附录 12　常用化合物的相对分子质量

化合物	相对分子质量	化合物	相对分子质量	化合物	相对分子质量
Ag_3AsO_4	462.52	CH_3OH	32.04	FeS	87.91
$AgBr$	187.77	CH_3COCH_3	58.08	Fe_2S_3	207.87
$AgCl$	143.32	C_6H_5COOH	122.12	$FeSO_4$	151.90
$AgCN$	133.89	C_6H_5COONa	144.10	$FeSO_4\cdot 7H_2O$	278.02
Ag_2CrO_4	331.73	$C_6H_4COOHCOOK$	204.22	$Fe_2(SO_4)_3$	399.89
AgI	234.77	(邻苯二甲酸氢钾)		$FeSO_4(NH_4)_2SO_4\cdot 6H_2O$	392.13
$AgNO_3$	169.87	CH_3COONa	82.03	H_3AsO_3	125.94
$AgSCN$	165.95	$COOHCH_2COOH$	104.06	H_3AsO_4	141.94
$AlCl_3$	133.34	$COOHCH_2COONa$	126.04	H_3BO_3	61.83
$AlCl_3\cdot 6H_2O$	241.43	CCl_4	153.81	HBr	80.91
$Al(NO_3)_3$	213.00	CO_2	44.01	$H_6C_4O_6$	150.09
$Al(NO_3)_3\cdot 9H_2O$	375.13	$CoCl_2$	129.84	(酒石酸)	
Al_2O_3	101.96	$CoCl_2\cdot 6H_2O$	237.93	HCN	27.03
$Al(OH)_3$	78.00	$Co(NO_3)_2$	132.94	$HCOOH$	46.03
$Al_2(SO_4)_3$	324.14	$Co(NO_3)_2\cdot 6H_2O$	291.03	H_3CO_3	62.03
$Al_2(SO_4)_3\cdot 18H_2O$	666.41	CoS	90.99	$H_2C_2O_4$	90.04
As_2O_3	197.84	$CoSO_4$	154.99	$H_2C_2O_4\cdot 2H_2O$	126.07
As_2O_5	229.84	$CoSO_4\cdot 7H_2O$	281.10	HCl	36.46
As_2S_3	246.02	$Co(NH_2)_2$	60.06	$HClO_4$	100.46
$BaCO_3$	197.34	$CrCl_3$	158.35	HF	20.01
BaC_2O_4	225.35	$CrCl_3\cdot 6H_2O$	266.45	HI	127.91
$BaCl_2$	208.24	$Cr(NO_3)_3$	238.01	HIO_3	175.91
$BaCl_2\cdot 2H_2O$	244.27	Cr_2O_3	151.99	HNO_2	47.01
$BaCrO_4$	253.22	$CuCl$	98.999	HNO_3	63.01
BaO	153.33	$CuCl_2$	134.45	H_2O	18.02
$Ba(OH)_2$	171.34	$CuCl_2\cdot 2H_2O$	170.48	H_2O_2	34.02
$BaSO_4$	233.39	$CuSCN$	121.62	H_3PO_4	98.00
$BiCl_3$	315.34	CuI	190.45	H_2S	34.08
$BiOCl$	260.43	$Cu(NO_3)_2$	187.56	H_2SO_3	82.08
$CaCO_3$	100.09	$Cu(NO_3)_2\cdot 3H_2O$	241.60	H_2SO_4	98.07
CaC_2O_4	128.10	CuO	79.54	$Hg(CN)_2$	252.63
$CaCl_2$	110.98	Cu_2O	143.09	$HgCl_2$	271.50
$CaCl_2\cdot H_2O$	129.00	CuS	95.61	Hg_2Cl_2	472.09
CaF_2	78.07	$CuSO_4$	159.60	HgI_2	454.40
$Ca(NO_3)_2$	164.09	$CuSO_4\cdot 5H_2O$	249.68	$Hg_2(NO_3)_2$	525.19
$Ca(NO_3)_2\cdot 4H_2O$	236.15	$FeCl_2$	126.75	$Hg_2(NO_3)_2\cdot 2H_2O$	561.22
CaO	56.08	$FeCl_2\cdot 4H_2O$	198.81	$Hg(NO_3)_2$	324.60
$Ca(OH)_2$	74.09	$FeCl_3$	162.21	HgO	216.59
$CaSO_4$	136.14	$FeCl_3\cdot 6H_2O$	270.30	HgS	232.65
$Ca_3(PO_4)_2$	310.18	$FeNH_4(SO_4)_2\cdot 12H_2O$	482.18	$HgSO_4$	296.65
$CdCO_3$	172.42	$Fe(NO_3)_3$	241.86	Hg_2SO_4	497.24
$CdCl_2$	183.32	$Fe(NO_3)_3\cdot 9H_2O$	404.00	KBr	119.00
CdS	144.47	FeO	71.85	$KBrO_3$	167.00
$Ce(SO_4)_2$	332.24	Fe_2O_3	159.69	K_2CO_3	138.21
$Ce(SO_4)_2\cdot 4H_2O$	404.30	Fe_3O_4	231.54	KCl	74.56
CH_3COOH	60.05	$Fe(OH)_3$	106.87	$KClO_3$	122.55

续表

化合物	相对分子质量	化合物	相对分子质量	化合物	相对分子质量
$KClO_4$	138.55	$(NH_4)_2C_2O_4 \cdot H_2O$	142.11	Na_2O	61.979
KCN	65.116	NH_4SCN	76.12	Na_2O_2	77.978
$KSCN$	97.18	NH_4HCO_3	79.055	$NaOH$	39.997
K_2CrO_4	194.19	$(NH_4)_2MoO_4$	196.01	Na_3PO_4	163.94
$K_2Cr_2O_7$	294.18	NH_4NO_3	80.043	Na_2S	78.04
$K_3Fe(CN)_6$	329.25	$(NH_4)_2HPO_4$	132.06	$Na_2S \cdot 9H_2O$	240.18
$K_4Fe(CN)_6$	368.35	$(NH_4)_2S$	68.14	Na_2SO_3	126.04
$KFe(SO_4)_2 \cdot 12H_2O$	503.24	$(NH_4)_2SO_4$	132.13	Na_2SO_4	142.04
$KHC_2O_4 \cdot H_2O$	146.14	NH_4VO_3	116.98	$Na_2SO_4 \cdot 10H_2O$	322.20
$KHC_2O_4 \cdot H_2C_2O_4 \cdot 2H_2O$	254.19	Na_3AsO_3	191.89	$Na_2S_2O_3$	158.10
$KHC_4H_4O_6$	188.18	$Na_2B_4O_7$	201.22	$Na_2S_2O_3 \cdot 5H_2O$	248.17
$KHSO_4$	136.16	SO_2	64.06	Na_2SiF_6	188.06
KI	166.00	SO_3	80.06	$NiCl_2 \cdot 6H_2O$	237.69
KIO_3	214.00	$SbCl_3$	228.11	NiO	74.69
$KIO_3 \cdot HIO_3$	389.91	$SbCl_5$	299.02	$Ni(NO_3)_2 \cdot 6H_2O$	290.79
$KMnO_4$	158.03	Sb_2O_3	291.50	NiS	90.75
$KNaC_4H_4O_6 \cdot 4H_2O$	282.22	Sb_2S_3	339.68	$NiSO_4 \cdot 7H_2O$	280.85
KNO_2	85.10	SiF_4	104.08	$NiC_8H_{14}O_4N_4$	288.91
KNO_3	101.10	SiO_2	60.08	（丁二酮肟镍）	
K_2O	92.196	$SnCO_3$	178.72	P_2O_5	141.95
KOH	56.106	$SnCl_2$	189.62	$PbCO_3$	267.20
K_2SO_4	174.26	$SnCl_2 \cdot 2H_2O$	225.65	PbC_2O_4	295.22
$MgCO_3$	84.314	$SnCl_4$	260.52	$PbCl_2$	278.10
$MgCl_2$	95.211	$SnCl_4 \cdot 5H_2O$	350.60	$PbCrO_4$	323.18
$MgCl_2 \cdot 6H_2O$	203.30	SnO_2	150.71	$Pb(CH_3COO)_2$	325.30
MgC_2O_4	112.33	SnS	150.78	$Pb(CH_3COO)_2 \cdot 3H_2O$	379.30
$Mg(NO_3)_2 \cdot 6H_2O$	256.41	$SrCo_3$	147.63	PbI_2	461.00
$MgNH_4PO_4$	137.32	SrC_2O_4	175.64	$Pb(NO_3)_2$	331.20
MgO	40.304	$SrCrO_4$	203.61	PbO	223.19
$Mg(OH)_2$	58.32	$Sr(NO_3)_2$	211.63	PbO_2	239.19
$Mg_2P_2O_7$	222.55	$Sr(NO_3)_2 \cdot 4H_2O$	283.69	Pb_3O_4	685.57
$MgSO_4 \cdot 7H_2O$	246.47	$SrSO_4$	183.68	$Pb_3(PO_4)_2$	811.54
$MnCO_3$	114.95	$Na_2B_4O_7 \cdot 10H_2O$	381.37	PbS	239.30
$MnCl_2 \cdot 4H_2O$	197.91	$NaBiO_3$	279.97	$PbSO_4$	303.30
$Mn(NO_3)_2 \cdot 6H_2O$	287.04	$NaBr$	102.90	$UO_2(CH_3COO)_2 \cdot 2H_2O$	424.15
MnO	70.937	$NaCN$	49.01	$ZnCO_3$	125.39
MnO_2	86.937	Na_2CO_3	105.99	ZnC_2O_4	153.40
MnS	87.00	$Na_2CO_3 \cdot 10H_2O$	286.14	$ZnCl_2$	136.29
$MnSO_4$	151.00	$Na_2C_2O_4$	134.00	$Zn(CH_3COO)_2$	183.47
$MnSO_4 \cdot 4H_2O$	223.06	$NaCl$	58.443	$Zn(CH_3COO)_2 \cdot 2H_2O$	219.50
NO	30.006	$NaClO$	74.442	$Zn(NO_3)_2$	189.39
NO_2	46.006	NaF	41.99	$Zn(NO_3)_2 \cdot 6H_2O$	297.48
NH_3	17.03	$NaHCO_3$	84.007	ZnO	81.38
$NH_3 \cdot H_2O$	35.05	NaH_2PO_4	119.98	ZnS	97.44
CH_3COONH_4	77.083	$NaH_2PO_4 \cdot 12H_2O$	358.14	$ZnSO_4$	161.44
NH_4Cl	53.491	$Na_2H_2Y \cdot 2H_2O$	372.24	$ZnSO_4 \cdot 7H_2O$	287.54
$(NH_4)_2CO_3$	96.086	$NaNO_2$	68.995	TiO_2	79.88
$(NH_4)_2C_2O_4$	124.10	$NaNO_3$	84.995		

附录 13　分析化学实验基本操作多媒体视频的基本内容

①天平;②酸式滴定管;③碱式滴定管;④微型滴定管;⑤移液管;⑥容量瓶;⑦分光光度法;⑧重量分析法。

学生可在黑龙江大学校园网观看,具体网址:

黑龙江大学校园网－教学在线－实习实践－省级实验教学示范中心－化学基础实验中心－化学基础实验中心多媒体教学课件及实验操作演示视频